位置服务

——理论、技术与实践

曹红杰　陈应东　刘　丹　编著

国家高技术研究发展计划(863 计划)资助项目
（编号：2012AA12A201）

科学出版社
北　京

内 容 简 介

本书是国家863计划"十二五"重大项目"导航与位置服务系统关键技术及应用示范"相关课题的成果总结，书中归纳、梳理了目前国内最高水平的位置服务研究及其应用状况、原理、模式、实例和前景。其中第1章和第2章为基础理论部分，阐述位置服务方面的系统理论，结合中国位置服务的实际情况，构建位置云理论并进一步探讨位置服务在中国的经营模式。第3章至第8章为关键技术部分，阐述基于位置云理论的位置服务各项前沿技术，涵盖卫星导航定位技术、移动通信定位技术、空间分析、智能搜索和位置服务终端等位置服务方面的前沿技术及其应用示范。第9章至第11章为应用实践部分，着重介绍我国导航与位置服务，生动通俗地勾勒出位置服务在城市智能交通出行、公共安全、大众生活和互联网社交网络方面的应用。第12章探讨位置服务的商业模式，是对位置服务应用实践的总结。

本书可供导航与位置服务发展规划、项目实施的各级领导和管理人员，各行业从事或有意开展位置服务应用的技术人员，地球科学和信息科学类等专业的在校学生，对导航与位置服务知识感兴趣的社会人士阅读使用。

图书在版编目(CIP)数据

位置服务：理论、技术与实践/曹红杰等编著．—北京：科学出版社，2015.4

ISBN 978-7-03-043683-2

Ⅰ.①位… Ⅱ.①曹… Ⅲ.①最佳位置确定 Ⅳ.①P204

中国版本图书馆CIP数据核字(2015)第048123号

责任编辑：彭胜潮／责任校对：韩 杨

责任印制：吴兆东／封面设计：铭轩堂

科学出版社出版

北京东黄城根北街16号

邮政编码：100717

http://www.sciencep.com

北京凌奇印刷有限责任公司印刷

科学出版社发行 各地新华书店经销

*

2015年4月第 一 版 开本：787×1092 1/16

2020年3月第六次印刷 印张：18 3/4

字数：445 000

定价：158.00元

(如有印装质量问题，我社负责调换)

序

“导航和位置服务”这个概念在全球已经提出一段时间，也曾经引起生产、投资等企业的热情，但可能是因为太过超前，始终处于不温不火的状态，期待中的井喷式发展还是迟迟没有到来。原因是什么呢？该书作者直接瞄准这一主题，这是极具挑战性的，也是极具商业和经济价值的。

我与作者相熟多年，我们都一直从事着地理信息产业化的推动工作，区别在于他是实践者，一直在企业中、市场上拼搏和探索，我因为工作关系一直向他了解当前产业发展的困难和兴奋点，也作为自己梳理技术难题的参考。最近他将自己近年的市场实践和思考新整理了一本书，我拜读之后难以释手，书中提出了太多的前沿与战略性的观点和思考，有些为市场所证实。我为作者的眼界开阔和务实所感动，仅为粗浅评论。

几乎每一个导航企业，都希望将位置信息能够卖给社会公众，突破以专业用户为主的局面，但如何破题？对于中国位置采用的 B2B2C 的商业模式，我们曾经进行过长时间的讨论，也有过激烈的争论，从北京吵到西安，再吵到上海，再吵到广州，这是一个新的命题，当时还分析不出它的可行性。但是毕竟作者是一个很有经验的市场销售专家，更是一个实干家，他指挥的合众思壮一个团队迅速取得了成功案例，由此逐渐打开了几乎所有导航与位置服务总体组专家的思路，它带来的直接成果就是有后来“地图成为互联网入口”的观点，有了互联网企业在位置服务上的投资和迅猛发展。

在作者开始执行 863 计划课题时，我们曾经讨论到 2015 年的目标，我说我希望到那时行业内有管理 100 亿规模能力的企业家。我是按照地理信息产业的发展趋势进行的判断，当时已经被行业觉得激进了。但作者通过自己的工作在过去 3 年中不断刷新我的目标：2011 年，他讲今年有可能导航与位置服务用户达到 6 000 万；2012 年，他讲 100 亿规模的企业可能会提前到来了；2013 年，他讲互联网可能将“位置服务”真正实现服务了。这些在当年几乎都得到了证实。我国的导航与位置服务用户已经超过了 5 亿用户，百度、腾讯、阿里巴巴、小米等互联网厂商纷纷进军该领域，如今每天的点击量超过了 200 亿次，公众的生活例如团购、停车、餐饮、旅游、出行等在不知不觉间依赖上了这一技术。在本书中读者可以清晰地看到当时实现的脉络，当然也会看到其中还没有实现的未来空间。

位置云提出的核心技术方面的三个问题，即室内外一体化无缝定位、位置信息的精度和可用性、位置服务的内容整合，是作者研究的重点，也是取得进步最明显的地方；书中介绍了其中的进步，而且读者从自己日常使用的手机位置服务中也能体会到这些技术进步带来的方便。但是正如书中指出的，这些进步只是阶段性的，距离作者、当初我们讨论的目标还有很大的距离，我们希望能够通过位置服务、中国位置打造一个空间信息世界，就是具有有意识活动能力的对象所创建的不受该对象所在世界自然规律约束的虚实完美融合的世界。为了这个目标，已经实现了“3m 无缝”的技术突破，即室外1m精度、室内 3m 精度的高精度无缝服务能力，逐渐在国内市场进行推广应用；正如作者分析的，2020 年前希望能够做到“1m 无缝”的突破，为空间信息世界的实现、为每个人更加完美的生活提供良好支持。

作者对本书的写作所持的态度是中肯的，思路是非常清醒的，尽管中国位置、位置服务取得了超出预期的进步和成绩，已经开始走向国际大舞台、与国际同行同台竞技，但他诚恳地提出了所面对的困难和进一步发展涉及的内容：突破室内外无缝导航、卫星导航信号脆弱性监测评估、导航与位置服务网等技术瓶颈，这些方面没有国外经验可以借鉴，必须自主创新，攻破核心技术。当我们走向互联网服务时，我们才真切地感受到互联网思维的新颖，作者一再强调了其重要性，但作为位置服务全面贯彻这一思想还有一段路子要走，但也正是作者在文中所描述的成功实践，使我们都一直认为，今年我们才真正开始面对和发展位置服务中的服务问题，商务、商业服务、可用性、质量、赔偿等要求才开始进入这一行业，这也更加坚定了我们在编制“十二五”导航与位置服务科技专项规划时对于市场的预期，面向万亿级的市场。

从该书中读者可以粗线条地看到近几年我国导航与位置服务产业发展的脉络，从室外亚米级广域精密实时定位技术突破到示范应用、室内各种手段的 3m 级定位技术实现、位置服务云构建、全息位置地图服务等“中国位置”的不断进步；今天我们正在瞄准新的质的飞跃，即 1m 室内外无缝定位、实现兴趣体的服务。我们期待像过去的“十二五”一样，为北斗系统的应用和发展再创新佳绩，让地理空间技术一小步的进步，驱动位置服务产业的一大步提升。

我们之所以有这样的信心，是因为更多的市场才刚刚开始，即使她已经取得了快速发展和一定的规模。作者在书中介绍了几个事例，并分析了未来更加巨大的前景。我们看好物联网和位置服务结合，形成人与物、物与物相联，实现远程管理控制和智能的网络；在大众生活领域，位置服务可能进化为一种更包容、更全面的服务模式，与实体企业和用户更紧密的结合，实践“硬件软件结合、线上线下联合”的商业模式。我们期望最终实现全覆盖动态位置服务系统，实现虚拟世界与现实世界的完美融合，让世界变得更加小，人们在地球村中的生活更加惬意、潇洒、大气。

希望更多的读者能够从该书中了解我国导航与位置服务新一轮产业兴起中走过的一段探索历程，也希望我所认同的作者的一些前景分析能够对更多的企业、专家起到参考作用。

科技部国家遥感中心副主任 景贵飞

2014 年 12 月

前　　言

导航与位置服务是指基于室内外定位、移动通信、数字地图等技术，建立人、事、物、地在统一时空基准下的位置标签，为政府、行业、企业及公众用户提供随时获知所关注目标的位置及其关联信息的服务。导航与位置服务产业近年来持续保持50%以上的年增长势头，具有十分巨大的市场潜力。由于其广泛的产业关联性，应用与服务的大众化、全球化特征，以及与通信产业和移动互联网产业良好的互补性、融合性等特征，正在悄然改变着人们的生活方式，也是带动传统产业升级改造的有效途径。

随着云计算、物联网和信息处理等技术不断实现新的突破，以及移动互联网的加速发展，导航与位置服务产业站在新一轮科技革命和产业变革的门口，位置服务的技术体系和商业模式亟需创新，盈利模式有待清晰。2010年8月25日，为推动我国在全球导航与位置服务产业实现“弯道超车”，北京合众思壮科技股份有限公司发布了“位置云”战略。2011年7月28日，“中国位置”服务平台上线，位置云的“云＋端”技术体系初见端倪，“中国位置”开启了我国位置服务的云时代。中国电子学会云计算专家委员会主任委员、中国工程院院士李德毅先生指出，云计算已经成为我国信息行业当前的主旋律，正在改变每个人的生活。而其中位置服务是每个人都离不开的“接地气”的云计算，充满了机遇和挑战。

《国家中长期科学和技术发展规划纲要(2006～2020)》中明确指出，要发展我国自主的北斗卫星导航系统，构建导航与位置服务产业的基础设施。《国家卫星导航产业中长期发展规划》明确指出，卫星导航产业是由卫星定位导航授时系统和用户终端系统制造产业、卫星定位系统运营维护和导航信息服务等方面组成的新兴高技术产业。2012年8月科技部出台了《导航与位置服务科技发展“十二五”专项规划》，明确了现阶段推动导航与位置服务技术创新和产业发展的思路，并在国家高技术研究发展(863)计划“十二五”重大项目中部署了“导航与位置服务系统关键技术及应用示范”的研究工作，作者有幸作为该项目一期和二期课题负责人，通过几年来的研发和实践工作，在提高自身理论技术水平的同时，探索导航与位置服务技术体系建设、推广应用与商业运营的普遍性规律。

本书是863计划“十二五”重大项目中“导航与位置服务系统关键技术及应用示范”相关课题研究工作的总结，在写作过程中借鉴、吸收、参考了国内同行的研究成果与有益经验。由曹红杰、陈应东执笔撰写。本书第2、3、12章由曹红杰执笔撰写，第1、4～7章由陈应东执笔撰写，第8、10章由刘丹编写，第9、11章由吴丽萍编写。同时还要感谢郭旦怀博士和齐凌燕、索荣遥、卢伟、李冰等硕士研究生在资料查找与插图绘制方面的工作。本书在整理修改过程中得到周成虎院士的指教，特表示感谢。

全书共12章，由基础理论、关键技术和应用实践三部分组成。基础理论部分着重于贴近时代特点，并与我国位置服务的实际应用衔接，探求位置服务的平台理论和实现方法；关键技术和应用实践部分着重介绍国家导航与位置服务专项研究中突破的一些关键技术和应用示范。案例尽量优先取材项目研究中的实践积累。其中，第1、2章为基础理论部分，从介绍位置服务的产生发展和构成要素入手，研究位置服务平台的理论和技术架构；第3～8章为关键技术部分，论述了建设北斗导航与位置服务平台所需要的卫星导航精密定位服务技术、移动通信网络定位技术、位置服务的数据管理技术、基于位置信息的空间分析技术、智能搜索技术、终端关键技术等的应用模式和实践成果；第9～11章为应用实践部分，阐述了在交通安全监管与信息服务、公共安全、大众生活中的应用；第12章探讨位置服务的商业模式，是对位置服务应用实践的总结。全书旨在系统阐述基于位置云理论，在我国开展位置服务技术研究与实践的体会，归纳总结其原理、模式、应用状况、实例和前景。

鉴于室内外位置服务产业广泛受到全社会的关注，作者在写作过程中力求深入浅出、图文并茂，在风格上做到可读性和通俗性、专业性和趣味性相结合，普及导航与位置服务知识，同时对室内外位置服务技术体系、商业模式和行业应用进行归类划分与全方位介绍。希望本书能够对导航与位置服务产业规划、项目实施的各级领导和管理人员、各行业从事或有意开展位置服务应用的管理和技术人员、地球科学和信息科学类等专业的在校学生，以及产业链相关的从业人员、投融资人士等读者群都能有所裨益。限于作者的专业范围、技术视野和学术水平，书中错漏和不当之处在所难免，敬请读者批评指正。

目　录

第1章 位置服务基本概念

本章详细阐述位置服务的产生和发展过程，分析位置服务通用的基础体系结构并列举当前位置服务应用的热点方向。在此基础上提出实现位置服务的基本构成要素，并重点描述各种构成要素之间的关系，以及每个要素含义、组成和实现方法。

1.1 位置服务的产生与发展

1.1.1 位置服务概述

1. 位置服务定义

位置服务的英文全称是location based services，简称LBS；在国外也有人用mobile location services(简称MLS)来命名，以突出用户的移动性特点。对于LBS的定义，许多运营商、内容提供商以及学术研究人员分别从不同角度进行了描述，例如：

(1) 位置服务根据用户的即时需求和位置发布应用；位置服务是指发现移动终端地理位置并基于位置信息提供服务的能力；位置服务定义于移动商业服务，即利用用户移动终端当前位置提供信息服务。

(2) 位置服务又称定位服务，是通过移动通信网络获取移动终端用户的位置信息(经纬度坐标)，在电子地图平台的支持下，为用户提供相应服务的一种增值业务。

(3) 无线定位服务就是通过手机终端与无线网络(如GSM、CDMA)相互配合，获取用户当前的位置信息，并根据用户需求，提供个性化的位置服务信息。

(4) 位置服务是通过移动通信网络获取用户的位置信息(经纬度)，然后提供相应服务的一种增值业务。

(5) Wikipedia认为，LBS是“一种通过移动设备的地理位置和移动网络而构成的信息和娱乐服务”。

(6) GISWiki认为，LBS主要用以提供“考虑到用户各自当前位置的网络信息。这些网络信息也涉及时间以及用户个人兴趣等方面”。

(7) ISO强调LBS的服务反馈及服务属性一定要“依赖于请求服务的客户端或其他对象(人)的位置”(余涛等，2005)。

位置服务是由移动通信网络和卫星定位系统结合在一起提供的一种增值业务，通过定位技术获得移动终端的位置信息(如经纬度坐标数据)，提供给移动用户本人或他人以及通信系统使用，实现各种与位置信息相关的服务业务，实质上是一种概念较为宽泛的与空间位置有关的新型服务业务(唐科萍，2012)。

它包括两层含义：首先是确定移动设备或用户所在的地理位置；其次是提供与位置

相关的各类信息服务。如找到手机用户的当前地理位置，然后寻找手机用户当前位置附近的宾馆、影院、加油站等的名称和地址；用户请求将通过无线网络或互联网传输到服务器，服务器经过计算处理，返回相应的服务，如宾馆预定、影院购票、加油站路线导航等。所以，LBS就是借助互联网或无线网络，在固定用户或移动用户之间，完成定位和服务两大功能。

上述的位置服务主要是移动终端位置服务。事实上还存在很多固定位置源，例如商家，他们都是固定的位置，但他们也可得到基于位置的服务，知道谁从身边经过了，这些人是不是能够到自己这里来消费，消费了一些服务之后有什么感想等，所以位置服务又不仅仅只是移动位置服务，也包括固定位置服务。

2. 位置服务作用

1994年，美国学者Schilit首先提出了位置服务的三大目标：①你在哪里(空间信息)；②你和谁在一起(社会信息)；③附近有什么资源(信息查询)。这也成为了LBS最基础的内容。2004年，Reichenbacher将用户使用LBS的服务归纳为五类：定位(个人位置定位)、导航(路径导航)、查询(查询某个人或某个对象)、识别(识别某个人或对象)、事件检查(当出现特殊情况下向相关机构发送带求救或查询的个人位置信息)(张园，2011)。

使用基于位置的服务业务，移动用户可以方便地获知自己目前所处的位置，并用终端查询附近各种场所的信息，同时还可以对特定用户或组织进行定位。根据用户位置进行实时监测、跟踪，结合电子地图，实现监控与调度，以满足广大市场需要。LBS基本作用主要包括如下内容：

(1) 位置查询：通过自主输入条件，如地名、建筑物名称等来查询某个地方的位置。自主定位，即当前位置查询。用户可通过终端定位，结合电子地图清楚知道自己当前所处位置。

(2) 临近查询：按条件查询移动用户位置或固定位置临近的场所。例如以某一点为中心，查询500m范围内的银行、学校、公共卫生场所、商场、营业厅、邮局、医院、附近友人居住地方等。

(3) 信息获取：基于位置的信息服务允许用户访问与当前所处位置相关的信息服务，如交通信息、广告信息、娱乐信息等。

(4) 路线规划：包括公交路线查询、交通信息查询、步行或驾车导航等。如按最短路径查询、按换乘次数最少等条件查询路线。

(5) 信息发布：移动用户可基于当前位置将信息发布到网上。如路上堵车，用户可就当前位置发布“此处堵车”等消息，发布出去的消息自动附带具体的位置信息，供其他上线用户参考。

(6) 订购预约：如餐饮预约，LBS服务器存储了本地餐饮行业详细的空间数据，当用户想查询距离当前位置最近的餐饮店时，只要输入查询条件：就餐定位、步行、驾车、餐饮风格等。GIS应用服务器就可迅速找到用户饮食要求的最近餐饮店，并把地图数据返回到用户终端上，用户可进行网上预约。

(7) 跟踪导航：主要是对移动终端位置进行追踪。可定期查询目标移动终端的位置信息，也可以在用户要求下查询目标移动终端的位置信息。无论目标移动终端处于空闲状态或者正在进行呼叫，都可以查询位置信息。

(8) 电子围栏：为移动目标设置一个受保护的范围，通过设置的形状范围，来判断移动目标是否进入或离开围栏保护范围，从而对出入电子围栏进行报警提示。

(9) 服务推送：用户可根据自己需要开启或关闭推送服务。推送服务是主动信息服务，在这种服务方式下，服务器定点或定时向移动终端用户发送用户感兴趣的信息。

3. 位置服务的发展过程

1) 位置服务起源

20 世纪 70 年代，美国颁布了 911 服务规范，基本的 911(Basic 911)业务是要求美国通信委员会(FCC)定义的移动和固定运营商实现一种关系国家和生命安全的紧急处理业务。与我国的 110、120 等紧急号码类似，要求电信运营商在紧急情况下，可以跟踪到呼叫 911 号码的电话所在地。当时，第一代手机刚刚投入运营，移动网络不够稳定，因此 911 定位服务一般只能提供固定电话的位置。

1993 年 11 月，美国一个叫詹妮弗·库恩的女孩遭绑架之后被杀害，在这个过程里，库恩用手机拨打了 911，但是 911 呼叫中心无法通过手机信号确定她的位置。这个事件促使美国通信委员会于 1996 年推出了一个行政性命令 E911，要求强制性构建一个公众安全网络，即无论何时何地，都能通过无线信号追踪到用户的位置。

E911 公共安全网络分为有线定位网和无线定位网。有线定位网通过 ISUP 协议的有线网络实现。无线定位 E911 有两个版本：第一个版本要求运营商通过本地 PSAP (public safety answering point)进行呼叫权限鉴权，并且获取主叫用户的号码和主叫用户的基站位置；第二个版本要求运营商提供主叫用户所在位置精确到 50～300 m 范围的位置信息。无线 E911 第二版对于位置定义提出如下几种方法：

(1) AOA(angle of arrival)：指通过两个基站的交集来获取移动台(mobile station)的位置。

(2) TDOA(time difference of arrival)：工作原理类似于 GPS。通过一个移动台和多个基站交互的时间差来定位。

(3) Location Signature：位置标记，即对每个位置区域网格进行标识来获取位置。

(4) GPS：卫星定位。

此时，第二代移动通信网已经投入运营超过 10 年，网络相对成熟，无线定位的精度和可靠性都得到了加大提高。

2001 年的 911 事件让美国公众进一步认识到位置服务的重要性，因此，在实现 E911 目标的同时，基于位置服务的业务也逐渐开展起来。从某种意义上来说，是 E911 促使移动运营商投入大量的资金和力量来研究位置服务，从而催生了 LBS 市场(陈国钢，2012)。

位置服务发展的另一个基础是 WLAN 的发展。1990 年，美国电气和电子工程师协会(IEEE)成立了 IEEE802.11 WLAN 标准工作组。1997 年 6 月，由局域网以及计算机专家审定通过了 IEEE802.11(别名：WiFi)标准。该标准的制定主要是用于解决办公室局域网和校园网中的用户与用户终端的无线接入的传输数据问题，但如今对于位置服务来说，WiFi 定位已经成为一个精度较高、在定位家族中越来越重要的成员。

时至今日，室内定位的发展仍然严重依赖于移动通信网络和 WiFi 网络。

2) 国内发展

2002 年 11 月，中国移动首次开通位置服务，如“移动梦网”品牌下开发了“我在哪里”“你在哪里”“找朋友”等业务；2003 年，中国联通在其 CDMA 网络上推出“定位之星”业务，用户可以在较快的速度和较高的精度体验地图和导航类的复杂服务；随后，中国电信和中国网通也看到了位置服务的诱人前景，在“小灵通”(PHS)平台上启动位置服务业务。但是由于当时移动通信的带宽很窄、GPS 的普及率较低，最重要的是市场需求并不旺盛，所以几大运营商虽然热情很高，但是整个市场并没有像预期的那样顺利启动，在一个很长的时间内，都没有取得理想的市场效益。

位置服务虽然在消费市场没有得到承认，但是随着大家对交通安全认识的提高，位置服务却在一些专业领域逐渐得到了认可。从 2004 年开始，交通安全管理与应急联动领域逐渐引入了 GPS 与移动通信结合的 LBS 服务，各类公共运营车辆包括公交车、出租车、货运车、长途客运汽车、危险品运输车辆、内陆航运等交通运输工具上相继推出运输监控管理系统。据不完全统计，到 2007 年年底，国内已经有十几个省市实现了对出租车、长途客运汽车、危险品运输车辆的全程跟踪管理，这其中包括车辆位置跟踪、车速管理、车辆调度等，有的甚至还在车辆内部安装摄像头，实现对车辆的全程视频跟踪。而随着私家车 GPS 市场的爆发性增长，在 LBS 基础上提供车辆监控服务的厂商也不断涌现。

经过五六年的发展，国内专业领域的位置服务得到一定发展，也涌现出诸如赛格、中国卫通等较大的位置服务提供商，但是大多数提供位置服务的企业还都是小作坊式生产，多的能管理几千辆车，少的只有几百辆，而提供类似服务的企业却有几千家。正是由于这种混乱的局面，导致了这个市场存在恶性竞争、服务质量差、投诉多等问题，因此亟需能有一个或几个上规模的企业对整个行业进行重新整合，以便规范我国的位置服务市场，从而让广大用户能够真正体会到位置服务带给我们的种种便利。

3) 国外发展

美国 Sprint PCS 和 Verizon 公司分别在 2001 年 10 月和 2001 年 12 月推出了基于 GPSONE 技术的定位业务，并且通过该技术来满足 FCC 对 E911 第二阶段的要求。2001 年 12 月，日本的 KDDI 推出第一个商业化位置服务。在 KDDI 服务推出之前，日本知名的保安公司 SECOM 在 2001 年 4 月成功推出了第一个具备 GPSONE 技术、能实现追踪功能的设备。该设备也运行在 KDDI 的网络中。这一高精度安全和保卫服务能在任何情况下准确定位呼叫个人、物体或车辆的位置；在韩国，KTF 于 2002 年 2 月利用 GPSONE 技术成为韩国首家在全国范围内通过移动通信网络向用户提供商用移动定位业务的公司。加拿大的 Bell 移动公司可谓 LBS 业务的市场领袖，率先推出了基于位置的娱乐、信息、求助等服务；2003年12月，Bell移动的MyFinder业务已占尽市场先机。Bell移动还不断推陈出新，2004年9月，Bell移动发布全球首款基于GPS的移动游戏Swordfish，利用移动定位技术，把地球微缩成了一个可测量的鱼塘。

相比之下，美国移动运营商对位置服务商用业务的关注就有些逊色，他们为了满足E911的要求而焦头烂额，因此起初在位置服务的商业化上并没有投入太多精力。但是随着市场的逐渐扩展，在E911方面处于领先地位的SprintPCS推出位置服务商用服务，这项针对企业用户的服务选用了微软的地图定位服务器。Nextel则努力将位置服务业务融入其数据服务中，并将A-GPS技术应用于其网络，但大部分用户需要使用支持该技术的专用终端来享受位置服务提供的便利。据调查，大约2/3的美国用户愿意每月支付费用来获得引导驾驶的方向和位置信息。在市场的驱动下，在E911方面处于领先地位的SprintPCS在2004年9月推出了位置服务商用服务。

在欧洲，运营商应用位置服务技术已经相当丰富，服务主要是定位与导航业务，但市场表现平平。主要原因有两方面：一方面，欧洲运营商的业务内容比较单调，缺乏变化；另一方面，欧洲用户对3G数据业务的冷淡也抑制了位置服务业务的发展。

在日本，NTTDoCoMo在i-mode套餐中提供了i-Area业务，但仅限于日常信息服务。KDDI则采用GPSONE技术提供高精度的定位服务，基于高通MS-GPS系统开发的EZNaviWalk步行导航应用在日本市场大获成功，成为KDDI与NTTDoCoMo竞争的杀手级应用。除此之外，日本还有Secom等虚拟运营商来提供高精度的移动定位服务。

在位置服务业务创新方面，走在世界最前端的是韩国移动运营商。2004年7月，韩国最大的移动运营商SK电讯率先推出全球首项保障儿童安全的网络定位服务——i-Kids，用来确认孩子当前的位置和活动路径，一旦孩子的活动超出设置的范围，就会自动发出报警短信。2008年年初，GPS手机已占手机总销售量的25%以上，相关应用更是五花八门。

4）位置信息获取手段的发展

基于位置的服务中，服务系统动态获取用户位置信息的技术也有了突飞猛进的发展。一方面，位置信息获取手段从环境相对简单的室外卫星定位到环境复杂的室内无线网络定位，再到室内外一体化无缝定位都产生了巨大飞跃。在定位精度方面，目前室外定位精度最高达1米，室内定位水平精确到3米。另一方面，随着技术进步，越来越多的传感器设备可以被应用于定位技术，包括GPS、北斗、移动基站、WiFi、蓝牙等，这使得多传感器协同定位成为现实。多种传感器有机融合，充分发挥各自定位优势，使得室内外全空间定位越来越接近成熟。

5）计算模式的发展

位置服务主要以移动用户为服务对象，其计算环境主要基于移动计算环境，以移动互联网为核心平台，采用移动计算技术实现信息处理。传统以及目前大部分尚在采用的移动计算模式主要有两类："瘦"客户端/服务器的计算和服务器端的格网计算。

“瘦”客户端/服务器计算(Thin C/S)模式(如图 1-1)：Thin C/S 基本思想是客户端在获取信息时从服务器下载代码和数据，用完后丢弃；与传统的 C/S 相比，应用软件 100%在服务器上运行。利用高效的网络协议将“瘦”客户端与服务器连接起来，允许各种平台的客户端硬件通过任何一种网络去执行服务器上的应用软件，服务器端负责应用软件的运行、配置、调度和数据存储等，客户端只作为输入/输出设备，对客户端硬件配置要求较低，也因此称为“瘦”客户端。在这种模式下，位置服务把互联网作为计算中心，通过移动终端、定位网关、Web 服务器和应用服务器的协作共同完成计算。

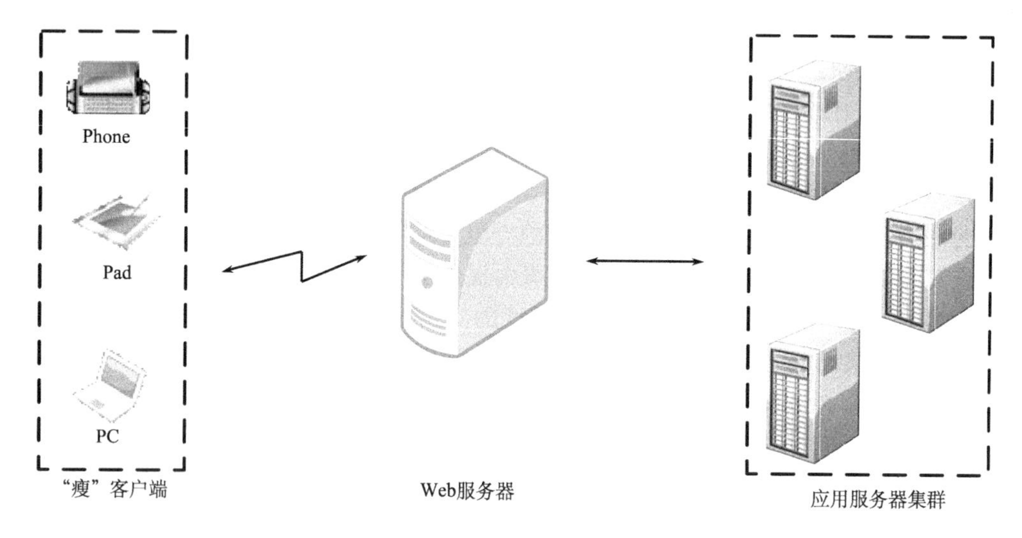

图 1-1　Thin C/S 计算模式

格网计算模式(如图 1-2)：位置服务需要在移动环境下为大量用户提供各种可能的空间信息服务，如果只依靠单个站点，无论建立多么庞大的服务器集群，其计算能力和信息量都是有限的，而且系统过于庞大还会影响到效率，管理维护也不方便。针对这一问题，便出现了格网计算模式：在 Internet 上建立各主体位置服务站点，然后把这些地理上分散的主体站点资源集成起来，形成超级计算能力，以支持移动信息服务，这种集成可以形象的用网格模型来描述，如图 1-2，基于格网计算的 Internet 可以称之为第三代因特网。传统 Internet 实现了计算机硬件的联通，Web 实现了网页的联通，而格网计算则试图实现 Internet 上所有资源的全面连通，包括计算资源、存储资源、通信资源、软件资源、信息资源、知识资源等。格网计算使移动用户在获取 LBS 内容时，感觉如同一个人使用一台超级计算机一样，而不必关心信息服务的实际来源(佘涛等，2005)。

随着互联网技术高速发展，与互联网紧密相连的位置服务用户数量以及用户参与程度迅猛增长，如何有效地为巨大的用户群体服务，让他们能够享受方便、快捷的服务，成为目前亟待解决的一个问题，“云计算模式”理念则应运而生。云计算是继 20 世纪 80 年代大型计算机到客户端-服务器的大转变之后的又一种巨变，是网格计算、分布式计算、并行计算、效用计算、网络存储、虚拟化、负载均衡等传统计算机和网络技术发展融合的产物，是一种基于互联网的计算方式。通过这种方式，共享的软硬件资源和信息可以按需提供给计算机和其他设备。典型的云计算提供商往往提供通用的网络业务应用，可以通过浏览器等软件或者其他 Web 服务来访问，而软件和数据都存储在服务器上。云计算服务通常提供通用的通过浏览器访问的在线商业应用，软件和数据可存储在数据中心(如图 1-3)(李振龙等，2012)。

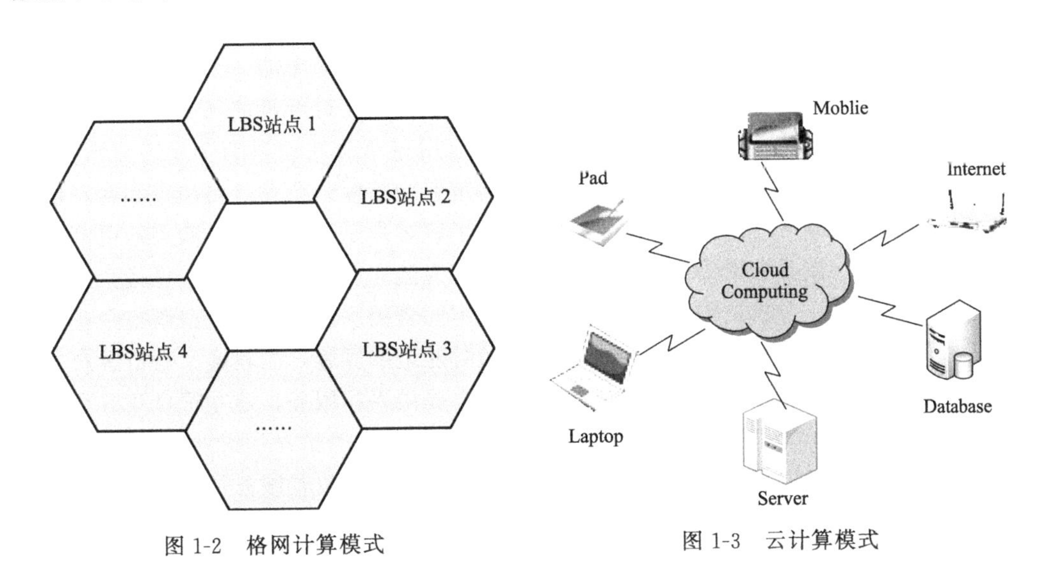

图 1-2　格网计算模式　　图 1-3　云计算模式

如果将位置服务的服务端设计为云计算工作模式，这样既有利于优势计算资源的集中，还有利于减轻客户端的开发成本和运算压力，进而以“云计算”模式为第三方公司提供服务。对于中小运营位置服务的企业来说，只要开发自己的外围服务平台，不必要花费大量的精力去开发位置服务的基础数据库，充分利用共享的云进行计算和数据处理工作，实现真正的以客户为中心以及按需响应的服务交付模式。

4. 位置服务在国民经济发展中的重要性

位置服务应用的市场包括政府市场、行业市场和大众市场。政府市场涉及城市规划、城市管理、公共安全、社会公共利益、应急救灾等。行业市场主要是以各行业、各专业部门和某些机构的需求为主，是目前应用普及的主体。2011 年《中国互联网络发展状况调查统计报告》表明，截至 2010 年年底，中国手机网民规模达到 3.03 亿，占网民总数的 66.2%。我国移动互联网市场规模达 64.4 亿元人民币，同比增长 43.4%，环比增长 23%。随着智能终端、移动互联网应用的迅速普及和免费地图、导航软件的广泛应用，互联网地图、消费电子导航以及基于个人位置服务的创意服务等大众服务需求将保持高速增长，大众市场必将成为位置服务的主体。

位置服务日益广泛深入地渗透到经济社会生活的各个领域和各个方面，在促进经济发展、改进政府管理、丰富人民群众生活等方面发挥日益重要的作用，显现出独特魅力和巨大发展潜力。位置服务不仅为广大用户带来了全新的业务体验，创造了新的产业机会，也为加快我国信息通信技术业务创新和信息化进程提供了手段和突破口。位置服务行业的产业链上每一种技术、每一个环节、每一个节点、每一种组合和每一项应用都预示着巨大的产业和商业机会，越来越多的传统行业与位置服务相结合，创造出更多的优质便捷、成本低廉的优质服务，位置服务开始逐步深入到国民经济的更深层次和更宽领域，这对于优化我国消费结构、促进经济发展模式转变具有积极意义。

位置应用服务的不断细分扩大了企业的生存空间。位置服务已经应用到生活中的方方面面，例如移动电视、广告、游戏、定位等。只要能开发其中的一个细分市场，就能有源源不断的客户，这大大扩大了企业的生存空间，从而促进经济的发展。

位置服务将改变企业的营销模式。位置服务应用将革命性地影响企业的营销模式，因为在现代营销理论中，客户满意度是一个极为重要的指标。企业日益注重和客户建立关系并保持这种关系——除了实现销售，更希望了解客户是否会有再次购买的可能。市场营销的目标之一就是创造终生客户，把交易转变为建立关系，即服务。现代企业通常要建立客户数据库，分析他们的购买行为以及对不同营销手段的反应，以调整企业的营销手段来取悦客户。位置服务保证了企业可以随时随地掌握客户的轨迹，分析客户的行为习惯，获取客户的兴趣爱好，准确快捷地为客户提供兴趣服务，建立符合双方意愿的良好关系。

从本质上改善人们的生活质量和改变人们的生活方式。位置服务可以满足客户的多元化、个性化的需求，可以使人们随时随地享受自己需要的服务，利用生活中的琐碎时间上网购物、手机搜索、手机游戏、导航定位等，大大地改善人们的生活质量。据预测，未来用户将两极化：高端用户以手机为碎片时间工具，草根用户的全部网络行为均基于手机，使人们的生活方式彻底改变，如此一来，位置服务必将做到“人人知位置，人人得服务”。

1.1.2 位置服务的基础体系结构

位置服务系统的基础体系结构划分为 5 个逻辑层次：显示层、定位层、传输层、功能层、数据层。位置服务的功能只要根据服务内容选择合适的技术进行系统集成，就可以实现位置服务。

(1) 显示层。描述移动终端上用户可以执行的操作、输出结果的表现方式等。

(2) 定位层。确定终端的空间位置是提供任何位置服务的前提条件，因此定位层的主要作用是研究移动定位技术、位置数据表示方法、定位精度对位置服务应用的影响、用户定位隐私权的保护等。

(3) 传输层。该层的主要作用是在上层和下层之间起到一种链接作用，为上下层提供端到端的、透明的、可靠的数据传输服务。传输层定义了移动终端和位置服务网站之间建立数据通信的逻辑路径、数据传输的标准、格式、加密解密方案和通信宽带等；还负责建立、管理、删除通信连接以及检测和恢复通信中产生的错误。

(4) 功能层。功能层是位置服务的核心层次，主要功能是：接受传输层上传的客户

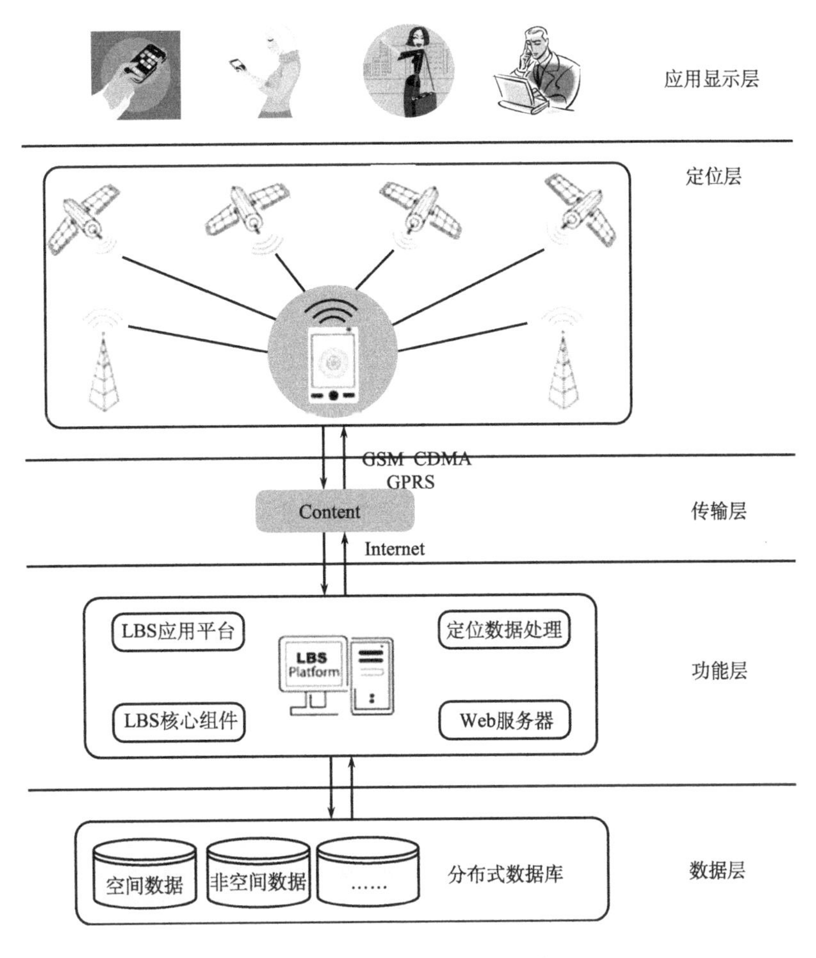

图 1-4　位置服务的体系结构

端请求，根据数据通信协议打包并通过传输层发送客户所要求的空间数据；与数据层进行交互，通过数据管理系统获得、修改、增加空间数据；进行复杂的空间分析运算和事务处理，功能层的应用服务器应提供形式多样的有关空间信息的专用服务，如空间定位、查询、空间邻近分析、最优路径分析、物流配送等；用户的身份验证和权限控制，个性化服务非常重视对用户隐私的保护；负责位置服务网站建立，对站点资源的全面管理和维护。功能层的系统资源主要有网关、Web 服务器、各种具有特殊计算功能的应用服务器以及安装在服务器上的软件。

(5) 数据层。该层为功能层的分析运算提供数据支持。位置服务数据可归纳为两种类型：与空间位置相关的数据，在现实生活中约 80%的数据都与空间位置相关，如位置、距离等。与空间位置无关的数据，如姓名、年龄等只占 20%。数据层的内容涉及数据共享、数据管理、数据安全等方面。

1.1.3 位置服务应用

在移动互联网大发展的趋势下，各类应用在蓬勃发展，特别是嵌入了位置服务功能的应用后，更实现了爆发式增长，微信、微博、移动阅读、移动游戏等应用为百姓生活提供极大的便利。通信运营商、地图厂商、软件开发商、终端厂商等整个产业链中的众多参与者都积极投入其中，大力推进位置服务以及应用。目前，位置服务在手机导航、社交娱乐、智能汽车、交通行业、医疗定位、物流监控等行业都有了广泛的应用。由于应用众多，本书仅列举部分应用进行说明。

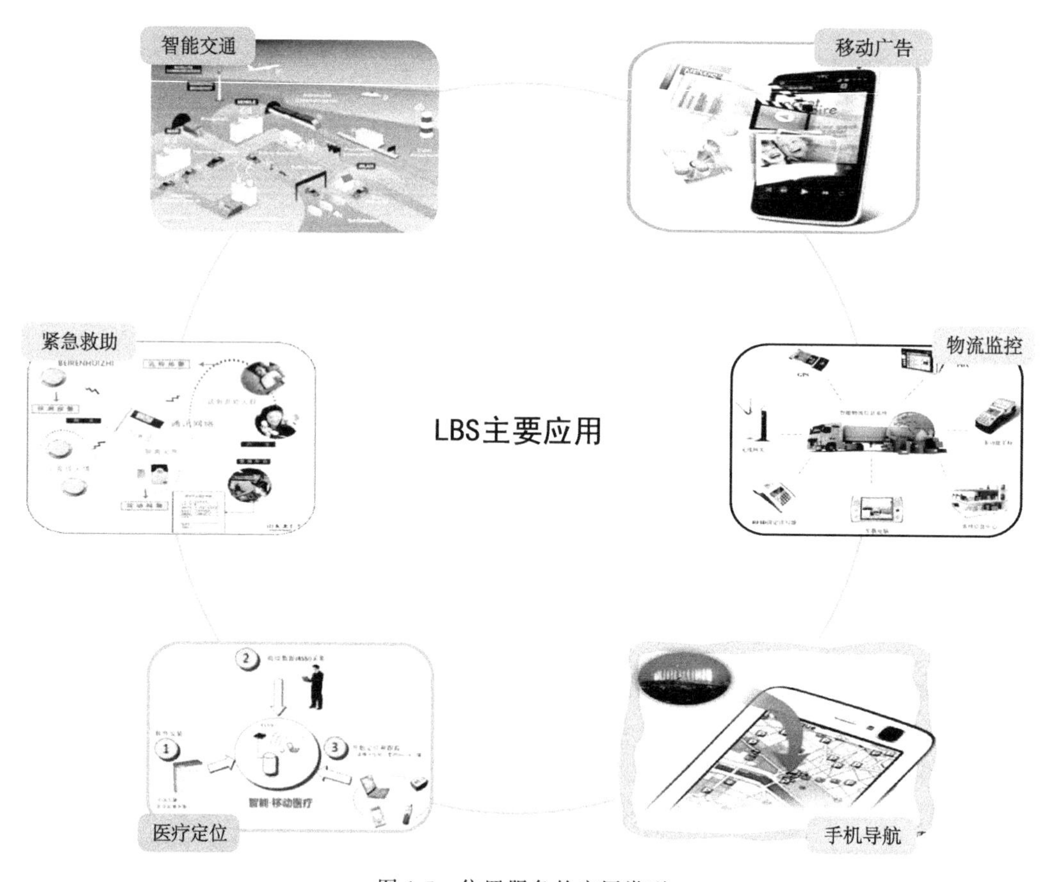

图 1-5 位置服务的应用类型

1. 手机导航

基于手机导航的位置服务，不仅是电子地图，还包括实时路况、3D 地图、实时天气、在线导航和周边资讯等多种增值信息服务。基于手机导航的位置服务目前边界较宽泛，如可向用户提供周边搜索查询服务，可向用户提供同城交友服务，可与即时通信相结合提供陌生人的沟通和交友服务，甚至还可与移动支付相结合，实现各类实体商品和服务的预约和支付等。

2. 社会性网络服务

基于位置的社会性网络服务(location based social network service，LBSNS)其核心是 LBS，通过整合移动互联网和互联网的无缝网络服务，帮助用户寻找朋友位置和关联信息，同时激励用户分享位置等信息内容。位置服务为用户信息增加新的标记维度，LBSNS 通过时间序列、行为轨迹和地理未知的信息标记组合，帮助用户与外部世界创建更加广泛和密切的联系，增强社交网络与地理位置的关联性。

3. 智能救助

智能救助类业务属于典型的面向个人的定位业务，此类业务早在 2002 年左右就已经在国内商用。智能救助业务主要是面向公众中的特殊群体，如为孤寡老人、空巢老人等人群外出提供应急救助。小学校园也是这一业务开拓的重要市场，如帮助家长和老师实时定位孩子是否到校、在哪里，如果发生紧急情况，可以提供紧急救助。

4. 智能交通

智能交通涉及的范围很广，其中典型应用有智能公交和智能出租车。智能公交是在定位服务的基础上，将各种应用添加到一个大的平台之上。如根据定位信息公交调度监控管理体系可生成最优化的行车计划，调度车辆和管理车辆；根据实时定位信息，公交调度监控管理体系也可根据预先设置好的各种数据和库中的行车状况，向车辆发出调度指令，如加速、慢行、绕道或发车等。智能出租车的主要目的是实现出租车的智能监控和调度，如目前市场上的滴滴打车和快的打车软件。

5. 智能医疗定位

智能医疗定位是一项极具商用前景的定位业务，可帮助运营商绕过复杂的医疗信息化体系，直接发挥自己的网络优势，面向最终用户提供服务。通过用户携带的手机或瘦终端，医疗调度中心可实时定位到患者的所在位置，甚至可以实时了解到患者的信息，调度距离患者最近的救护车；而接诊医生也可以通过救护车实时发回的病患体征信息，与救护车进行视频通话，指导急救，可因此缩短急救时间、提高急救成功率。

6. 物流监控

在物流过程中应用位置服务技术，不仅可以有效地组织资源、实时监控，对物流中商品的实时信息也能得到及时反馈。通过这种手段，可以节约企业的管理成本，提高物流效率。例如，物流监控系统可将现代通信技术与卫星定位技术有机地结合在一起，由 GPS 实时地取得车辆的位置信息，并通过无线通信通道发送给监控中心，监控中心在电子地图上动态地显示商品的运输路径。该监控系统不但可以确保商品的及时交付，还提高了车辆的使用效率。

7. 广告促销

结合位置服务，企业能够掌握六大方面的营销机遇，包括客户信息平台、口碑传播平台、产品促销平台、体验营销平台、忠诚客户平台、事件营销平台。此外，随着近几年团购服务的火爆，“团购＋位置服务＋开放平台”未来将成为一种全新的应用趋势。

1.2 位置服务的主要构成要素

位置服务是建立在定位基础上的服务，其工作原理是用户终端采用卫星定位(定位信号)、室内定位设备等手段获取用户定位信息，并实时地把定位信息通过通信网上传至服务器与空间基础数据匹配产生位置信息；服务器根据用户发出的服务请求做出响应，并把响应的服务信息(如地图、文本等)通过通信网络发布至用户终端。位置服务包含三个主体因素：一是定位信号；二是空间位置；三是服务信息。三个层面互为补充，并具有明显的层次关系。位置服务信息流程图如图 1-6 所示。

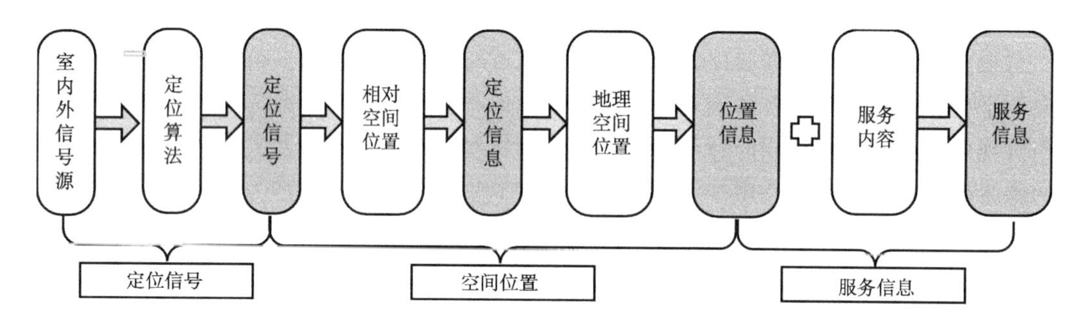

图 1-6 位置服务信息流程图

由上述信息处理工作流程可知，构成位置服务的要素主要有四个：定位信号、定位信息、位置信息以及服务信息。

1.2.1 定 位 信 号

位置服务定位信号，包括室外定位信号和室内定位信号。室外定位信号主要是指全球卫星导航定位系统(GNSS)：GPS、GALILEO、GLONASS 和北斗导航系统。室内定位信号主要指室内无线定位技术：WiFi 无线定位、ZigBee 无线传感器定位、RFID 定位、UWB 和蓝牙定位等。

1. 室外定位信号

1) GPS 定位系统

GPS(global positioning system，全球定位系统)是美国于 1973 年开始，最初以军

事应用为目的，随着现代航天及无线通信科学技术的发展建立起来的一个高精度、全天候、全球性的无线导航定位定时的多功能系统。GPS的整个系统由空间部分、地面控制部分和用户部分所组成。空间部分是由24颗GPS工作卫星所组成，这些GPS卫星共同组成了GPS卫星星座，其中21颗为可用于导航的卫星，3颗为活动的备用卫星。这24颗卫星分布在6个倾角为55°的轨道上绕地球运行，卫星的运行周期约为12恒星时。每颗GPS工作卫星都发出用于导航定位的信号，GPS用户正是利用这些信号来进行工作的。

GPS的控制部分由1个主控站、5个监测站和3个注入站组成。主控站作用是根据各监控站对GPS的观测数据，计算出卫星的星历和卫星钟的改正参数等，并将这些数据通过注入站注入到卫星中去；同时它还对卫星进行控制，向卫星发布指令，当工作卫星出现故障时，调度备用卫星，替代失效的工作卫星工作，主控站也具有监控站的功能。监控站的作用是接收卫星信号，监测卫星的工作状态；注入站的作用是将主控站计算出的卫星星历和卫星钟的改正数等注入到卫星中去。

GPS的用户部分由GPS接收机、数据处理软件及相应的用户设备所组成。GPS接收机可以捕获到按一定卫星高度截止角所选择的GPS卫星信号，跟踪这些待测卫星的运行轨迹，并对信号进行交换、放大和处理，再通过相关设备和软件，根据待测卫星瞬时坐标来确定GPS接收机的空间三维坐标(如图1-7)。

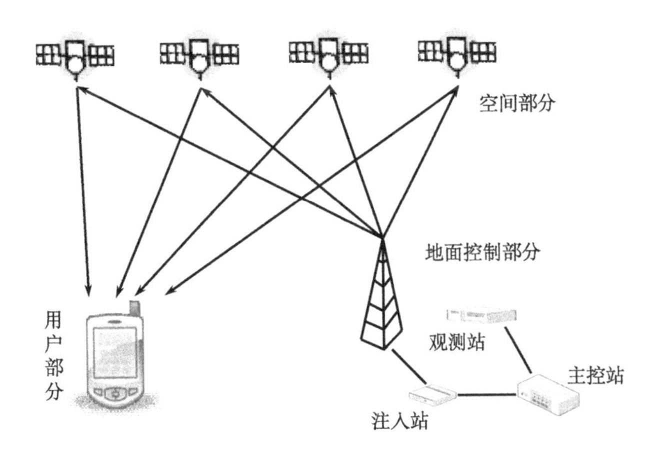

图1-7　GPS系统工作原理图

GPS定位方法分为单点定位和相对定位两种。前者用于实时确定运动载体在地球参考系中的位置，定位精度为百米以内；后者通过多机同步作业，用以确定各测站间相互关系，经过一定时间的观测，利用数据后处理软件进行数据处理，其相对定位精度优于10^{-6}。

GPS观测值是某一时刻未知测站坐标、卫星坐标、钟差、相位整周模糊度及各种延迟的函数：

$$\rho_i = f(X_T, X_S, \Delta t, N, \varepsilon)$$

式中：ρ_i——某观测值；X_T——测站位置参数；X_S——卫星位置参数；Δt——钟差参

数；N——整周模糊度；ε——其他延迟及误差。

在实际应用中，除可获取上述各种观测值外，还可得到卫星星历。卫星星历包含了用以确定各卫星位置的参数、卫星钟差修正及其他改正信息。由此可确定某一时刻的卫星坐标及相应的钟差改正。因此在上述观测方程中，测站坐标、接收机钟差和整周模糊度为实际待定参数。

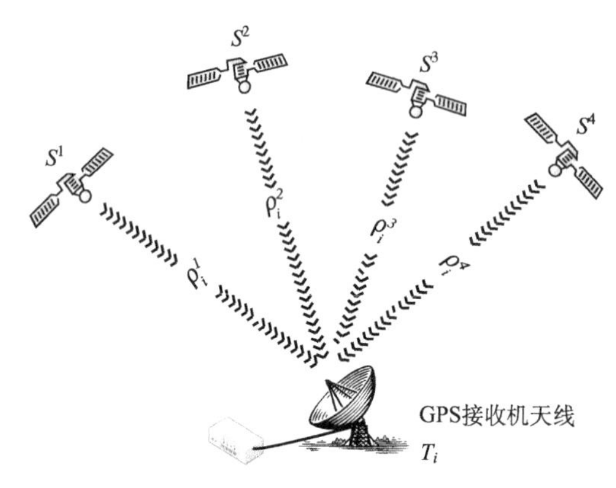

图 1-8 GPS 单点定位原理图

单点定位又叫绝对定位，利用 GPS 确定用户接收机天线相位中心在 WGS-84 中的绝对位置，它主要用于导航领域和大地测量中的单点定位方面，以 GPS 卫星和用户接收机天线之间的距离——伪距的观测量为基础，通过卫星星历计算出相应时刻的卫星瞬时坐标、建立观测方程来解算用户接收机天线相位中心所对应的观测站坐标。原理如图 1-8 所示。

在上面介绍观测方程时已经说明过，每一方程中只有 3 个测站位置参数、1 个接收机钟差和整周模糊度参数，而只有利用载波相位观测值才存在整周模糊度参数。对利用伪距进行单点定位时，同一时刻只有 4 个待定参数。只要同时观测 4 个卫星信号，即可建立起相应的方程组：

$$\rho_i^j = f(X_{\mathrm{T}}, X_{\mathrm{S}}^j, \Delta t) \qquad (j = 1,\ 2,\ \cdots,\ j \geqslant 4)$$

解算该方程组可得到测站 i 的位置参数和相应时刻的接收机钟差。因此，只要同时保持 4 个以上的卫星观测值，即可进行单点定位。

相对定位是对绝对定位的一种补充。利用 GPS 进行绝对定位时，其定位精度将受到卫星轨道误差、钟同步误差及信号传播误差等因素影响，尽管其中一些系统误差可以通过模型加以削弱，但其残差仍然不可忽略。受其影响目前绝对定位精度只能达到米级，难以满足高精度定位要求。

GPS 相对定位是多台接收机同步观测相同的 GPS 卫星，以确定各接收机所在测站间地球坐标系中的相互关系。因为在一定距离范围内，卫星的轨道误差、卫星钟差、接收机钟差以及电离层和对流层的折射误差等对观测量的影响具有一定的相关性，利用这些观测量的不同组合进行相对定位，便可有效地消除或减弱上述误差的影响，从而提高相对定位的精度。其定位方法见图 1-9。

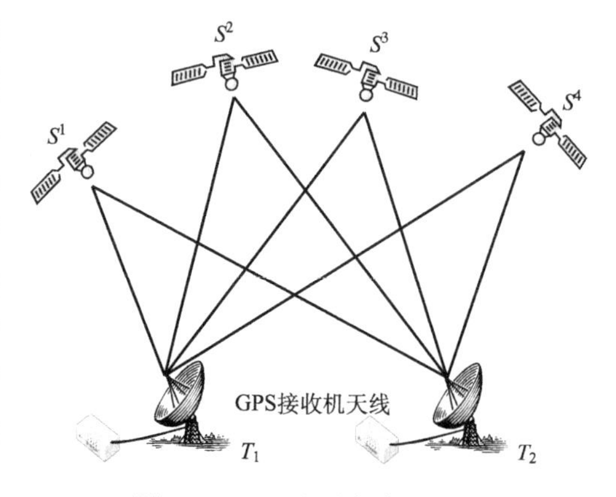

图 1-9 GPS 绝对定位原理图

2）北斗定位系统

北斗卫星导航系统是中国自行研制开发的区域性有源三维卫星定位与通信系统，是继美国的全球定位系统(GPS)、俄罗斯的 GLONASS 之后第三个成熟的卫星导航系统。北斗卫星导航系统由空间端、地面端和用户端三部分组成。空间端包括5颗静止轨道卫星和30颗非静止轨道卫星。地面端包括主控站、注入站和监测站等若干个地面站。北斗定位系统不仅具有导航功能，而且具有通信的功能。北斗定位系统在国土安全、经济安全、技术发展以及产业发展都有重要意义(韩逸飞，2013)。

3）GLONASS 定位系统

格罗纳斯(GLONASS)是由苏联、俄罗斯军方负责研制的军民两用全球导航定位卫星系统。作为苏联第二代卫星导航系统，“格罗纳斯”以苏联第一代卫星导航系统 CICADA 为基础，并吸收了美国 GPS 系统的部分经验。其主要作用是对军事目标、各类民用交通运输工具实现全球、全天候的实时导航与定位；附加任务有大地测量、海洋地理勘测制图、土地规划、矿产资源开采、渔业捕捞等；另兼顾一些科研任务。该系统由俄航天兵卫星试验和控制中心加以操控，整套系统由空间卫星子系统、地面监测与控制子系统、用户终端设备三个基本部分组成。

4）GALILEO 定位系统

伽利略定位系统(Galileo positioning system)是欧盟一个正在建造中的卫星定位系统，有“欧洲版 GPS”之称，也是继美国现有的全球定位系统 GPS 及俄罗斯的 GLONASS 系统外，第四个可供民用的定位系统。伽利略系统的基本服务有导航、定位、授时；特殊服务有搜索与救援；扩展应用服务系统有在飞机导航和着陆系统中的应用、铁路安全运行调度、海上运输系统、陆地车队运输调度、精准农业。2010年1月7日，欧盟委员会称欧盟的伽利略定位系统将从2014年起投入运营。

5）辅助全球定位系统

通过加入网络辅助技术，辅助全球定位系统(A-GPS)从 GPS 中发展而来。和 GPS 相比，A-GPS 加入了一个额外的网络服务器。这个网络服务器辅助用户处理 GPS 数据。首先，网络服务器从卫星上接收叫做“卫星星历”的 GPS 数据，并将这些数据传送给移动设备。网络服务器并不对这些数据进行解码，而是授予时间度量。这个工作使时间有实质上的差异。根据这个差异，用户的位置可以被确定。因为移动设备分了一部分定位工作给网络服务器，一般来说，A-GPS 比传统的 GPS 定位更快。因为花费在定位上的时间要少一些，所以 A-GPS 没有 GPS 那么耗电。这对于基于位置的服务来说，是一个十分重要的优点。

6）小区识别码

小区识别码是第一种使用在无线环境中定位的方法。无线网络被分割成许多蜂窝状的区域，每一个蜂窝区域由一个基站覆盖。在一个有若干个蜂窝区域组成的范围内，用户被分成若干个部分，每个基站独立操作在蜂窝区域范围内的用户信息。当用户在哪个蜂窝区域确定的时候，用户的位置也就确定了。

7）无线网络模块定位技术

无线网络模块定位技术又称为 WiFi 定位技术，用于室内定位和室外定位。随着无线网络的发展，越来越多的 WiFi 热点分布在公共区域里，如飞机场、火车站、大型商场等。这些热点都可以作为 WiFi 定位技术的接入点。WiFi 定位技术通常利用位置指纹的方法实现定位服务。

2. 室内定位信号

室内定位主要采用无线定位技术。目前室内无线定位技术主要采用的是 WiFi、ZigBee、RFID、蓝牙、红外线、超声波、超宽带等定位技术。通过计算定位的位置点与已知的相关地物点的角度、距离等参数，推得室内需定位点的位置信息(谢代军，2013)。

1）WiFi 定位技术

无线局域网络(WLAN)是一种全新的信息获取平台，可以在广泛的应用领域内实现复杂的大范围定位、监测和追踪任务，而网络节点自身定位是大多数应用的基础和前提。通过 WiFi 定位技术进行室内定位的方案主要是把发送 WiFi 信号的设备作为已知点，而计算未知点与已知点的距离参数，从而解算需定位点的周边位置。

采用 WiFi 定位技术进行室内定位的主要优势在于：日益普及的 WiFi 热点，以及慢慢成熟的 WiFi 使用习惯。而 WiFi 定位技术的劣势在于：WiFi 定位技术总是依赖于某一个对定位点相对路径短的节点设备，如果在室内，总是存在错层的问题。同时，WiFi 定位技术对距离远近要求较高，在 100m 范围内如果没有遮挡物，一般可以搜索到信号，但如果出现遮挡物，这个距离就要大打折扣，因而其传输距离也是一个显而易见的问题。

2）ZigBee 技术

ZigBee 技术是一种新兴的低速率、短距离无线传感器网络技术，它有自己的无线电标准。数据通过无线电波以接力的方式从一个传感器传到另一个传感器，数千个微小的传感器相互通信、相互协调实现定位。ZigBee 网络通信效率非常高而且传感器能耗很低。ZigBee 的技术特点是低功耗、低成本、短时延、高容量、高安全。

3）RFID 技术

RFID 即射频识别技术，是一种通过射频信号非接触自动识别目标对象并获取相关数据的技术。系统模型包括待测目标、信息中心、阅读器、电子标签等部分。与传统的定位技术相比，RFID 技术的优点体现在：非接触式操作、应用简单方便；非视距传播；反应灵敏，可以在几毫秒的时间之内获得厘米级别的定位精度信息；环境适应性强，传输范围大，可对多目标进行定位；安全性高。RFID技术在读写距离、大量数据存储、功能扩展等方面存在一定问题，对于长距离识别的有源RFID系统为了增加通信距离和增强抗干扰性，需要在发射天线上增大发射功率，但是会增加系统成本，同时在一定程度上降低系统安装和使用的灵活度。RFID不具有通信功能，不能整合到其他系统中，存在局限性。

4）蓝牙技术

蓝牙技术是爱立信、诺基亚以及IBM公司在1998年率先推出的，是一种低功耗、短距离的无线传输技术，主要用于通信和信息设备的无线连接。基于蓝牙技术的定位是通过测量信号强度进行的。蓝牙设备体积小、易于集成，所以该技术容易普及推广。采用该技术进行室内短距离定位时，视距不会对信号的传输造成影响，发现设备相当容易。该技术的缺点是蓝牙设备的成本较高，传输距离较近；而且在复杂的空间环境中，蓝牙系统易受噪声信号干扰，稳定性较差。

5）红外线技术

利用红外线进行室内定位的原理是，由红外线标识一端向外发射出红外射线，该射线是经过调制之后的，然后被固定在室内某处的光学传感器接收器接收，根据光线感应来对目标进行定位。由于点对点可视定位使得红外线具有很高的定位精度，同时也由于光线直线传播而且不能穿透障碍物导致该方法只适合于视距传播。直线视距和传输距离较短是红外线定位方法的两大主要缺陷。当红外线传输过程中受到遮挡物遮挡时就不能进行有效的定位，同时需要在多处安装接收天线，造价比较高，另外容易受到自然光或者房间内其他灯光干扰，这些因素使得其在精确定位上存在很大的局限性。

6）超声波定位技术

超声波定位技术大都采用反射式测距法，即发射超声波并接收由被测物产生回波，根据回波与发射波的时间差计算出待测距离，有的则采用单向测距法。由于超声波以较低的速度传播(343 m/s)，因此使用超声波进行室内定位可以获得较高的定位精度。此外超声波定位设备相对而言比较简单而且价格低廉。但是超声波无法穿透墙壁和一些障碍物，而且在室内会存在多径反射现象。超声波的性能还会随温度而产生比较大的变化。

7）超宽带技术

超宽带技术UWB通过发送和接收具有纳秒和纳秒级以下的极窄脉冲来传输数据，是一种全新的通信技术。与传统的窄带系统相比，UWB具有穿透能力强、安全性高、系统复杂度低等优点。但是UWB占用带宽大，很容易对其他无线电系统造成干扰，因此，各国对UWB发射功率有严格限制。此外，UWB的技术协议现在没有一个统一的标准，造成用户开发UWB系统的不便和系统后期维护改进的困难。

1.2.2 定位信息

定位信息即通过对信号的跟踪、锁定、测量、定位解算等方法过程而获取的对象位置信息，包括用户终端位置信息和用户本体信息。

移动终端的位置由具体的定位技术和定位系统获得，由于定位信号的多源化，使得终端位置数据具有多源性。由上一节所述的定位信号可知，移动定位技术不止一种，每一种定位方式都有自己的特殊性。例如室外卫星定位系统、室内专用无线网络定位技术等采用的定位技术、适用场合、覆盖范围、定位精度和准确度、定位信息的表达方式等都不尽相同。另外，不同的移动定位应用对定位信息的要求也不同：需要的定位信息可能是物理的或抽象的、相对的或绝对的，需要的定位精度和准确度也不一样。

室外定位信息中的终端位置为绝对位置，初始位置信息一般包括终端身份识别信息(如终端 MAC 地址)、信号源类型标志、经纬度坐标、方向、速度等数据。室内定位产生的位置信息一般为相对位置信息，与室外定位信息相比较，除了位置坐标为相对坐标以外，其他信息类似。

1.2.3 位置信息

位置服务的核心是位置和地理信息，两者相辅相成，缺一不可。位置服务应用并不在意被定位目标的绝对位置或具体坐标，而对位置间的相互关系更感兴趣，诸如："我附近有什么""我怎么从这里去那个地方"之类的问题极为普遍。所谓的位置信息即定位信息与地理信息的增量化融合后生成的供用户层应用的综合信息。地理信息数据用于位置服务中，加大了位置服务数据库的信息量，与位置数据整合以后，使得位置数据更有实际意义和应用价值。例如，地理信息与定位信息中的用户信息融合，提取用户轨迹、兴趣等信息，构成用户上下文信息，方便实时、准确地为用户提供感兴趣的服务信息。

基础地理信息(geo-spatial information)是指具有基础性、普适性和共享性的地理信息，主要描述和表达地形、地物、境界等地表物体的空间分布、相互关系及随时间的变化等，是各种信息的空间定位和空间分析的统一基础，主要有数字线划图(DLG)、数字正射影像(DOM)、数字高程(DEM)、大地测量控制、地名数据、元数据等几种。具有下述三个重要特征：

(1) 空间位置特征。地理空间数据包括指明地物在地理空间中的位置，它有两层含义：第一层含义是地物本身的地理位置，位置通常用某种地理坐标(x,y,z 或经纬度、高程等)或其组合来表达，也可用相对其他参照系或地物的位置来描述；第二层含义是多个地物之间的位置相互关系或空间关系，如地物之间的距离、相邻、相连和包含关系等。

(2) 属性特征。除空间位置以外，地理空间数据还包括描述地物自然或人文属性的定性或定量指标的成分。例如，表述一个城镇居民点，若仅有位置坐标(x,y)，那只是一个几何点，要构成居民点的地理空间数据，还需要其经济、社会、资源和环境等属性数据。

(3) 时态特征。时态特征指地理数据采集或地理现象发生的时刻或时段。同一地物的多时段数据，可以动态地表现该地物的发展变化。时态数据可以按时间尺度划分为短期、中期、长期和超长期等类型。

由于基础地理信息具有基础性、普适性等特点，其不仅准确描述了各种自然现象、人工构筑物的空间分布、形态特征和相互关系，而且通过不同时期的数据资料真实记载了地表的变化情况。这为人们认识和研究现实世界提供了重要的信息资源和知识储备，成为资源调查、环境监测、生态研究、空间探索等不可或缺的重要基础，在行政管理、经济建设、国防建设、人民生活、科学研究、文化教育等领域发挥着重要作用。

基础地理信息为位置服务系统的空间定位和空间分析提供了统一的基础，为各种信息空间定位和整合提供了统一的空间载体和平台。首先，特定区域内基础地理信息统一规范的平面坐标系统、高程基准、参考椭球模型和投影系统等为位置服务过程中所有与地理空间位置有关的信息提供了时空定位基准，是多源空间数据无缝连接的重要保障。其次，数字地图和影像等地理信息为位置服务过程中出现的各类图形、图像、文本、视频、音频信息的地理定位、嵌入或配准提供了 2 维或 3 维的空间载体，使用户能够按照地理坐标或空间位置集成、检索、展示所关心的资源、环境、生态和社会、经济信息。此外，基础地理信息还为位置服务用户判定方位、测量距离、认识地形等提供了重要的科学工具，为进行空间分布特征、运行状态、变化态势等的分析模拟提供了平台。

1.2.4　服务信息

服务信息是位置服务过程中，在获取用户基础定位信息基础上，结合地理信息系统计算获得位置信息以后，提供给用户与位置相关的服务性信息。位置服务信息的特点包括两方面：其一，服务信息由位置服务系统智能地提供；其二，无论是普通用户还是专业人员，无论是在移动终端、便携式计算机，还是在台式计算机上都能在任何时刻、任何地点获得有关的位置服务信息。

根据当前位置服务的应用领域，已经能被大众感受并影响到生活的位置服务项目类型，可以将信息服务大概可分为四类。

1. 休闲娱乐型

1) 签到模式

国外主要以 Fouroquarc 为主，还有同类服务 Gowalla、Whirl 等；国内则有嘀咕、玩转四方、街旁、开开、多乐趣、在哪等十几家。该类信息服务基本特点有：用户需要主动签到以记录自己所在的位置；通过积分、勋章以及领主等荣誉激励用户签到，满足用户的虚荣感；通过与商家合作，对获得的特定积分或勋章的用户提供优惠或折扣的奖励，同时也是对商家品牌的营销；通过绑定用户的其他社会化工具，以同步分享用户的地理位置信息；通过鼓励用户对地点(商店、餐厅等)进行评价以产生优质内容。

该模式的最大挑战在于要培养用户每到一个地点就会签到的习惯。其商业模式比较明显，可以很好地为商户或品牌进行各种形式的营销与推广。国内比较活跃的街旁网现阶段则更多地与各种音乐会、展览等文艺活动合作，慢慢向年轻人群推广与渗透，积累用户。

2) 大富翁游戏模式

国外的代表是Mytown，国内则是16Fun。主旨是游戏人生，可以让用户利用手机购买现实地理位置里的虚拟房产与道具，并进行消费与互动等将现实和虚拟真正进行融合的一种模式。这种模式的特点是更具趣味性、可玩性与互动性更强，比签到模式更具黏性。但由于需要对现实中的房产等地点进行虚拟化设计，开发成本较高，并且由于地域性过强导致覆盖速度不可能很快。在商业模式方面，除了借鉴签到模式的联合商家营销外，还可提供增值服务，以及类似第二人生(second life)的植入广告等。

2. 生活服务型

1) 周边生活服务的搜索

以生活信息类网站与地理位置服务结合的模式，代表有大众点评网、台湾的“折扣网”。主要体验在于工具性的实用特质，问题在于信息量的积累和覆盖面需要比较广泛。

2) 与旅游的结合

旅游具有明显的移动特性和地理属性，位置服务和旅游的结合十分切合。分享攻略和心得体现了一定的社交性质，代表是“游玩网”。

3) 会员卡与票务模式

实现一卡制，捆绑多种会员卡的信息，同时电子化的会员卡能记录消费习惯和信息，充分地使用户感受到简捷的形式和大量的优惠信息聚合。代表是国内的“Mokard”(M卡)，还有票务类型的“Eventhee”。这些移动互联网化的应用正在慢慢渗透到生活服务的方方面面，使我们的生活更加便利与时尚。

3. 社交型

1) 地点交友，即时通信

不同的用户因为在同一时间处于同一地理位置构建用户关联，代表是“兜兜友”。

2) 以地理位置为基础的小型社区

地理位置为基础的小型社区，代表是“区区小事”。

4. 商业型

1）位置服务＋团购

两者都有地域性特征，但是团购又有其差异性，如何结合？美国的 Group Tabs 给我们带来了新的想象：GroupTabs 的用户到一些本地的签约商家，比如一间酒吧，到达后使用 GroupTabs 的手机应用进行签到。当签到的数量到达一定数额后，所有进行过签到的用户就可以得到一定的折扣或优惠。

2）优惠信息推送服务

Gctyowza 为用户提供了基于地理位置的优惠信息推送服务，Getyowza 的盈利模式是通过和线下商家的合作来实现利益的分成。

3）店内模式

ShopKick 将用户吸引到指定的商场里，完成指定的行为后便赠送其可兑换成商品或礼券的虚拟点数。

位置服务的本质是“位置＋服务”。在位置方面，涉及获取固定或移动目标位置及其属性的传感器，位置信息上传下发的无线网络或互联网与存储、计算、处理的服务器架构，以及位置信息空间展示的地理信息系统等。在服务方面，涉及定义服务对象的双边市场，实现服务的移动客户端软件，以及合作共赢的收费模式等。

随着现代电子技术和信息技术的发展，获取、处理和展示位置信息已普及和成熟，但在服务方面确实一个方兴未艾的新兴市场。

参考文献

陈国钢. 2012. 基于室内移动位置服务技术的图书馆服务策略探究[J]. 图书馆建设，(10)：42-44.

程彩凤，林德树. 2009. 云计算在 LBS 系统中的应用研究[J]. 福建电脑，(12)：54-56.

韩逸飞. 2013. 北斗组合定位技术概论[J]. 电子技术应用，(12)：9-11.

李振龙，徐剑平. 2012. 基于云计算的位置服务平台建设研究[J]. 地理信息世界，(1)：69-79.

刘衡萍. 2007. 移动定位服务应用发展现状分析[J]. 通信世界，(34)：51-52.

柳林，张继贤，唐新明，等. 2007. LBS 体系结构及关键技术的研究[J]. 测绘科学，32(5)：144-146.

陆亚峰，楼立志，马绪瀛，等. 2013. 北斗与 GPS 组合伪距单点定位精度分析[J]. 全球定位系统，38(6)：1-6.

彭丽琼. 2011. 移动互联网发展对我国经济的影响[J]. 中共乐山市委党校学报，13(1)：70-73.

唐科萍. 2012. 基于位置服务的研究综述[J]. 计算机应用研究，29(12)：4432-4436.

王明才，姚承宽. 2009. 位置服务在我国的应用与发展[J]. 河北师范大学学报，33(5)：51-52.

谢代军. 2013. 无线局域网室内定位技术研究[D]. 解放军信息工程大学硕士学位论文.

姚承宽. 2009. 浅谈我国位置服务(LBS)业的发展[C]. 2009 全国测绘科技信息交流会暨首届测绘博客征文颁奖论文集，08.

余涛，余彬. 2005. 位置服务[M]. 北京：机械工业出版社，3-30.

张园. 2011. 移动位置服务应用发展研究[J]. 信息通信技术，43(2)：42-46.

第2章　位置服务平台

本章从我国导航与位置服务产业链分析中，提出位置云的理论基础，设计出基于位置云技术的"中国位置"总体架构，并详细介绍北斗导航与位置服务公共平台建设内容和方案。

2.1　位置服务平台的提出

2.1.1　导航与位置服务产业链

导航与位置服务产业链由定位信号提供商、内容提供商、地图提供商、位置信息集成商、位置服务提供商、终端制造商和各类用户组成，如图2-1所示。

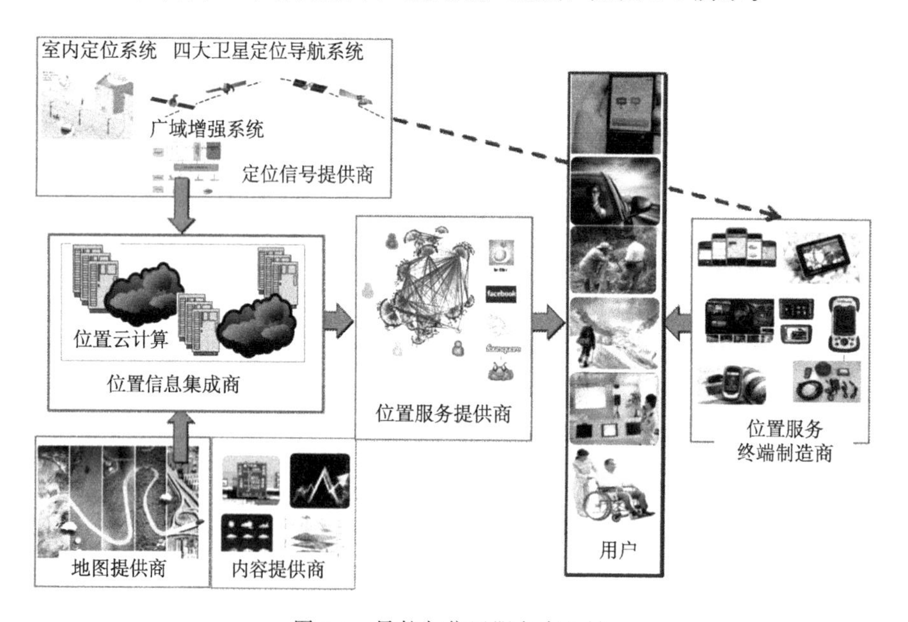

图2-1　导航与位置服务产业链

在导航与位置服务产业中，政府起到定位信号提供商的作用，美国的GPS系统、中国的北斗系统、俄罗斯的GLONASS系统、欧盟的Galileo系统以及北美的广域增强系统(WAAS)、欧洲静地卫星导航覆盖服务(EGNOS)、各国及区域的连续运营参考站(CORS)系统，以及我国正在建设的羲和系统等，都是通过星基或地基的方式，提供导航或增强导航信息。这些日益丰富的卫星导航系统是导航与位置服务产业的基石，也是产业发展的源动力。

地图提供商、内容提供商、终端制造商是支撑导航与位置服务产业发展的重要组成部分。地图提供商是内容提供商的一个分支，这里将地图提供商与内容提供商分开表述，仅仅是出于专业资质等方面的考虑。在实际应用中，各种导航与位置服务的内容，如实时交通路况、实时天气信息、商家折扣信息等，已经越来越离不开空间信息的支撑，随着位置服务产业的发展，两者密不可分，单纯的地图或内容提供商难以生存。因此，在空间信息技术领域催生出全息地图的概念；在商业领域，地图提供商与内容提供商的兼并重组非常普遍。同时，终端制造商也在悄然发生变化，其两大特点是：①行业界限越来越模糊，大量通信、计算机、汽车电子厂商涌入导航与位置服务产业，在促进产业迅速增长的同时，也诞生出种类繁多的终端类型，产品性价比提高，大众应用普及；②传统的导航产品终端制造商向更加专业的领域发展，如高精度机械控制、野外实时数据采集、移动资产管理等，有可能催生出新兴的导航与位置服务市场。

位置信息集成商将定位信息、地图信息和位置关联信息进行综合集成处理，由位置服务提供商发布给各类用户，是产业链的关键环节。位置信息集成商是近年来导航与位置服务系统建设的热点，无论是从商业角度还是从技术角度分析，建设新一代导航与位置服务公共平台及数据中心，实现位置服务信息处理的集中化、标准化、自动化，都是国家、区域或行业导航与位置服务架构规划的基础设施。在商业上，公共平台有助于控制和降低建设、运维等方面的成本，并实现系统随需而变，为灵活多变的位置服务业务创新提供良好支持。在技术上，公共平台有助于确保系统的可靠性和安全性，促进资源整合。位置信息集成商能够从顶层牵引上述产业链中各环节的协调发展，是建立各环节之间紧密联系的重要途径。

2.1.2 中国位置

从上述导航与位置服务产业链的分析中可以看出，位置信息集成商需要一整套完整的理论、技术和商业模型，起到协同位置服务各环节的作用。

任何信息领域的理论和技术只有通过市场的检验才能取得成功。在位置服务的商业模式方面，互联网行业企业已经创造出“前端免费服务，后向广告收费”的商业模型，并在市场应用中取得成功。我们这里讨论的是，对地观测与导航领域的专业性企业如何发挥自身的技术积累，成为位置信息的集成商。

无论互联网企业还是对地观测与导航企业，都在纷纷建立导航位置服务的系统及服务门户。前者基本遵循的是企业直接对消费者的商务模式(B2C，business to customer)，后者则应着力建设企业对企业再对消费者的交易模式(B2B2C，business to business to customer)，即从位置信息集成商到位置服务提供商再到消费者。

位置服务平台需要为位置信息集成商建立起技术架构，对位置信息提供商和终端用户提供位置服务。在这个体系中包含几个关键词汇，可以使用一个看似简单的公式来表示，即

云＋端＝位置云

在这个公式中，“端”是指导航位置服务的定位终端，即安装或佩戴在人、动物、物品以及运载工具上的导航产品和位置服务传感器。

“云”是指本章论述的位置服务平台，它是一个基于云计算模式的服务器端软件系统。它可以满足人们在任何时间和地点对位置服务的需求，是卫星导航定位网、星基或地基增强网、室内定位网、移动通信网、移动互联网等“五网合一”的综合性导航与位置服务网络，也是一个重要的国家或区域空间基础设施。

“＋”既是一个符号，也是一个代词，意指统一用户信息管理下的终端接入以及软件中间件等，实现跨平台、跨网络、跨行业的终端接入，是一个负责信息传输与反馈的神经系统。

2010 年 8 月，为推动我国在全球导航与位置服务产业实现“弯道超车”，北京合众思壮科技股份有限公司发布了“位置云”战略，将“位置云”定义为基于全球定位系统技术、遥感技术、地理信息系统技术、信息技术、网络与通信技术的综合体系，包含基础设施、服务与开发平台、产品解决方案等，吸纳所有与位置相关的资讯，可为各领域提供基于位置需求的综合解决方案。

2011 年 7 月 28 日，“中国位置”系统平台(www.chinalbs.org)在国家地理信息局举办的“中国位置 从云到端”技术发布会上正式上线，标志着我国卫星导航与位置服务产业进入了云时代。

2.2 位 置 云

人类使用的信息中 80%与位置有关，而人类获取的位置信息中只有 5%得以利用。“位置云”综合技术体系，由基础设施层、空间数据层、平台功能层、解决方案层、服务管理层等部分组成，是建立导航位置服务系统和服务门户的理论技术基础。

“位置云”在核心技术方面，着重解决我国导航与位置服务产业发展存在的三个技术问题：第一，室内外一体化无缝定位的问题；第二，位置信息的精度和可用性问题；第三，位置服务的内容整合问题。在业务模型方面，采用插线板的开放式服务架构，为创业开发者、中小型公司以及政务管理等提供服务，应具备较强的成长性、开放型和科学性。

2.2.1 云计算与位置云

云计算(cloud computing)是网格计算、分布式计算、并行计算、网络存储、虚拟化和负载均衡等计算机技术和网络技术发展融合的产物，旨在通过网络把多个成本相对较低的计算实体整合成一个具有强大计算能力的完美系统，并借助 SaaS(software as a service；软件即服务)等模式将这些计算能力分布到终端用户手中。云计算是 IT 资源中一种有效的服务获取和传输模式，云计算能够帮助各种组织降低管理的成本，并提高整体的业绩(刘丹，2010)。

从导航与位置服务的需求来看，它对硬件、软件和数据的依赖性都非常强。在位置服务领域，云计算的思想不仅应用于大数据的存储、运算和传输，还应用在数据内容提供商、以及集数据提供和终端使用于一身的用户等，因为后者也是呈网络分布的，因此，位置云与云计算的区别在于，位置云不仅仅应用在存储、运算和传输数据方面，更重要的是在多节点、网络化的位置服务数据源叠加和内容整合，以及终端用户的服务等方面都需要综合应用云计算的理论和技术，从而使位置服务产生革命性的改变。

位置云不仅带来了空间信息处理技术的改变，更重要的是空间信息世界的革命。应用位置云进行物理空间重构的时候，可以不断地修正我们对物理世界的认知，使它更加逼近真实。位置云是以位置服务应用为目的，通过互联网和移动互联的手段，将海量位置服务终端硬件、软件、数据按一定的组织形式连接，并通过动态调整创建一个内耗最小、功效最大的虚拟资源服务集合，创建接近真实的空间信息世界。

当我们把位置作为产品进行服务的时候，首先需要将标准封装成服务。位置云能够提供一个按需计算和按需服务的环境，要建立一个导航与位置服务的体系架构，其中最重要的标准有两个：一是统一的用户信息管理与移动终端标识（mobile station identifier，MSID）；二是静态与动态、结构化与非结构化的空间信息内容叠加与处理规范，我们统称为定位电文协议（location message protocol，LMP）。在此基础上建设空间信息世界，这里的空间信息世界是指具有有意识活动能力的对象所创建的不受该对象所在世界自然规律约束的世界。

位置云所创建的空间信息世界是以计算机、手机等为监控载体，按照一定的组织形式链接现实空间世界人、事、地、物的导航与位置服务传感器，如导航仪、物品追踪器、视频/红外监控设备等，产生的真实或虚拟技术效果，也就是人、机、传感器协同工作的世界。

在这里需要指出的是，笔者对于导航和位置服务在定义上的区别。导航是指引导运载工具或人沿一定的设计航线从起点运动到终点的过程，是基于导航技术实时获取的定位信息，通过路径搜索算法形成的技术方法。而位置服务是通过移动通信网络将移动终端的位置信息，提供给用户本人或他人，实现各种与位置信息相关的业务过程，其实质是概念更为宽泛的、与空间位置紧密相关的新型服务业务。

基于位置云构建的位置服务平台，用户只需要提出请求，就能得到按需服务，这是我们期望的服务环境。有了这种技术和服务环境，可以使空间信息和技术获得更加广泛的社会化应用。

位置服务平台的几个关键条件：一是建设位置服务的传感器网络，这些传感器的拥有者既是数据提供者，也是位置服务的用户，是通过行业应用和大众服务逐步积累起来的；二是构建统一的信息模型，这是由基础数据、专题数据、实时信息、用户轨迹等构成信息动态迭加网络和处理模型，实现从数据到信息、到知识的完整自动处理链，提供智能化服务；三是构成一个城市或区域信息社会的云服务基础设施。

2.2.2 导航与位置服务产业存在的问题

近年来，中、美、俄、欧争相建设和改进全球卫星导航系统性能，极大地促进了导航与位置服务技术的发展，扩大了市场规模，改善了服务性能。

美国GPS系统于1993年投入运行，为用户提供位置、速度、授时服务。1999年美国政府宣布GPS现代化(GPS Ⅲ)计划，要求在新的GPS卫星中增加两个民用信号，为全球民用、商用和科研用户提供免费服务。中国北斗卫星导航系统从1994年开始建设，为中国军用和民用用户提供导航、定位、授时和短报文通信服务，目前已实现覆盖亚太区域的导航、定位、授时与通信能力。20世纪70年代中期，苏联建设GLONASS系统，其空间段由21颗工作卫星和3颗在轨备用卫星组成。2010年12月俄罗斯一箭三星发射失败，导致GLONASS星座布设计划再次受挫；同时由于系统技术体制等原因，GLONASS未能在民用市场得到有效推广，仅占据微小份额。欧盟计划在2016年完成伽利略卫星导航系统建设，其空间段由30颗卫星组成，建成后将向全球用户提供多种形式的服务，包括公开服务、商业服务、生命安全服务、公共特许服务和搜救服务。

在未来10年内，用户将能够获得GPS、北斗、GLONASS和Galileo四大全球导航卫星系统的信号服务，导航服务的定位精度、完备性、可用性与连续性将达到更高的水平。

随着用户数量、新应用的不断增长，用户对于卫星导航系统的依赖程度进一步提高，对各卫星导航信号在兼容性、互用性、互换性以及脆弱性抑制能力提出了更高要求，同时希望在包括楼宇等无卫星导航信号的任何环境下获得可用与可靠的服务，这些关键技术问题已成为全球导航领域的研究热点。

导航与位置服务的核心问题是构建位置服务网络。位置服务网是依托移动通信网、互联网，建立任何人、事、物、地在统一时空基准下的位置和时间标签及其关联，并提供相关服务的基础设施。

我国导航与位置服务产业的市场潜力巨大，但我国自主的导航与位置服务产业尚处于起步阶段，面临的主要问题体现在如下方面。

(1) 国家位置服务基础设施不完善，各地区、各行业的基础设施未实现有效互联或者信息共享，不能实现用户所需的、任何时间和空间下的连续、稳定的位置服务。

(2) 导航服务大量依赖于美国GPS系统信号和核心芯片，GPS芯片使用量达到95%以上，电力、电信、交通等定位导航授时系统存在严重安全隐患。

(3) 我国现有手机和网络用户使用的位置信息服务超过50%来源于境外服务器，国家基础设施和个人位置信息存在安全隐患。

相比于国外导航服务产业和导航技术的发展，我国导航与位置服务产业存在以下主要差距。

(1) 体系方面：中国用户大量使用美国天基导航定位授时(PNT)体系，缺乏适应我国国情的自主PNT体系。

(2) 标准方面：我国北斗卫星导航系统缺乏在国际民航组织、国际海事组织、国际通信组织、国际搜救组织等的标准化推进工作，造成我国系统的信号和产品在全球推广受限的局面。

(3) 技术方面：导航与位置服务产业化需要尽快突破室内外无缝导航、卫星导航信号脆弱性监测评估、导航与位置服务网等技术瓶颈，这些方面没有国外经验可以借鉴，必须自主创新，掌握核心关键技术。

(4) 服务方面：导航与位置服务产业化所需的位置增值服务信息、智能位置服务产品等，尚未具备国产化能力和大规模应用的考验。

2.2.3　位置云的技术基础

1. 卫星导航实时精密定位

通过 20 多年的发展，全球卫星定位导航系统(GNSS，global navigation satellite system)实时精密定位服务从系统发展角度主要可分为两类：一类是基于地基增强的区域连续运行参考站系统(CORS，continuously operating reference stations)；另一类是基于星基增强的广域实时精密定位系统。

全球差分精密定位目前主要采用基于星基增强的广域实时精密定位模式，可以大幅度提高卫星导航系统在增强信号覆盖区域的导航服务精度、可用性、连续性和完好性。由于增强系统的实现很大程度上依赖于各国家或地区的地面基准站系统，而其导航定位的性能远远优于 GPS 本身所能达到的效果，并且通过自主控制的信号广播系统，播发差分增强和导航增值服务信息，具有可控制能力。因此一些国家和地区纷纷建设自己的增强系统，如美国的空基增强系统 WAAS(wide area augmentation system)系统、欧洲的 EGNOS(European geostationary navigation overlay service)、日本的 MSAS(multi-functional transport satellite space-based augmentation system)和 QZSS(quasi-zenith satellite system)，巴西和印度的区域增强系统也在计划建设之中。另外，美国喷气推进实验室 JPL(jet propulsion laboratory)推出的全球差分 GPS 系统，通过计算与发播实时精密卫星位置与钟差产品，双频终端用户实时定位精度达到分米级，比 DGPS 精度提高一个量级，美国的 Navcom 公司与欧洲的 Fugro 公司依托 JPL 的技术，研制开发了 StarFire 和 OminStar 系统，实现产业化推广，已成功应用于精密农业和海洋资源勘探等方面。

GNSS 区域高精度增强服务目前以采用连续运行参考站系统为主，该系统是基于数据通信网络的动态连续地，同时也是实时、快速、高精度地获取空间数据和地理特征的现代信息基础设施之一。世界各国、国内各省市和某些行业都已建成或者正在积极筹建 CORS。早期 CORS 大多为区域级、行业性应用系统，只为特定区域或者特定行业的用户提供服务，并不向公众开放，服务范围和应用领域都很有限。未来将从专业定位服务转向公众化、个性化服务。另外，如何建立系统间的共享机制和如何确立系统的服务模式与标准仍是 CORS 研究的关键问题。CORS 系统互联共享机制的缺失是制约 CORS 互操作和空间信息共享的瓶颈，未来 CORS 将呈现互联共享规模化趋势。

从实时系统数据处理技术发展角度分析，目前已形成精密单点定位(PPP)与网络 RTK 两种主要的数据处理技术手段。对于局域特定用户服务，网络 RTK 目前定位能力已经达到很好的水平。然而网络 RTK 模式受制于其差分改正方法(观测值几何改正)的限制，要求基准站间距一般不超过 70km，服务范围有限；数据处理过程需要用户向中心发播概略位置，通信是双向的，服务用户数量受限。因而，通过此模式实现广域的、大量用户的实时服务对于服务系统建设的成本与代价是难以承受的。基于广域(全球)跟踪站网络的精密单点定位服务模式，可通过在广域范围内为数不多的实时基准站，建立可提供高精度实时定位的服务系统，能有效弥补网络 RTK 服务系统的上述不足。然而，与网络 RTK 相比，基于精密单点定位的实时服务也存在定位精度不够稳定与初始化时间较长的缺陷。

进一步分析两种实时定位模式的发展趋势，对于众多高精度用户需求的 GNSS 实时导航与定位应用而言，目前 PPP 与网络 RTK 没有一种技术可以完全满足要求，并且两种处理模式目前是两套独立的处理思路与系统平台，难以真正实现一体化处理。因此，目前研究的重点更为关注如何融合 PPP 模式与网络 RTK 模式优点，弥补各自缺点，结合 CORS 与全球差分系统优点，探索新的服务模式与数据处理方法。

综上分析，广域、实时、高精度定位服务是 GNSS 系统应用发展的重要趋势，通过 CORS 系统间的联网与资源整合，依托高精度广域数据处理技术的革新与突破，实现广域/全球一体化精密定位，是目前 GNSS 实时应用亟需解决的问题。

在全球/广域分米级实时精密定位方面，国内在“十一五”863 重点项目“广域实时精密定位系统技术与示范系统”支持下，已实现从 GNSS 基准站实时数据流控制与接入、精密定位信息处理、精密定位产品生成与播发，到双频终端、单频终端实时精密定位整条链路的技术攻关，在一些关键技术上取得了一些重要突破与创新性成果。已经完成了广域亚米级实时精密定位原型系统的开发，实现利用我国现有的卫星导航地面基准站设施，自主研制先进的 GPS 实时精密定位信息处理系统。通过同步卫星、Internet 和移动通信等手段，播发精密差分定位信息，实现对卫星导航系统的增强，建立覆盖中国区域、实时定位精度优于 1m 的试验系统，并开展应用示范。此项目的研究成果积累可以作为全球高精密定位系统研发的重要基础，在理论算法、软件研制方面，已有诸如武汉大学卫星导航定轨定位综合处理软件(PANDA)等在国际上具有知名度的数据处理软件。

在区域网增强定位方面，我国已经具备较为完善的连续运行参考站(CORS)基准站系统资源，目前我国已有 17 个省份建成 CORS 系统，包括广东、江苏、江西、河北、河南、浙江、福建、广西、山西、内蒙古、山东、湖南、湖北、四川、海南、辽宁、安徽等。城市级 CORS 建设中，深圳、东莞、北京、上海等市和大部分省会城市都已建成。

2. 室内定位技术

GPS/A-GPS 技术定位导航技术发展相对比较成熟。但卫星定位由于信号强度弱，对于导航卫星信号被遮挡的区域和室内空间，定位导航效果较差，甚至无法定位导航。A-GPS 结合了移动基站信息和 GPS 信息对移动台进行定位，在卫星信号不可用的条件下，A-GPS 通过移动基站进行 AFLT 定位，使其具备了一定的室内定位能力，但精度较差，通常在 50m 以上。

目前，室内定位技术的发展主要依托在通信技术的发展上。近年来对于普适计算和分布式通信技术的深入研究，使得室内无线通信和网络技术进入了飞速发展阶段。无线局域网(WLAN)、WSN 和 RFID 等无线通信技术的大力发展推动了室内定位技术的发展，但还存在较多的技术难点有待解决。室内多径、非视距和阴影衰落的影响、人员走动和室内空间布局发生变化都会使得定位精度随环境变化而变化，因此这一问题仍是目前研究的一个难点，同时室内定位系统节点布设的成本和复杂度问题一直是制约上述定位技术发展和应用推广的瓶颈。

因此，整合室内外定位导航技术与资源，构建开放式、低成本、具备良好覆盖能力和室内外无缝定位的综合性定位导航服务平台将是该领域未来研究和发展的一个热点问题。

3. 全覆盖动态位置服务系统

1) 位置信息的快速获取与处理技术

随着智能手机的日益普及和经济活动的增加，公众对于高精度、高鲜度、精细化的位置信息要求与日俱增。

(1) 高精度、精细化位置信息获取处理技术。目前，由于导航定位精度的问题，对于位置信息本身的精度要求不高。如道路只需记录道路中线，对于车道及其相关信息都没有作为独立的信息进行处理。随着广域实时精密定位系统的建立，导航定位的精度得到了极大的提高，必须研究在高精度定位下，数据的格式、制作工艺、质量控制、采集方法、处理手段、质量检查等一系列技术问题。通过解决这些技术问题获得高精度的位置信息，大众用户也能够获得更加人性化的基于位置服务。

(2) 行人导航数据获取处理技术。导航技术的应用原本是对车辆、船舶、飞机等进行的，在导航数据处理上也针对这些应用。随着位置服务应用的发展，人们更希望在步行或者乘坐公共交通工具时也能够使用位置引导技术，但传统导航数据的数据格式、要素类型、要素关系等对行人导航都不完全适用，如过街天桥、过街涵洞、广场，各种公众交通工具的运行线路、运行时刻、换乘等在原有导航数据中都没有考虑。为了适应行人导航的需求和更有效的利用高精密的定位信息，必须要为新的应用进行数据模型、要素定义、要素关系等的研究，并要很好地与现有数据进行相互融合和适应。

(3) 动态位置信息获取与发布技术。动态位置信息的获取，一方面依赖基础信息源和用户进行情报的收集，同时也要自主地进行情报的收集。既要利用互联网等渠道进行深层次的信息挖掘，获得及时、丰富的信息，也要研发更加高效的现场数据采集技术和工具，辅助作业人员完成现场变化的快速确认，同时还要建立信息源管理和鉴别机制，便于完成收集信息的确认、入库工作。

2) 面向移动终端的信息服务技术

(1) 面向移动终端的地图在线服务引擎技术。移动终端的在线地图服务中具有海量多尺度空间信息、海量多分类兴趣点(POI，point of interest)信息和多用户同时在线等显著特征。因此，如何满足多用户并发条件下，地图信息与 POI 信息集成的高效的组织与索引技术是地图在线服务引擎的核心内容，同时为了实时、准确地提供面向移动终端的在线地图服务，需要研究在线地图信息的动态增量更新技术，包括适应移动终端的海量地图与 POI 信息集成的高效组织与索引方法、地图信息与 POI 信息的动态增量更新技术、多用户快速并发响应技术，满足多用户在线服务的需要。

（2）无线网络条件下地图信息多尺度在线压缩与渐进传输技术。移动终端的地图服务中，需要实时在线地更新地图信息，由于移动终端往往处于无线网络环境下（移动通信网络、数字广播网和数字移动电视网等），因此需要研究无线网络条件下地图信息多尺度在线压缩与渐进传输技术，不同的图形图像能力、不同屏幕分辨率、不同尺寸、不同的服务模式、不同的传输带宽、不同部署模式的信息推送服务技术，从而突破海量多源地图信息在无线环境下快速传输的瓶颈。研究内容包括矢量地图信息的自适应多尺度在线压缩与渐进传输方法、影像地图信息的自适应多尺度在线压缩与渐进传输方法、地图信息的自适应推送式服务技术。

3）异构多元信息的智能处理与服务技术

（1）路网与移动目标的动态多尺度建模与查询。针对移动目标数据量大、数据冗余程度高等问题，研究基于几何与语义特征的抽取方法；研究路网与移动目标在时间粒度、空间尺度、语义层次上的时空关联规则，建立不同形式关联（单关联、复合关联、基于上下文的动态关联）的相关程度函数，并构建过滤抽取计算模型，实现路网与移动目标的多尺度动态建模。

（2）大规模路网空间结构模式的感知与提取方法。通过拓扑关系分析与几何形状分析，研究基于模版匹配的路网结构识别方法；研究基于路网语义数据（级别、宽度、隶属关系等）和空间句法理论的路段权重的排序方法，实现路网局部结构模式的自动识别和路段权重的自动分级，为多尺度、多级道路网模型的建立奠定基础。

（3）多源异构路况信息处理技术。随着获取渠道的拓宽，可快速得到大量不同来源、不同格式、不同尺度的动态交通信息。如何实现多源、多通道交通信息的准确理解与快速融合，如何快速自动化构建动态变化的路网连通关系是亟待解决的瓶颈问题，也是业界公认的难点问题，将直接影响到出行信息服务的质量。

（4）海量在线用户空间行为分析与信息采集技术。随着无线通信和移动定位技术的普及，移动用户实时位置及其运动轨迹的记录已经较为容易。用户运动轨迹在一定程度上体现了个体或群体的意图、喜好和行为模式，对位置服务具有指导意义。因此，如何挖掘轨迹数据中的知识就变得尤为重要。这些知识可以是从个人数据中挖掘出的用户行为、意图、经验和生活模式，也可以是众人数据来发现热点地区和经典线路，甚至理解人和人之间的相关性，以及人在地域之间的活动模式。

（5）互联网蕴含导航与位置服务信息智能搜索与挖掘技术。需要研究多维要素地名动态定量化计算方法、基于现有数据资源的地名本体信息挖掘技术及基于用户心理认知的地名动态更新技术，研究地名跃迁方法，实现地名根据用户访问频度进行搜索层次的动态调整。

（6）海量在线用户相互作用下的动态出行导航技术。根据道路网络中的实时或预测路况，为出行车辆规划最优行驶路线，使之避开交通拥堵严重的路段，从而节约出行时间，实现路网整体交通流的优化。目前的出行导航系统主要面向相互独立的用户，其前提是出行群体信息获取的不对称。也就是说，只有在极少数用户掌握了实时或预测路况情况下，导航系统才有意义。而当用户数量增多时，大量的用户将会被引导相同的、以前不拥堵的道路上，从而使得这条道路很快拥堵。这样，不仅没有到达优化出行的目的，反而使路网整体交通状态恶化。因此，需要研究兼顾用户和路网系统双方效益的整体出行导航技术。

另外，目前导航系统主要根据交通信息中心实时发布的数据进行出行路径的规划的导引，而由于时间的延迟，用户实时接收交通信息已不再"实时"。而在车与车互联的情况下，用户既作为信息的接收者又作为信息的提供者，并通过整合相联车辆发布的交通信息，大大提高出行导航服务的准确度。基于车联网的动态出行导航是出行导航技术发展的方向。

(7) 多模式无缝出行导航技术。交通管理、公众出行、快速人流疏散等应用问题涉及城市交通所特有的多种交通模式(步行或自行车、自驾车、公共汽车、轨道交通等)的综合应用。有些交通模式没有独立逻辑网络，如步行或自行车、自驾车、轨道交通等，而公交模式没有独立几何网络。交通模式间存在大量潜在的、复杂的语义(成分、类型、成员等)与拓扑(衔接、换乘)关系。在两者基础上，才可能构造交通模式间的实际出行意义上的连通关系，即建立受交通模式约束的城市道路、公交线路、轨道交通线路、立交桥、天桥/通道之间合理有效并易于维护的连通关系。而目前的商用 GIS 平台受限于城市路网多类型空间数据组织和管理、多种交通模式/多种交通设施类型之间拓扑、语义关系维护的复杂性，只能进行单一模式操作，难以顾及以独立图层表达的各种交通模式之间、交通特征类型之间(点、线、面)潜在的语义与拓扑关系，这无疑使所研发的应用系统的可用性大打折扣。为了解决这一问题，就必须针对城市路网的多模式、多数据类型特征，研究城市多模式路网拓扑的几何规则和语义规则的构造方法，实现多模式路网特征要素连通关系自动化、智能化维护与管理技术，形成"基础道路网络—单模式逻辑网络—多模式逻辑网络—多模式路网信息管理与处理技术体系"四层数据组织、管理与处理模式。在此基础上，设计多模式多标准动态出行路径规划算法，顾及实时路况信息对公共交通模式的影响，及其多种交通模式之间的精确步行引导过程。

(8) 导航与位置服务的高性能处理技术。研究海量移动对象数据存储与组织、索引结构与访问方法、查询优化、历史信息挖掘、运动模式估计等高性能处理技术；针对多用户并发访问的效率需求，引入多种启发式策略，建立算法效率与误差控制的均衡评价模型；依据用户出行行程需求、历史与实时交通信息、在线用户动态空间变化趋势，研发高效的短时交通预测模型，及其支持海量并发用户的快速群体路径查询算法，为海量用户提供高效的出行路径选择查询服务。

4) 分布式异构内容服务信息平台关键技术

内容服务信息平台的主要作用是以地理空间信息为支撑框架，汇集各类位置服务内容信息，向网络用户、移动终端用户提供基于位置的查询、定位、导航、分析等基本服务，同时向各类应用系统提供调用内容服务的标准接口服务。

(1) 公共地理框架数据快速加工与电子地图动态制作关键技术。包括在线服务相关的数据与电子地图标准和技术规范研制；数据库环境下的地理框架数据与电子地图即时更新和快速集成技术，海量、多源、异构、多尺度、多维度、多时相空间数据的高效组织和管理技术。

(2) 面向内容服务的多重聚合技术。地理信息服务平台需要整合多种类型、多种来源、多种时态的地图、POI、位置信息等，并通过标准的协议统一进行服务，形成多样化的应用系统。研究不同来源服务的聚合协议和信息聚合器实现技术，解决多样化空间信息和位置信息的整合问题，开发聚合服务支持软件模块，形成聚合服务器软件等支撑子系统。具体包括：①研究 WMS、WFS、KML 等多种空间信息服务协议，实现多种协议的快速访问；②研究支持多种服务协议的可插入总线型结构，实现标准协议的有机整合和新协议的统一扩展；③研究多种空间信息访问协议的特点，通过统一流水线结构，实现不同协议之间的高效动态转换；④研究地理信息服务高效缓存技术，实现多类型数据的动态缓存支持，提高系统整体的运行性能。

(3) 多源异构信息表现与发布技术。针对多源数据异构信息尺度、语义、格式、存储等方面各自不同的特征，研究空间信息、统计信息、文本信息、多媒体信息的集成展现与个性化发布技术，实现分布式环境下二、三维空间信息可视化服务。具体包括：①通用电子地图服务：对与地理空间分布有关的自然、社会和经济要素的地理实体信息，即有明确的空间定位的、多部门关注和查询频率较高的、而非某一专业部门关注的信息进行分类、加工和整理而形成的具有空间可视化和地理坐标的基础地理信息。②公共电子地图服务：提供与空间位置有关的各类信息，如交通、餐饮、医院、银行、公园、商业网点等，核心是地图搜索、地图标注和地图量测。③遥感影像服务：集中提供各种分辨率的遥感影像数据服务，包括影像浏览、电子地图叠加显示、影像对比等。④位置信息可视化服务：通过位置信息与底图信息的空间叠加来实现位置信息可视化服务。

(4) 多种服务应用终端支持技术研究。面向位置服务中的多种应用场景，以及多种形式的服务应用终端，涉及服务平台与应用终端的信息传输和共享机制。应用终端的核心问题是集成化客户端的研究与开发。考虑到不同应用终端之间的差异性，要选择跨平台的程序开发方式，做到不同应用终端之间采用统一的系统内核。

2.3 “中国位置”总体架构

2.3.1 总体方案设计

1. 设计原则

基于位置云技术的导航与位置服务系统建设，是对各子系统资源的集成与服务整合，为了让多源位置信息资源满足更多的用户需求，有效地提高资源的利用率，需要采用虚拟化的方式，提高整体资源的利用率。同时，针对不同用户的不同业务需要提供一种用户管理机制，根据用户需求动态分配计算资源；需要提供友好的用户使用界面，让用户便利地在进行资源查看、申请等操作；为了便于信息中心监控和分析资源的使用情况，需要以用户为单位查看资源利用情况，因此，要采取动态资源分配的方式，即当用户在用户界面上进行资源的申请时，经过管理员审批之后，可以动态地从可使用资源中分配出客户所需要的计算和存储资源，同时进行虚拟资源管理，对虚拟设备的产生和管理进行动态部署和动态回收。

在系统设计时，要兼顾以下设计原则：

(1) 开放性：系统方案采用开放标准、开放结构、开放系统组件和开放用户接口，充分满足用户投资保护和业务扩展、系统维护等方面的需求。

(2) 先进性：采用位置云技术和全球主流趋势的软硬件产品，使之不仅能够满足位置服务系统业务的需要，还能适应未来技术发展的趋势和网络节点扩展的需要。

(3) 稳定性：整体系统确保稳定、高效、连续地运营。

(4) 灵活性：根据计算和存储资源的综合需求，优化系统资源配置。

(5) 可扩展性：在设计上充分考虑到可扩展性需求，搭建高可伸缩性的系统。

(6) 可管理性：通过可靠的管理手段，实现资产及配置管理、运维监控以及相关流程服务。

此外，根据用户应用的特点，在系统设计上还考虑到安全性、保密性、可视化处理等需求。

2. 技术路线

“中国位置”导航与位置服务系统的核心是实现软硬件及数据资源优化，通过网络向用户提供数据、计算和存储资源、终端接入、服务门户设计等形式的服务。位置云平台不仅提供位置信息有关，更重要的是实现终端接入服务能力，以及允许用户在平台上构建应用门户。

“中国位置”导航与位置服务系统的总体技术框架如图 2-2 所示。

1）基础设施层

位置云平台的底层是基础设施服务层。它包括一套物理资产，如服务器、网络设备以及允许提供给使用者的存储磁盘。对于平台服务，虚拟化是提供按需分配资源的常用方法。

A. 云存储资源

位置服务首先必须建立在海量的结构化数据和非结构化数据资源技术上，如矢量/栅格地图、兴趣点(POI)数据、交通路况信息等，将这些数据存储于虚拟化的、易于扩展的存储资源池中，再通过网络提供给用户，则用户可以通过若干种方式来使用这些数据。

服务器虚拟化整合：将核心位置服务应用，透过虚拟化整合到高性能的服务器资源池，提升存储资源的利用率。

集中存储：采用 SAN BOOT 的方式，将系统和数据部署到磁盘阵列，充分利用磁盘阵列的效率，提高输入/输出性能。

数据保护：在磁盘整列实施完毕后，进行数据保护，提升高可用性，进而为灾难备

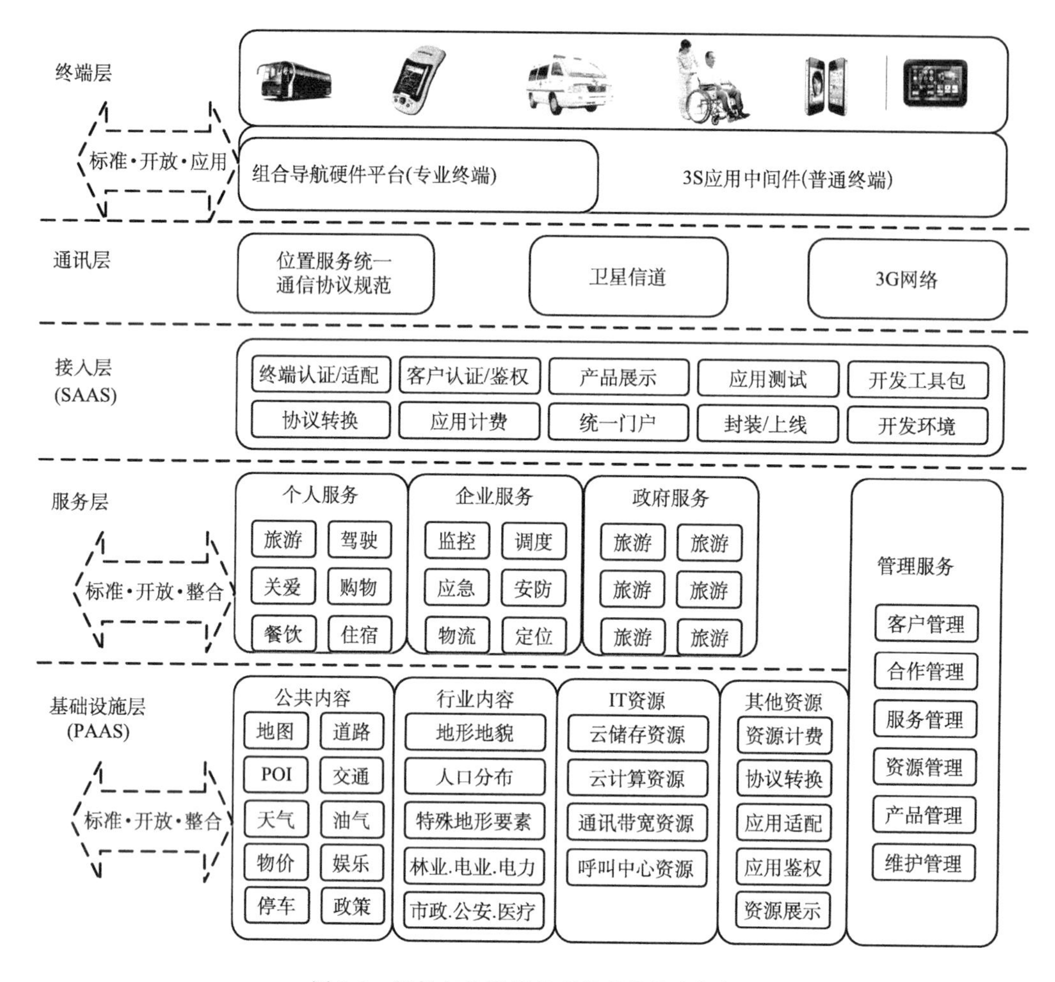

图 2-2　导航与位置服务系统总体技术框架

份创造条件。在数据中心生产系统的磁盘阵列内部制作快照系统，保证不同时间点的数据副本。

云存储数据中心的建设目标主要实现以下目标：

整合的平台：整合多源数据资源，实现叠加使用，并能够扩展整合将来的硬件、软件、数据。

自动化的平台：动态、自动化地满足最终用户资源需求。

易扩展的平台：系统应该具有优秀的扩展能力，满足未来不断增大的应用需求。

高可用的平台：能够快速处置故障，恢复应用系统，确保用户业务的连续性。

安全的平台：确保位置云平台是安全、可靠、可管理的平台。

B. 云计算资源

作为位置云平台的核心，云计算资源通过不同模块为用户提供丰富且完整的用户体验。用户请求管理模块(user request management)允许用户进行资源申请，该请求将自动转入服务自动化管理(service automation management)流程，由预先定义好的相关资源批准程序进行审批。

镜像生命周期管理模块(image lifecycle management)负责对位置云平台的操作系统镜像进行全生命周期的管理，从镜像产生到结束回收可通过一系列的标准化流程实现。

部署(provisioning)模块不仅负责操作系统的部署，还能够对位置云服务管理员预先定义的服务模板中的软件产品进行自动化部署。

位置云平台的性能及可用性，可以通过可用性管理(performance management)模块来实现；对于已生成的位置云镜像，能够进行备份/恢复(backup/restore)操作，从灾难恢复角度保证位置云计算平台的容灾能力。

安全(security)问题是位置云平台实现中需重点考虑的问题，无论是位置云管理平台自身，或是由位置云计算平台所生成的系统，其用户创建、身份认证、用户访问、操作审计等过程，都需在该模块下执行。

2) 智能海量数据资源应用服务系统构建

智能海量数据资源应用服务系统的总体架构设计为基于服务的云架构，在分布式多节点的海量数据资源基础上，采用面向服务的思想，通过云服务手段建立面向用户的开放资源，向公众提供至少百万并发量级应用服务系统。

智能化的海量数据资源应用服务系统由数据资源整合与处理平台、服务资源智能调度平台、面向用户的应用服务平台组成。

(1) 数据资源整合与处理平台。构建海量数据资源应用服务系统，首先需要便捷、高效地整合、存储、集成、融合海量数据资源，并查询到相关的数据信息。这些数据源可能千差万别，既有存储在不同数据库中的结构化数据，又有存储在不同单元目录中各种格式的非结构化数据。存储方式、存储形态、数据格式、数据来源、数据质量也多种多样。如何高效整合并集成这些数据，使其成为有效的数据资产，是数据资源应用服务的基础。

在平台建设中需要从海量数据资源本身的逻辑构成出发，在统一规划设计基础上实现数据资源存储管理，完成整个应用服务系统所涉及的各种数据库数据、文件数据及XML数据的存储应用。从存储管理数据的形态上划分，数据存储管理涉及的数据主要由结构化数据、非结构化数据以及相应的元数据等组成。数据资源整合与处理平台提供数据资源的一体化整合工具、数据资源的高效访问模型、数据资源的高效组织存储、数据资源的服务发布等功能。

(2) 服务资源智能调度平台。构建面向服务资源管理、稳定高效的资源调度平台，是实现整个应用服务系统的中枢模块。根据用户的服务策略和个性化需求进行服务过程的智能管理和监控，并通过服务调度中心的协调与顺序化，实现服务活动过程的条理化。首先需要基于海量资源整合与处理平台建立服务信息库，使用户需求信息可直接在服务信息库中进行匹配；其次需要建立服务注册管理中心，用来实现服务信息的发布和发现，同时也是启动服务活动过程的触发器；同时还需要建立服务活动过程的调度中心，用来协调多用户并发访问的优先顺序，根据用户的优先级确定服务过程缓冲池；最后必须具有服务活动的监控，用于随时调整和启动无法完成的服务活动过程。

(3) 面向用户的应用服务平台。应用服务平台直接面向用户获取用户信息，接收访问需求，并将用户需求转化为可表达的需求模型，并通过服务资源调度平台实现海量数据资源的获取。针对亿万量级的用户访问规模，平台应具有用户自动注册机制，能根据权限上传相关访问信息。构建相应的用户模型，反映用户的个人信息和爱好，并能针对用户的服务习惯和服务内容，提供主动推送的智能服务机制。

3）管理服务层

管理服务

位置云服务平台在IT基础设施层和服务层上对所提供的服务进行管理，将纵向的各种管理工作，如服务器管理、网络管理和系统软件管理等形成典型的管理和服务流程。

(1) 客户管理。通过后台程序进行会员注册条款维护、会员注册信息定制、快速添加会员、会员类别维护、会员查询、添加新会员、会员积分管理和数据导出等；管理员可以修改会员注册条款内容，在一定范围内决定需要收集的会员信息。同时，后台管理界面可对会员依据一定规则(例如性别、年龄段、所在地区、购物累计等)进行分类统计，可设定会员级别，支持会员级别依据规则自动升级。

(2) 合作管理。通过编程接口调用和非编程接口使用，便于开发者和使用者自行搭建位置服务应用门户，满足个性化的位置服务需求。

(3) 服务管理。通过位置云平台的集中资源管理，可以管理云内所有的计算资源，包括服务器、网络、存储、软件等。可以利用此模块进行计算资源的增加、删除、修改和配置。集中资源管理模块提供Web访问接口，后台组成主要包括资源数据库，中间件模块和资源管理接口，包括物理设备的配置和管理、系统平台管理和配置、应用软件的配置和管理和网络资源的配置和管理等。

(4) 资源管理。对于结构化和非结构化数据资源，以服务的方式面向用户提供，数据资源的服务化包装、用户的服务过程调用都采用统一的处理方式，无论数据资源是结构复杂的空间信息数据，还是非结构化的文档、影像、视频、XML、网页等，展现给最终用户的始终是一个有业务应用价值的数据服务。一体化的数据处理还可以将结构化的数据资源转换成非结构化的数据直接返回用户，如从关系数据库生成动态的、嵌套空间信息的可视化地图的页面和文档等；同时也具有将非结构化数据通过元数据管理或数据提取，使其具有可结构化访问的索引机制，提高非结构化数据的访问能力。

(5) 产品管理。包括添加商品、商品维护、商品分类信息维护、商品转移、数据导出等。通过产品发布及管理系统(产品展示系统)将网页上产品及服务等更新信息进行集中管理，分类别系统化、标准化地发布到网站上。后台管理可以管理产品价格、简介、样图等多类信息。

(6) 维护管理。包括系统账号管理、内容管理和信息发布管理。系统账号管理：包括更改个人密码、笔名、电子邮箱等个人资料管理，以及更改、删除系统账号等。

内容管理：主要包括导航条维护、网页内容维护等。管理员可以根据需要在导航条添加自定义的栏目。并对网站首页内容进行维护，内容可以是企业定制的导航条栏目内容。

信息发布管理：主要功能包括信息分类维护、分类浏览权限设置、信息分类排序、信息内容维护等。管理员可以进行信息类别的增加、修改和删除；可以对信息增加、删除、修改，提供与信息标题或内容中包含的关键字、信息分类、发布状态为搜索条件的搜索；可以对前台发表的信息评论进行维护。

4) 接入层

在位置云平台的建设过程中，另一个需要重视的问题是用户各种不同终端的接入。除了统一用户终端的接入协议和 ID 标准外，位置云平台需要更加简化、可靠、安全、高效率的软件 API(application programming interface，应用程序编程接口)服务。API 的主要功能是提供通用功能集，用户通过使用 API 函数开发应用程序，可以避免重复工作，减轻编程任务。

(1) 访问控制。在位置云服务使用者之间共享应用程序资源[例如虚拟门户、数据库表、工作流、Web 服务和 Java™ 2 Platform Enterprise Edition (J2EE) 构件]的同时，保证仅属于该服务的用户可以访问其所需的服务。

(2) 自定义能力。在不影响其他使用者的情况下，定义应用模式。仅通过配置，在不更改代码的情况下允许用户自定义其所需的网站服务界面；在不进行代码更改的情况下，允许为每个使用者自定义其业务逻辑。

(3) 服务预置。自动按照使用者的要求，自动化创建新的 LDAP 子树或数据库，创建新的虚拟门户，部署 Portlet 的新应用。

(4) 基于使用情况的测定。通过记录服务的使用情况，仅根据使用者对位置服务的特定使用情况收取费用。

2.3.2　北京北斗导航与位置服务产业公共平台

北京北斗导航与位置服务产业公共平台是基于位置云理论建设的我国第一个区域性导航位置服务平台系统，它是在北京市人民政府及市财政局、市经信委、中关村管委会等的直接指导下，作为中关村现代服务业试点项目而建设的产业公共服务平台。在平台建设中，采取股份制有限公司的创新模式，由北京市工业投资有限公司(代表北京市政府)，以及中关村空间信息技术产业联盟的北京合众思壮科技股份有限公司(股票代码：002383)、北京四维图新科技股份有限公司(股票代码：002405)、北京超图软件股份有限公司(股票代码：300036)、北京华力创通科技股份有限公司(股票代码：300045)、北京博阳世通信息技术有限公司等 6 家企业共同出资 3 亿元，按照股份制合资公司的模式进行公共平台建设。

1. 建设目标

按照《“十二五”国家战略性新兴产业发展规划》《国家中长期科学和技术发展规划纲要(2006～2020)》《中关村国家自主创新示范区发展规划纲要(2011～2020 年)》等政策文件中“发展我国自主的北斗卫星导航系统，构建导航与位置服务产业的基础设施”的要求，面向导航与位置服务产业的大众化和专业化两大应用市场的巨大需求，在国家现有基础设施资源的基础上，建设立足北京、服务全国的导航与位置服务产业公共平台，并以项目为依托，通过组建股份公司的形式，开展更深入的运营服务。

项目建设目标是：通过空间数据、空间分析、北斗增强、室内定位等资源整合与有效应用，以统一的数据库和网络资源为基础，构建统一的用户信息管理系统和分布式的政、企、个人位置服务产品应用门户，提供兼有共性服务和个性服务两种功能的位置服务平台建设，实现信息互通、数据共享、资源整合、应用集成的位置服务应用目标。

具体目标是：建成北京导航位置服务产业公共运营服务中心与创新创业服务中心，制定服务接入标准规范，形成服务运营环境、公共开发环境和测试验证环境。

具体指标如下：

(1) 能够支持亿级用户规模，达到吞吐率 1 000 万次/秒的高并发处理能力，提供 7×24 高可靠性、不间断服务。

(2) 建成一个统一的数据、网络、监控管理的灾备中心。

(3) 建成大容量的基础空间信息数据库，以及行业应用信息、实时空间信息、用户空间信息数据库。

(4) 建成海量空间数据库服务平台、云 GIS 软件平台、高精度卫星定位平台、城市区域室内定位平台和空间数据挖掘平台。

(5) 支持基于北斗的精密定位信息服务，研制多模双频、多模单频专业应用终端，车载、个人位置服务通用终端，实现地理信息采集终端、大众导航终端等若干终端类的接入服务。

(6) 支持基于北斗的智能交通、室内外定位、高精度导航、资产管理等行业与大众位置服务示范应用。

2. 建设内容

1) 公共运营服务中心

公共运营服务中心包括导航与位置服务运营平台和北斗终端性能测试与应用系统评估平台。

导航与位置服务运营平台的建设内容包括：①基于国家测绘基础数据建设北京市空间信息应用的基础信息、专题数据、实时信息、用户轨迹等 4 个数据库；②基于国家北斗系统和测绘基础网、北京无线通信基站和移动网络等基础设施资源，建设北京市精密定位、室内定位、数据分析、数据挖掘等 4 个服务系统。

北斗终端性能测试与应用系统评估平台的建设内容包括：基于国家北斗产业化专项等成果，建设北京市卫星导航通用终端、高性能终端、授时终端、终端抗干扰性能、终端可靠性性能、终端天线性能、组合性能等 7 项检测基础设施，以及商业位置服务、精准农业、授时、电子商务、公交和智能调度等 6 项行业应用评估系统。

2) 建设创新创业服务中心

依托中关村空间信息技术产业联盟企业资源，建设面向北京市导航与位置服务中、小、微型企业及个体开发者的创业创新工厂，提供集物理空间和基础设施为一体的服务支持，降低创业风险和创业成本，提高创业成功率。

在政府指导下，由中关村空间信息技术产业联盟发起建立"天使投资基金"，对萌芽中的中小企业提供"种子资金"，培养北京市导航与位置服务产业的成功企业和企业家。

3. 技术方案

采取基于"中国位置"导航与位置服务系统的"云＋端"实施模式，以"产品切入、服务跟进、平台整合"的模式，采取开放、联合、共享的策略，完成该平台的建设。整体系统构成如图 2-3 所示。

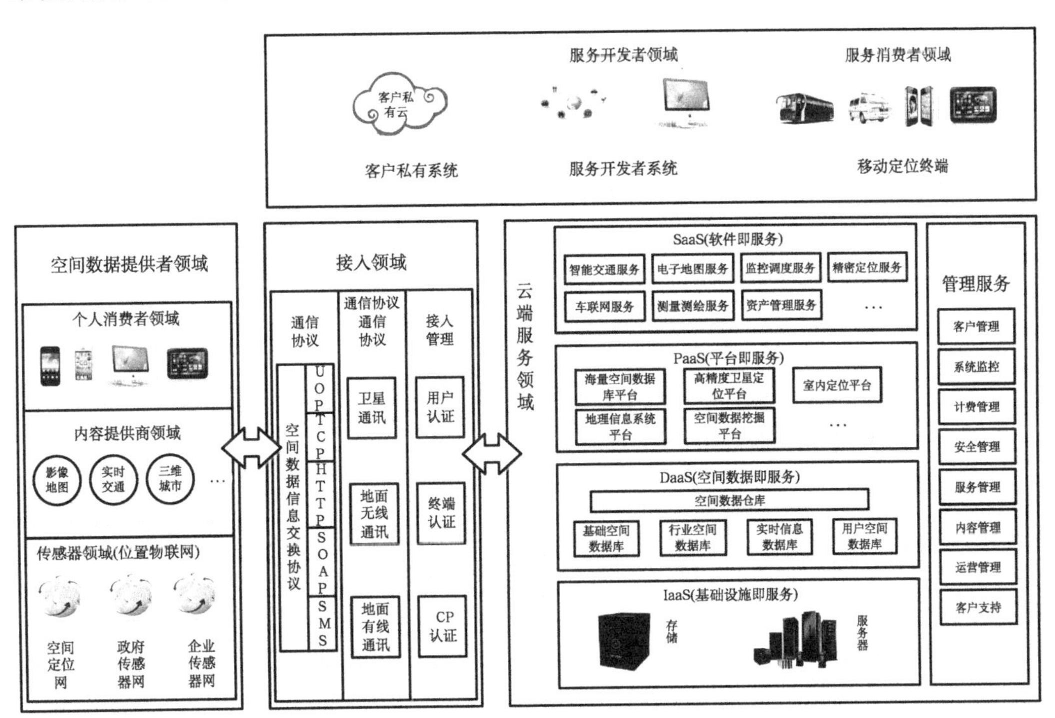

图 2-3　北斗导航与位置服务公共商业运营服务平台系统构架图

1）云端服务系统

云端服务系统是本项目的核心，包括基础设施层、空间数据层、平台服务层、应用服务层和管理服务层，如图 2-4 所示。

(1) 基础设施层。由云存储/云计算服务器、网络设备等物理资产组成。其功能是为位置服务提供者和使用者提供存储和计算服务资源。由于空间信息的安全保密要求，还需建设统一的数据、网络、监控、灾备中心。

(2) 空间数据层。由基础数据库、实时信息数据库、行业应用数据库和用户信息数据库等组成。

基础数据库主要包括矢量地图数据库和影像数据库，地图数据库的主要内容是全国

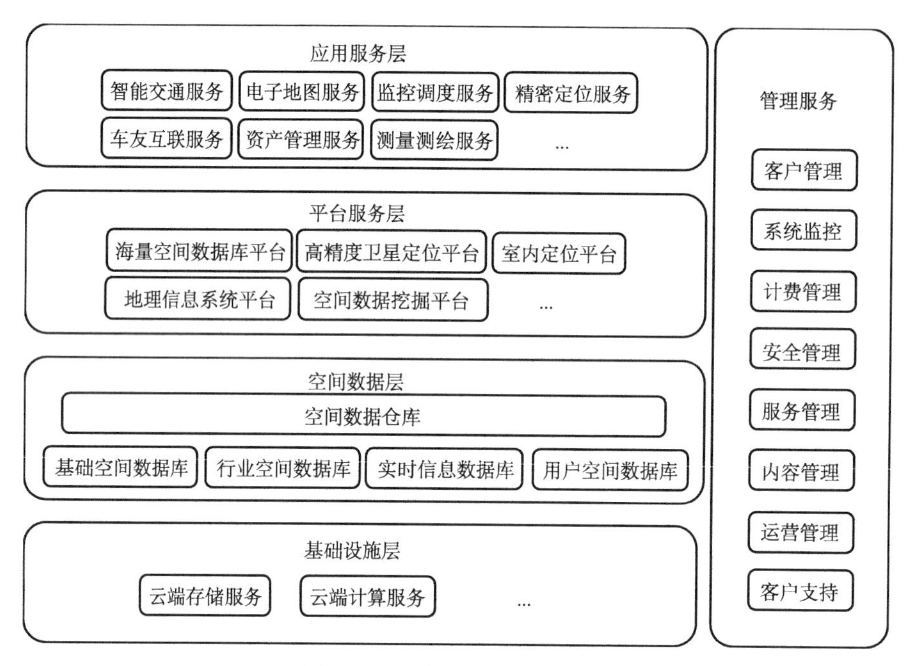

图 2-4　云端服务子系统构成

路网信息和位置服务兴趣点(POI)等基础信息，影像数据库主要由多分辨率、多波段的卫星、航空、地面遥感影像组成。

实时信息数据库包括全国 50 个以上的主要城市动态交通数据库(包括交通流信息、交通事件信息)、动态气象信息、动态监测信息(如固定安装的摄像机)等。

行业应用数据库是针对智能交通、应急指挥、资产管理、车友互联、监控调度、地理信息高精度数据采集、测量测绘等具体应用所建设的专题数据库。

用户数据库是针对所有政府、企业、个人的导航定位终端日常的时空轨迹而积累的海量空间数据信息。

(3) 平台服务层。由海量空间数据库子平台、高精度卫星定位子平台、室内定位子平台、地理信息系统子平台、空间数据挖掘子平台等组成。

海量空间数据库子平台基于地图/影像数据库、动态交通/气息数据库等，以 API 调用的方式，通过 IP 网络对外提供服务。数据库支持全国 33 个省、区、市(包括香港、澳门)、中英文大并发海量空间信息的实时计算。

高精度卫星定位子平台基于广域精密单点定位技术，应用北斗/GPS 卫星导航系统监测站点、我国北斗/GPS 连续运营参考站网络等信息，建设覆盖全国的卫星导航高精度实时精密定位专业服务系统，提供高精度增强定位信息服务。实现全国范围实时分米级动态定位，专业用户重点区域厘米级实时动态定位。

室内定位子平台基于北京市移动通信基站和 WLAN 网络，建设实时室内定位引擎与系统，实现覆盖市区的室内外无缝定位网络，定位精度优于 5 m。

地理信息系统子平台是集成 GIS 功能与地理数据资源为一体的运营服务平台。支持 Web

客户端、手机客户端、平板电脑客户端、导航设备客户端、桌面和组件客户端等客户端软件访问，可为行业定制和二次开发提供支持，支持多源数据聚合和多终端服务，支持公有云、私有云和遗留系统的互操作访问，为政府、企业和公众提供 GIS 功能和服务。

空间数据挖掘子平台依托空间数据层的各数据库，通过终端定位信息与服务开发商准实时匹配技术，建设持续高并发终端定位管理系统，构建终端-中心-服务开发商的智能位置服务平台。

(4) 应用服务层。面向导航与位置服务应用的定制化系统平台，包括智能交通管理、电子地图服务、监控调度服务、精密定位服务、车友互联服务、资产管理服务、测量测绘服务等子系统。

(5) 管理服务层。包括客户管理、系统监控、计费管理、安全管理、服务管理、内容管理、运营管理、客户支持等功能。

2) 接入管理子系统

接入管理子系统是基于导航与位置服务系统的输入/输出要求，构建网络技术协议与标准、用户终端入网 ID 标准，以及系统接入管理等。包括：

(1) 空间信息交换协议与标准：用户数据包协议(UCP)、传输控制协议(TCP)、分布式环境信息交换协议(简单对象访问协议，SOAP)、超文本传送协议(HTTP)、短信息存储和转发服务标准(SMS)等。

(2) 通信协议标准：包括本系统平台涉及的移动互联网、互联网、卫星通信等协议标准。

(3) 接入管理：包括用户认证管理、用户终端入网管理、内容提供商认证管理等。

3) 空间信息内容子系统

公共服务平台采取完全开放的业务模式，允许各类内容提供商提供结构化和非结构化的空间信息内容，并提供定制化接口；对国际、国内的空间定位网(如国际卫星导航服务网(IGS)、北斗增强网)、政府传感网(如各部门和地方政府的连续运行参考站网络等)以及企业传感网提供标准接口；同时，也允许个人用户离散采集各种空间信息，并提供标准接口。

4) 位置服务应用子系统

位置服务应用子系统是定制开发的各类终端、用户私有云系统，以及为服务开发者提供的编程开发工具与非编程接口等。

私有云产品是集成 GIS 功能与地理数据资源为一体的前置机产品，通过专网为政府和企业提供 GIS 功能、服务和地理空间数据。

位置服务通用集成接收机和终端，是研发基于精密单点定位算法，通过移动互联网接收广域增强数据的核心技术，研制单频多模、双频多模精密单点定位接收机模块，高精度双频接收机、高精度单频手持接收机、车载导航仪、个人导航仪等四类核心产品。

同时，系统还针对中小型企业、个人开发者提供各类 API 工具；面向各类企业和个人提供非编程定制化的位置服务窗口。

北斗导航与位置服务公共平台是北京市智慧城市建设重要的基础设施，平台采取“插线板”式的开发式架构，为政府、行业应用提供位置服务的技术支撑，为百姓生活提供贴心服务。

在“中国位置”导航与位置服务平台的建设中，需要突破室内外定位、数据管理、空间分析、位置信息处理、服务终端等若干关键技术，将在第3～8章中详细阐述。

参考文献

刘丹，强晓春. 2010. 构建基于位置云架构的公安移动综合指挥作战系统[J]. 数字通信世界，72(12)：63-68.

第 3 章　位置服务的室外精密定位技术

本章通过对应用卫星导航实时精密定位技术的商用增强服务系统分析，提出在“中国位置”技术框架体系下，实施“中国精度”(China CM)卫星导航实时精密定位服务系统的建设思路。

3.1　精密单点定位技术

精密单点定位(precise point positioning，PPP)技术由美国喷气推进实验室(JPL)的 Zumberge 于 1997 年提出的。20 世纪 90 年代末，由于全球 GPS 连续运营参考站数量急剧上升，全球 GPS 数据处理工作量不断增加，计算时间呈指数上升。为了解决这个问题，作为国际 GPS 服务组织(IGS)的一个数据分析中心，JPL 提出了这一方法，用于非核心 GPS 站的数据处理。

精密单点定位的技术思路非常简单，在卫星导航定位中，主要误差来源于三类，即轨道误差、卫星钟差和电离层延时。如果采用双频接收机，可以利用载波相位差分，消除电离层延时的影响。如果选择地心地固坐标系(ECEF)表示卫星轨道，计算的参考框架同为地心地固坐标系，可以消去观测方程中的地球自转参数。于是，只要给出卫星的轨道和精密钟差，采用精密的观测模型，就能像伪距一样，单站计算出接收机的精确位置、钟差、模糊度以及对流层延时参数。精密单点定位技术是利用单台 GNSS 接收机进行高精度定位的一种方式。

实时精密单点定位技术，是利用实时精密卫星轨道参数和实时精密卫星钟差，处理单台接收机经过数据预处理的非差相位数据，得到分米级精度的定位结果，其技术实现分为以下几个步骤。

(1) 利用 IGS 提供的预报星历与 IGS 实时连续运营参考站数据进行卫星轨道精化，得到实时优于 20cm 精度的高可靠性卫星轨道。

(2) 区域 GPS 基准站实时数据采集、传输。通过采用有效的 GPS 实时数据压缩方法与格式、数据加密方法、数据传输格式和标准及基准站数据的质量监测与数据预处理，为数据处理系统提供安全可靠的实时数据流，供实时估计卫星钟差使用。

(3) 利用实时轨道和实时区域站数据估计精密卫星钟差，精度优于 0.5ns。

(4) 利用实时精密轨道和精密卫星钟差，及用户实时采集的数据，进行动态定位，平面相对精度优于 10cm，高程相对精度优于 20cm。

精密单点定位与差分 GPS 定位不同，精密单点定位是利用国际 GPS 服务机构 IGS 提供的或自己计算的 GPS 精密星历和精密钟差文件，以无电离层影响的载波相位和伪距组合观测值为观测资料，对测站的位置、接收机钟差、对流层天顶延迟以及组合后的相位模糊度等参数进行估计。用户通过一台 GPS 接收机就可以实现高精度定位。它的特点在于各站的解算相互独立，计算量远远小于一般的相对定位。PPP 与双差定位的主要区别在于，双差定位时部分参数和误差项是通过站间和星间求差得以消除，而 PPP 必须采用精细的模型加以改正和用辅助参数进行估计，比如卫星天线相位中心偏差改正、固体潮改正、海洋负荷改正等。由于仅仅使用一台接收机进行作业，省去了差分定位中建设基准站的要求，在进行大范围作业时具有非常大的优势。

3.2 实时精密定位增强系统

3.2.1 系统定义

基于我国导航位置服务产业以及增强北斗导航系统竞争力的需求，北京合众思壮科技股份有限公司等在“中国位置”技术框架基础上，进一步提出建设“中国精度(China CM)”实时精密定位增强系统。

“中国精度”实时精密定位增强系统是基于我国北斗卫星导航系统(Beidou satellite navigation system)以及美国全球卫星定位系统(GPS)、俄罗斯全球导航卫星系统(GLONASS)的一个提供全球服务的实时增强系统。该系统为全球范围用户提供三种类型的增强定位服务：

(1) 免费的实时米级服务；

(2) 授权的实时分米级服务；

(3) 授权的实时厘米级服务。

除上述描述的系统服务精度外，还包含对上述卫星导航系统的系统服务水平，包括卫星健康状况、系统完好性、可靠性等方面的信息服务能力。

3.2.2 国际现状

1. 政府建设的星基广域增强系统服务

世界各国或区域已经建立了一些米级精度的广域增强系统，主要包括美国的 WAAS 系统、欧洲 EGNOS 系统、日本 MSAS 系统、印度 GAGAN 系统、俄罗斯 SDCM 系统等。其中欧洲的 EGNOS 和俄罗斯的 SDCM 考虑了对 Galileo 和 GLONASS 系统进行增强，其他三个系统都是只针对 GPS 的广域增强系统。

上述系统的共同特点总结如下：

(1) 提供水平 1～2 m、垂直 2～4 m 的免费增强服务；

(2) 全部支持美国 GPS 卫星导航系统增强；

(3) 覆盖部分区域，如美国的 WAAS 系统覆盖北美地区、欧洲 EGNOS 系统覆盖欧洲大陆等，都不是全球广域增强系统；

(4) 下行信号均符合 RTCA-159 标准，下行数据速率 250bps。

表 3-1 列出这几个系统建设的主要构成(表格中空缺部分是由于未查阅到相关资料)。

表 3-1　星基广域增强系统构成情况

系统	卫星数	参考站数量	控制中心(个)	主站数量(个)	监测地面站(个)
WAAS	2GEO	38(9 个不在美国境内)	2	3	4
EGNOS	3GEO	39 RIMS	4	2	6
MSAS	2GEO	4	2	2	2
SDCM	3GEO	19(Russia)+5(Aboard)	/	/	/

此外，有资料显示，上述系统均会在未来考虑增加一个信号频率，除 EGNOS 准备增加 E5 频点之外，其他系统均声称未来会支持 GPS 的 L5 信号。

2. 商业运行的全球增强服务系统

目前全球商业运行的增强服务系统主要有三个，即 Veripos、StarFire、OmniSTAR。这三个系统都属于商业公司运营的系统，并且均提供厘米级的高精度定位服务，以下是各系统的简要介绍。

1) Veripos

Veripos 系统由 Subsea 7 公司建立，在全球建立了 74 个参考站，并在英国 Aberdeen 和新加坡拥有两个控制中心。控制中心监控 Veripos 通信系统的整体性能，也能为用户提供有关系统性能的实时信息，同时，具有开启和关闭 Veripos 增强系统(augmentation system)的权限。所提供的定位服务有以下几类：Veripos Apcx，Veripos Ultra，Veripos Standard Plus，Veripos Standard，Veripos GLONASS。

Veripos 在 76°N 到 76°S 之间可以获得 10cm 的水平精度(95%置信度)。

Veripos Apex：最新的全球高精度 GNSS 定位服务，能满足海上定位导航应用，Apex能提供分米级精度。Apex 使用 PPP 技术对 GNSS 误差源建模和校正，如 GPS 卫星轨道误差、钟差、电离层、对流层误差、多路径效应等。Veripos 运营自有的轨道时钟确定系统，能通过自有算法实时校正所有在轨 GPS 卫星。Apex 服务通过 LD2，LD3，LD6 接收机提供，随机软件名称是 Verify QC。

Apex 通过 6 颗高功率海事卫星(Inmarsat 25E，98W，109E，AORE，AORW，IOR)和 1 颗低功率卫星 Inmarsat POR 发布信息。Veripos 采用 7 颗海事卫星进行信号广播，包括 4 颗高频卫星和 3 颗低频卫星，其中 3 颗低频卫星主要用于为用户提供一个高精度的数据备份通道。

2) StarFire

StarFire™是美国 NAVCOM 公司在 1999 年建立的在全球范围内提供 GPS 差分信号发布服务广域差分系统，它提供了分米级的定位精度，具备 99.99%的联机可靠性。StarFire™ DGPS 接收机包括 10 个双频 GPS 信号接收通道、2 个独立通道、一个用于接受

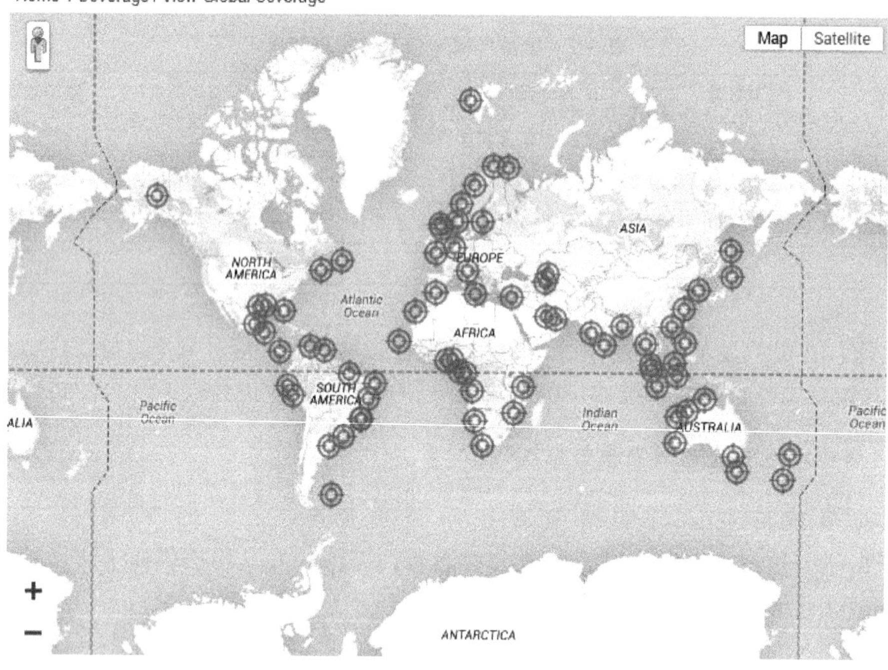

图 3-1　Veripos 系统的参考站分布图

SBAS 信号，另外一个用于接受 L 波段差分改正信号。设备通过两个 115Kbps 数据传输口，原始数据的输出可达 50Hz，PVT(position velolity time)数据输出可达 25Hz。改正信号通过 Inmarsat 静止卫星进行广播，无须建立测区的基准站或进行后处理。

StarFire 网络自从 1999 年 4 月开始运行以来，基本上覆盖了全世界。在北纬 76°到南纬 76°的任何地球表面都能提供同样的精度。

目前 NavCom 提供 SF3050 系列和 SF3040 系列星站差分接收机，其中 SF3040 系列实现了天线和接收机集成一体化，方便安置。

系统提供两种服务：WCT、RTG。WCT 定位精度为 35cm。RTG 定位精度为 10cm。

Starfire 采用 4 颗高频通信卫星进行通信，在国内没有基准站。

Starfire 单机 RTG 技术成功的关键在于，其对原来 RTK 技术基准站的替代。RTG 技术采用在世界范围内的 28 个双频参考站来对差分信息进行收集，这些信息收集以后发回数据处理中心，经数据处理中心处理后，形成一组差分改正数，将其传送到卫星上，然后通过卫星在全世界范围内进行广播。采用 RTG 技术的 GPS 接收机在接收 GPS 卫星信号的同时也接收卫星发出的差分改正信号，从而达到在实时高精度定位。

3）OmniSTAR

OmniSTAR 系统原属于 Fugro 公司运营，2011 年 3 月出售给美国 Trimble 公司运

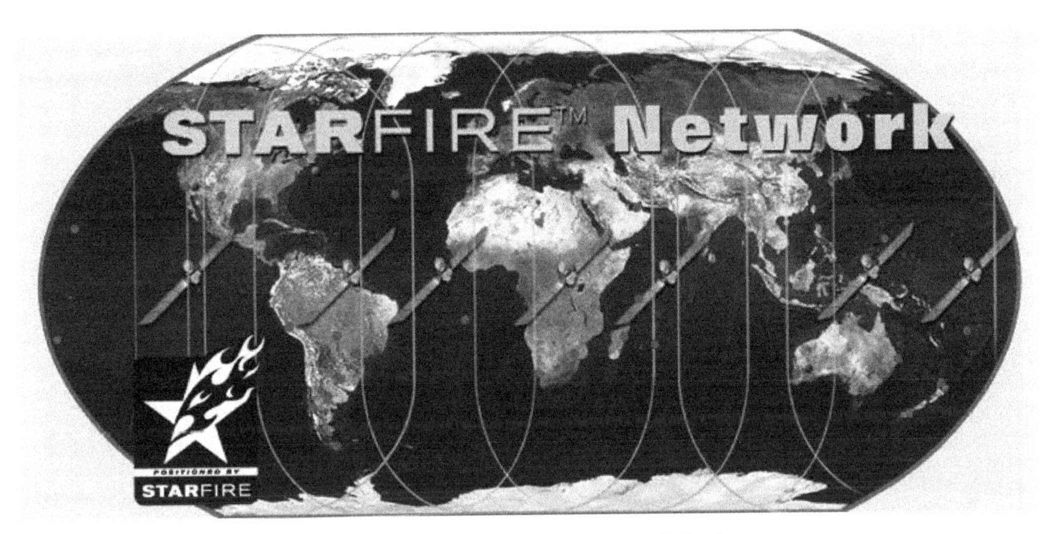

图 3-2　StarFire 系统的参考站分布图

营，是一套可以覆盖全球的高精度 GPS 增强系统。在通过卫星提供增强的 GPS 数据方面 OmniSTAR 为世界市场的领先者，该系统通过分布在世界各地的 70 个地面参考站来测定 GPS 系统的误差，由分别位于美国、欧洲和澳大利亚的 3 个控制中心站对各参考站的数据进行分析和处理，并将经分析确认后的差分改正数据通过同步卫星广播发给用户，实现高精度的实时定位。OmniSTAR 提供测量、定位、环境和包括陆地和近海的卫星增强服务。

OmniSTAR 系统比市场上其他系统提供更大地理覆盖。目前，在 OmniSTAR 信号覆盖范围内可以实现单机最高 10cm(CEP)的实时定位精度。

OmniSTAR 的应用横跨了众多行业，包括农业(精密耕作)、采矿业和大地测量等。航空应用包括农作物灌溉和地理测量等。

OmniSTAR 提供三种 GPS 差分等级的服务：VBS、HP 和 XP。

OmniSTAR VBS 是一个亚米级的服务系统。一个典型的 24 小时的 VBS 采样显示的 2σ(95%)置信度下的水平位置误差小于 1m，而 3σ(99%)的水平位置误差接近于 1m。

OmniSTAR HP 服务在 2σ(95%)的置信度下的水平位置偏差小于 10cm，3σ(99%)的水平位置偏差小于 15cm。在农业机械引导和许多测量任务方面有其独特的应用。它实时操作，不需要当地基准站或通信链路。

OmniSTAR XP 服务提供短期几英寸和长期重复性优于 20cm(95% CEP)的精度。它特别适合农业自动化操纵系统。而它比 HP 精度低，在全世界范围内可用。在测量方面，与地域性差分系统(如 WAAS)相比，精度有所提高。

用户在购买具有 OmniSTAR 功能的 GPS 接收机后，可向 OmniSTAR 的服务商交纳服务费用，申请开通服务。目前在中国地区，可支持 VBS 和 XP 两种服务。

通过上述介绍，得出这三个商业运行的全球增强系统特点如下：

参考站数量：均在 100 以下；

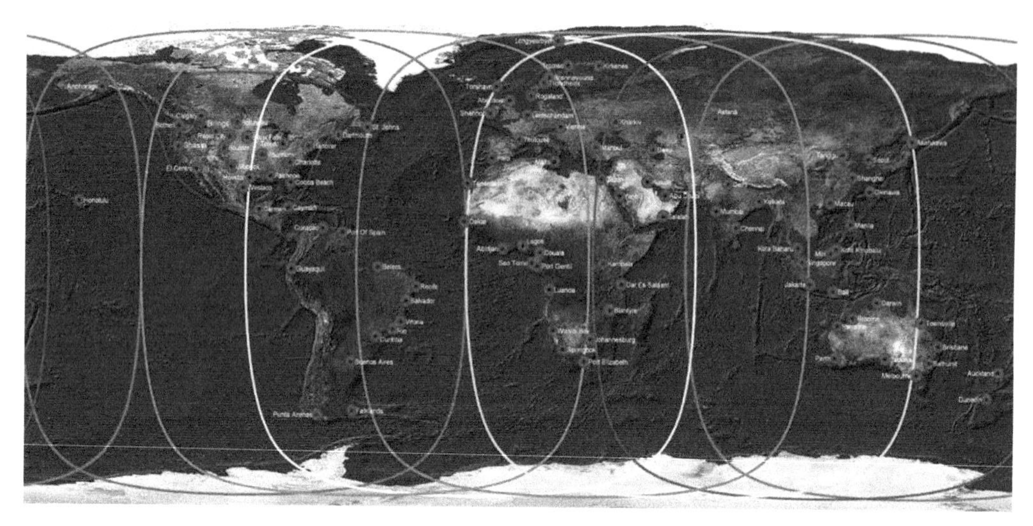

图 3-3　OmniSTAR 的参考站分布

覆盖范围：皆为全球系统，但实际的覆盖范围都是在南北纬 76°之间；

下行信号：都使用 L 波段，但由于高精度改正的信息播发量较大，不能采用 RTCA 的标准格式；

商业化运营：都是需要收费的商业系统，因此每个系统都采用了自己定义的数据格式，下行信号的数据速率也不是很清楚；

使用的通信卫星：都是租用成熟的商业通信卫星，只是数量上有差别，OmniSTAR 公布的数量是 9 颗，Veripos 和 StarFire 都是 7 颗。

3.2.3　国内现状

1. 中国卫星导航系统管理办公室的北斗卫星增强系统规划

中国卫星导航系统管理办公室（CSNO）在 2012 年 12 月发布的 ICD 文件中明确提出，其 B1I 信号上调至的 D2 数据用于北斗系统的差分增强和完好性信息播发，但未说明服务的精度水平。目前这个信号还没有开始向用户提供。但是可以肯定，CSNO 作为中国政府负责北斗卫星系统的建设领导单位，一定会加紧建设这一增强服务系统。这对我国北斗导航系统的服务精度和服务质量将会有质的提升。

2. 武汉大学的 MASS 系统

在国家 863 计划支持下，武汉大学等研究机构先后突破了多系统融合精密定轨与时间同步、多系统全球电离层延迟与硬件延迟处理、广域精密单点定位模糊度固定、区域电离层精化改正、区域非差网络 RTK 处理、终端非差统一处理等一系列核心关键技术，建立了融合区域增强的全球高精度定位应用服务系统，具备全球与全国范围实时定位精度单频 1 米级、双频分米级，重点区域厘米级的实时动态精密定位能力。

该系统与传统广域差分定位相比在精度上提高了一个量级，并且实现不同覆盖范围的多层次融合定位服务能力，成为迄今为止国际上为数不多的投入少、定位精度高、具有先进水平的自主研制的广域性精密定位系统之一。该系统能形成全球、全国及重点区域不同层次的卫星导航精密定位增强信号，将使我国在卫星导航精密定位领域的应用水平和技术实力提升一个台阶，达到了国际先进水平。

MASS 是 multi-constellation augmentation service system 的缩写，源于武汉大学施闯教授提出的一个概念，旨在建立一个基于现有的全球卫星导航系统(包括 BDS、GPS、GLONASS 等)、覆盖中国及周边区域的地基增强系统。依托 863 计划研究成果，建立了我国首个省级北斗地基增强系统(湖北省北斗精密定位服务系统)，并取得了多项技术创新，其中包括北斗三频基准站接收机和北斗三频组合快速模糊度确定方法、北斗和 GPS 高精度联合快速高可靠的定位模式、北斗三频快速收敛的精密单点定位方法、北斗高精度广域单频定位方法等。

经测试，采用北斗三频实时精密定位技术，其定位精度平面和高程分别达到 2cm 和 5cm；采用北斗单频差分导航技术，实时定位精度达到 1.5m，分别满足精密定位用户和导航用户需求。该系统在精密定位初始化时间和环境适用性等方面优于基于单 GPS 的增强系统，各项指标达到或优于国际当前 GPS 地基增强系统的水平。按照施闯教授的设想，会在近两年在全国范围内大面积推广，并在国内帮助各个地方政府建设这个系统，同时有可能在亚太地区的其他国家也得到推广。

3. 科学技术部主导的羲和系统

羲和系统是在科学技术部主导下，为解决我国卫星导航与位置服务的技术问题而推动实施的广域室内外高精度定位导航系统。“羲和”是中国古代神话中的太阳神，取名为“羲和系统”，意为提供全空域、全时域无缝的导航定位服务系统。

羲和系统是我国自主的室内外高精度定位导航系统，该系统是基于协同实时精密定位技术(cooperative real-time precise positioning ，CRP)构建的广域室内外高精度定位导航系统。系统以北斗/GNSS、移动通信、互联网和卫星通信系统为基础，融合广域实时精密定位和室内定位等技术，实现室内外协同实时精密定位，具备室外亚米级、城市室内优于 3m 的无缝定位导航能力，极大扩充了导航应用的范围和深度，创造出更大市场空间。

2013 年 4 月 28 日，科学技术部导航与位置服务重大专项专家组发布羲和系统总体架构和首批接口技术规范，包括：

(1) 室内外定位服务体系架构；

(2) GNSS 基准站实时数据传输格式；

(3) GNSS 广域实时精密定位数据处理技术规范；

(4) GNSS 广域实时精密定位信息播发格式；

(5) L 频段 TC-OFDM 系统地面基站技术规范；

(6) L 频段 TC-OFDM 系统室内增补技术规范；

(7) 个人位置导航电子地图物理存储格式；

(8) 基于网络传输的导航电子地图数据更新规范。

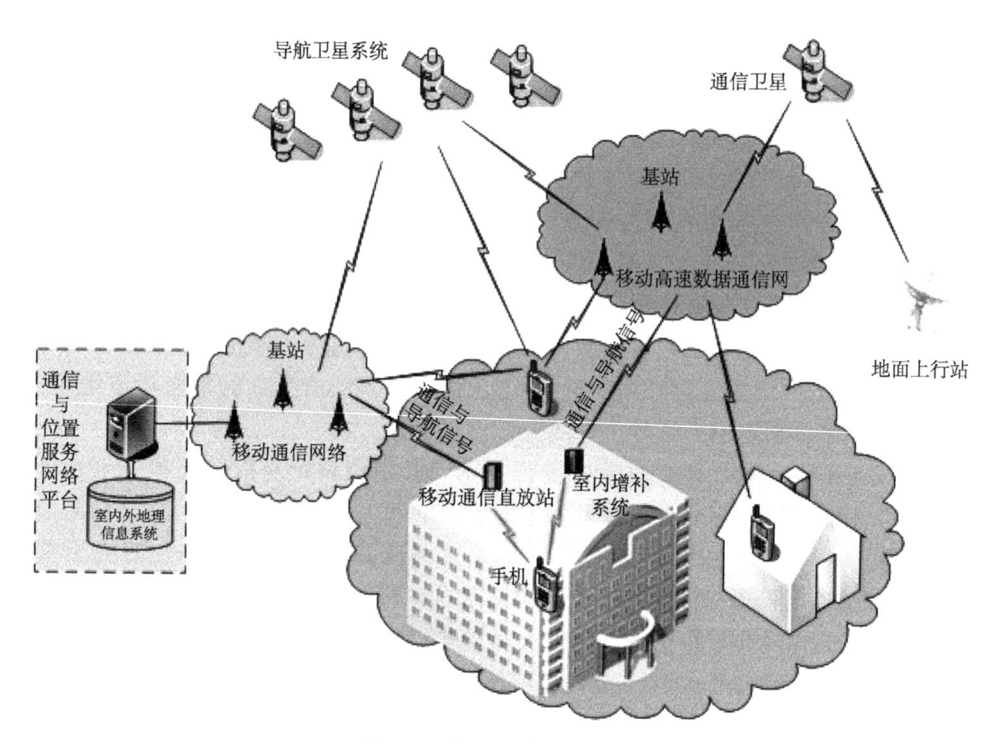

图 3-4　羲和系统示意图

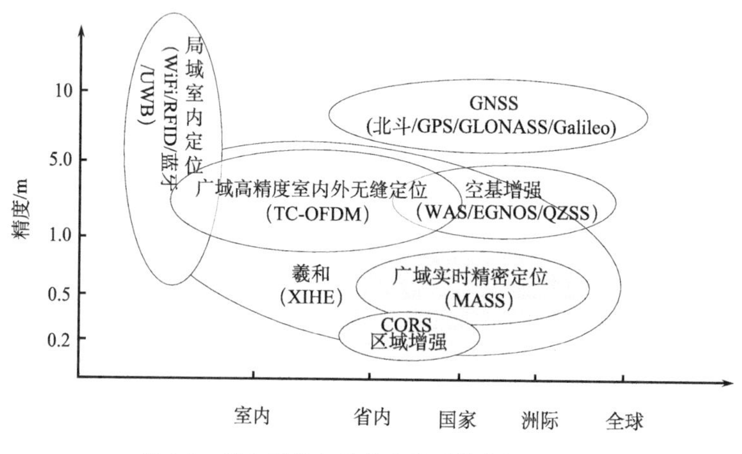

图 3-5　羲和系统与其他定位系统之间的关系

3.2.4　系 统 构 成

通过上述分析，我们能够清晰地设计出“中国精度”(China CM)实时精密定位增强系统的组成部分，主要包括连续运营参考站(CORS)网络、主控中心、监测站，此外还需要租用通信卫星或地面移动通信网络、研制用户接收机等。

1. 连续运营参考站(CORS)网络

CORS 网络由分布在全球的 GNSS 基准站构成，数量在 100 左右。GNSS 基准站点的主要设备组成如下：

(1) 扼流圈天线；

(2) GNSS 接收机；

(3) 温度控制室；

(4) 温度传感器和控制器；

(5) 原子钟(只在一些参考网站)；

(6) 直流电源；

(7) 不间断电源(UPS)；

(8) RS-232 电源控制开关；

(9) 串行 RS-232 转以太网设备服务器；

(10) 以太网集线器。

基准站点采集并存储所在点位的 GNSS 数据和相应的气象数据，并将这些数据通过以太网实时传送到主控中心。

GNSS 接收机要能够接收北斗三频、GPS 双频、GLONASS 双频的信号，数据采样率为 1Hz。

2. 主控中心

主控中心简称 MCC(master control center)，是中国精度系统的中枢，应拥有两套以上并行高性能主控计算机，通过以太网控制并监视全部 CORS 站点的工作状态，实时接收全球各个 CORS 站点传输的数据并存储，实时计算中国精度系统所需要的各类误差改正数，并将计算结果编码，形成串行数据流，发送到卫星系统的上行控制站或地基通信网络，广播给全球用户。

这里的改正数据按照两类需求来生成：一类是亚米级定位需求的卫星星历、卫星钟差和电离层改正等参数；另一类是为分米级和厘米级授权用户提供的精密星历、卫星钟差改正、电离层改正和对流层改正等参数。

3. 监测站

监测站的主要作用是通过接收处理本系统卫星播发的改正数据，监测本系统的工作质量。监测站的天线相位中心为已知的精确坐标点，其主设备是一台能够实现全部服务数据接收和处理功能的用户接收机，它实时接收卫星播发的改正数并实时处理，将解调出来的改正数据以及计算结果实时发送至 MCC，由 MCC 综合判断整个系统的工作质量。

3.3 中国位置的精密定位服务

在北京北斗导航位置服务产业公共平台的建设中，基于“中国精度”实时精密定位增强系统的设计思想，建成了一个实体化、商业化的实时卫星导航地基增强系统，系统包括一个覆盖全国的广域米级增强服务系统和一个北京区域厘米级高精度增强服务系统。

3.3.1 广域米级增强服务系统

1. 系统功能

- 系统支持单频、双频多种设备接入，支持 PPP 广域增强服务；
- 支持 GPS、北斗卫星定位系统，预留 Galileo 系统接口；
- 支持全国范围内卫星钟差及轨道差的改正数据输出；
- 支持多种类型参考站数据接入；
- 终端定位精度优于 1m，可用于导航、定位等服务。

2. 系统组成

广域米级增强服务系统包括：
- 导航卫星实时精密定轨子系统；
- 导航卫星实时精密钟差确定子系统；
- 广域实时大气延迟改正计算子系统；
- 广域实时 UPD 延迟估计子系统；
- 重点区域改正信息融合处理子系统；
- 精密差分改正信息发播与服务子系统。

3. 技术指标

- 导航卫星实时精密轨道精度优于 0.2m；
- 钟差精度优于 0.3ns；
- 精密定位信息延迟时间优于 6s；
- 初始化时间少于 20 分钟；
- 在线同步专业用户服务能力不少于 2000 个；
- 实现全国范围实时动态定位精度 1 米级。

4. GPS/北斗多模手持终端技术指标

- 支持 GPS(L1)和北斗(B1)频点；
- 内置 GNSS 板卡、GPS/北斗兼容天线、GPRS/CDMA 模块，支持蓝牙、WiFi，嵌入式处理单元，触摸屏幕，内置电池；
- 支持广域精密增强定位模式，定位精度优于 1m(RMS)；

- 支持外置 SD 卡，容量不小于 8G；
- 支持第三方软件运行；
- 可作为 RTK 测量设备的手簿；
- 内置电池支持工作 8 小时以上；
- 防护等级：IP65。

3.3.2 北京区域厘米级高精度增强服务系统

1. 系统功能

- 系统支持单基站、多基站 RTK 差分服务，支持 VRS 差分服务；
- 支持 GPS、GLONASS、北斗卫星定位系统，预留 Galileo 系统接口；
- 支持生成伪距差分改正信息，用于亚米级定位和导航应用；
- 支持生成载波相位差分改正信息，用于厘米级、分米级定位和导航应用；
- 系统可生成可选时间段的 RINEX 文件用于后处理应用，如土地调查和测绘、城市规划、位移监测、地理信息系统等。

2. 系统组成

- 在北京市行政区域内建立 17 个永久性固定 CORS 参考站；
- 参考站包含 CORS 接收机和扼流圈天线以及天线基座、设备间、防雷措施，供电设备和用于传输数据的网络设备；
- CORS 站数据管理软件，处理来自各个参考站的实时观测数据，为用户提供 VRS 或单站 RTK 服务，同时也可以为用户提供后处理数据下载服务。同时具备远程管理、监控各参考站的操作，管理终端用户等功能。

3. 技术指标

1）系统指标

支持频段：北京区域厘米级高精度增强服务系统支持 GPS(L1,L2)，GLONASS(G1,G2)和 BeiDou(B1,B2,B3)的数据处理，未来支持 Galileo。

数据通信：

- 实时差分改正数据通过 NTRIP 向用户播发；
- 后处理数据通过 Internet 网络，以 FTP 协议向客户发放数据。

数据与存储.

- 实时差分改正数据包括 RTCM2.3，RTCM3.0，CMR，CMR+；
- 支持参考站原始二进制数据存储；
- 支持 RINEX2.1/3.0/3.1 格式的数据存储；
- CORS 参考站接收机可单机存储 1 月观测数据；

• CORS 网系统可备份 1 年以上原始观测数据。

服务与管理：

• 可以向所有授权终端用户以 NTRIP 方式播发实时差分改正数据；

• 通过互联网 FTP 服务器，向用户提供后处理数据下载服务；

• 支持 FTP 下载数据按日期检索，支持下载数据合并和格式转换；

• 支持 200 个实时数据流用户(含单基站、多基站 RTK 及 VRS 用户)和 50 个 FTP 用户同时访问；

• 可提供参考站的单点定位分析，多路径分析并显示卫星跟踪状态(同时支持 GPS、GLONASS 和北斗)；

• 能实时生成系统记录和故障报告，包括参考站状态、用户和设备状态、数据处理和分析信息、生成电离层和对流层报告，警告危险和未授权使用以及错误报告等；

• 可管理用户的访问，并根据服务类型、使用时间、使用终端的数量等，以账单报告的形式向用户收费；

• 支持移动用户管理功能，移动站通过用户名、密码注册获得访问权限。

系统兼容与扩展：

• 可以与任意第三方 RTK GNSS 接收机兼容，并且用户可以使用 CORS 网服务获得测量级精度；

• 易于扩展，在不改变现有硬件和软件的前提下，可通过增加 CORS 参考站数量来扩大覆盖范围；

• 支持参考站数据共享，与其他 CORS 网络共享参考站观测数据。

系统精度指标：

• 范围：覆盖范围包括北京市所有行政区域；

• 系统精度(RMS)，见表 3-2。

表 3-2　重点区域增强服务系统精度

实时	水平≤2cm	垂直≤5cm
后处理	水平≤3mm	垂直≤10mm

• 延迟：<500ms

• 可用性：95.0％ (365 天) (包括内部不可用，供电故障，电离层异常等)

• 99.0％ (一天内)

• 完好性：异常报警时间<6s

• 兼容性：可生成国际 RINEX 数据并兼容标准 RTCM 格式差分数据，可与所有后处理软件和第三方接收机兼容(只含 GPS 及 GLONASS)

2) CORS 接收站指标

• 参考站技术指标(见表 3-3)

表 3-3　CORS 参考站技术指标

设备名称	主要指标
扼流圈天线	频段：GPS(L1,L2)，GLONASS(G1,G2)，BeiDou(B1,B2,B3) LNA 增益：＞40dB 工作电压：5～12V DC 工作电流：120mA 最小高度角：0° 典型高度角：5° 相位中心误差：＜2 mm 相位中心重复性：＜1 mm 工作温度：－40～85 ℃ 存储温度：－55～85 ℃
CORS 接收机	通道：220 通道 频段：GPS(L1,L2)，GLONASS(G1,G2)，BeiDou(B1,B2) 测量精度(RMS)：H：2.5mm＋1ppm ，V：5mm＋1ppm 通信协议：TCP/IP 数据率：1Hz' 通信端口：2 RS-232，1 RJ45 Ethernet，1 TNC，1 POWER 工作电压：9～18V DC 功耗：3W
UPS	输入电压：110～240V AC　50～60Hz 输出电压：220V AC　50～60Hz 信号波形：正弦波 切换时间： 功率：700W/1000VA 数据接口：RS232，RJ45 持续供电：参考站工作 3 天 工作温度：0～＋40 ℃

- 参考站选址要求

因参考站点位容易受视场、电磁干扰、通电、通信、环境等因素影响，因此，参考站点位的选择应遵循一定的原则：

距离易产生多路径效应的地物如高大建筑、树木、水体、海滩和易积水地带等的距离不小于 200m；

应有 10°以上的地平高度角卫星通视条件；

距离电磁干扰区(如微波站、无线电发射台、高压线穿越地带、飞机场等)和雷击区的距离不小于 200m，距离越远越好；

避开易产生振动的地带，比如公路边、铁道旁等地方；

避开地质构造不稳定区域，比如断层破碎带、易发生滑坡与沉陷等局部变性地区；

便于接入公共或者专用通信网络；

具有稳定、安全可靠的电源；

交通便利；

便于长期保存和管理。

3）CORS 数据管理软件功能及指标

• 软件功能

CORS 数据管理软件是汇集、存储、处理和分析各参考站数据资源，远程监控各参考站运行状态，并形成产品和开展服务的系统。MCC 是 CORS 网的核心单元，主要具有数据处理、系统控制、信息服务、网络管理和用户管理等功能。

数据处理：数据质量分析和评价；数据综合、数据分流和数据存储；利用 VRS 技术形成差分修正数据。

系统监控：监测设备运行状态；远程管理；故障分析与故障警视。

信息服务：通过 Internet 向用户提供事后精密处理的数据服务，通过 NTRIP 向用户提供实时差分改正数据服务，从而满足用户在导航、定位等应用的需求。

网络管理：监控并管理系统网络；通过硬软件隔离技术实现网络安全防护，保障信息安全；管理网站，通过 Internet 向用户提供 http、ftp 等访问服务。

用户管理：用户登记、注册、撤消、查询、权限等管理；提供访问授权和用户使用记录。

• 软件组成

卫星轨道：卫星轨道表示所有的卫星的星历信息(精密星历和广播星历)。精密星历部分包括从网上下载当前最新的星历，然后拟合成本软件需要的格式的轨道数据。广播星历是从接收机中接收到的星历信息解码得到的各种轨道参数。

基准站信息：基准站信息是对分布在不同地方的 GNSS 接收机进行管理，主要包括以下部分：

基准站管理(新建、编辑、查看、删除)；

气象仪管理(新建、编辑、查看、删除)；

接收机管理(新建、编辑、查看、删除)；

保存的数据信息(原始数据和 RINEX 格式的数据保存)；

观测数据质量分析和检查(QA/QC 分析)。

网络数据处理：

子网管理(新建、编辑、查看、删除)；

多基准站误差的综合处理；

卫星钟差的参数估计。

用户实时数据产品：

实时数据产品管理(新建、编辑、查看、删除)。

流动站用户管理：

流动站用户的管理(新建、编辑、查看、删除)。

辅助功能：

各种接收机数据格式的转换。

坐标转换；
接收机天线型号管理；
接收机类型管理。

4）多模多频 GNSS 终端设备技术指标

- 支持 GPS(L1,L2)、GLONASS(G1,G2)和 BeiDou(B1,B2,B3)；
- 内置 GNSS 板卡、GPS 天线、UHF 接收模块、GPRS/CDMA 模块、蓝牙、电池；
- 支持 RTK 和后处理测量，RTK 测量精度优于：
  水平：10mm＋1ppm * D；垂直：20mm＋1ppm * D；
- 后处理测量精度优于：
  水平：3mm＋1ppm * D；垂直：6mm＋1ppm * D；
- RTK 基线长度大于 20km；
- 可保存原始测量数据，数据记录间隔可设置。在 30s 记录间隔条件下，可保存 5 天以上的观测数据；
- 内置电池支持工作 10h 以上；
- 防护等级：IP65。

北京区域北斗高精度增强服务系统已于 2015 年 3 月底完成基础建设，并开展试运行服务。

第4章　位置服务的室内定位技术

移动通信网络在位置服务中承担了双重作用：一是为位置服务提供信息的传输通道；二是能够根据移动通信网络的信号实现定位功能。本章着重阐述了基于移动通信网络的定位原理与方法，并介绍了基于移动通信网络为主体的室内位置服务系统的设计思想、关键技术和实践方案，重点说明了“中国位置”体系框架下室内定位工程的建设方法。

4.1　移动通信网络定位技术现状

移动通信网络定位是指利用移动通信网络，通过测量所接收到的某些无线电波的参数，根据特定的算法精确测定某一移动终端或个人在某一时间所处的地理位置，从而为移动终端用户提供相关的位置信息服务或对目标进行实时的监测和跟踪(蒋晓琳等，2013)。

4.1.1　移动通信网络定位的发展

在过去30年中，移动通信发展十分迅速，回顾移动通信发展历程，移动通信系统的发展大致经历了五个发展阶段(李祺锋，2013)。

1. 第一代移动通信系统

第一代移动通信系统建设于20世纪90年代初，属于模拟通信系统，主要采用频分多址技术。其业务量小、质量差、安全性差、没有加密且速度低，基本上很难开展数据业务，多以话音业务为主，无法基于通信信号对终端进行定位。不足之处主要在于：

- 制式复杂，不易实现国际漫游；
- 用户容量受限制，在人口密集区域，系统扩容困难；
- 设备价格高，手机体积大，电池续航时间短，使用不便；
- 不能提供综合数字网(ISDN)业务，而通信网的发展趋势最终将向ISDN过渡。

2. 第二代移动通信系统

第二代移动通信系统(2G)起源于20世纪90年代初期，属于数字系统。欧洲电信标准协会于1996年提出了GSM Phase 2+，目的在于扩展和改进GSM Phase 1及Phase 2中原定的业务和性能。它主要包括客户化应用移动网络增强逻辑(CMAEL)，支持最佳路由(SO)、立即计费、GSM 900/1800双频段工作等内容，也包含了与全速率完全兼容的增强型话音编解码技术，使话音质量得到了质的飞跃；半速率编解码器可使 GSM 系统的容量提高近一倍。在 GSM Phase 2＋阶段中，采用更密集的频率复用、多复用、多重复用结构技术，引入智能天线技术、双频段等技术，有效地克服了随着业务量剧增所引发的 GSM 系统容量不足的缺陷；自适应语音编码(AMR)技术的应用极大提高了系统通话质量；GPRS/EDGE 技术的引入，使 GSM 与计算机通信以及 Internet 有机结合，数据传送速率可达 115/384 kbit/s，从而使 GSM 功能得到不断增强，初步具备了支持多媒体业务的能力，同时也初步具备了基于通信基站进行移动定位的能力。

第二代移动通信系统具有以下特征：

• 加密性提高：数字调制是在信息本身编码后才进行调制，容易进行加密处理；

• 有效利用频率：数字方式比模拟方式能更有效地利用有限的频率资源；

• 易于连接 ISDN；

• 信息变换存储灵活：该特点可以有效地克服移动通信中由于恶劣的电波传播条件所带来的弊病。

3. 第三代移动通信系统

第三代移动通信系统(3G)也称 IMT2000，是正在全力开发的系统，其最基本的特征是智能信号处理技术，智能信号处理单元将成为基本功能模块，支持话音和多媒体数据通信，它可以提供前两代产品所不能提供的多种宽带信息业务，例如高速数据、慢速图像与电视图像等。例如 WCDMA 的传输速率在用户静止时最大为 2Mbps，在用户高速移动时最大支持 144Kbps，所占频带宽度 5MHz 左右。

第三代移动通信系统的通信标准共有 CDMA2000、WCDMA 和 TD-SCDMA 三大分支，共同组成一个 IMT 2000 家庭，成员间存在相互兼容的问题，因此已有的移动通信系统不是真正意义上的个人通信和全球通信；3G 的频谱利用率还比较低，不能充分利用宝贵的频谱资源；3G 支持的速率还不够高，如单载波只支持最大 2Mbps 的业务；移动定位精度达到 100 米级，基本满足大众日常生活定位需求。第三代移动通信技术的基本特点：

• 世界范围内高度统一的设计，全球统一频段，统一标准，全球无缝覆盖和漫游；

• 具有较高的频谱利用率；

• 安全保密性能优良；

• 在 144kbps(最好能在 384kbps)能达到全覆盖和全移动性，还能提供最高速率达 2Mbps 的多媒体业务；

• 适应多用户环境，包括室内、室外、快速移动和卫星环境；

• 可与各种移动通信系统融合，包括蜂窝、无绳电话和卫星移动通信等；

• 支持高质量话音、分组多媒体业务和多用户速率通信；

• 有按需分配带宽和根据不同业务设置不同服务等级的能力；

• 便于从第二代移动通信向第三代移动通信平滑过渡；

• 移动手机终端结构简单，便于携带，价格较低。

4. 第四代移动通信系统

第四代移动通信系统(4G)中有两个基本目标：一是实现无线通信全球覆盖；二是提供无缝的高质量无线业务。目前4G通信具有以下特征。

• 通信速度更快。人们研究4G通信的最初目的是为了提高蜂窝电话和其他移动终端访问Internet的速率，因此，4G通信最显著的特征就是它有更快的无线传输速率。据专家估计，第四代移动通信系统的传输速率速率可以达到10M～20Mbps，最高可以达到100Mbps。

• 通信更加灵活。从严格意义上说，4G手机的功能已不能简单划归“电话机”的范畴，因为语音数据的传输只是4G移动电话的功能之一而已。而且4G手机从外观和样式上看将有更惊人的突破，可以想象的是，眼镜、手表、化妆盒、旅游鞋都有可能成为4G终端。

• 网络频谱更宽。要想使4G通信达到100Mbps的传输速率，通信运营商必须在3G网络的基础上进行大幅度的改造，以便使4G网络在通信带宽上比3G网络的带宽高出许多。据研究，每个4G信道将占有100MHz的频谱，相当于WCDMA 3G网络的20倍。

• 智能性更高。第四代移动通信的智能性更高，不仅表现在4G通信终端设备的设计和操作具有智能化，更重要的是4G手机可以实现许多目前还难以想象的功能。

• 兼容性更平滑。要使4G通信尽快地被人们接收，还应该考虑到让更多的用户在投资最少的情况下较为容易地过渡到4G通信。因此，从这个角度来看，4G通信系统应当具备接口开放、全球漫游终端多样化、能与多种网络互联以及能从3G平稳过渡等特点。

移动通信行业的融合与变革主要呈现出三个方面的趋势：一是技术融合，随着集群与分布式计算、网络新技术、移动技术以及普适计算的发展，信息技术正加速向移动通信领域渗透。信息技术与通信技术在信息资源与平台两方面融合而形成新的领域——信息通信网络(ICT)，在此背景下又衍生出云计算、移动互联网、物联网(M2M)产业的发展以及智能家居、车联网、智慧城市等更多应用。二是行业融合，通信行业、IT行业和传统媒体行业呈现出大融合的趋势，通信运营商正由传统的业务提供商向综合信息服务商转变(陈卓，2013)。三是应用变化，从原始语音业务向多媒体数据业务发展；从日常生活使用，向移动办公过渡；从大众化服务向个性化服务延伸(高鹏，2008)。由移动4G通信网络特点及发展趋势来看，其定位精度有望达到10m级。

5. 移动通信网络定位技术

美国通信委员会(FCC)于1996年推出了一个行政性命令E911，要求强制性构建一个公众安全网络，即无论在任何时间和地点，都能通过无线信号追踪到终端用户的位置。1999年FCC对E911进行修订，对定位精度提出新的要求，促使移动运营商投入大量的人力和资金对位置服务进行研究，极大地促进了美国LBS产业的快速发展。欧洲于 1999 年提出了类似的管制框架 E112 计划，与美国强制性的规定有所不同，欧盟采用以市场为主导的方案，由运营者自行选择实施办法。

与欧美相比，日韩在 LBS 的商业应用方面较为领先，这得益于 3G 系统在日韩的快速发展。如 NTTDoCoMo 公司从 2001 年下半年开始在全日本提供位置服务，KDDI 公司也于 2004 年 10 月开始提供 GPS 地图服务。伴随着移动通信网络向 3G 的演进，日本的移动运营商和业务提供商逐步建立了比较完善的基于位置业务的基础设施。例如，移动用户可以通过手机查询详细的步行或乘车方案，家庭主妇可以通过手机接收附近超市每日的折扣商品信息。

2001 年 4 月，亚洲第一套位置定位服务系统(LCS)在福建试验成功。2002 年 11 月，中国移动首次开通位置服务业务，如梦网品牌业务“我在哪里”“你在哪里”等；2009 年 5 月移动又开通了飞信品牌业务“位置服务”“位置交友”等。2003 年，中国联通推出“定位之星”业务；中国电信和中国网通也看到了位置服务的诱人前景，启动在小灵通平台上的位置服务业务。同时，位置服务也在一些专业领域逐渐得到认可，从 2004 年开始，交通安全管理与应急联动领域逐渐引入了 GPS 与移动通信结合的 LBS 服务，包括公交、出租、长途客运、货运、危险品运输、内陆航运等交通运输行业相关的位置服务。

近几年由于移动通信技术的迅猛发展，各种标准化组织针对蜂窝定位的标准化工作也加紧进行。从国内外研究现状来看，基于网络 Cell-ID、TDOA 和基于移动台的 OT-DOA、AGPS 发展较快，针对这些技术的研究工作也较为活跃。由于移动通信系统正经历着从 2G、3G 到 4G 的演变过程，移动定位技术在 3G 上的实现成为目前被广泛关注的问题(赵平，2005)，在移动 4G 上实现定位精度大幅度提高是迫切需要解决的问题。

4.1.2　移动通信网络定位应用分类

随着移动通信系统体系结构和关键技术的不断进步，移动通信网络的覆盖面越来越广，服务的范围越来越宽，移动定位技术的应用逐步展开。目前，移动通信系统采用增强可观察时间差分(E-OTD)技术，其定位精度达到 100m，尚不能满足定位精度和可靠性日益增长的需要。虽然可将 GPS 直接安装在移动终端或手机上实现较为精确的定位，但是仍然会存在一些难于解决的问题。

移动通信网络定位系统可以利用的通道信号包括信号强度 SS、载波相位 CP、信号到达时间 TOA、信号到达时间差 TDOA、信号到达角度 AOA、移动台所在小区的 Cell ID 以及其他变换形式的参数信号等。

由于移动通信网络定位系统中定位技术种类繁多，无线通信信道的极度随机性和现有各种移动通信标准的并存，使得出现了相应的定位技术来适应不同的无线环境和特定的移动通信系统。根据不同的参考基准对移动定位技术进行如下分类。

1）按照定位系统所处空间位置分类

根据定位系统所处的空间位置，移动定位系统可以分为空基定位系统、地基定位系统以及混合定位系统三种。

空基定位系统包括全球的、区域的和增强的所有卫星导航系统，如美国的 GPS、俄罗斯的 GLONASS、欧洲的 Galileo、中国的北斗卫星导航系统，以及相关的增强系统，如美国的广域增强系统(WAAS)、欧洲的静地导航重叠系统(EGNOS)和日本的多功能运输卫星增强系统(MSAS)等。

地基定位系统主要包括基于雷达信号的各种定位模式，如移动蜂窝网络定位系统、罗兰 C 定位系统和信标台定位系统。其中应用最为广泛的移动蜂窝网络定位系统包含基于网络的定位和基于移动台的定位两大技术。

混合定位系统是定位技术发展的一个方向，混合定位结合两种或者多种定位技术的优点，从而获得更高的定位精度、更大的覆盖范围以及更低的造价，如 GPSONE、DGPA、AGPS 和手机集成 GPS 系统等。

2）按照定位参数测量所在位置分类

根据定位参数测量所在位置，移动定位系统可以分为基于网络的定位技术和基于终端的定位技术。

基于网络的定位技术主要依靠移动通信网络来实现对定位参数的测量和用户位置的计算。大致可以分为三种类型：基于三角关系和运算的定位技术、基于临近关系的定位技术和基于场景分析的定位技术。其定位技术主要依靠网络自身固有的定位能力，如移动台所在小区的 Cell-ID，对上行链路信号衰减程度的测量，或 AOA、TOA、TDOA 参数测量计算等对移动台进行定位。

基于终端的定位技术利用移动终端接收到的基站发射信号，确定其与基站之间的几何关系，并根据相关算法进行定位估算，从而获取自身的位置信息。基于终端的定位技术主要包括下行链路观测到达时间差(OTDOA)方法、差分 GPS(DGPS)、辅助 GPS(A-GPS)等。

3）按照应用场景分类

根据应用场景，移动定位系统可以分为室内定位技术和室外定位技术。

室内定位技术主要采用无线通信、基站定位、惯导定位等多种技术集成形成一套室内位置定位体系，从而获取人员、物体等在室内空间中的位置信息。室内定位技术主要包括无线保真定位技术(WiFi)、红外线室内定位技术(RSS)、超声波定位技术、蓝牙技术(Bluetooth)、射频识别技术(RFID)、超带宽技术(UWB)、ZigBee 技术、图像匹配识别定位等。

蓝牙技术主要用于室内短距离无线通信，工作在 2.45GHz 的频段上。在蓝牙技术中，可利用系统的无线设备固定访问点来对移动设备进行定位，通常将与移动设备进行通信的固定设备访问点的位置坐标近似作为移动设备的坐标，其定位精度一般可以保证在 30m 以内。蓝牙定位技术可以作为其他定位方法的补充，尤其当许多定位方法对于处于室内的移动设备定位精度不佳的情况下。

WiFi 定位技术是目前的研究热点，它是根据部署在各个地方的 WiFi 热点发出的信号强度和全球唯一 MAC 地址来进行定位的，无需 GPS 和移动网络即可定位。同时，可以使用在室内以及室外定位之中，WiFi 在室外 AP 密度较小，受到移动汽车和障碍物影响较大，因此用于室内定位效果较好。比较主流的定位算法主要包括传播模型法和指纹法。

4) 按照定位所用参数分类

根据定位所用参数，移动定位系统可以分为场强测量法(SSOA)、增强型场强测量法、多径指纹法、信号到达角度测量法(AOA)、到达时间/时间差测量法(TOA/TDOA)、混合参数定位法。

每一技术的具体介绍在此不再赘述，将在 5.2 节进行详细介绍。

4.2　移动通信网络定位原理与方法

4.2.1　定位原理

移动通信定位技术大致可以分为三种类型：基于三角关系和运算的定位、基于场景分析的定位和基于临近关系的定位(孙巍，2003)。

1. 基于三角关系和运算的定位原理

基于三角关系和运算的定位是目前应用最为广泛的一种定位技术，它的原理是根据测量得出的数据，利用几何三角关系计算被测物体的位置，可以细分为基于距离测量的定位技术和基于角度测量的定位技术。

1) 基于距离测量的定位原理

基于距离测量的定位首先要测量已知位置的参考点(A,B,C 三点)与被测物体之间的距离(R_1,R_2,R_3)，然后利用三角知识计算被测物体的位置。其示意图如图 4-1 所示。

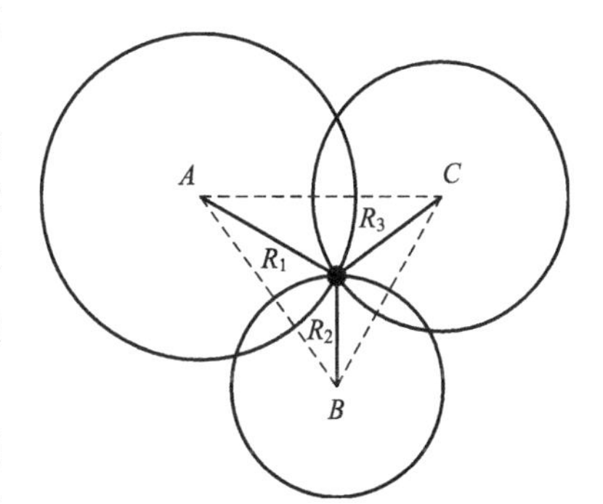

图 4-1　基于距离测量的定位原理示意图

例如，若要计算被测物体的平面位置(即二维位置)，则需要测量三个非线性的距离数据；若要计算被测物体的立体位置(即三维位置)，那么需要测量四个非线性的距离数据。距离测量的方法一般分为如下三种。

(1) 直接测量方法。通过物理动作和移动来测量参考点与被测物体之间的距离。例如，机器人移动自己的探针，直到触到障碍物，并把探针移动的距离作为自己与障碍物之间的一个距离参数。

(2) 传播时间测量方法。利用在已知传播速度的情况下，无线电波传播的距离与它传播的时间成正比的原理进行距离的测量。该方法的注意事项如下。

• 无线电波的传播特性

由于无线电波在传播的过程中可能会发生反射，而测量端无法区分直接到达的无线电波与经过反射到达的无线电波，因此容易造成测量误差。一般的解决方法是多次测量，从而计算统计意义上的测量值。

• 时钟同步

参与同一个定位过程的参考点之间必须保证时钟的同步，这样才能保证测量结果的正确性和精度。如果由被测物体自己进行测量，那么被测物体和参与同一个定位过程的参考点必须保证时钟的同步；如果采用测量往返时间的方法，那么只要测量端保证足够的时钟精度即可。

• 时钟精度

由于无线电波的传播速度非常快，因此必须使用高精度的时钟以减小测量误差。

(3) 无线电波能量衰减测量方法。原理是，根据已知发射电波的强度，与在接收方测量收到的电波强度，从而估计出发射电波物体距离接收方之间的距离。在理想的传播环境下，无线电波的衰减与 $1/r^2$ 成正比(其中 r 为传播距离)。然而实际上，无线电波在空间传播时能量的衰减是多种因素共同作用的结果，而不单单与传播距离有关。例如，在一个地形地物较为复杂的环境中，无线电波信号传播时的衰减会受到反射、折射、多径效应等多种因素的影响，因此无线电波能量衰减测量方法的精度较传播时间测量方法差一些。

2) 基于角度测量的定位技术

基于角度的定位技术与基于距离测量的定位技术在原理上是相似的，两者主要的不同在于前者测量的主要是角度，而后者测量的是距离。

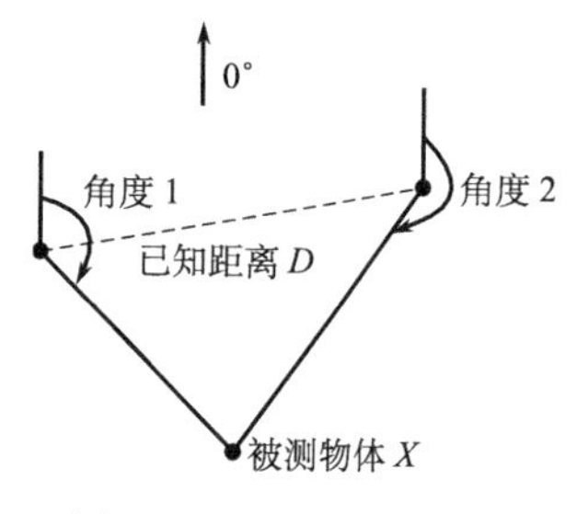

图 4-2 基于角度测量的定位原理示意图

一般来说，如果要计算被测物体的平面位置(即二维位置)，那么需要测量两个角度和一个距离(虚线表示)，如图 4-2 所示。

同理，如果要计算被测物体的立体位置(即三维位置)，那么需要测量三个角度和一个距离。基于角度测量的定位技术需要使用方向性天线，如智能天线阵列。

2. 基于场景分析的定位原理

基于场景分析的定位对定位所在的特定环境进行抽象和形式化，用一些具体的、量化的参数描述定位环境中的各个位置，并通过数据库把这些信息集成在一起。观察者根据待定位物体所在位置的特征查询数据库，并根据特定的匹配规则确定物体的位置。

由此可以看出，这种定位技术的核心是位置特征数据库和匹配规则，它本质上是一种模式识别方法。Microsoft 的 RADAR 定位系统就是一个典型的基于场景分析的定位系统。

3. 基于临近关系的定位原理

基于临近关系进行定位的技术原理是：根据待定位物体与一个或多个已知位置的临近关系来定位。这种定位技术通常需要标识系统的辅助，以唯一的标识来确定已知的各个位置。

该定位技术的典型应用是移动蜂窝通信网络中的Cell-ID。如图4-3所示，图中三个黑点分别表示三个待定位物体，它们分别位于三个不同形状的Cell中。因为各个Cell的位置是已知的，所以待定位物体的位置也就可以确定了。

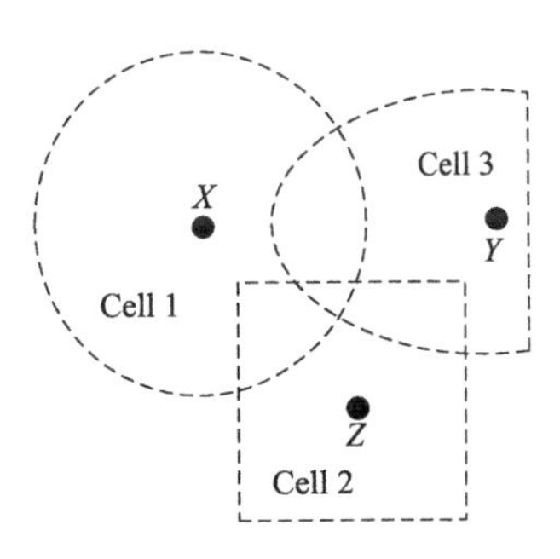

图4-3 基于临近关系的定位原理示意图

基于临近关系定位技术的应用非常广泛，除了Cell-ID以外，其他的例子还有Xerox ParcTAB System、Active Badge Location System、Carnegie Mellon Wireless Andrew等。

4.2.2 定 位 方 法

根据定位手段的不同，移动通信系统中的定位技术又可分为COO定位法、TA定位法、TOA定位法、TDOA定位法、E-OTD定位法、AOA定位法、TOA-AOA定位法、GPS定位法、辅助GPS定位法、场强定位法和位置“指纹”法、混合定位等(李俊，2002)。下面每种定位技术进行简单的分析，在分析这些定位技术的时候，假设基站和移动台处于同一水平面内，即当地地理水平面内，基站和移动台的高度可以忽略不计，这种假设在大多数情况下是符合实际的。

1. COO定位法

COO(cell of origin)定位法是各种定位方法中相对简单的一种定位方法，它的基本原理是根据移动台所处的小区ID号来确定移动台的位置。每个蜂窝小区都拥有一个唯一的小区ID号，可称为CGI(cell global identity)。CGI由LAI(位置区识别)和CI(小区识别)构成，LAI由MCC(移动国家代码)、MNC(移动网络代码)、LAC(位置区代码)构成，即：CGI＝LAI＋Cl＝MCC＋MNC＋LAC＋Cl。

移动台所处的小区ID号是网络中的已知信息，当移动台在某一小区注册后，系统数据库就会将移动台与该小区的ID号对应起来，因此只需要知道该小区覆盖半径以及基站所处的中心位置，就可以获取移动台所在的大致范围。

COO定位法的定位精度就是小区的覆盖半径。目前我国在城市小区规划中，一般采用了多层小区结构以满足不断增多的话务量要求。在用户较少的区域，采用覆盖半径大约400m的常规小区；在用户较密集的区域，如商业街、写字楼，采用覆盖半径可达到100m的微微蜂窝；另外，在用户高度密集的区域采用双层甚至多层的小区结构。因此，在繁华的商业区，一个移动台至少可以处于一个微微小区的覆盖之中，定位精度超过 100m，移动台如果处于多个小区的覆盖，定位精度则可达到 50m 甚至更高。而在用户较少的郊区以及农村，基站密度较低覆盖半径也较大，采用 COO 定位法的定位精度大概只有一两千米。

COO 定位法是一种基于网络的定位技术。其优点是实现简单，不用对现有的手机和网络进行改造就可以直接向用户提供移动定位服务，同时，定位速度快，其定位时间仅为查询小区中心位置和覆盖半径的数据库所需的时间。其缺点是定位精度差，尤其不适合在基站密度低、覆盖半径大的区域使用。

2. TA 定位法

TA(timing advance)是 GSM 系统中的一个参数。在现有的 GSM 系统中，为了保证信息帧中各时隙的同步，基站必须利用移动台所发信息分组中的训练码序列获得该基站和移动台之间的信号传播时延信息，并通过慢速伴随信道将信号传播时延信息以 TA 参数的形式告知移动台，移动台利用 TA 参数就可以调整信息分组的发送时刻，以确保各移动台的信息分组到达基站时能避免时隙重叠。基站和移动台之间的信号传播时延是无线电波在基站和移动台之间一个来回的传输时间。

我们利用 TA 可以估计出移动台和当前服务基站之间的距离。时间提前量是以比特(bit)为单位，1bit 的时长定义为 3.7us，故在 1bit 的时间内电磁波传输的距离为

$$3.7\text{us} \cdot 3.0 \cdot 10^8 \text{m/s} = 1110 \text{ m}$$

假设移动台到当前服务的基站之间的信号传播时延为 Ta 比特，那么我们可以得出移动台到基站的距离即为 Ta · 1110/2＝555 · Ta(m)。

由移动台获取的 TA 参数仅能够决定移动台和当前服务基站的距离，由几何知识可知，平面上一动点到一定点的距离为一定值的轨迹为一个圆。要想获得移动台更具体的位置，必须获得移动台相对于其他不同基站的 TA 参数。这就需要通过基站指令，迫使移动终端进行呼叫切换，表现在现有的 GSM 系统中就是要对基站系统的控制软件进行改造。

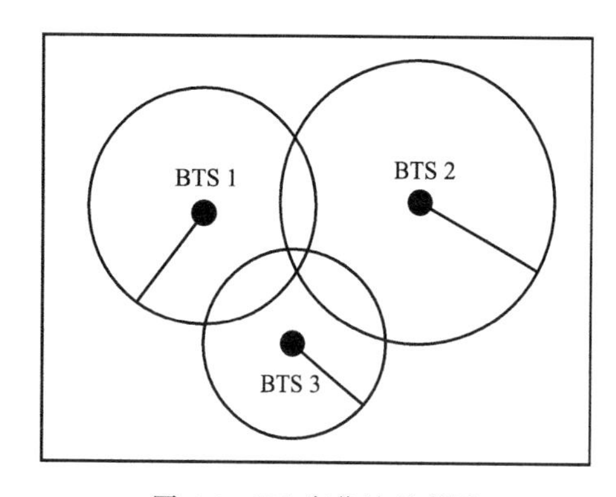

图 4-4　TA 定位法示意图

易知，一个 TA 参数可以决定移动台位于一个圆上，两个 TA 参数可以决定移动台位于一点或者两点上，三个以上的 TA 参数可以决定移动台位于一个点(即其具体位置)。

如图 4-4 所示，BTS 1、BTS 2、BTS 3 为基站，X 为移动台。设 TA1、TA2、TA3 分别为测得的移动台 X 相对于基站 BTS 1、BTS 2、BTS 3 的 TA 参数。已知基站BTS 1、BTS 2、BTS 3 的坐标分别为(X_1, Y_1)、(X_2, Y_2)、(X_3, Y_3)，假设移动台 X 的坐标为(X, Y)，则有位置关系表达式如下：

$$(X - X_1)^2 + (Y - Y_1)^2 = (555 \cdot \text{TA1})^2$$

$$(X-X_2)^2+(Y-Y_2)^2=(555 \cdot \mathrm{TA2})^2$$

$$(X-X_3)^2+(Y-Y_3)^2=(555 \cdot \mathrm{TA3})^2$$

上式为一个关于(X,Y)的非线性方程组，当TA存在一定误差时可能无解，可以采用最小平方误差和方法求解。

TA定位法是一种基于终端的定位技术。该方法的优点在于无须对移动台作任何改动，而对基站系统的改动也仅需在切换规程的控制软件中进行。其缺点在于采用了强制切换，在定位过程中移动台不能进行其他业务通信，同时也增加了更多的信令负荷；TA参数的准确性受到多径效应的影响；至少需要获得三个以上的TA参数才可以决定移动台的具体位置于一个点；定位时间较长。

3. TOA定位法

TOA(time of arrival)定位法的基本思想是测量移动台发射信号的到达时间，并且在发射信号中要包含发射时间标记以便接收基站确定发射信号所传播的距离，该方法要求移动台和基站的时间精确同步。为了测量移动台发射信号的到达时间，需要在每个基站处设置一个位置测量单元，为了避免定位点的模糊性，该方法至少需要三个位置测量单元或基站参与测量。

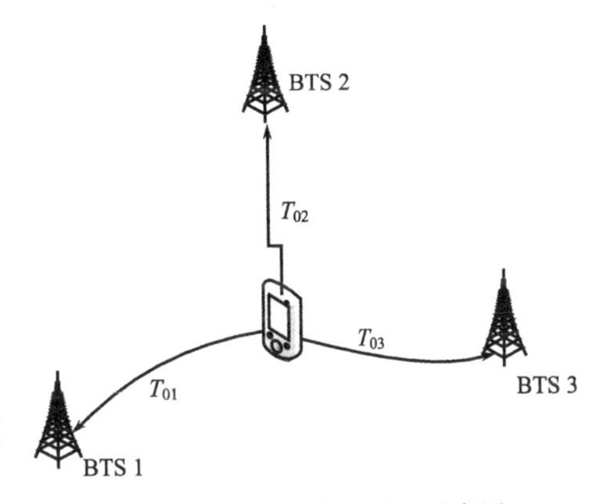

图4-5　TOA定位法原理示意图

如图4-5所示，BTS 1、BTS 2、BTS 3为基站，X为移动台。设T_1、T_2、T_3分别为测出的移动台X的发射信号到达BTS 1、BTS 2、BTS 3的相应基站时间。移动台X发射信号的移动台时间为T_S，基站时间分别为T_{01}、T_{02}、T_{03}。已知基站BTS 1、BTS 2、BTS 3的坐标分别为(X_1,Y_1)、(X_2,Y_2)、(X_3,Y_3)，假设移动台X的坐标为(X,Y)，则有位置关系表达式如下：

$$(X-X_1)^2+(Y-Y_1)^2=C^2 \cdot (T_1-T_{01})^2$$

$$(X-X_2)^2+(Y-Y_2)^2=C^2 \cdot (T_2-T_{02})^2$$

$$(X-X_3)^2+(Y-Y_3)^2=C^2 \cdot (T_3-T_{03})^2$$

式中，C为无线电波的传播速度。在移动台与各个基站时间同步基础上，即$T_{01}=T_{02}=T_{03}=T_S$，设移动台X发射信号的时间为T，则有位置关系表达式如下：

$$(X-X_1)^2+(Y-Y_1)^2=C^2 \cdot (T_1-T)^2$$

$$(X-X_2)^2+(Y-Y_2)^2=C^2 \cdot (T_2-T)^2$$

$$(X-X_3)^2+(Y-Y_3)^2=C^2 \cdot (T_3-T)^2$$

上式是一个关于(X,Y)的非线性方程组，当TOA存在一定误差时可能无解，可以采用最小平方误差和方法求解。使基站同步最常用的方法是在基站上安装固定GPS接收机；移动台可通过基站的同步信道建立与蜂窝系统的同步。

TOA 定位法是一种基于网络的定位技术。该方法的优点在于对现有的移动台无需作任何改造，定位精度较高并且可以单独优化，定位精度与位置测量单元的时钟精度密切相关。该方法的缺点在于每个基站都必须增加一个位置测量单元并且要做到时间同步，移动台也需要与基站同步，整个网络的初期投资将会很高；发射信号中加上发射时间标记，会增加上行链路的数据量，当业务量大时，网络的负担会加重；即使在位置测量单元时钟精度很高的情况下，到达时间的测量仍然会受到多径效应的影响；如果移动台无法和三个以上的位置测量单元或者基站取得联系，定位将会失败；定位时间较长；由于要向多个基站发射信号，将会增加移动台的功耗。

4. TDOA 定位法

TDOA(time difference of arrival)定位法的基本思想是测量移动台发射信号的到达不同基站的时间差，该方法不需要移动台和基站的时间精确同步，但是各个基站的时间必须同步。为了测量移动台的发射信号的到达时间差，需要在每个基站处设置一个位置测量单元。根据几何原理可知，由平面上的一动点到两定点的距离为一常数的轨迹是一条双曲线，如果距离的正负已知，那么该轨迹就为双曲线的一支。由发射信号到达两个基站的时间差可以确定一条双曲线，为了确定移动台的位置，至少必须有两条相交的双曲线，因此最少用三个基站我们可以确定移动台的位置。

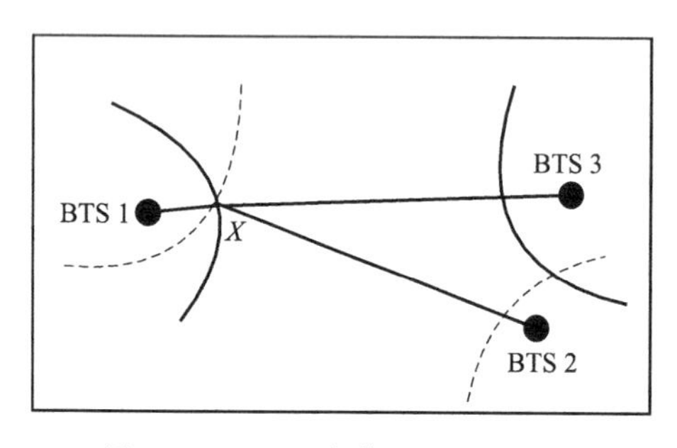

图 4-6　TDOA 定位法原理示意图

如图 4-6 所示，BTS 1、BTS 2、BTS 3 为基站，X 为移动台。设 T_{12} 为测出的移动台 X 的发射信号到达 BTS 1、BTS 2 的时间差，T_{13} 为测出的移动台 X 的发射信号到达 BTS 1、BTS 3 的时间差，T_{12}、T_{13} 区分正负。已知基站 BTS 1、BTS 2、BTS 3 的坐标分别为 (X_1,Y_1)、(X_2,Y_2)、(X_3,Y_3)，假设移动台 X 的坐标为 (X, Y)，则有位置关系表达式如下：

$$\sqrt{(X-X_1)^2+(Y-Y_1)^2}-\sqrt{(X-X_2)^2+(Y-Y_2)^2}=C\cdot T_{12}$$

$$\sqrt{(X-X_1)^2+(Y-Y_1)^2}-\sqrt{(X-X_3)^2+(Y-Y_3)^2}=C\cdot T_{13}$$

式中，C 为无线电波的传播速度。该式是一个关于 (X,Y) 的非线性方程组，可以用计算机来求解。

TDOA 定位法是一种基于网络的定位技术。该方法与 TOA 定位法类似，相对于 TOA 定位法，其主要有以下优点：无需移动台与基站同步，也无需在上行链路中发送发射时间标记。

5. E-OTD 定位法

E-OTD(enhanced observed time difference)定位法的基本思想是由移动终端根据对本服务小区基站和周围相邻几个基站的测量数据，计算出它们的时间差，时间差被用于计算用户相对于基站的位置。

E-OTD 可利用的基本量有三个：观察时间差 OTD、真实时间差 RTD 和地理位置时间差 GTD。OTD 是移动台观察到的两个不同位置基站信号的接收时间差；RTD 是两个基站之间的系统时间差，RTD 的值可以由 GSM 网络提供；GTD 是两个基站到移动台由于距离差而引起的传输时间差，可以用来决定两个基站到移动台的距离差。这三个量之间的关系为：OTD＝RTD＋GTD。

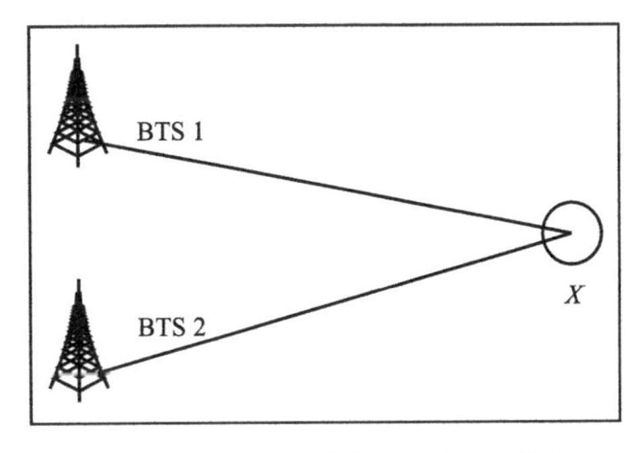

图 4-7　E-OTD 定位法原理示意图

如图 4-7 所示，BTS 1、BTS 2 为基站，X 为移动台。设 D_1 为 BTS 1 与 X 之间的距离，D_2 为 BTS 2 与 X 之间的距离，基站 BTS 1 和基站 BTS 2 之间的 GTD 为 GTD_{12}，移动台测得的 BTS 1 和 BTS 2 之间 OTD 为 OTD_{12}，网络提供的 BTS 1 和 BTS 2 之间 RTD 为 RTD_{12}。则有

$$|D_1 - D_2| = GTD_{12} \cdot C = (OTD_{12} - RTD_{12}) \cdot C$$

式中，C 为电磁波的传播速度。如果有三个基站参与测量，我们就能根据双曲线算法确定移动台 X 的位置。E-OTD 定位法的位置表达式类似于 TDOA 定位法，这里就不列出了。

E-OTD 定位法可以在移动台端实现也可以在网络端实现。即由网络提供辅助参数 RTD，由移动台终端设备完成定位计算；或者由移动台终端设备提供辅助参数 OTD，由网络端完成定位计算。

E-OTD 定位法的优点是无需增加移动台的额外费用，只需对移动台的软件进行更新；定位时间优于 TOA 或 TDOA 定位法；相比于 TOA 和 TDOA 定位法，移动台毋须向多个基站发送测量信号，节省了功耗。该方法的缺点在于受 RTD 和 OTD 的影响，定位精度较低；多径效应也将影响定位精度；如果移动台无法和三个以上的位置测量单元或者基站取得联系，定位将会失败。

6. AOA 定位法

AOA(angle of arrival)定位法的基本思想是由两个或者更多的基站通过测量移动台的发射信号的到达角度的方法来估计移动台的位置。

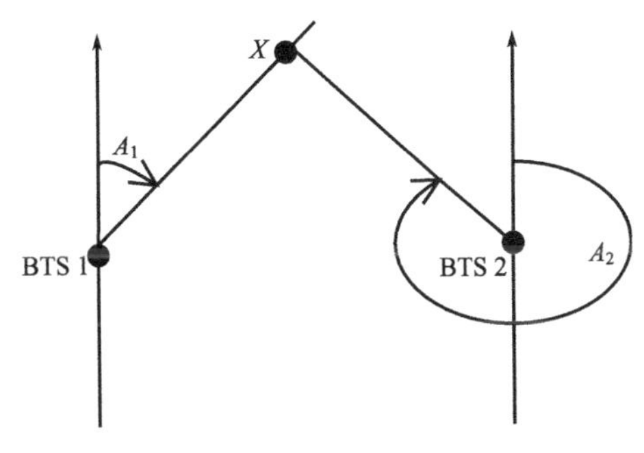

图 4-8　AOA 定位法原理示意图

如图 4-8 所示，BTS 1、BTS 2 为基站，X 为移动台。A_1、A_2 分别为基站 BTS1 和基站 BTS2 测出的移动台信号到达的角度，已知 BTS1、BTS2 的坐标分别为 (X_1, Y_1)、(X_2, Y_2)，假设移动台 X 的坐标为 (X, Y)，则有位置关系表达式如下：

$$(Y-Y_1)\cdot\sin(A_1)=(X-X_1)\cdot\cos(A_1)$$

$$(Y-Y_2)\cdot\sin(A_2)=(X-X_2)\cdot\mathrm{ctg}(A_2)$$

上式为一个关于(X,Y)的非线性方程组。当X点处于基站BTS 1与BTS 2的连线上时，存在无数解，此时应该在BTS 1和BTS 2中换选另外的基站来测量角度。

AOA定位法可以在移动台端也可以在网络端实现，但是为了考虑移动台的轻便性一般都在网络端实现。AOA定位法的优点是在障碍物较少的地区可以得到较高的准确度；相比TOA、TDOA、E-OTD定位法只需要两个基站就可以定出移动台的位置。

AOA定位法的缺点是在障碍物较多的环境中，多径效应误差将增大；当移动台距离基站较远时，基站测量角度的微小偏差将会导致定位的较大误差；另外在目前的GSM系统中，基站的天线不能测量角度信息，所以需要引入阵列天线测量角度才可以采用AOA定位法对移动台定位。

7. TOA-AOA定位法

TOA-AOA定位法是一种综合TOA和AOA技术的定位方法。该方法的基本思想是由移动台的服务基站测量移动台发射信号到达移动台的时间和角度。与TOA定位法相同，发射信号中也要包含发射时间标记；但是该方法不要求网络的基站时间同步，而只要求移动台时间和服务基站的时间同步，这可以通过基站的同步信道来实现。TOA-AOA定位法只需要一个基站参与测量即可知道移动台的位置。

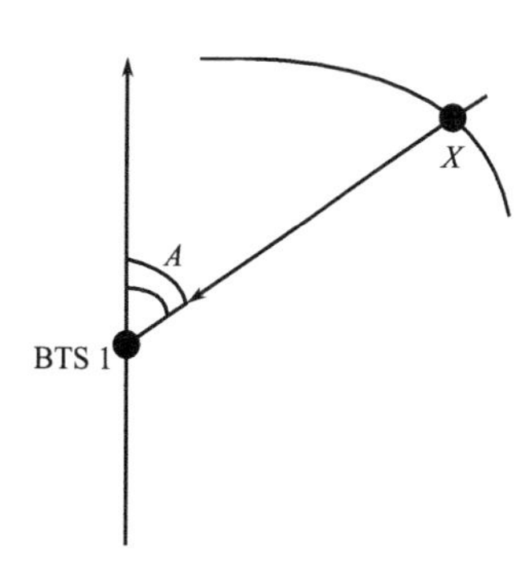

图4-9　TOA-AOA定位法原理示意图

如图4-9所示，BTS1为基站，X为移动台。A为基站BTS 1测出的移动台信号到达的角度，T为测出的移动台X的发射信号到达BTS 1的时间，移动台X发射信号的时间为T0。已知基站BTS1的坐标为(X_1,Y_1)，假设移动台X的坐标为(X,Y)，则有位置关系表达式如下：

$$\sin(A)\cdot(Y-Y_1)=(X-X_1)\cdot\cos(A)$$

$$(X-X_1)^2+(Y-Y_1)^2=C^2\cdot(T-T_0)^2$$

TOA-AOA定位法是一种基于网络的定位技术。TOA-AOA定位法最大的优点在于只需一个基站就可以定出移动台的位置。TOA-AOA定位法同时具有TOA定位法和AOA定位法的一些缺点，这里就不详述了。

8. 辅助GPS定位法

采用GPS直接对移动台定位，首次定位可能需要10分钟左右的时间。为了克服GPS的缺点，出现了称为辅助GPS定位法，通过传输一些辅助数据，可以大大缩小代码搜索窗口和频率搜索窗口，使得定位时间降至几秒钟。辅助GPS定位法的基本思想是在覆盖区域内布置静止的服务器以辅助移动接收器接收GPS信号。实际上，服务器就是静止的GPS接收器，通过辅助将卫星的微弱信号传送至移动台来增强移动GPS接收器的能力。

服务器包括一个射频接口用于同移动GPS接收器通信，和本身的静止GPS接收器，其天线可监视整个天空连续监测所有可视卫星信号。移动GPS接收器要想确定自己的位置，服务器将卫星信息通过射频接口传输过来。信息包括可视GPS卫星的列表和其他能辅助GPS接收器实现与卫星同步的数据。在大约1s内，GPS接收器收集到足够的信息，计算自己的地理位置并将之传送回服务器。服务器结合卫星导航信息确定该移动台的位置。其定位原理如图4-10所示。

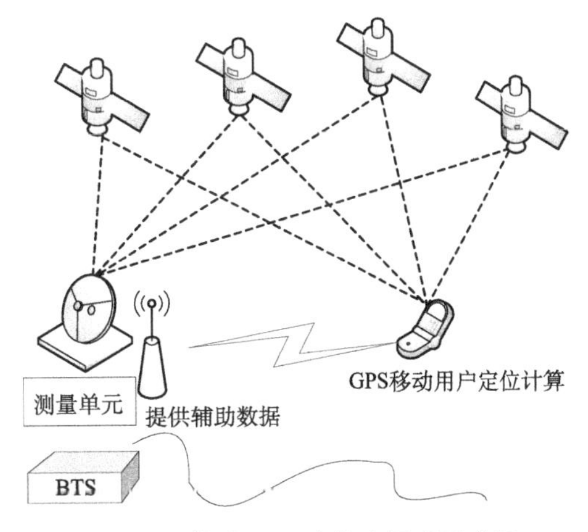

图 4-10　辅助GPS定位法原理示意图

利用服务器辅助的GPS定位法，移动台不需要连续追踪卫星信号，大大节省了功耗。而且，只需要同步伪随机噪声码而不需考虑信号中的卫星导航信号，结果是其灵敏度足以在大多数建筑物内工作。此外，这一技术也可提高精度，因为静止GPS接收器的实际位置是已知的，其实际位置与测量到的位置之差可以用来校正移动接收器位置的计算结果。也就是说，服务器辅助的GPS本质上就是差分GPS，部分抵消了民用GPS服务的一些不精确性。

辅助GPS定位法是一种基于终端的定位技术。其优点在于网络改动少，GSM网基本不用增加其他设备，网络投资少，受到网络运营商的青睐；而且由于采用了GPS系统，定位精度较高。其缺点在于需要更换手机，现有的手机均不能实现辅助GPS定位，必须更换，更换后手机的成本、体积、功率将增加。

9. 场强定位法

场强定位法是通过测量出移动台接收信号的场强值和已知的信道衰落模型及基站发射信号的功率，来估算出一条移动台在该基站周围所处的位置曲线，该位置曲线是一条场强等势线；如果将基站周围当作是理想的真空空间的话，场强等势线就是一个圆，在真实环境里场强等势线是不可预料的，常常需要根据具体的情况进行实测并用统计的方法来建模。如果我们能得到多条位置曲线就可以定出移动台的位置。下面我们将论述如何获得该位置曲线，即场强等势线(孙巍，2003)。

由电磁场理论可知，功率密度与电场强度的关系为

$$S=\frac{E^2}{120\pi}$$

设基站天线的发出功率为 P_T，增益为 G_T，接收天线的增益为 G_r，接收功率为 P_r，所以基站天线的有效辐射功率为 $P_T \cdot G_T$，接收天线的理想接收功率为 P_r/G_r。

定义系统损耗为 L_S，则有 $L_S=P_T/P_r$；

定义传播损耗为 L_P，则有 $L_P=P_T \cdot G_r/(P_r/G_r)$；

故有 $L_S=L_P/(G_T \cdot G_r)$，用分贝(dB)来表示如下：

$L_S(\mathrm{dB})=10\cdot \lg L_S=L_p(\mathrm{dB})-G_T(\mathrm{dB})-G_r(\mathrm{dB})$

设接收天线的有效面积为 A，则 $A*S*G_r=P_r$

$$\begin{aligned}L_S(\mathrm{dB})&=L_P(\mathrm{dB})-G_T(\mathrm{dB})-G_r(\mathrm{dB})\\&=P_T(\mathrm{dB})-P_r(\mathrm{dB})\\&=P_T(\mathrm{dB})-10*\lg(A\cdot S)-G_r(\mathrm{dB})\end{aligned}$$

化简后有

$$\begin{aligned}E(\mathrm{dB})&=20\lg E\\&=P_T(\mathrm{dB})+10\lg(120\pi/\mathrm{A})-L_P(\mathrm{dB})+G_r(\mathrm{dB})\end{aligned}$$

对于传播损耗 L_P，可以应用奥村模型即 O. S. H 模型。奥村模型描述了传播损耗的经验公式，表示如下(以下各量均用分贝表示)：

$$L_P=L_P^0-K_N$$

$$K_N=K_1+K_2+K_3+K_4$$

$$K_1=K_S+K_Q+K_H+K_{HF}+K_J(\beta K_J)+K_A+K_R$$

式中，L_P^0为准平滑地形市区损耗中值，其经验公式如下：

$$\begin{aligned}L_P^0=&69.55+26.16\lg f-13.82\lg h_B-\alpha(h_M)\\&+(44.9-6.55\lg h_B)\cdot(\lg(\mathrm{d}))^{\alpha}(\mathrm{dB})\end{aligned}$$

式中，f 为电磁波的工作频率(MHz)；h_B为基站天线的有效高度(m)；h_M为移动天线的有效高度(m)；d 为移动台与基站的距离(km)；α 为距离衰减因子；$\alpha(h_M)$为移动台天线高度因子，并有

$$a=\begin{cases}1 & (\text{当 } 1<d\leqslant 20\mathrm{km})\\1+(0.14+1.87*10^{-4}f+1.07\cdot 10^{-3}h_B)*(\lg(d/20))^{0.8} & (\text{当 } 20<d\leqslant 100\mathrm{km})\end{cases}$$

$$a(h_M)=\begin{cases}8.29*(\lg(1.54*h_M))^2-1.1 & (\text{当}h_M\neq 1.5\mathrm{m}\text{ 的大城市，且 }150\leqslant f\leqslant 200\mathrm{MHz})\\3.2*(\lg(11.75*h_M))^2-4.97 & (\text{当}h_M\neq 1.5\mathrm{m}\text{ 的大城市，且 }400\leqslant f\leqslant 1500\mathrm{MHz})\\(1.1*\lg(f)-0.7)*h_M-(1.56*\lg(f)-0.8) & (\text{当}h_M\neq 1.5\mathrm{m}\text{ 的中小城市})\\0 & (\text{当}h_M=1.5\mathrm{m})\end{cases}$$

所谓大城市是指建筑物平均高度大于 15m 的城市，反之即为中小城市。

式中，K_1为地形校正因子，K_2为街道走向修正因子，K_3为穿透建筑物附加损耗，K_4为穿过树林附加损耗，K_S为准平滑地形郊区校正因子，K_Q为准平滑地形开阔区、准开阔区校正因子，K_H、K_{HF}为不规则地形的丘陵地修正因子，$K_j(\beta K_j)$为不规则地形的孤立山岳修正因子，K_A为不规则地形的斜坡地修正因子，K_R为不规则地形的水陆混合

路径的修正因子。这些因子均有经验公式或者经验曲线，详情请参见有关资料。

场强定位法是一种基于网络的定位技术。该方法的优点在于无须对网络进行改造。该方法的缺点在于如果仅根据预测模型的定位，定位精度很差；如果要获得较高的精度，需要做大量的实测工作；修改后的实测模型并不适用于所有环境，这意味着每个不同的地区都需要作大量的实测工作；定位过程很复杂，需要数个基站参与测量才可以实现定位。

10. 位置“指纹”法

位置指纹定位技术是美国 Wirless 公司提出的，该技术很好地利用了信号传输的多路径现象，结合多路径特征以及其他一些信号特征，可以创建出特定地点的独特指纹，即一组信号特征。

该定位技术建立在已知一个特定服务区域的信号指纹数据库的基础上。制作信号指纹数据库的方法是：一辆有信号发射装置的汽车驶过某一基站的覆盖区域，由特定系统分析接收到的信号并提取当前位置格点即汽车所在位置的信号特征，然后存入数据库。位置格点的选取可以每隔距离 30m 选取一个，当然距离越近效果越好(李海燕，2006)。

在获取了信号指纹数据库的基础上，以后只需将移动台发射的信号特征与信号指纹数据库中的数据进行比较就可以确定移动台的位置。该方法是一种基于网络的定位技术，该方法的优点在于只需要一个接收点就可以定出移动台的位置，而且该方法不受移动台的移动、植物、气候影响。该方法的缺点在于实现起来有很大的难度，提取信号特征的算法很复杂；受环境的影响，一个区域的信号指纹数据库只适合该区域，某一区域的环境结构发生了大的变化也要对信号指纹数据库进行更新。

11. 混合定位法

混合定位技术充分利用终端定位、网络定位的互补性，以解决用户在野外或者室内一些特殊区域的定位问题。混合定位结合网络定位与终端定位两种技术的优势，将定位函数放置在移动端，将混合函数放置于网络端，定位由双方共同完成。例如，比较具有代表性的解决方案有美国高通公司的 GPSONE 和 SnapTrack 混合定位方案。GPSONE 方案充分利用蜂窝/无线网络信息和基于卫星的 GPS 信息，这些信息被组合起来生成精确的三维定位，对定位的灵敏性、精确度、耗时问题具有明显改善(陈卫华，2010)。

4.3　室内位置服务系统

4.3.1　体系结构

随着无线通信技术的快速发展和人们对定位服务需求的日益增多，无线导航定位技术获得越来越多的关注。对于信号到达较为容易的开阔室外环境，GPS 可以提供高精度的定位信息。而对于室内环境，由于建筑物本身的遮挡以及建筑物内部结构包括墙壁、门窗、各种摆设和实时变化的人员走动，使得在室内环境中接收到的 GPS 信号极其微弱，无法从中获得定位所需的有效信息，因此人们考虑建立一种室内的导航定位系统，为日益增长的室内导航需求提供可靠的定位信息。

一直以来，人们对于室内导航定位都有强烈需求，尤其在一些复杂室内环境中，如大型超市、购物中心、候机楼、展会、仓库、机场大厅等。在大型超市中，客户通过室内导航定位技术确定自己当前位置、目标商品位置以及最佳路径，可以更加方便购物；在矿井中，通过室内导航定位技术可以实时监控井下工作人员的位置状态，确保人员安全；在展会中，通过室内导航定位技术，参观者可以获知自己和展品位置信息以及展会的路径信息；在仓库中，通过室内导航定位技术可实现对重要物资管理，防止重要物资的非法使用，同时确保其安全性。在其他很多领域，室内导航定位技术同样有着广泛应用。

一般的室内位置服务系统可以分为资源层、数据层、处理层、服务层以及应用层，图 4-11 为室内位置服务系统体系结构。

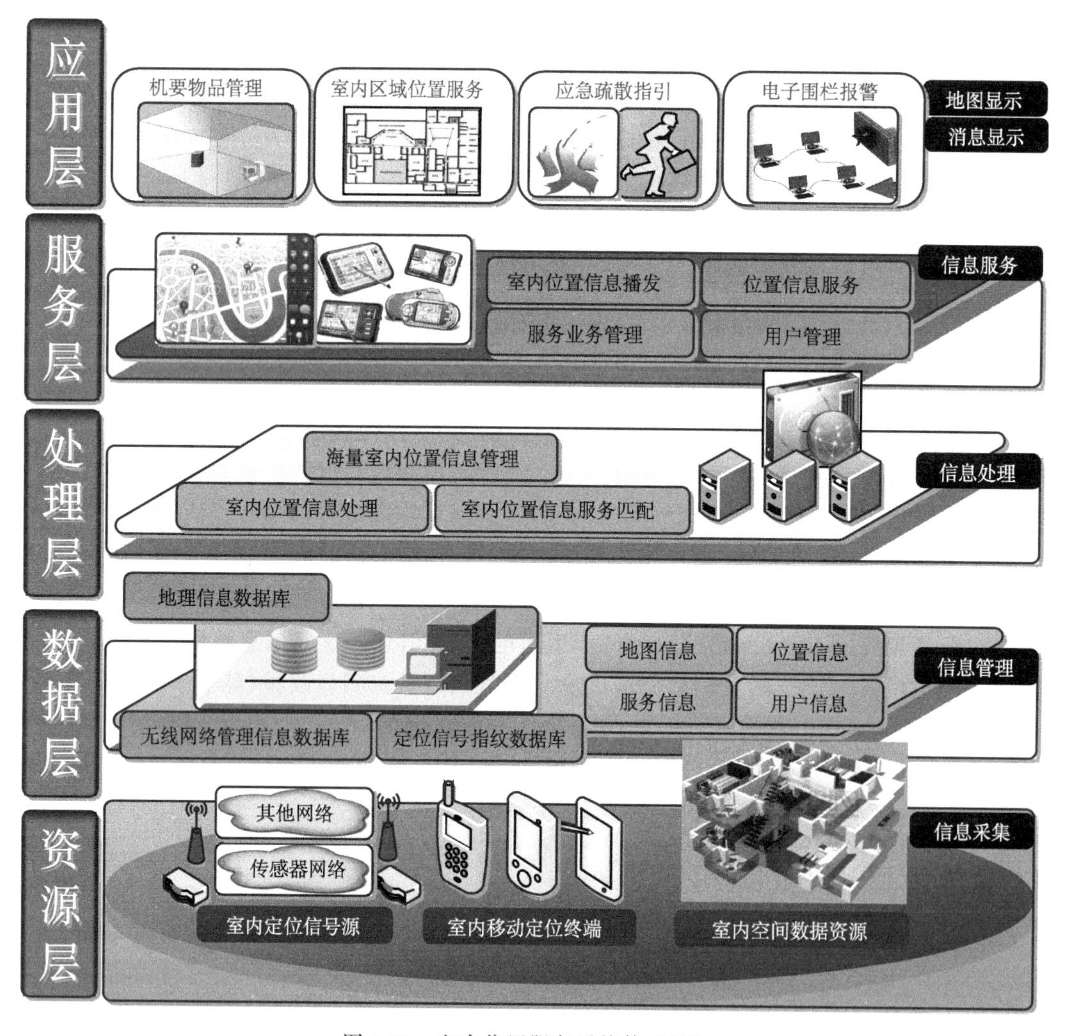

图 4-11　室内位置服务系统体系结构

• 资源层

资源层主要负责信息采集，完成室内定位信号源、移动定位终端、室内空间数据的采集。

• 数据层

数据层的数据来源主要包含空间地理信息数据库、定位信号位置指纹数据库、无线网络管理数据库等，同时制作信息丰富的室内地图，构建完善的位置信息、服务信息以及用户信息资源库，为室内位置服务系统提供数据支持。

• 处理层

处理层对数据层提供的数据进行信息处理，从而完成海量室内位置信息管理、室内位置信息处理、位置信息服务匹配，并实现海量数据的高效检索与存储，为服务层与应用层提供丰富的处理结果。

• 服务层

服务层主要包括地理信息数据管理、地理信息与位置服务信息发布服务、定位服务以及无线网络状态监测服务的功能。信息发布服务用于提供空间地理信息与其他位置服务信息(定位服务、无线网络状态监测服务)的发布接口，实现用户与服务器间的动态交互，以完成室内位置信息播发、位置信息服务、服务业务管理、用户管理等任务。

• 应用层

为用户提供与位置服务系统的交互界面，完成位置服务的请求与展示，包括空间地理信息服务的展示、定位服务请求与结果的展示、以及其他位置服务信息的交互展示，从而为不同的应用领域提供不同的应用场景与功能，可以应用于机要物品管理、室内区域位置服务、应急疏散指引、电子围栏报警等室内场景。

4.3.2　室内定位技术

室内定位系统是室内位置服务系统的重要组成部分，目前常用的室内定位技术解决方案可以归纳为三类：①AGPS(assistant-GPS)定位技术(配合传统 GPS 卫星，利用手机基地站的资讯，减少 GPS 芯片的冷启动时间，使定位的速度更快)；②无线定位技术(超声波、红外线、WLAN 信号、射频无线标签、UWB 定位技术等)；③其他定位技术(计算机视觉识别、地球磁场、压力传感器等)(张凡，2012)。本节重点介绍无线定位技术。

不同频段的无线信号，在同一环境中也表现出不相同的传播效应。室内无线环境复杂，无线信号功率小，传播会受到障碍物阻挡产生误差影响，定位难度较大。针对不同的室内定位需求、室内定位环境和硬件设施成本，结合不同的无线定位方法，可以开发各种基于不同无线信号的室内定位系统(胡天琨，2013)。

1. 红外线定位系统

红外线室内定位系统主要由三个部分组成：待定位标签、固定位置的传感器和定位服务器。待定位标签具有红外线发射能力，在每 15 秒钟或在被要求的情况下发射带有唯一标识号的红外线信号。定位服务器通过传感器收集这些数据，并采用近似法估计用户位置，即认为待定标签的位置就是接收到其信号的传感器位置。区域内所有标签的定位结果通过定位服务器相关数据接口在应用程序上显示。红外线室内定位系统原理如图 4-12 所示。

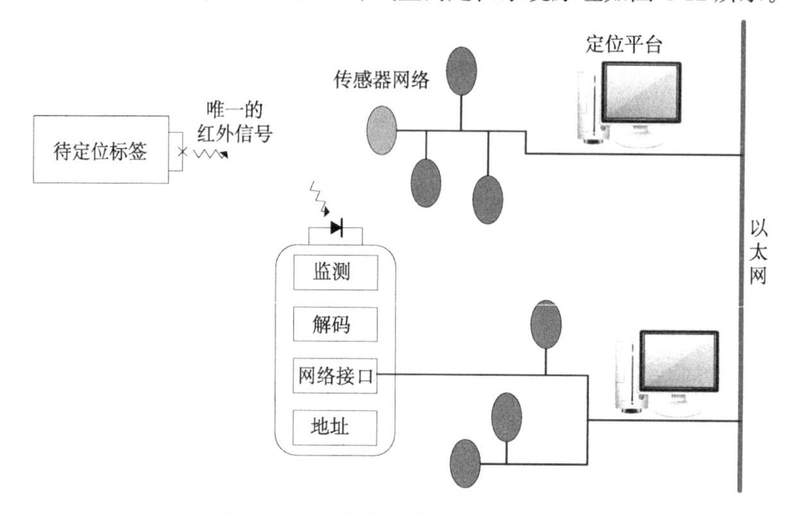

图 4-12　红外线室内定位系统原理

由于红外线很容易受到直射日光和荧光灯干扰，系统的稳定性有待增强。同时，受到红外线的穿透性差的影响，标签传播的有效范围在数米之内，系统精度一般在房间大小的级别。基于红外线的室内定位系统主要有 Active Badge，Active Badge 被认为是第一个室内标记感测(badge sensing)原型系统。

2. 基于超声波的定位系统

基于超声波定位的系统，利用超声波和射频信号的到达时间差(TDOA)来测量两点间距离，再用三边定位方法计算节点的位置。该系统主要由两部分构成：待定位接收机和已知位置的信标节点。信标节点被固定在建筑物内，每个信标节点拥有唯一的识别码。当待定位接收机处于系统覆盖区域内时，向附近的信标节点发出定位请求信号，信标节点收到信号后，同时反馈一个超声波脉冲及带有自身位置信息的射频信号。接收机根据两种信号的到达时间差来计算与信标节点间的距离。通过测量接收机与至少 3 个以上信标节点的距离，根据已知信标坐标和三边定位方法计算出用户位置。超声波室内定位系统原理如图 4-13 所示。

各信标之间的射频信号和超声波脉冲容易发生叠加混淆，接收机可能将来自不同信标的射频信号和超声波脉冲匹配，引起错误距离计算，从而得出错误的定位结果。为此，超声波室内定位系统采取信号发射延迟机制，信标节点在发射前先监听一段时间 T，若期间没有接收到其他信标节点的信号，才开始尝试发射。时间段 T 由超声波信号传播到可能的最大射程确定，以避免出现异常状态。基于超声波的室内定位系统主要有 Cricket 和 Active Bat。

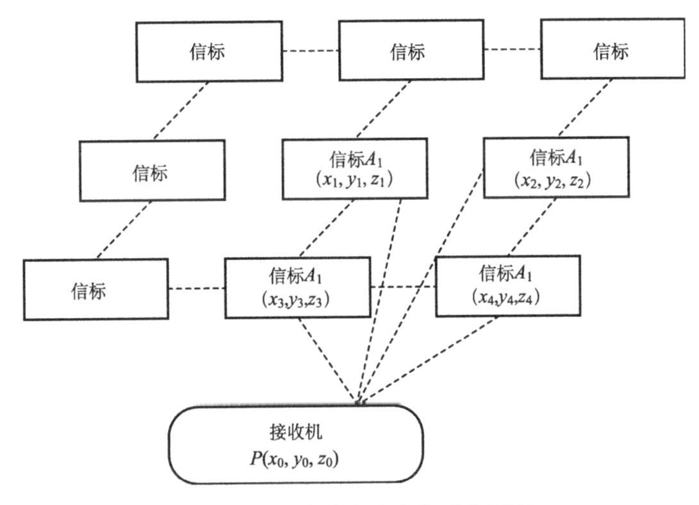

图 4-13　超声波室内定位系统原理

3. 基于 WLAN 的定位系统

WLAN 无线局域网技术是一种在 20 世纪末发展起来的高速无线通信技术，目前应用最广泛的技术标准是 IEEE802. 11b 和 IEEE 802. 11g。WLAN 具有部署方便、高速通信的特点，目前在笔记本电脑、手机等通信设备上得到广泛应用。

基于 WLAN 的室内定位系统主要包括三个部分：终端无线网卡、位置固定的 WLAN 热点和定位平台。系统采用基于信号强度的指纹定位技术，通过 IEEE 802. 11 标准无线网络对空间进行定位。在系统实施上又分为离线建库和实时定位两个阶段。

离线建库阶段，主要工作是在 WLAN 信号覆盖范围区域按一定距离确定采样点，形成较为均匀分布的采样点网格，并在每个采样点用终端无线网卡主动扫描区域内各 WLAN 信道上的热点信号，通过接收信号 IEEE 802. 11 协议数据帧中的 MAC 地址来辨识不同热点，并记录其信号强度值。每个采样点处测得的全部可见热点的信号强度值、MAC 地址及采样点坐标等信息作为一条记录保存到数据库中，这些采样点所对应的数据库信息被称为位置指纹。根据建立位置指纹数据库的方式，又分为确定性方法和概率分布法。确定性方法是在每条位置指纹记录中保存该信号强度的平均值；概率分布法则是一定时间内信号强度的概率分布特征。相对而言，概率分布法的准确度更高。离线建库阶段原理如图 4-14 所示。

实时定位阶段，通过终端无线网卡实时测量可见 WLAN 热点的信号强度信息，与位置指纹数据库中的记录数据进行比较，取信号相似度最大的采样点位置作为定位结果。从机器学习的角度来说，位置指纹法也可以看作是先训练计算机学习信号强度与位置间的规律，然后再进行推理判断的过程。实时定位阶段原理如图 4-15 所示。

基于 WLAN 的室内定位系统主要有微软设计院的 Balh 等人设计提出的 RADAR 室内定位系统。

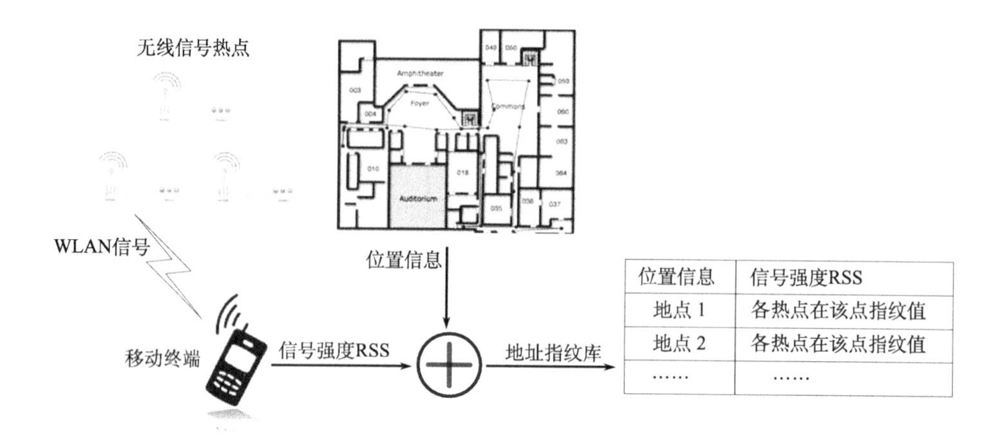

位置信息	信号强度RSS
地点 1	各热点在该点指纹值
地点 2	各热点在该点指纹值
……	……

图 4-14 WLAN 室内定位系统离线建库阶段原理

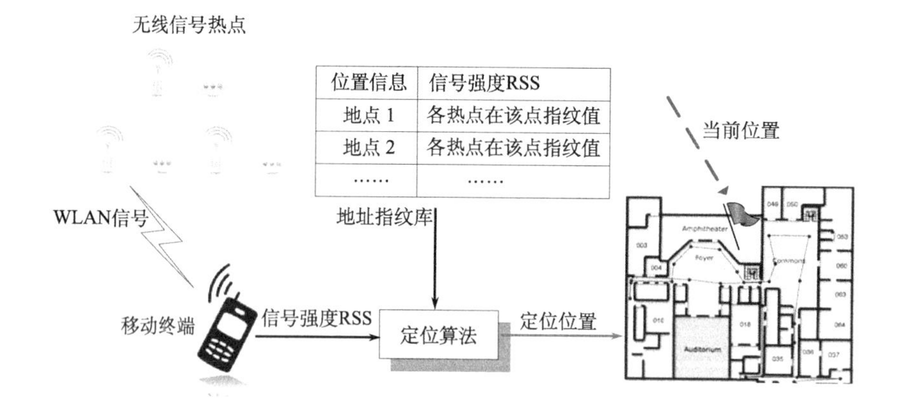

位置信息	信号强度RSS
地点 1	各热点在该点指纹值
地点 2	各热点在该点指纹值
……	……

图 4-15 WLAN 室内定位系统实时定位阶段原理

4. 基于 RFID 的定位系统

RFID 射频识别技术分为有源和无源两大类，考虑到续航时间问题，现在一般采用无源 RFID。现有的 RFID 产品按工作频率主要分为三大类。

低频段：工作频率在 120kHz 至 134kHz 之间，该频段信号能够穿透除了金属以外的任意材料的物品而不降低它的读取距离，主要应用在汽车防盗和无钥匙开门系统中。

高频段：工作频率在 13.56MHz 附近，读卡器和标签之间利用近距离磁场耦合的方式进行通信。标签感应读卡器发出的磁场信号，并通过感应磁场传递信息，其工作距离可以达到 1 m。主要应用为二代身份证防伪和门禁系统。

超高频段：工作频率在 433MHz 至 960MHz 之间，其工作原理为反向散射调制技术。作用距离较远，无源标签的读取距离可达 10 m 以上，有源标签可以达 80 m。主要应用为高速公路收费和航空包裹管理。

基于 RFID 的室内定位系统采用基于信号强度分析，检测待定位标签和读卡器之间信号强度，再由已知标签和读卡器之间信号强度，解算出待定位标签的位置。如图4-16

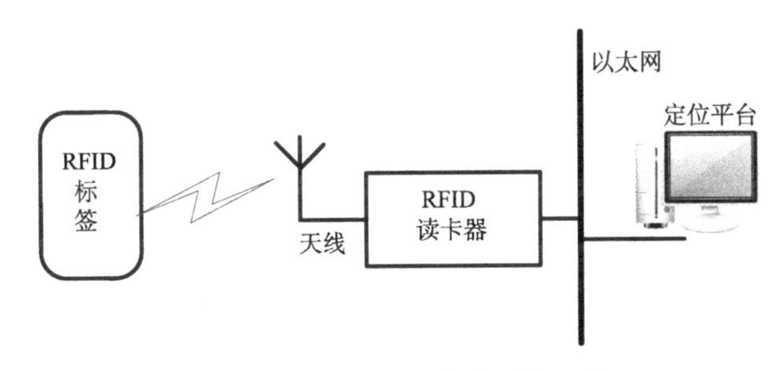

图 4-16 RFID 室内定位系统组成

所示，系统主要由三部分组成：RFID 标签、读卡器和在标签和读卡器之间的微型天线。读卡器发出固定频率的电磁场，当标签处于电磁场范围内便获得能量并上电复位。此时处于休眠状态的标签被激活并将识别码等信息调制至载波经卡内天线发射出去，供读卡器处理识别。

基于 RFID 的室内定位系统的典型代表是 LANDMARC 和 SpotOn 室内定位系统。

5. 基于 UWB 的定位系统

UWB(ultra-wide-band)超宽带技术是一种不用载波，而利用纳秒至微秒级的非正弦波窄脉冲传输数据的无线通信技术。现使用频段为 3.1～10.6GHz 和低于 41dB 的发射功率。与 Bluetooth 和 WLAN 等带宽相对较窄的传统无线通信技术不同，UWB 在超宽的频带上发送一系列非常窄的低功率脉冲。UWB 的数据速率可达几十 Mbit/s 到几百 Mbit/s。UWB 室内定位技术具有抗干扰性强、低发射功率、可全数字化实现、保密性好等优点，特别适合应用在室内定位技术中，因此，UWB 技术近年来成为无线定位技术的热点。

UWB 室内定位系统采用 TDOA 和 AOA 混合定位方法进行高精度定位。一个 UWB 室内定位系统包括三部分：①活动标签，该标签由电池供电工作，且带有数据存储器，能够发射带识别码的 UWB 信号进行定位；②传感器，作为位置固定的信标节点接收并计算从标签发射出来的信号；③软件平台，能够获取、分析所有位置信息并传输信息给用户。其定位原理如图 4-17 所示。

在系统中，标签发射极短的 UWB 脉冲信号，包含 UWB 天线阵列的传感器接收此信号，并根据信号到达的时间差和到达角度计算出标签的精确位置。传感器按照蜂窝单元的组织形式布置。每个定位单元中，主传感器配合其他传感器工作，并负责与标签进行通信。可以根据需覆盖的范围进行附加传感器的添加。通过这种类似移动通信网络中的单元组合，定位系统可以做到大面积的区域覆盖。同时，标签与传感器之间支持双向标准射频通信，允许动态改变标签的更新率，使得交互式应用成为可能。传感器通过以太网或无线局域网，可以将标签位置发送到定位引擎。定位引擎将数据进行综合，通过定位平台软件，实现可视化处理。

每个传感器独立测定 UWB 信号的到达方向角 AOA；而到达时间差 TDOA 则由一对传感器来测定。目前，单个传感器就能较为准确地测得标签位置，两个传感器能够测

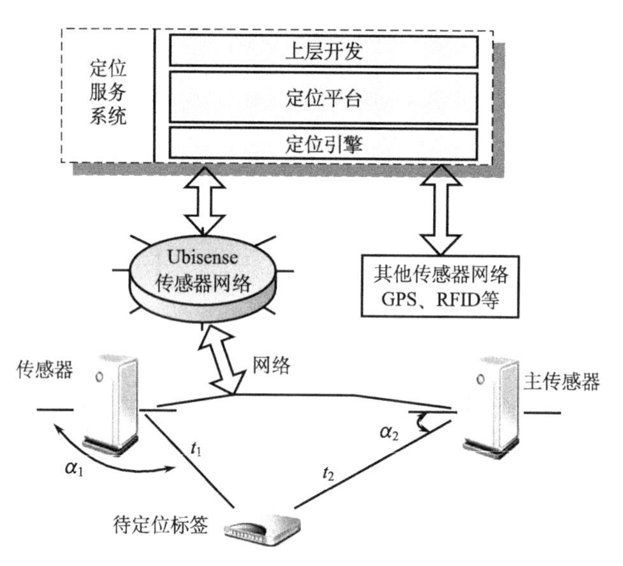

图 4-17 UWB 室内定位系统原理

出精密的 3D 位置信息。如果两个传感器进一步通过时间同步线连接起来，采用 TDOA 和 AOA 混合定位方式，3D 定位精度将达到 15 cm。基于 UWB 的室内定位系统有 Ubisense 7000 和 Zebra 公司生产的 Dart UWB 室内定位系统。

4.3.3 “中国位置”室内定位工程

1. 通用室内位置服务系统组成

室内位置服务包括室内位置信息管理子系统、室内地图服务发布子系统、室内位置服务应用管理子系统、室内位置服务综合分析子系统。主要功能如下。

- 实现室内地图与位置信息的存储与管理；
- 实现地图数据的 OGC 服务发布；
- 实现室内服务信息管理；
- 实现电子标签管理；
- 实现系统用户管理；
- 实现位置服务的多种综合分析。

1）室内位置信息管理子系统

室内位置信息管理子系统支持室内地图管理，提供室内地图矢量栅格一体化存储与检索管理；支持室内地图多级分层存储管理；支持室内地图空间数据与属性数据的一体化存储、检索与分析；支持大数据量的室内地图数据高安全、高效能的存储、查询、分析与操作；支持大规模文件型栅格数据基于数据库的高效存取和一体化管理；支持位置信息的存储与检索。

2）室内地图服务发布子系统

室内地图发布子系统支持多类型数据访问，包括数据库型数据、文件型数据、服务型数据(包括 WMS 服务数据和 WFS 服务数据)；支持多数据源地图可视化显示与图层叠加；支持空间数据及其属性的双向查询；支持 Shape 文件导入数据库，提供简洁、方便的文件导入入口。地图符号可定制；支持地图服务器的工作空间、数据仓库、图层组、样式管理模式；遵循 OGC 开放标准，兼容 WMS、WFS、WCS、TMS 等特性，提供快速的 OGC 地图服务发布功能；支持上百种投影方式；能够将网络地图输出为 jpeg、gif、png、SVG、KML 等格式。

3）室内位置服务应用管理子系统

室内位置服务应用管理子系统主要包括用户管理、电子标签管理、传感器配置管理、位置信息管理、位置服务监控。具体介绍如下。

• 用户管理：用户登记、注册、撤消、查询、权限等管理；提供访问授权和用户使用记录。

• 电子标签管理：提供对待定位电子标签的管理，包括电子标签的添加、删除、属性信息关联、编辑等功能。

• 传感器配置管理：实现基于地图传感器位置变化管理，同时提供传感器属性修改功能。

• 位置信息管理：提供对于定位数据库中位置信息表的查询检索与删除操作。

• 位置服务器监控：服务器端远程管理，故障分析与故障警视。

4）室内位置服务综合分析子系统

室内位置服务综合分析子系统负责不同数据信息的展示，并可查看数据间关系；信息明细表的各类专题统计；多种专题图形的制作、显示与输出。

2. “中国位置”室内定位工程设计思想

“中国位置”室内定位工程采用 B/S 体系结构，搭建 Web 版监控系统与 Android 客户端监控系统，结合办公区域的室内地图以及周边的室外地图，实现对区域人员的实时监控，具体的业务管理具有以下功能，其基本功能架构如图 4-18 所示。

• 室内定位系统部署：根据室内外地图与实际考察情况，对整个监控区域进行划分与分析，确定室内定位设备的部署方案，根据方案进行设备部署，定位服务器搭建，实现定位信号向位置数据的转换。

• 室内外一体化地图存储管理：根据办公区域的地图与建筑图等资料，通过人工采集等方式完成室内外地图的制作，为室内外一体化监控提供基础数据，并将该地图进行存储管理。

• 后台服务信息：后台信息管理负责对地图资源服务的管理与定位器的管理。

通过与定位服务器交互，对定位器信息进行管理，将定位器与人员详细信息进行绑

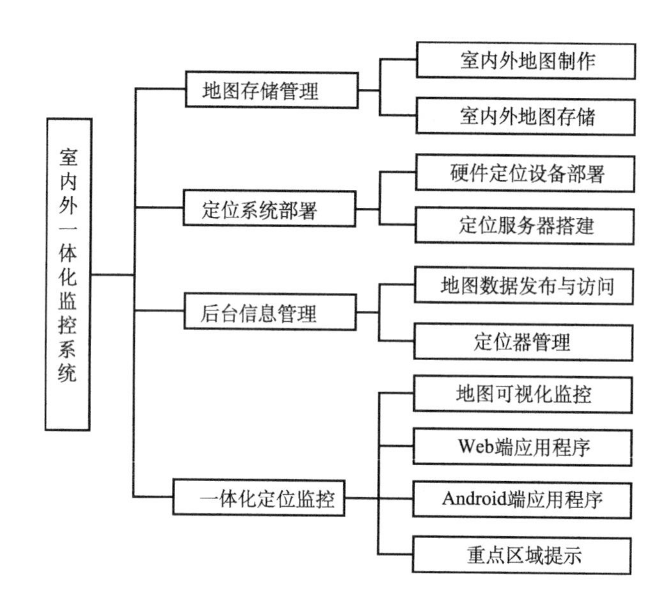

图 4-18　“中国位置”室内定位工程基本功能架构

定，对加入监控的定位器进行添加、修改、查询与删除操作。

• 室内外一体化定位监控：搭建 Web 版与 Android 客户端版两套监控系统，实现基于 Web 与 Android 客户端的地图实时查看，定位器实时定位显示，管理人员可以查看所有需要管理的定位器的实时位置及其所关联的详细信息。

3. “中国位置”室内定位工程实施方案

系统采用 B/S 结构，开发 Web 端与 Android 端两类室内外一体化定位监控系统，根据系统的功能需求大致可以分为室内定位系统部署、室内外一体化地图存储管理、后台信息管理、室内外一体化定位监控四个模块，如图 4-19 所示。

1）室内定位

• 硬件设备

本方案采用的定位设备包括室内位置传输模块、室内高精度位置传感器、定位器。

室内位置传输模块根据配置物理信道主动扫描，选择合适的物理信道和网络号，建立起网络，室内高精度位置传感器或者路由根据配置物理信道被动扫描，选择合适的物理信道和网络号加入网络，并设定为固定的网络地址，从而网络中的所有设备可根据网络地址进行数据的发送和接收。进而通过上层开发的应用程序，用户通过手持定位器，即可实现定位。

• 定位服务系统搭建

结合室内外地图，与实际环境的考察情况，对整个监控区域进行划分与分析，确定室内定位设备的部署方案。

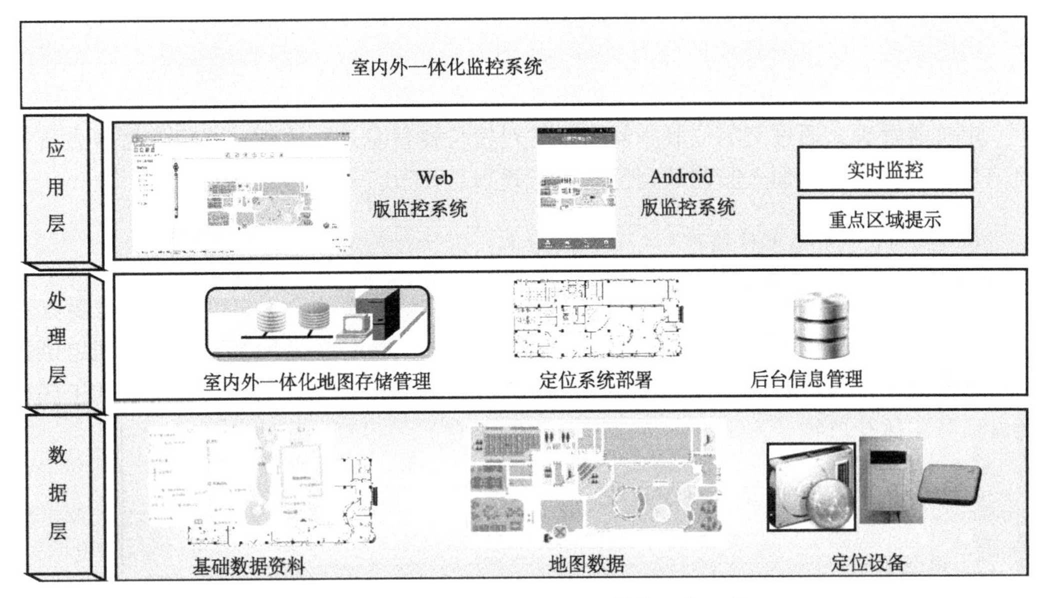

图 4-19 “中国位置”室内外一体化监控系统

完成定位服务器搭建，实现定位信号的解析与位置数据的获取。

按照部署方案，搭建硬件设备所需的网络环境，并实现定位服务器与硬件设备的通信。

2）室内外一体化地图制作

在数据方面的需求为建筑的最新 CAD 电子设计图纸。

通过软件与人工作业的方式对 CAD 设计图纸进行数据转换、数据预处理、地图制图、地图配准、地图配色、地图整饰等数据处理步骤，从而实现室内地图制作。

- 数据转换：将 CAD 格式的数据转换为可编辑的矢量数据。
- 数据预处理：将转换为矢量的数据进行整理，删除多余图层或者点、线、面要素，以供后续制图使用。
- 地图制图：根据不同的用户需求，确定地图图层，并分别对每一层的地图要素进行采集与编码，同时赋予地图属性，从而绘制出完整的地图数据。
- 地图配准：根据建筑的真实坐标，将室内地图进行配准，赋予合理的坐标系统。
- 地图配色与整饰：对配准之后的地图，进行要素的颜色设置等美化工作，并为特定的室内要素进行符号化，以突显地图中重要的设施与场所。

3）服务信息管理

后台信息管理实现系统所需的地图服务与 Web 服务，根据不同功能模块需要，实现数据访问、地图请求、Web 请求等服务接口，同时对定位器进行管理。

数据访问：根据不同访问权限对各类数据库数据进行增删改查，实现系统各应用功能与数据库的交互。

地图服务：将室内外地图进行 OGC 地图服务的发布，能够根据请求返回相应的地图。

定位器管理：通过与定位服务器交互，对定位器信息进行管理，将定位器与人员详细信息进行绑定，对加入监控的定位器进行添加、修改、查询与删除操作。

4）室内外一体化定位监控

实现基于 Web 与 Android 的室内外一体化定位监控软件，用户可通过对需要查看位置的定位器进行设置，从而在地图上查看定位器的具体位置，同时可以对不同定位器设置不同的访问区域，对进行禁止访问区域的定位器进行报警提示，从而实现基于区域的室内外一体化监控。

4. “中国位置”室内定位系统建设

1）通信协议

ZigBee 堆栈是在 IEEE 802.15.4 标准基础上建立的，定义了协议的 MAC 和 PHY 层。ZigBee 设备应该包括 IEEE 802.15.4(该标准定义了 RF 射频以及与相邻设备之间的通信)的 PHY 和 MAC 层，以及 ZigBee 堆栈层：网络层(NWK)、应用层和安全服务提供层。

每个 ZigBee 设备都与一个特定模板有关，可能是公共模板或私有模板。这些模板定义了设备的应用环境、设备类型以及用于设备间通信的簇。公共模板可以确保不同供应商的设备在相同应用领域中的互操作性。

设备是由模板定义的，并以应用对象(application objects)的形式实现。每个应用对象通过一个端点连接到 ZigBee 堆栈的余下部分，它们都是器件中可寻址的组件。

Zigbee 模块通信协议采用波特率 38400，数据内容如：A1 02 00 02 00 E1 C1，数据位 8，校验位 None，停止位 1，发送数据包与接收数据包一致，透明传输模式，每包数据最长 80 字节。

2）电子标签

- 产品概述

电子标签是一种有源卡，可以进行远距离操作。

- 功能特点

2.4GHz 及 125kHz 双频，1～5m 远距离读卡。

- 性能指标

供电模式：电池或电池＋太阳能供电，工作电压 3V，可用 3 年以上；
信号调制方式：DSSS；
通信速率：双向 1024kbit/s；
工作频率：2.45GHz＋125kHz；
最大输出功率：0DBM；

静态电流：＜4μA；

工作电流：＜40mA；

工作温度：－30～ ＋85 ℃；

震动：10～2000Hz 15g 三个轴；

抗电磁干扰：10V/m 0.1～1000MHz AM 调幅电磁波。

3）通信基站

• 产品概述

通信基站主要负责建立无线传感器网络并负责维护整个无线传感网络的正常运行，当网络覆盖范围需要扩大或扩充网络容量时，可通过添加多个基站来解决。基站也可负责对无线信号的中继。通信基站采用多通道、多接入方式的设计架构，并且基站提供了3G/GPRS、TCP/IP、USB和UART四种标准接口，提高了产品的运行稳定性和应用灵活性。

• 性能指标

供电模式：220V 交流电或电池＋太阳能供电；

工作电压：1.8～3.6V；

无线频率：2 405～2 480MHz；

传输速率：250kbps；

发射功率：3 DBM；

接收灵敏度：－101DBM；

天线增益：3DBM；

传输距离：有效距离可以大于500m；

工作电流：＜0.7mA；

温度范围：－20～＋85 ℃；

带 GPRS 模块；

可提供多种标准接口，如 RS-232、USB、RS485 及 TCP/IP 口；

组建无线传感器网络。

将数据上传至信息平台，并从信息平台获取数据。

4）设备部署

2.4GHz 位置传输器：用来创建一个 Zigbee 网络，并为最初加入网络的节点分配地址，每个 Zigbee 网络需要且只需要一个 2.4GHz 位置传输器。

路由器：也称为 Zigbee 全功能节点，可以转发数据，起到路由的作用，也可以收发数据，当成一个数据节点，还能保持网络，为后加入的节点分配地址。

卡片标签：通常定义为电池供电的低功耗设备，通常只周期性发送数据，或者通过休眠按键控制节点的休眠或工作。

三种 Zigbee 设备的 PANID 在相同的情况下，可以组网并且互相通信(上电即组网，不需要人为干预)。这样可以通过设置 PANID 区分 Zigbee 网络，在同一个区域内可以同时并存多个 Zigbee 网络，互相不会干扰。

图 4-20 是设备部署分布图，此处使用的路由器是全局无线网络。

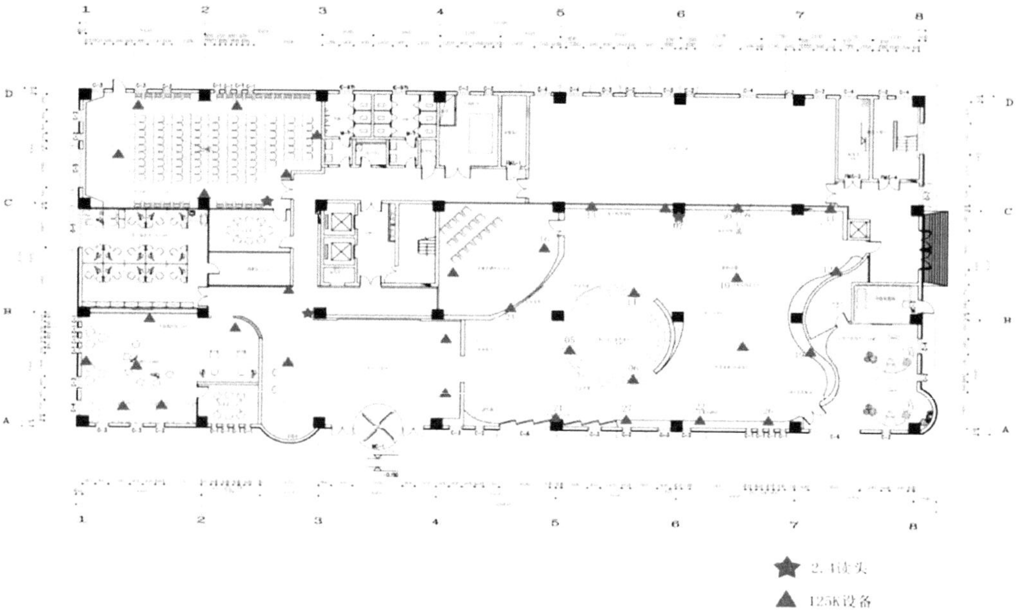

图 4-20 设备部署分布图

5. “中国位置”室内地图制作

室内地图专注于室外卫星地图所无法探测到的区域，如商厦、机场、火车站、地铁、学校、展会、景区等建筑内部。针对不同类型的建筑具有各自的特点，每栋建筑又包含着地上、地下多个楼层。要将以上各种类型的建筑制作为格式统一的地图，要保证地图各种类型设施涵盖齐全，设施数据信息详细，地图精致美观，地图地物信息准确无误，能够最大限度地展现真实世界中的信息；同时能够将构建的地图信息完整输出，地图信息丰富，最大限度地还原地图原貌。

1）数据准备

通常情况下，可以采用建筑的 CAD 电子图纸作为制图依据，因此需要准备信息较为丰富的建筑 CAD 电子图纸，同时需要对室内地物属性进行采集与编辑，从而在制图过程中才能将地图属性与地图元素进行关联，形成具备完整地图属性的室内地图。图 4-21 为 CAD 数据示例，图 4-22 为地图要素属性数据。

2）室内地图数据处理流程

通过软件与人工作业的方式对 CAD 设计图纸进行数据转换、数据预处理、地图制图、地图配准、地图配色、地图整饰等数据处理步骤，从而实现室内地图制作，最后将制作完成的室内地图进行符合 OGC 标准的地图服务发布。室内地图数据处理流程如图

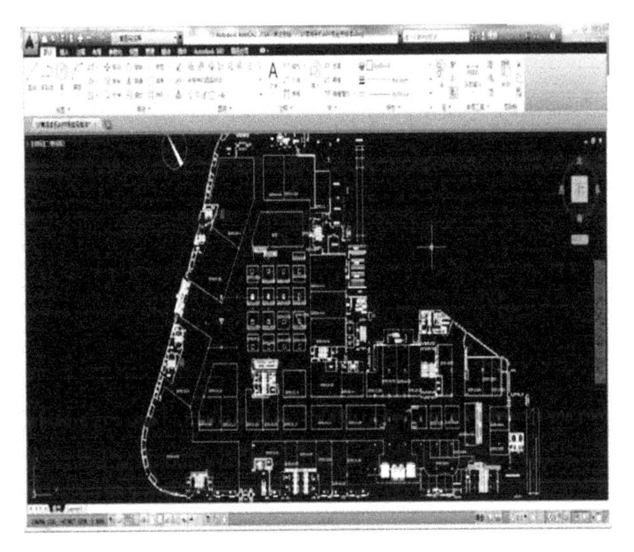

图 4-21　CAD 数据示例

B1F信息资料整理.xls [兼容模式] - Excel

StoreID	StoreName	FloorID	FloorName	TypeID	TypeName	ShopID	ShopName	Tel	logo	Description
202	沈阳卓展购物中心	20211	-1F	2021101	床上用品	202110101	喜来登(SHERIDAN)	22795723	SHERIDAN	Sheridan喜来登公司和它拥有的品牌 —Sheridan, Actil, Contempo 利亚超过60年的家用品制造历史中，占有举足轻重的地位。六十年间，Sheridan公司通过营造卧室、浴室的时尚空间，而赢得了来自世界各地 。Sheridan喜来登提供的不仅仅是产品本身，更创造了一种表达自我、性的生活方式。Sheridan喜来登公司的前身Actil公司，创立于1942年。在第二次世界 间起了积极的作用，提供了生产绷带、军服、军裤、毛巾布所需的大量 它是澳大利亚第一家以国产或进口棉花为原料，生产床上用品的纺织品 同时，也是以澳大利亚国产的棉花为原料，开发生产出第一个包装精美的 床单系列产品的公司
202	沈阳卓展购物中心	20211	-1F	2021101	床上用品	202110102	芭塞迪(Bassetti)	22795813	bassetti	优质与创新，是BASSETTI闻名于亚麻制品和纺织品制造领域的强有力支 保持了近170年的历史。 在这长久的历史进程中，饱含了丰富的产品设 念，而众多消费者的需求更有助于其在家庭装饰业中的发展。 作为世界 的先驱，BASSETTI运用了多种方法来扩展它的内在因素，如：成品系列 品概念。其逐渐形成的一种崭新陈列概念，不仅在整个意大利树立了一 己创造家居”的风尚，同时也是意大利第一家运用市场推广策略、投资 形成的一种独特品牌效应。 今天，BASSETTI已经发展成一个大型的国 并在靠近米兰的RESCALDINA设立了业务中心，实际亦是公司的总部。整 制作过程，无论从织布到制作成产品，都在意大利和法国完成
202	沈阳卓展购物中心	20211	-1F	2021101	床上用品	202110103	罗莱(Luolai)	13390586238	LUOLAI 罗莱家纺	上海罗莱家用纺织品有限公司是一家专业经营家用纺织品的企业，集研 计、生产、销售于一体，是国内最早涉足家用纺织品行业，并形成自己 格的家纺企业。公司员工2300人。公司前身为1992年创办的“南通华源 限公司”，1994年成立“南通罗莱卧室用品有限”，1995年成立江苏罗 有限公司。1999年成立上海罗莱家用纺织品有限公司总部迁往上海。19 罗莱在家纺行业率先导入特许连锁加盟经营模式，已建成遍布全国29个 、自治区各大、中城市千余家专卖店的销售网络。同时，成立了售后服 开设800免费服务专线，接受消费者咨询投诉和建议。自2004年起，罗莱开始实施多品牌运作，已拥有自有品牌“罗莱”品牌 代理国际著名家纺品牌“SHERIDAN”、“尚.玛可”、“迪士尼”、“ 娜”等品牌
										1996年MINE品牌注册于伦敦ST. John’s Wood，一直致力于高端家居、

沈阳卓展　各楼层功能区

就绪　平均值: 1353　计数: 75　求和: 1353　100%

图 4-22　地图要素属性数据

4-23 所示。

数据转换：将 CAD 格式的数据转换为可编辑的矢量数据。

数据预处理：将转换为矢量的数据进行整理，删除多余图层或者点、线、面要素，以供后续制图使用。

地图制图：根据不同的用户需求，确定地图图层，并分别对每一层的地图要素进行采集与编码，同时赋予地图属性，从而绘制出完整的地图数据。

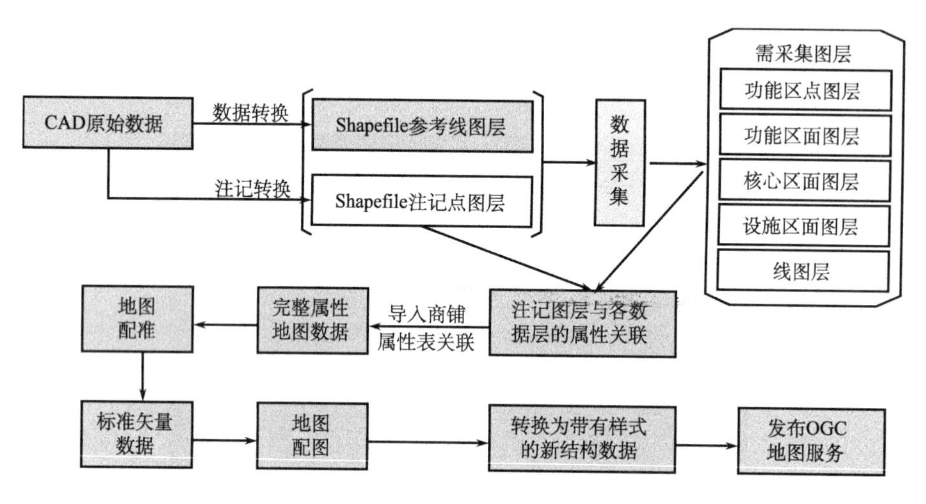

图 4-23　室内地图数据处理流程

地图配准：根据建筑的真实坐标，将室内地图进行配准，赋予合理的坐标系统。

地图配色与整饰：对配准之后的地图，进行要素的颜色设置等美化工作，并为特定的室内要素进行符号化，以突显地图中重要的设施与场所。

地图 OGC 服务发布：为了解决 Web 地图服务互操作的困难，实现互操作接口机制的开放性和标准性，OGC 开发了一系列的基于公共接口、编码和模式的 Web 地图方法，根据 OGC 规范，地图服务是专门提供共享地图数据的服务，负责根据客户程序的请求，提供地图图像、指定坐标点的要素信息以及地图服务的功能说明信息。将制作好的室内地图进行 OGC 服务发布，即可实现地图数据的共享及在客户端的使用。

采用以上处理流程对室内数据进行加工处理，最终即可形成包含室内要素信息的室内地图，如图 4-24 所示。

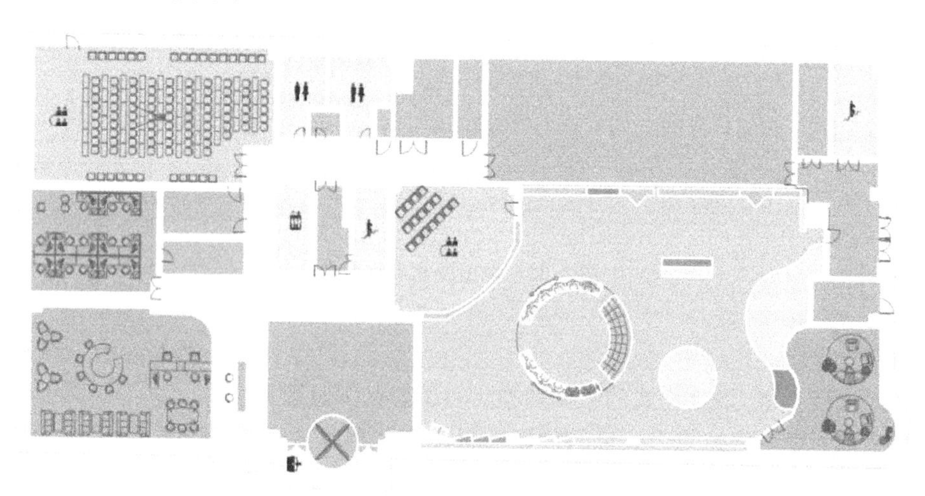

图 4-24　包含室内要素信息的室内地图

6. “中国位置”室内定位服务功能

1）实时位置监控

经过数据处理和转换后将用户的位置可视化显示到 web 端和移动客户端，使管理人员随时随地地查看用户和使用人员的位置信息，做到远程调度和位置实时监控的作用，以利于管理人员实时掌握其详细信息、数目及位置监控。如图 4-25 所示。

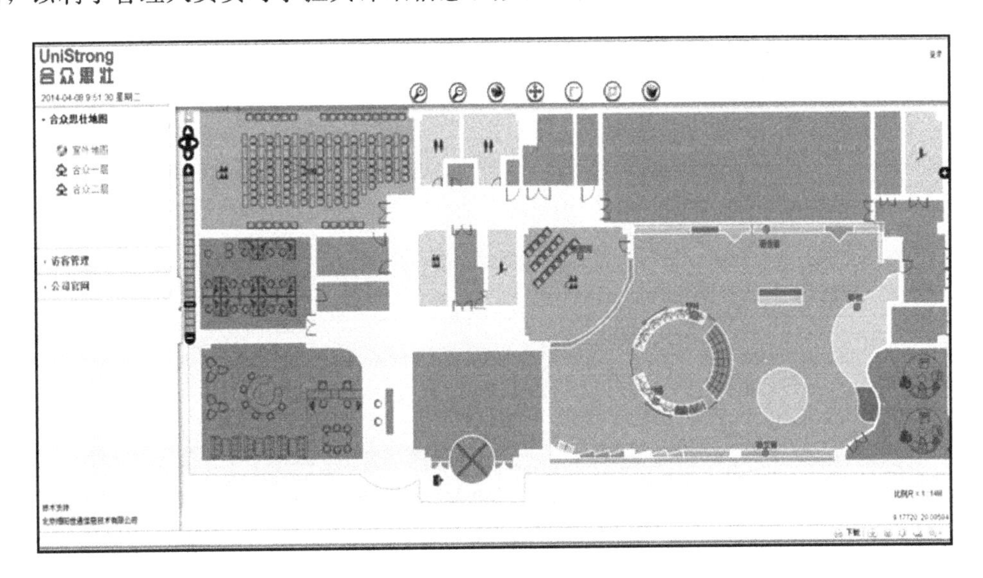

图 4-25　实时位置控制

2）运动轨迹回放

用户在活动时生成的运动轨迹能分析出很多不同的重要信息，所以存放用户的历史运动轨迹显得尤为重要，按照特定人员和特定的时间段查询这个人员在这个时间段内的运动轨迹。管理人员可以在终端上查看机要文件的移动轨迹回放，包括移动路线、移动时间、停留点位置及停留时间等信息，及时分析、发现错误环节。如图 4-26 所示。

3）位置搜索

位置搜索可以让用户更快捷、方便地找到所需要的商铺和商品，用户只需要在搜索界面输入想查找的商铺和商品相关的关键字，就可以准确无误地查找出相关的商铺和商品信息，并且可以查看商铺和商品的详情信息和位置信息。如图 4-27 所示。

4）位置服务展示

消费者的需求日益多样化，他们在使用通版电子地图的同时，更需要丰富的个性化位置服务。用户可以足不出户，只需使用移动 APP 即可了解商场、机场、火车站、会展、酒店、饭店等室内场所的丰富资讯和详细信息，非常便捷。如图 4-28 所示。

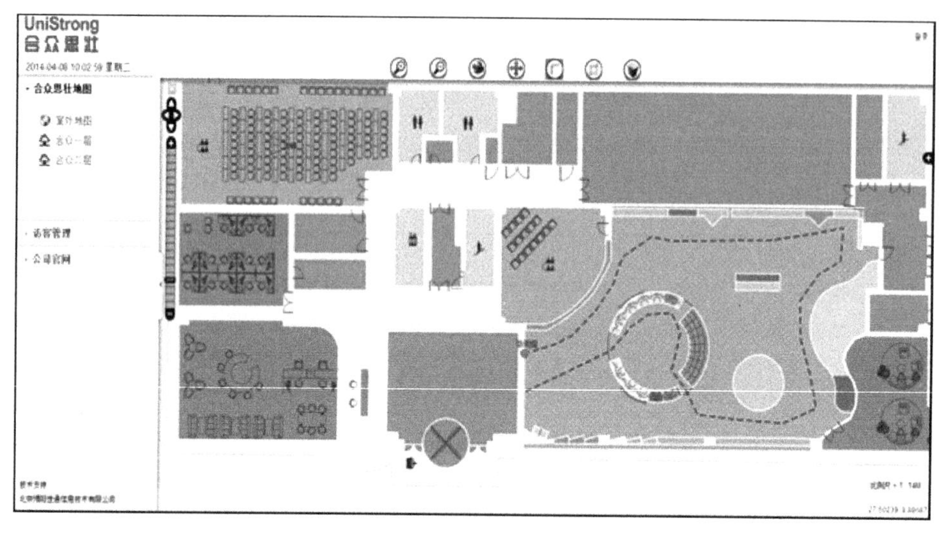

图 4-26　运动轨迹回放

图 4-27　位置搜索

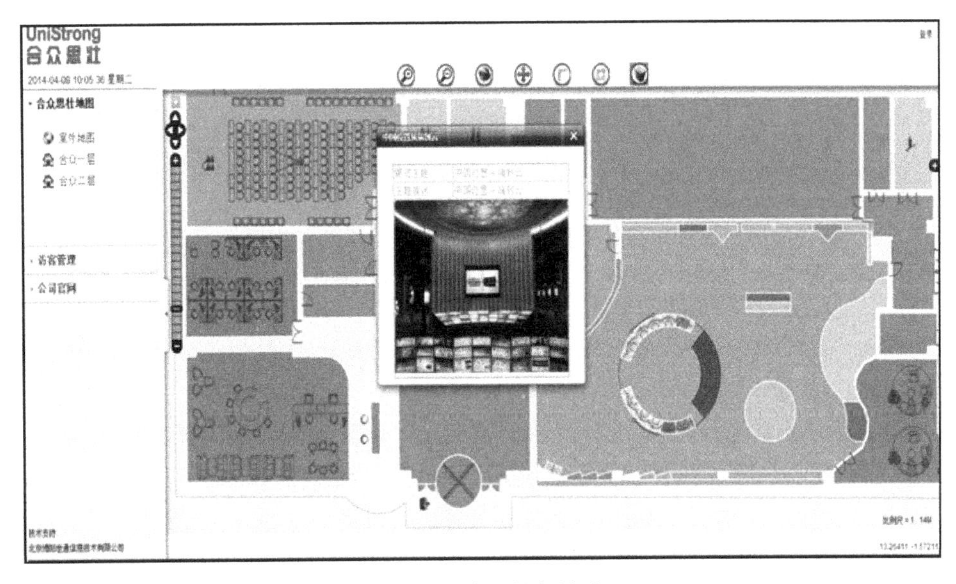

图 4-28　位置服务展示

5）禁区报警

管理人员为当前访客和机要文件设定禁区，当访客和机要文件出现在禁止区域时，及时地发出访客和文件进入禁区的异常警报，提醒相关人员进行及时核实。如图 4-29 所示。

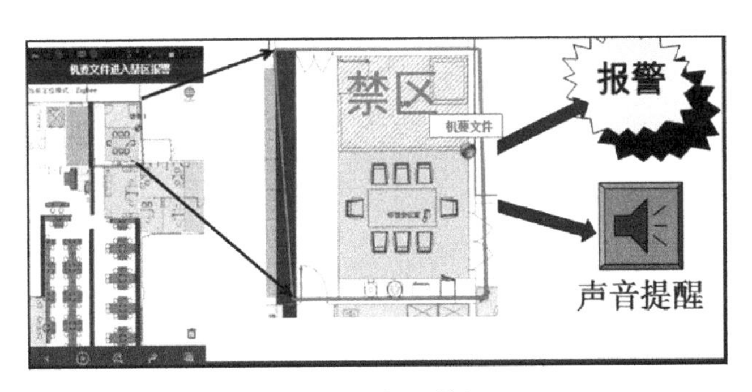

图 4-29　禁区警报

参考文献

陈卫华. 2010. GPSOne 定位技术的研究与应用[D]. 东南大学硕士学位论文.
陈卓. 2013. 移动通信网发展趋势概述[J]. 黑龙江科技信息，(17)：154.
高鹏. 2008. 移动通信中混合定位技术的研究[D]. 兰州理工大学硕士学位论文.
胡天琨. 2013. 基于 Android 的室内导航定位系统设计与实现[D]. 东华大学硕士学位论文.
蒋晓琳，赵妍. 2013. 移动互联网定位业务与技术研究[J]. 电信网技术，(5)：16-19.
李海燕，张岩. 2006. 移动通信网络的移动台定位技术及应用[J]. 邮电设计技术，42(3)：27-34.

李俊. 2002. GSM 系统中的移动定位技术研究[D]. 国防科学技术大学硕士学位论文.
李祺锋. 2013. 移动通信技术未来发展的研究[J]. 科技致富向导，(6)：299-300.
孙巍，王行刚. 2003. 移动定位技术综述[J]. 电子技术应用，(6)：7-8.
孙巍. 2003. 移动定位服务支撑平台的研究[D]. 中国科学院计算技术研究所博士学位论文.
汪飞. 2013. GPSOne 混合定位技术的研究与应用[D]. 南京邮电大学硕士学位论文.
许国昌. 2011. GPS 理论、算法与应用[M]. 北京：清华大学出版社，2-5.
张凡，陈典铖，杨杰. 2012. 室内定位技术及系统比较研究[J]. 广东通信技术，(11)：73-79.
赵平. 2005. 移动通信网络定位技术与相关算法研究[D]. 西北工业大学博士学位论文.

第 5 章　位置服务的数据管理技术

位置服务是向用户提供与空间位置相关的信息和服务，基础空间数据是位置服务的基础。向用户提供位置服务的同时，平台将存储、管理海量的用户数据。除了传统服务外，平台可根据历史积累数据的深入挖掘，为用户提供更加精准、深层次的服务信息。上述种种，数据是位置服务的核心，而位置服务数据的组织、存储、管理是位置服务应用的重点。本章将主要介绍位置服务的数据内容、表达与组织，以及如何高效、合理地存储、管理位置服务数据，并对外提供数据服务。

5.1　位置服务数据

位置服务数据的主要内容有：①基础地理空间数据，如遥感影像数据、电子地图数据等；②定位信息数据，如用户轨迹、商户位置数据等；③社会经济数据，如商场打折促销信息、交通服务信息等。

目前，位置服务已突破早期的框架，扩展至所有与位置相关的服务。而随着位置服务的发展，位置服务数据的内容将在原有基础上不断扩充、丰富。

5.1.1　数据内容

根据数据的功能和服务对象，我们可以将位置服务数据简单地划分为以下几类。

1. 基础地理空间数据

基础地理空间数据为位置服务提供基础数据支持，它主要包括电子地图、遥感影像、3D 地图、街景地图和室内地图等(如图 5-1 所示)。基础地理空间数据通常作为位置服务的基础数据源和可视化表达的衬底数据。

2. 专题服务数据

专题服务数据是指面向特定用户群体的特定需求提供的专题图数据。例如，向爱好自驾游的用户提供家庭游、乡村游等旅游专题图。由于面向的用户群体小，用户需求差别性明显，因此，通常专题服务数据设定某些规则，用户可根据规则的设定，定制个性化的专题服务数据。

3. 实时服务数据

实时服务数据是指与位置服务相关的具有实时性的服务信息。例如实时天气数据、

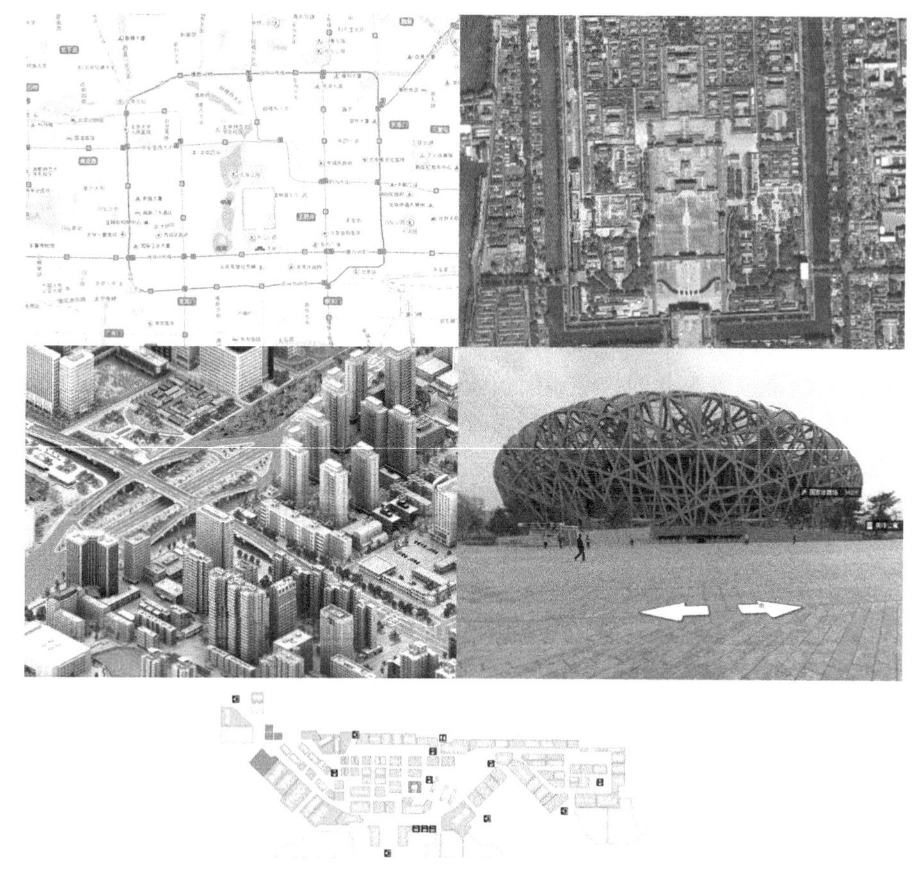

图 5-1　常见基础地理空间数据

左上：电子地图；右上：遥感影像；左中：3D 地图；右中：街景地图；下：室内地图

实时交通路况、停车场车位数据、实时商场折扣、餐饮娱乐信息等。

4. 用户网络数据

用户网络数据是指用户位置轨迹、位置关联数据以及用户社交网络数据等。其中，位置关联数据是指本身不含位置信息，但与用户某个时间点某个位置相关联的非空间数据，如用户在某时间在某商场的消费记录，用户在某时间在某旅游景点拍摄的照片。用户社交网络数据是指在位置服务平台中，用户社交网络关联信息。

5. 服务挖掘数据

服务挖掘数据是指通过对用户历史数据的挖掘，分析得到的用户生活、消费习惯等行为模式参考数据，可以增加位置服务的附加值。例如，根据用户的历史用餐记录，分析得到用户用餐距离选择、就餐偏好等行为模式数据。当用户搜索附近就餐信息时，可以根据用户行为模式数据向用户优先推荐餐厅信息。由于用户历史数据不断积累、用户信息反馈和数据挖掘算法的改进，服务挖掘数据将会不断更新、修正。

5.1.2　数据特点

数据是位置服务的基础。位置服务数据早已突破传统地理空间数据的界线，表现出其独有的特点。

1. 数据内容多样化

位置服务数据不仅包括电子地图、遥感影像数据、地形数据和各类专题数据等传统地理空间数据，还增加了包括用户位置信息、实时服务数据以及多种类型的非空间数据的杂合数据，例如与位置相关的视频、图片、文本等多媒体数据。

2. 数据规模大

位置服务平台的数据总量与服务内容相关联。通常，位置服务数据规模大，即数据总量大、数据增量大、数据数量大。位置服务数据根据数据规模可分为基量数据和增量数据。其中，基量数据的规模相对稳定，变化不大。增量数据则是随着平台运行不断增长，增量与用户量和用户活跃度相关。

基量数据主要是指基础地理空间数据。位置服务需要海量的电子地图、遥感影像数据等基础地理空间的支持，而基础地理空间数据为海量数据。以导航地图数据为例，全国导航地图的瓦片数据总量达到 PB 级，瓦片文件数量达到几十亿。不过，基础地理空间可以直接由地图供应商提供地图接口服务，而无需自行存储管理。

增量数据包括专题服务数据、实时服务数据、用户网络数据和服务挖掘数据。由于数据是位置服务的核心，位置服务数据采用“加法式”存储，因此位置服务的增量数据规模庞大。其中，用户网络数据包括用户轨迹数据、社交网络数据，它们是增量数据的主

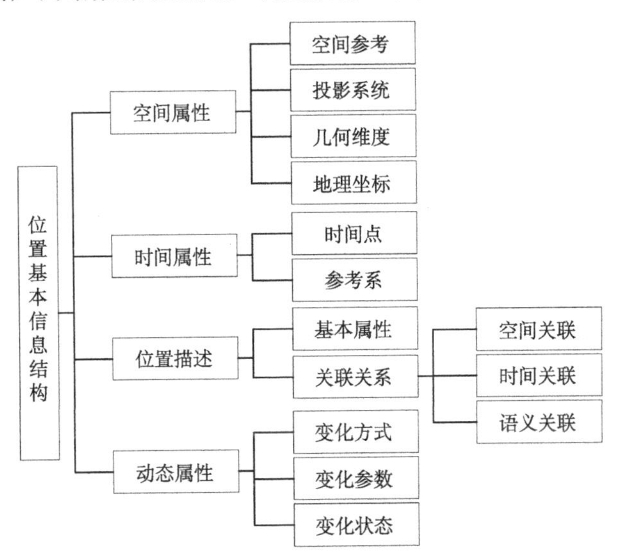

图 5-2　位置基本信息结构图

要来源。

3. 时间属性

相对传统的地理空间数据，位置服务数据除了空间属性，还包含时间属性，如图5-2所示。如用户轨迹数据同时附加位置点的时间标签等。附带时间属性的用户轨迹数据，不仅可以分析用户行为模式的空间特征，而且可以分析用户行为的时序变化，可以获取更加准确的预测用户行为及需求。

随着位置服务的技术发展、服务模式的创新，位置服务数据的多样化、海量等特征越来越明显，也将会呈现出其他的新特点。

5.1.3 数据组织

数据组织方式应该根据数据内容和表达方式的不同而采取不同的组织方式。根据5.1.1节可知，位置服务的数据内容主要分为三大类，即地理空间数据、位置数据及其关联数据和系统数据。因此，针对三类数据内容将采用不同的数据组织方式。

1. 地理空间数据

地理空间数据包含基础地理空间数据、专题服务数据、实时服务数据以及数据挖掘获取的地理空间数据。这类数据采用分层组织管理方式，即根据地理空间数据的特征，把它分成若干层(例如，矢量数据根据矢量要素类型分层；栅格数据根据影像的最终渲染结果分层)。显示时根据需要，同比例条件下将所需数据层进行多图层叠加来表达地理实体。

2. 位置数据及其关联数据

位置数据及其关联数据的特征是数据表达地理实体在某个时间点某个空间位置的状态。其中，位置数据是地理实体的空间位置的数字表达；位置关联数据是指与某时间地理实体的空间位置关联的数据实体或属性信息。位置数据及其关联数据主要包含用户网络数据和数据挖掘获取的行为模式等用户数据。

这类数据有三个特征：存在地理实体、具有时间和空间属性、位置数据和位置关联数据两者是一对多的关系。根据上述特征，这类数据将采用以地理实体为单位组织数据，同一地理实体的位置数据和位置关联数据对应的方式组织管理。

3. 系统数据

系统数据主要指保存用户管理数据以及系统管理的基础数据，主要包括用户管理数据、元数据和运行管理数据等。用户管理数据主要包括用户基本信息；元数据是指位置服务的各类数据的摘要信息；运行管理数据是指位置服务平台运行的参数信息。由于系统数据的数据量不大，但数据无统一用途，因此这类数据根据类型分类组织管理。

5.1.4 存储与管理

数据是位置服务的核心，合理、高效、稳定地存储与管理数据是保证位置服务质量的关键。当然，大部分信息系统的数据存储和管理主要是通过数据库实现。位置服务平台的海量数据也需要通过数据库进行管理。除了数据库之外，由于数据应用特点(如地图瓦片数据)等原因，仍有大量的数据仍需以文件形式由文件系统管理。本节将分别讨论数据库系统和文件管理系统的数据存储与管理以及数据安全。

数据模型是数据库系统中用于提供信息表示和操作手段的形式框架，是数据库系统的核心和基础。目前，常见的数据模型有层次模型、网状模型、关系模型和面向对象的数据模型。数据库技术与面向对象程序设计技术、分布处理技术、并行处理技术、人工智能技术等互相渗透，互相结合，成为当前数据库技术发展的主要特征，不断涌现出空间数据库、数据仓库、分布式数据库、知识库系统等新技术。这些新技术均可以用于位置服务数据的存储和管理。

1) 空间数据库

空间数据库是支持空间数据管理，面向地理信息系统 、遥感、摄影测量、测绘、制图和计算机图形学等学科的数据库系统。与传统的地理信息系统相比，空间数据库不仅要支持系统的数据查询，还要支持基于空间关系的查询，其中数据库的存储、组织、和数据处理的方法是研究的重点。目前，常用的空间数据库有 Oracle Spatial、PostGIS、BeyonDB 等。

2) 数据仓库与数据挖掘

数据库仓库是面向主题的、集成的、稳定的、不同时间的数据集合，用以支持管理的决定制订过程。数据挖掘是一种从大型数据库或数据仓库中发现并提取隐藏信息的新技术。

3) 知识库与演绎数据库

知识库是人工智能技术和数据技术相互渗透、融合的结果，是具有较强的知识处理与管理能力的数据库，是智能型的数据库。演绎数据库是一种具有演绎推理能力的数据库，它除具有传统数据库的全部功能和特征外，还可以进行演绎推理，即可以从库中表达事实推理出未直接存入的新数据和新短信。

4) 实时数据库

实时数据库是针对实时应用特点的要求，使其处理与管理的数据和事务都可以有定时特征或显示定时限制的数据库。实时数据库有以下两个特点：一是活动时间强，要求在特定的时间内或某一时间存储和处理信息，并能及时做出响应；二是要处理“暂时性”的数据库。这种数据在一定时间内有效，过时则无意义。

5）*分布式数据库*

分布式数据库是数据库技术和网络技术有机结合的结果。分布式数据库是一个物理上分散而逻辑上集中的数据集。它物理上分布在用计算机网络联结起来的各个站点上，每一个站点可以是一个集中式数据库，都有自治能力，完成本站点的局部应用，而每个站点是相互关联的。分布式数据库的特点有：物理分布性、逻辑整体性、场地自治性、场地之间协调性、分透明性和数据冗余性。

5.2 位置信息智能化管理

位置信息包括定位信息、属性信息以及用户信息，其中终端本身多样化，如手机、PAD、笔记本、车载终端、手持定位设备等；用户类型也是不尽相同，如个人用户、商业用户、政府用户、经常用户、偶然用户、潜在用户等；定位信息也有室外定位信息与室内定位信息之分，终端位置信息也因此具有了大数据和多源化的特征。要实现对终端位置信息的高效智能化管理，则需要对这些位置信息进行分类分级处理，更需要对多源位置信息进行融合处理。

位置信息智能化管理实现过程中，宏观上主要涉及三项关键技术：一是多源定位信息融合处理；二是室内位置信息管理；三是室内外无缝化位置信息集成管理。

5.2.1 多源定位信息融合

多源定位信息融合包含两个方面：一是为提高定位精度，对移动终端定位传感器融合。这种情况主要指移动终端拥有多种定位传感器，能同时获取多个定位信息时，可根据移动端所处环境，采用预设规则选择最优定位数据，从而提高精度；二是不同定位手段和定位机制产生的定位数据格式存在差异，服务器在接收到位置源以后，根据预设的流程解析数据，获取具有统一格式规则的有效定位信息及其相应属性。此处所述的多源定位信息融合主要针对后者。

多源定位源数据融合的关键技术就是为不同种类移动终端在定位通信时，建立一个适配器，通过适配器来实现信息的获取、解析、再封装等功能，通过数据封装的思想设计出统一的位置信息接口，在处理位置数据时不需要考虑由于不同定位手段所产生的不同类型的位置数据。定位信息融合模块将根据不同终端设备的通信协议制定不同的适配器，在这些适配器的基础上再定义出系统内部统一的位置数据格式，通过再封装实现多源数据的融合，基本思想如图 5-3 所示。

- 输入层：不同种类终端设备数据的接入口，根据自身定位原理获取的数据作为适配器的信息源。
- 适配器：负责处理不同格式的定位数据，经过预先制定的协议进行解析后，提取出关键字段，然后输出统一格式化数据，作为转换器的数据源。
- 转换器：主要负责向上层模块提供接口，按照上层应用要求，对适配器层的数

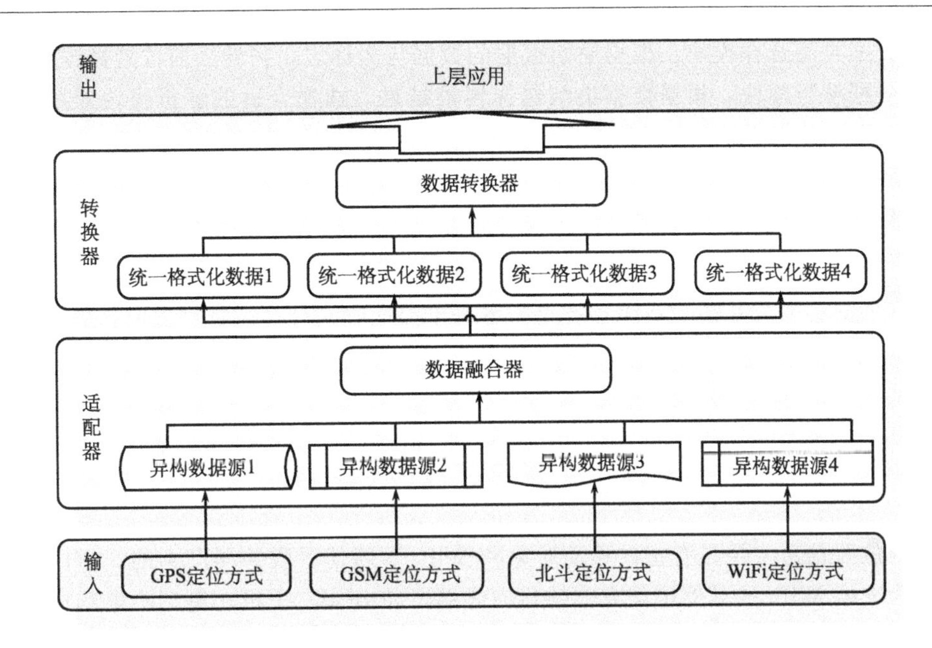

图 5-3　多源定位信息融合流程

据进行标准化转换，然后再封装。

• 输出层：向上层提供标准化接口。

数据融合模型的核心是适配器，主要有三个部分：数据类型选择模块、数据解析模块和位置数据融合模块。适配器结构如图 5-4 所示。

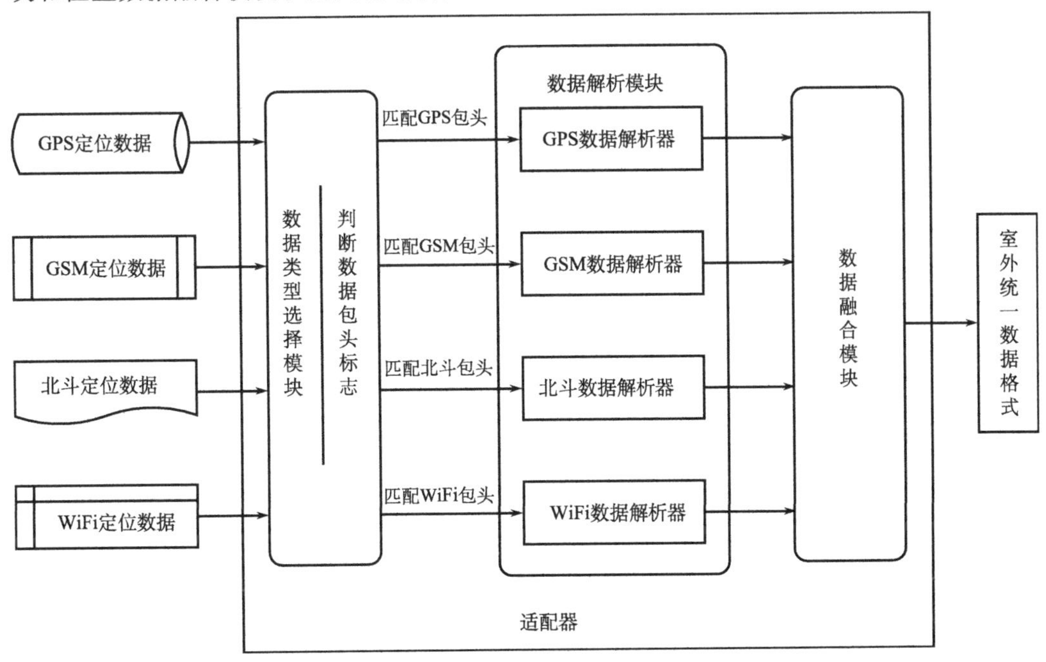

图 5-4　多源位置适配器

• 数据类型选择模块：根据原始数据的数据包头标志，判断当前位置数据的类型。

• 数据解析模块：根据数据类型选择模块结果，选择合适的解析模块对数据进行解析，数据解析模块有多个可供选择，其数量决定了数据融合的范围，新增一种定为手段，都需要实现一个与其相对应的解析模块，并向上提供相同的调用接口。

• 数据融合模块：依靠数据解析模块提供的调用接口，按照内容统一的格式化标准输出结果。

多源定位信息融合技术将多种类型的定位源数据融合成为一种统一的数据格式，方便在位置服务系统内部进行调用。数据融合能力的强弱主要取决于解析器类型的多少，可根据业务开展的范围来扩展解析容器。

5.2.2　室内位置信息管理

室内位置信息主要是有室内移动对象和 WiFi 等通信手段共同产生的。室内移动对象定义为支持 WiFi 或其他定位方式的移动终端，如 IPad、手机、笔记本电脑或其他专业设备等。不同定位基础设施的覆盖区域不同且可能存在重叠，这需要提供全面和准确的定位服务机制。室内定位技术的定位方式、坐标空间各不相同，如何提供统一的室内定位模型也是当下急需解决的关键问题之一。室内位置信息管理逻辑上划分为三个层面：数据层、信息处理层和显示层。如图 5-5 所示。

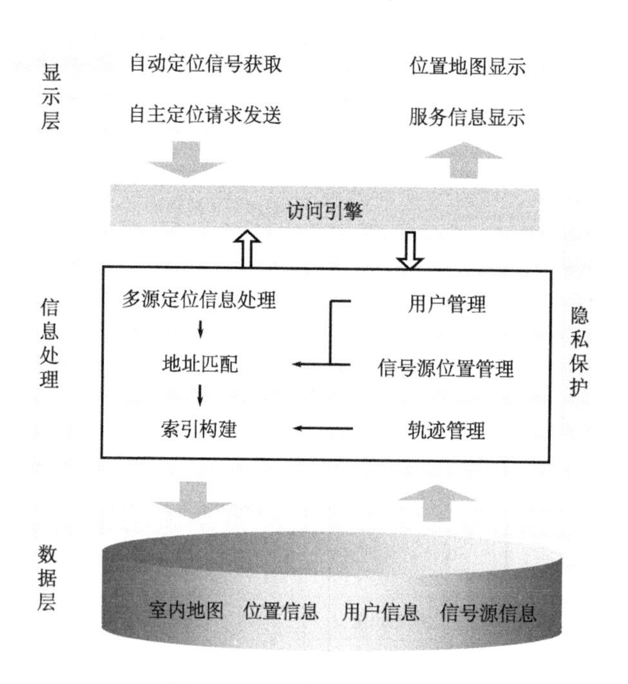

图 5-5　室内位置信息体系

• 显示层：展示室内地图出来，为用户提供查询的条件选择，并在地图上显示查询的结果，为用户服务请求和服务推送信息等提供可视化交互界面。

• 信息处理层：该层为室内位置信息管理的核心层次，是功能实现层。包括多元定位信息处理、地址匹配、查询索引、轨迹管理以及用户管理等功能的后台实现，以及建立隐私保护机制和高效的访问引擎。

• 数据层：主要负责室内环境原始数据处理，包括空间数据以及属性数据处理，建立室内环境模型；描述室内每个实体的(房间、门、走廊、楼梯等)的位置信息和空间关系，记录每个房间的商业属性；建立室内位置信号源与室内实体的关系模型。最终建立室内位置管理所需的各类数据库，如室内地图库、位置信息库、信号源库、用户信息库，便于为上层应用提供数据支撑。

1. 查询检索

室内位置信息管理过程中，构建高效的索引可大大提高管理效率。目前室内移动对象索引技术主要是基于室内符号空间，针对室内几何位置空间的索引技术还没有。室内拓扑结构的限制使得室外几何位置空间的索引技术又不能直接应用于室内几何空间，而且不同定位技术会导致不同形式的不确定性的存在，索引室内对象还需要考虑不同类型的不确定性。

采用通过空间填充曲线的方式将室内位置信息空间线性化，空间填充曲线是一种降低空间维度的方法。它像一条线一样穿过空间中每个离散网格。按照线性顺序对这些网格进行编号。如图 5-6，空间填充曲线的阶数为 k，那么它就可把对象空间分成 $4k$ 个方块，空间对象就分布在这些方块中，并且可通过计算得到每个点在直线上相应的值。随着曲线阶数的增加，两个相邻空间对象(点)有相同值的可能性就减小。单位区域内的空间填充曲线就是在阶数趋于无穷时，能够在区域的范围内经过区域每一个点的一条连续曲线。

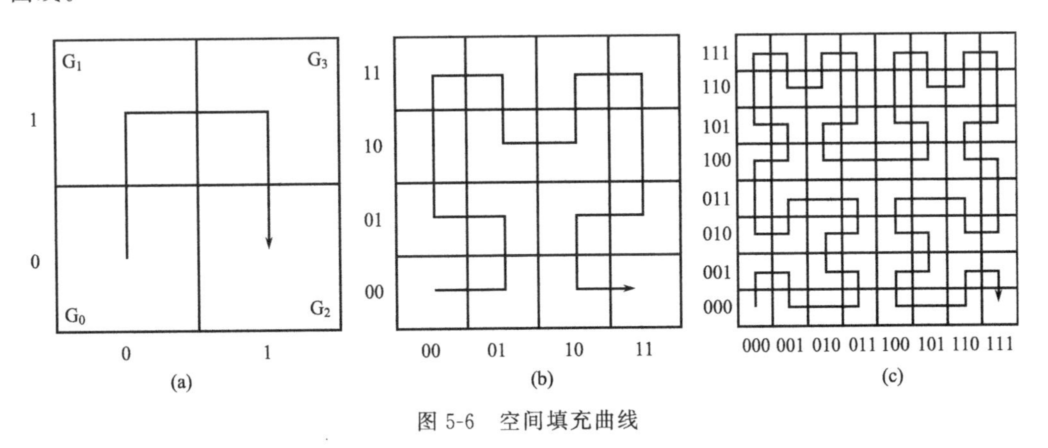

图 5-6　空间填充曲线

2. 用户管理

位置服务应用过程中，用户在数量和类型上都是复杂多样的。从利用需求和利用特点出发进行分类，可分为若干类型，如：从利用目的出发分为研究型用户、学习型用户、娱乐型用户等；从利用目标出发分为目标性用户与随机访问性用户；从利用行为的实现状况出发可分为经常用户、偶然用户和潜在用户；从职业背景出发分为普通用户、商业用户、行政管理人员等。各类用户身份不同、需求不同，服务执行过程中在角色分配、资源授权、行为分析、隐私保护等方面都存在差异，需要一个完整的用户管理模块，便于更有针对性地为用户提供位置服务。采用三级权限核查制度，从用户登录、服务器访问管理和应用模块三个方面来把握好用户行为分析以及用户隐私等。如图 5-7 所示。

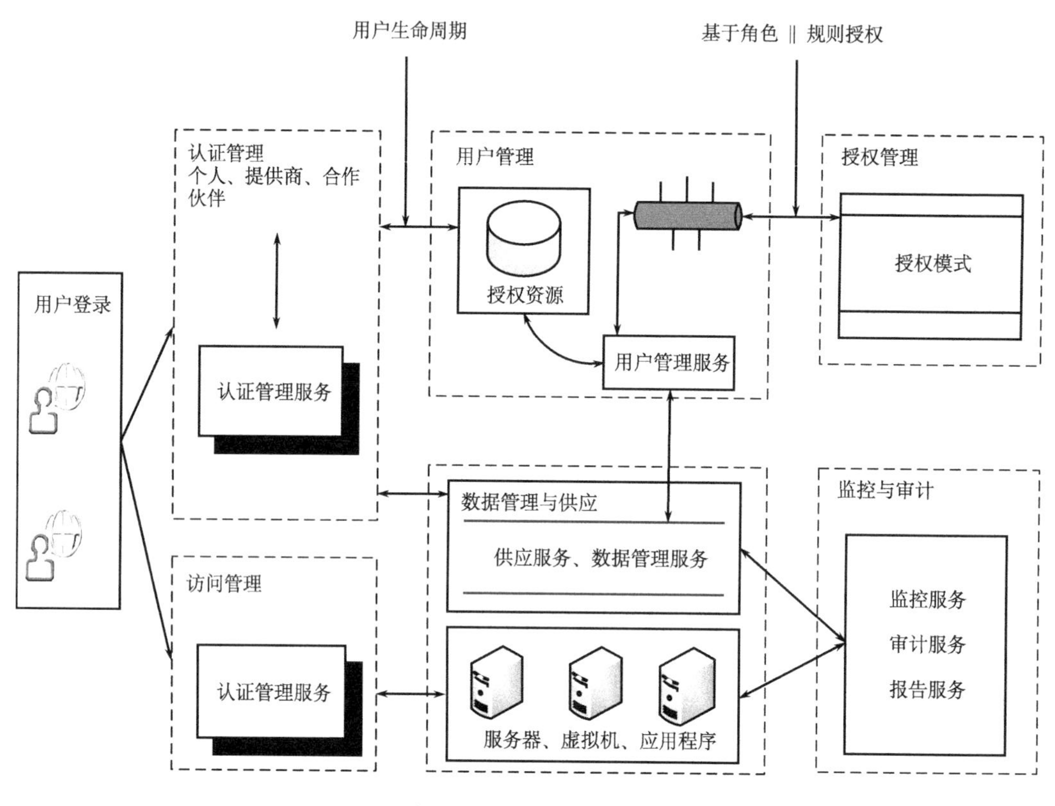

图 5-7　用户管理体系

• 用户管理

主要为了实现对多种用户身份生命周期的管理。并且用户在这个环节中可以上传多种资源到服务提供商，并授权给其他指定的用户，使其能够访问这些资源。

• 授权管理

这里的授权包括两个过程：一是通过认证的服务用户为自己上传的数据资源设定访问权限，授权给可访问这些资源的用户；二是服务提供商给通过认证的用户授权，使这些用户能够使用该服务商提供商的资源(数据、虚拟系统、高性能计算等)。

• 访问管理

实施访问策略，审核多种实体对数据资源的访问请求。

• 数据管理与供应

为通过认证的用户进行自动化或者手动的数据或服务传输，并且该过程和虚拟系统进行交互，完成数据资源的管理和存储等工作。

- 监控与审计

根据已制定的策略，监控所有的行为，包括认证、授权、用户身份管理等，并且实时记录这些活动。最后根据这些活动情况，发现安全问题并提出建议。

3. 信号源管理

基于 WiFi、蓝牙、ZigBee 等无线定位技术产生的室内位置信息都是基于相对位置关系产生的，在基于信号源地址的基础上确定移动对象的位置。位置信息源除了需要提供具有参考价值的地址分布外，还可以提供该位置信息源的相关属性。任何一个信号源热点都可以对应一个商业点，并与信号源建立唯一的相关性，在位置服务平台上针对每个信号源热点都建立数据库进行管理，并与商业信息紧密结合(如图 5-8 所示)。

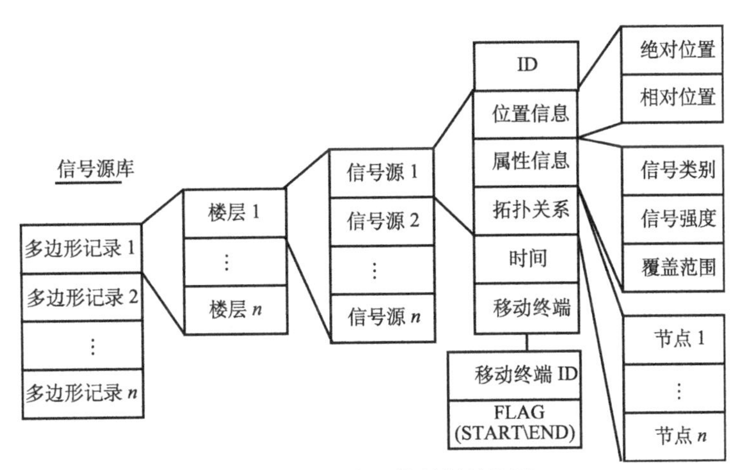

图 5-8　室内位置信号源结构图

4. 定位对象位置管理

在室内移动目标数据信息表示中，最主要的信息包括三方面：空间分布的信息、时态的信息和其他属性，其中其他属性表示的是除了空间分布信息和时态信息以外移动定位目标的属性，例如终端 ID、终端类型或佩戴标识其自身信息标签的人员(物品)的姓名、ID、电话号码等。移动定位目标实体数据模型如图 5-9 所示。

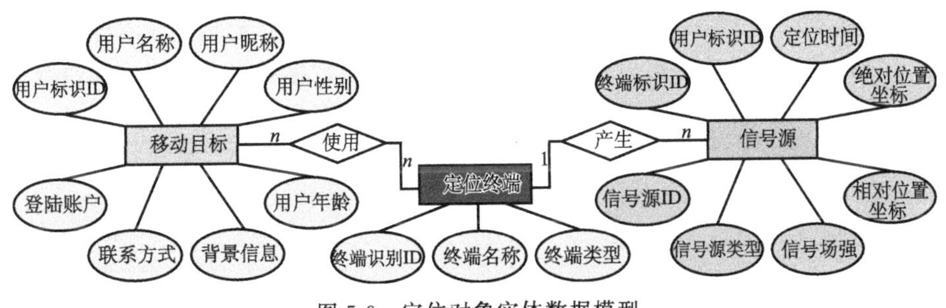

图 5-9　定位对象实体数据模型

移动定位目标空间数据模型包括两部分的空间几何变量，如下式所示：

$$Type_1(Feature，instant)$$

$$Type_2(Feature，interval)$$

式中，Feature是定位对象的所有空间几何属性和其他属性的总和(除了时间因素)，instant和interval为两个时间因素，分别表示时刻和时间区间，针对不同的时刻或时间区间这个属性值随着变化，例如坐标信息、区域信息、边界信息、其他属性等。

$Type_1$ 为最近观测时刻移动目标的快照，即在某一个观测时刻点上，移动目标被定位信号源感应到的空间分布的几何表示，此处也就是移动目标这个时刻在室内空间上分布的一个点；$Type_2$ 为移动目标在过去时间区间内存在的空间分布的历史几何部分，在这里就是移动目标在过去某个时间区间内的历史点集的空间位置分布。

室内指纹定位模型实现对移动目标的定位时，移动目标的位置由ZigBee信号源设备的部署位置或室内逻辑区域表示。ZigBee信号源在其工作范围内，对移动目标识别成功后，通过ZigBee信号解析器处理以及室内外位置数据融合，会产生一条同时包含室内相对位置和室外绝对位置的位置信息记录，如下式所示：

(id，scanner_id，scanner_type，card_id，user_id，rssi，
pos_x，pos_y，pos_lat，pos_lon，floor_id，t)

式中，id为数据记录编号；scanner_id为有效数据的位置传感器编号；scanner_type为有效数据的位置传感器类型；card_id为移动目标芯片卡编号；user_id为佩戴定位芯片卡的人员或物品；rssi为信号源场强信息；pos_x为室内定位的 x 坐标；pos_y为室内定位的 y 坐标；pos_lat、pos_lon为移动目标经纬度坐标；t 代表移动目标被识别的时刻。

由于ZigBee位置传感器会频繁发送移动目标的位置信息，当移动目标长时间停留在某一位置时，将会产生大量的重复数据，面向移动对象历史数据时，无需对象当前位置的信息，为了压缩数据量，本节将对象处于某一位置的时间作为一条记录存储。

所有定位数据都可以存储在一张表里面，分析单个移动目标的时候可以通过移动目标card_id查询出相应数据。当前很多可视化的平台可以对这些数据进行存储和显示，本节选用BeyonDB空间数据库对数据进行存储和管理，在三个层面上对移动目标定位数据进行了记录和表达：①记录移动目标的定位点数据，为每个移动目标或用户建立一个点图层，属性数据中至少包括时间、平面坐标和经纬度坐标；②记录概括的轨迹数据，为每个移动目标建立一个线图层，用来表示移动目标的移动轨迹。实际上，轨迹数据可由定位数据派生出来，虽然存储线图层数据增加了数据的冗余，但也加快数据分析的速度；③格网化的数据表达，即考虑手机定位误差情况下对数据进行表达。记录方式是存储每个定位数据所对应的信号源ID以及所在的室内单元ID，并且对具有连续时间相同ZigBee信号源节点进行合并，并记录移动目标在该室内单元内所待的时长。定位对象存储管理模型如图5-10所示。

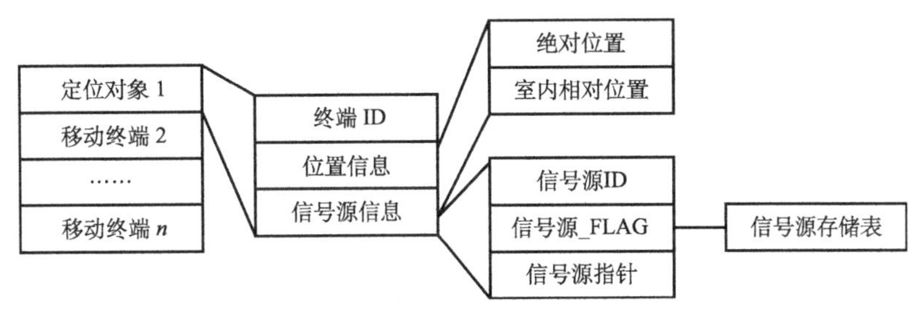

图 5-10　定位对象位置存储管理模型

5.2.3　室内外无缝化位置信息集成

无缝化位置信息集成，主要包括室内外空间的定位技术切换、统一数据转换和一体化的定位数据库建立。选择合适的室内外交接，匹配室内空间时采用室内移动对象的模型；查询室外空间时，使用室外移动对象模型。使用中间件把查询分发到适当的模型进行处理，并将查询结果组织成统一的数据格式存储到室内外一体化数据库。技术路线如图 5-11 所示。

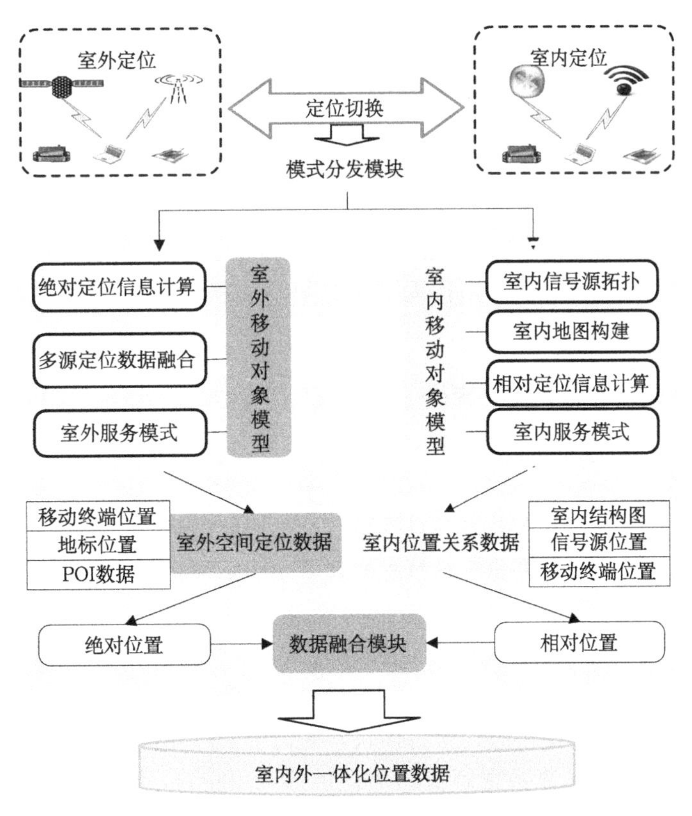

图 5-11　室内外一体化数据集成

1. 室内外定位切换

室内外定位方式进行切换时，将产生很大的核心网络数据和相应的信令负载，需要根据实际情况和不同的切换场景采取不同的切换策略。根据移动终端行为来区分室内外定位切换类型，可分为三种。

(1) 终端进入室内，即“in”模式

终端从室外进入室内中，为了尽量做到切换时刻不间断定位，同时减少不必要的切换，此处按三个条件来判断是否进行切换：室内 WiFi 信号强度强 WiFi _ R 到一定程度，设置阈值 RSS1；室外定位 GPS、北斗、GSM 信号(GPS _ R、北斗 _ R、GSM _ R)弱到一定程度，设置阈值 RSS2；终端在室内停留时间 t 即信号停留在设定阈值范围内，保持该状态的时间，设定时间段阈值为 T。切换条件：

WIFI _ R>=RSS1 && (GPS _ R or 北斗 _ R or GSM _ R)<=RSS2 && t>=T

(2) 终端步入室外，即“out”模式

该模式与模式 1 切换条件相似，同样按三个条件来判断是否进行切换：室内 WiFi 信号强度 WiFi _ R 弱到一定程度，设置阈值 RSS1；室外定位 GPS、北斗、GSM 信号(GPS _ R、北斗 _ R、GSM _ R)强到一定程度，设置阈值 RSS2；终端在室内停留时间 t 即信号停留在设定阈值范围内，保持该状态的时间，设定时间段阈值为 T。切换条件：

WIFI _ R<=RSS1 && (GPS _ R or 北斗 _ R or GSM _ R)>=RSS2 && t>=T

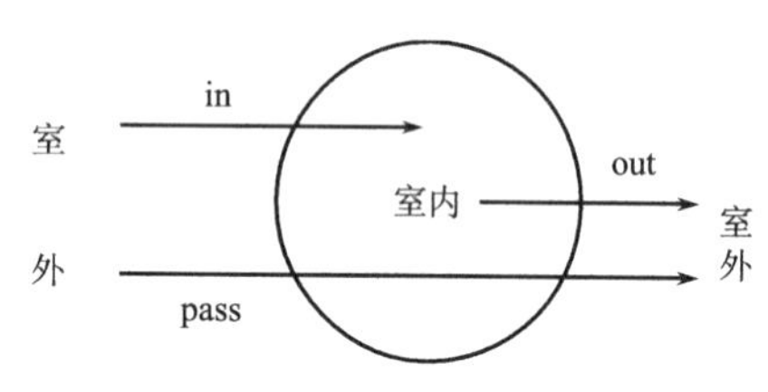

图 5-12　室内外定位切换

(3) 终端穿越室内，即“pass”模式

如图 5-12 所示，终端若快速穿过室内回到室外，此时为终端设定一个停留时间阈值 T，若终端实际停留时间 t 小于阈值 T，则不切换；反之，进入模式 1 和模式 2 判断。

2. 室内外定位信息统一数据转换

1）多源室内定位数据融合

室内数据融合模型类似室外多源数据融合，核心是适配器，主要有三个部分：数据类型选择模块、数据解析模块和位置数据融合模块。适配器结构如图 5-13 所示。

- 数据类型选择模块：根据原始数据的数据包头标志，判断当前位置数据的类型；
- 数据解析模块：根据数据类型选择模块结果，选择合适的解析模块对数据进行解析，数据解析模块有多个可供选择，其数量决定了数据融合的范围，新增一种定为手段，都需要实现一个与其相对应的解析模块，并向上提供相同的调用接口；
- 数据融合模块：依靠数据解析模块提供的调用接口，按照内容统一的格式化标准输出结果。

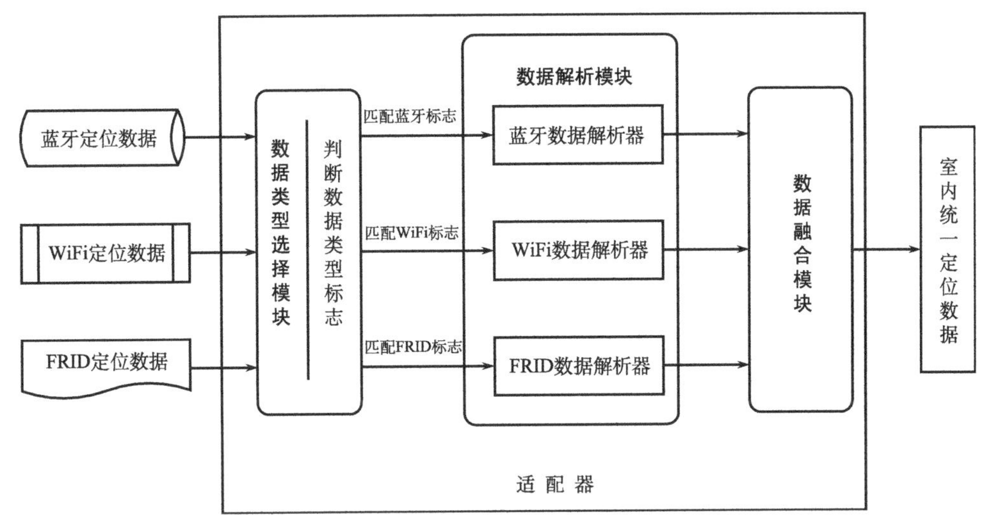

图 5-13　多源室内定位数据适配器

2）室内外定位数据融合

室内外一体化定位数据格式在室外多源定位数据融后生成的室外统一定位数据格式以及室内多源定位数据融合生成的室内统一定位数据的基础上，经过室内外定位数据融合模块，最终生成室内外一体化定位数据格式存储到数据库。如图 5-14 所示。

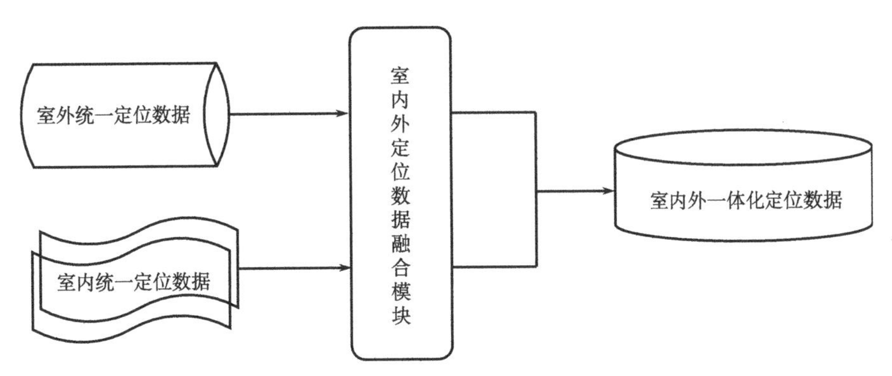

图 5-14　室内外定位数据融合

室内外一体化定位数据由终端定位时间、终端 ID、终端空间经纬度坐标、室内坐标原点、终端室内坐标以及一些附加属性信息组成，格式如下：

$$\left\{\begin{matrix} Time, \quad \text{Terminal\_}ID, \text{Space\_Point(latitude, longitude)}, \\ \text{Coordinate\_Origin}(x_0, y_0), \text{Plane\_Point}(x, y, c), \cdots, \cdots, \cdots \end{matrix}\right\}$$

3. 室内外一体化位置信息数据库

室内外一体化位置信息数据库旨在基于位置对象建立对室内外位置信息的一体化存

储和高效访问机制，屏蔽室内外定位信息源的差异，将位置信息统一按空间对象进行存储。在基础地理空间数据库的基础上，结合地面建筑物的位置关系，以及室内定位信号源网格控制点数据地址和建筑物内部平面位置结构，动态匹配生成定位对象的室内外定位数据，并保存为一个统一的定位终端位置空间对象，采用几何矢量位置空间的方式进行存储。集成的位置对象几何模型，即室内外一体化位置信息数据库模型，如图 5-15 所示。

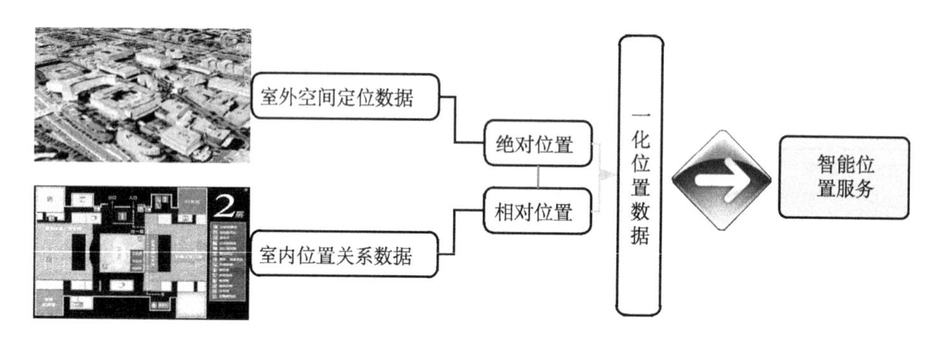

图 5-15　室内外一体化位置信息数据库模型

5.3 “中国位置”数据库建设

5.3.1 数据层总体架构

数据层主要包括空间数据、数据库管理系统和数据接口。其中，数据库管理系统是在空间数据库的基础上，提供以下功能：云架构的数据管理、存储、更新与恢复、性能监视优化以及对平台业务服务请求的响应。它包括数据的管理维护、数据架构、组织实施、存储系统等。中国位置服务公共平台数据层的总体架构如图 5-16 所示。

中国位置服务公共平台空间数据层包括四个基本数据库：基础空间数据库、行业空间数据库、实时信息数据库、用户空间数据库。

• 基础空间数据库由自有空间数据库和外部空间数据库共同生成，为整个位置服务平台提供基础空间数据支持。

• 行业空间数据库基于外部行业数据库和基础空间数据库共同生成，为行业用户提供定制服务，存储和管理与位置服务相关的各专题数据和信息。

• 实时信息数据库是记录各种实时更新数据，为用户提供具有及时意义的信息和服务。

• 用户空间数据库则是记录用户自己采集、存储以及通过数据挖掘得到的各种信息。

数据类型主要包含矢量、栅格等空间数据，视频、音频等流文件数据以及其他数据，同时具有结构化和非结构化数据。非空间数据库需要具有频繁写入和查询功能，空间基础数据库主要以查询为主。平台对数据库结构、空间数据库引擎和数据库管理系统有以下性能和功能要求：

• 超大数据量的支持：能够支持到 PB(1000TB)级的数据量。对超大型数据的存

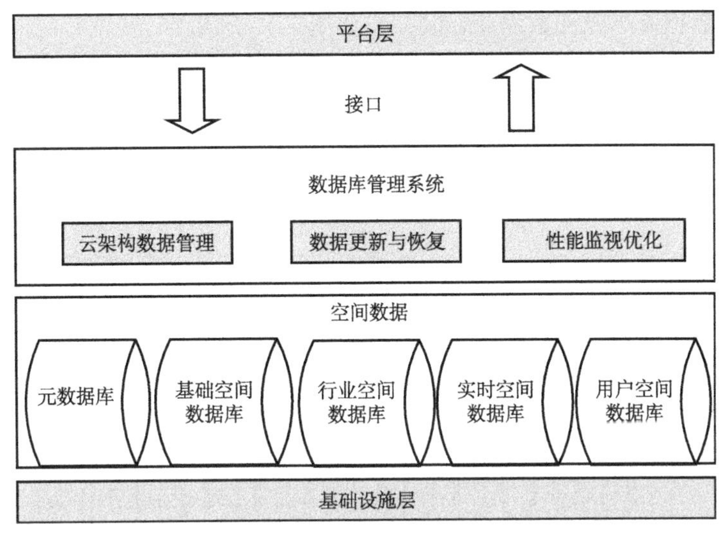

图 5-16　中国位置服务公共平台数据层的总体架构

储、备份、恢复管理具有与常规数据库的无差别支持。

• 云架构并行性支持：支持云架构和复合并行系统，支持对单一数据库共享的多节点访问，方便地处理资源渐进递增和性能的线化扩展，稳定的系统管理以及并行磁盘 Affinity 等。

• 事物处理支持：支持多线索服务器体系结构，具备可伸缩的 SMP 性能，支持共享的数据库、SQL、字典高速缓冲区，支持快速提交和成组提交、延迟以及可串行化的事务，能够解决大批量数据插入和解析数据的事务。

• 在线自动更新：能够支持数据库的在线自动更新，避免由于数据库的更新造成位置服务平台的暂停或更新错误。

• 自动的基于磁盘备份与恢复：支持文件、表空间和数据库的联机备份、联机恢复、并行恢复，具备并行备份/复原实用工具，可镜像多段日志文件、数据库文件可动态地改变大小，用于并行服务器，支持同步和异步复制。

• 数据安全性：支持 C2 级安全标准、可选择内部或外部用户保密以及完整的数据流加密，支持完整的协议支持和应用透明性，支持 Fine-grained 数据库权限、用于群组级访问的层次性基于角色的安全性、针对站点定作的 DBA 角色(满足 ANS/ISO SQL3 安全标准，甚至达到 US TCSECC 2、European ITSECE 3 标准)，对每个对话或是每个对象基都有自动的审计。

针对平台数据多样化和位置服务平台应用的特点，采用空间数据库与元数据库管理相结合的数据库管理策略。其中，针对数据层中的矢量、栅格空间数据以及其他基本数据类型采用空间数据库进行管理；针对视频、音频等流文件用元数据库的进行文件式管理。

5.3.2　数据库建设

数据层的空间数据库整体可分为基础空间数据库、实时信息数据库、行业空间数据库、用户空间数据库以及元数据库，其架构如图 5-17 所示。

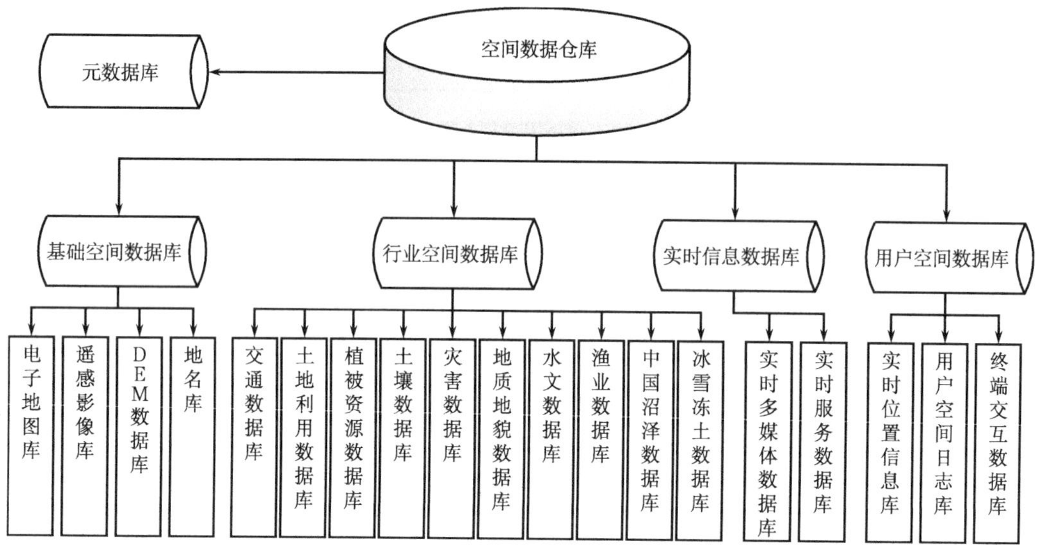

图 5-17 空间数据库总体架构

位置服务平台的数据层作为平台基础，将为项目各种应用提供数据支持。因此，确定数据层的数据处理原则是：在方便数据管理和应用的前提下，最大程度地保留空间数据的有效信息。同样，数据库设计也应该坚持这一原则。

因为数据层的空间数据主要分为要素类和栅格类，所以为了方便数据库的管理，将分别新建要素类和栅格类数据总表，记录管理空间数据表的属性信息。各表结构如表 5-1、表 5-2。其他空间数据分表则只记录原始数据信息。

表 5-1 要素类数据总表

列名	数据类型	含义
ID	NUMBER	自动编号
TableName	Varchar(20)	表名
DatabaseType	Varchar(10)	数据库类型编码(如行业空间库)
TimeIn	Date	数据入库时间
TimeProduce	Date	数据生产时间
Scale	NUMBER	图层比例尺(分母数值，如 1∶1 000)
DataSource	Varchar(100)	数据来源，即数据生产者
GeoBoundary	SDO_GEOMETRY	数据边界
SecurityLevel	Varchar(4)	数据保密级别
Description	Varchar(200)	数据描述

表 5-2　栅格类数据总表

列名	数据类型	含义
ID	NUMBER	自动编号
TableName	Varchar(20)	表名
DatabaseType	Varchar(10)	数据库类型编码(如行业空间库)
TimeIn	Date	数据入库时间
TimeProduce	Date	数据生产时间
Sensor	Varchar(10)	栅格影像传感器类型
BandNumber	Interger	栅格影像波段数量
PixelSize	NUMBER	空间分辨率(单位：m)
DataAccuracy	NUMBER	数据精度(单位：m)
GeoBoundary	SDO _ GEOMETRY	数据边界
BandCombination	Varchar(50)	波段组合说明
DataSource	Varchar(100)	数据来源，即数据生产者
SecurityLevel	Varchar(4)	数据保密级别

1. 基础空间数据库

如图 5-18 所示，基础空间数据库主要用于存储基础的空间数据，包括电子地图、遥感影像、DEM、地名库。电子地图库主要指 Google、四维、瑞图等第三方提供 API 调用相关数据和服务；遥感影像库用于存储中巴资源卫星、天绘、航测三种不同分辨率的遥感影像数据；DEM 库存储的是数字高程模型数据，主要来源于 USGS 30m DEM 数据，其中部分问题区域采用其他数据进行修正；地名库存储的是地名数据，来源于国

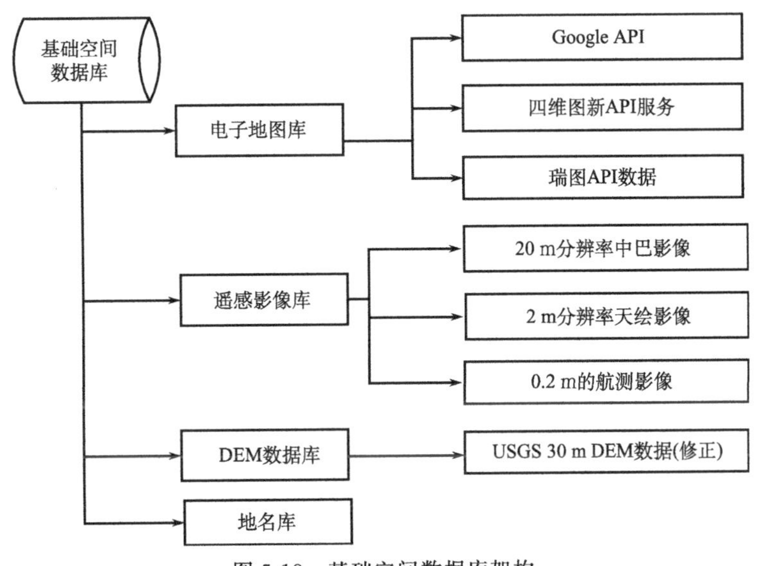

图 5-18　基础空间数据库架构

家测绘地理信息局数据。

• 电子地图库

电子地图库共39个要素图层，因此每个图层数据新建一张数据表管理。数据库表的新建模板如表5-3。

表5-3 电子地图库数据库表新建模板

列名	数据类型	可空	默认值	主键	备注
ID	NUMBER	No		Yes	
GeoMetry	SDO _ GEOMETRY	No			
原始数据其他属性列，数据类型及其他设置不变					

• 遥感影像库

遥感影像库包含中巴资源卫星数据、天绘卫星数据等遥感影像数据库，每类栅格影像数据新建一张数据表管理。数据库表的新建模板如表5-4。

表5-4 遥感影像库数据库表新建模板

列名	数据类型	可空	默认值	主键	备注
ID	NUMBER	No		Yes	
GeoRaster	SDO _ GEORASTER	No			

2. 实时信息数据库

如图5-19所示，实时信息数据库用于提供与位置服务相关的具有实时性的服务信

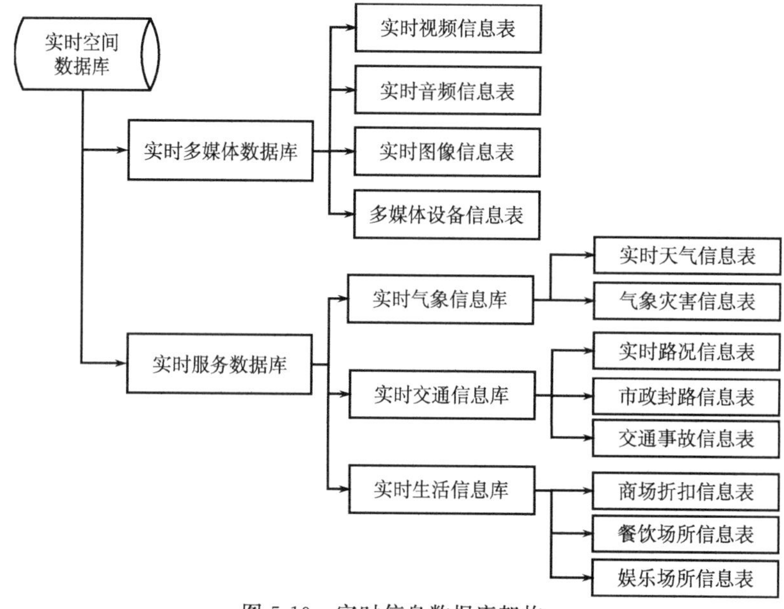

图5-19 实时信息数据库架构

息，主要包括实时多媒体数据和实时服务信息库。其中实时多媒体数据库又分为三个库，分别存储视频、音频、图像数据。实时服务信息库主要是为用户提供日常及时服务信息，如实时天气状况、实时交通路况以及平台临时推送的其他生活服务信息。其中气象数据涉及实时天气数据，以及气象灾害数据；而交通信息涉及道路拥堵状况、修路等市政封路信息、交通事故信息；生活信息包括商场折扣、餐饮、娱乐信息。

目前，实时空间数据库存储以下几类实时空间数据：全国高速路况信息(每小时更新)、公路天气预报信息(每日更新)、公路天气预警信息(每日更新)、北京交通通告(交通管制信息)(每日更新)、北京公路施工信息(每日更新)。各数据库结构如表 5-5、表 5-6、表 5-7、表 5-8。

表 5-5　全国高速路况信息

路线	路段	起点	终点	状态	原因	发生时间	预计恢复时间	实际恢复时间	提示全文

表 5-6　公路天气预报信息

路线	省份	路段	起点	终点	天气

表 5-7　北京交通通告

日期	时间段	路段	状态

表 5-8　北京公路施工信息

日期	时间段	路段	状态

3. 行业空间数据库

如图 5-20 所示，行业空间数据库用于存储和管理与位置服务相关的各专题数据和信息。目前，行业数据库包含交通、水系、植被资源、灾害、地质地貌、水文地质、渔业、土地利用、沼泽、冰雪冻土、土壤等专题数据库。人口、经济等人文数据都是统计文献等形式，可将这类数据的空间化后，引入行业空间数据库。

行业空间库共 41 个要素图层，因此每个图层数据新建一张数据表管理。数据库表的新建模板如表 5-9。

表 5-9　行业空间数据库表新建模板

列名	数据类型	可空	默认值	主键	备注
ID	NUMBER	No		Yes	
GeoMetry	SDO _ GEOMETRY	No			
原始数据其他属性列，数据类型及其他设置不变					

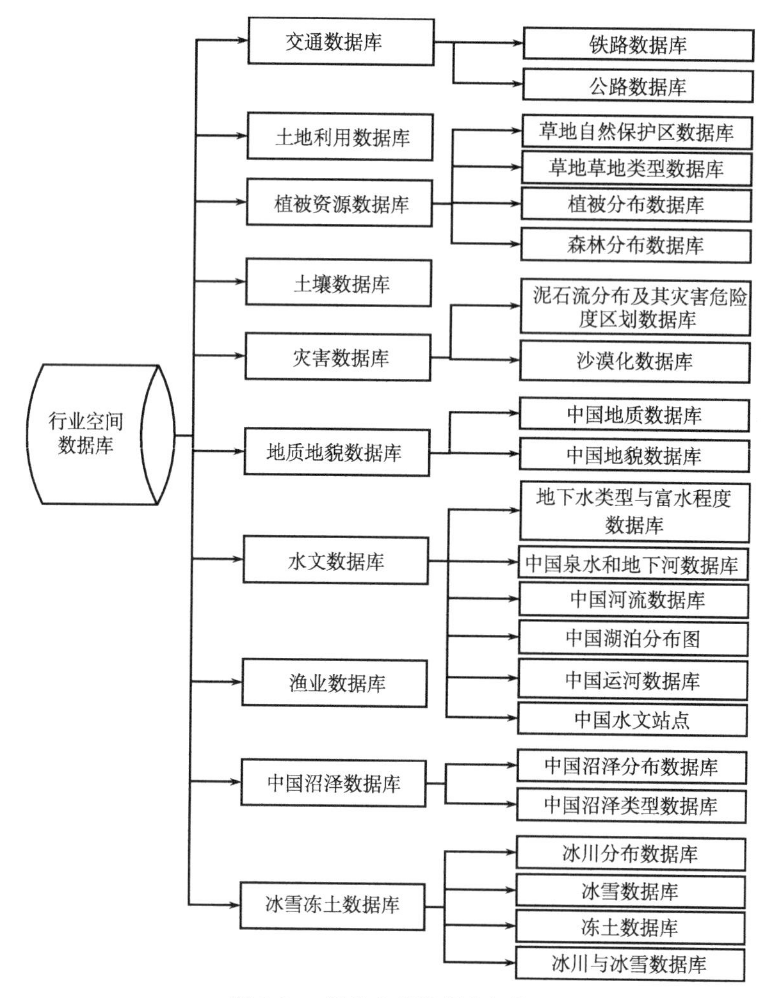

图 5-20 行业空间数据库架构

4. 用户空间数据库

如图 5-21 所示，用户空间数据库用于存储和管理与用户自身相关的空间数据。考虑到商业用户和个人用户信息的内容差异较大，用户空间数据库考虑将两者分开存放。其中商业用户信息数据库除了保存商业用户的基本注册信息、权限、定制信息、需求和费用记录等，还设定了保存商业用户一些私有信息的数据库，包括其用户数据、涉及平台的商业机密等。而个人用户信息库主要存储个人用户的基本注册信息、权限、定制信息、需求和费用记录。其中，实时位置信息库用于保存个人用户或商业用户管理下的用户/设备产生的位置信息。空间日志库则用于保存个人用户及商业用户的操作记录，以进行数据挖掘以及客户行为分析。终端交互数据库可以为用户提供实时交互功能。而用户空间元数据库用于存储以上数据库的元数据信息。

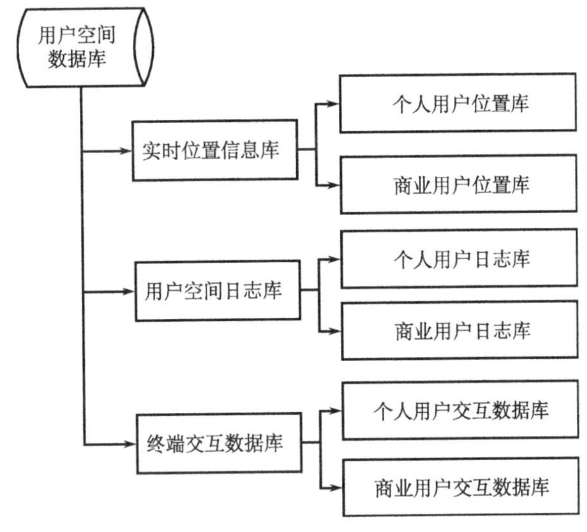

图 5-21　用户空间数据库架构

5.3.3　访问接口

空间数据将提供符合 OGC 规范的国际标准访问接口，采用 OWS 服务模型实现 W＊S服务。各服务类型将符合目前最新的协议和规范，实现地图数据的可视化访问。W＊S是指基于 OGC 标准的 WMS、WPS、WFS 等数据发布标准。如图 5-22 所示。

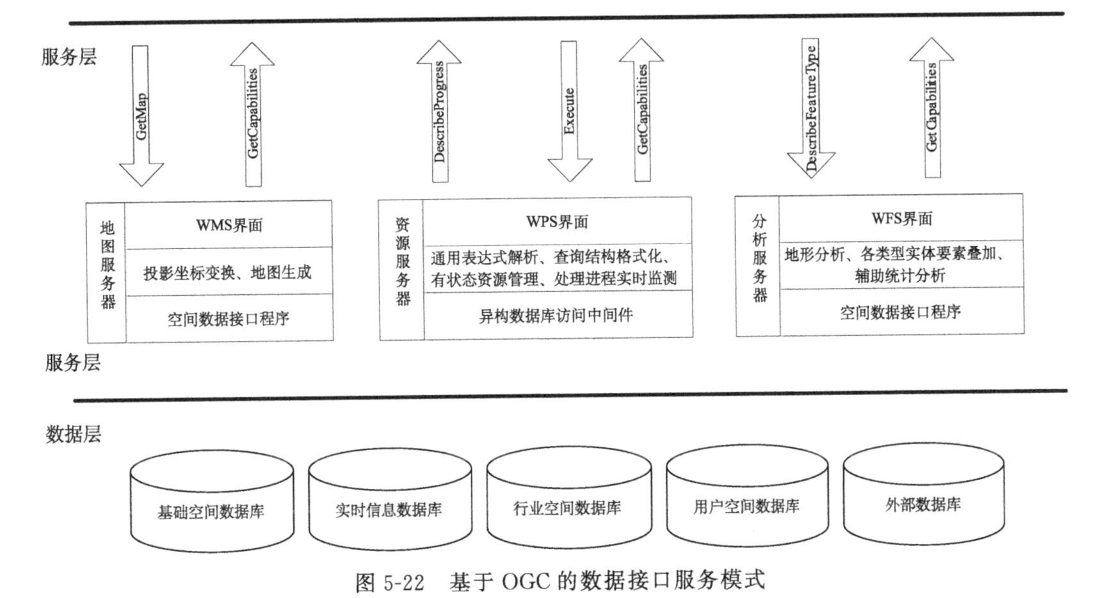

图 5-22　基于 OGC 的数据接口服务模式

非空间数据将提供符合 SQLMM 标准的数据库访问接口，提供查询检索访问功能。

• WMS 接口

WMS 标准定义了一些操作，这些操作允许用户在分布式环境下通过 HTTP 对空间数据进行出图等操作。Web 地图服务(WMS)利用具有地理空间位置信息的数据制作地图。其中将地图定义为地理数据可视的表现。这个规范定义了三个操作：GetCapabi-tities 返回服务级元数据，它是对服务信息内容和要求参数的一种描述；GetMap 返回一个地图影像，其地理空间参考和大小参数是明确定义了的；GetFeatureInfo(可选)返回显示在地图上的某些特殊要素的信息。

• WFS

WFS 标准定义了一些操作，这些操作允许用户在分布式环境下通过 HTTP 对空间数据进行查询、编辑等操作。Web 地图服务返回的是图层级的地图影像，Web 要素服务(WFS)返回的是要素级的 GML 编码，提供对要素的增加、修改、删除等事务操作，是对 Web 地图服务的进一步深入应用，并实现空间分析操作。

• WCS

WCS 接口标准定义了一些操作，这些操作允许用户访问"Coverage"数据，如卫星影像、数字高程数据等，也就是栅格数据。Web 覆盖服务(WCS)面向空间影像数据，它将包含地理位置的地理空间数据作为"覆盖(coverage)"在网上相互交换。

• WMTS

WMTS(openGIS® web map tile service)切片地图 Web 服务，定义了一些操作，这些操作允许用户访问切片地图。WMTS 可能是 OGC 首个支持 RESTful 访问的服务标准。

第6章　位置信息的空间分析技术

基于位置信息的空间分析主要是将基础地理空间数据的分析方法应用于位置服务的领域，提供以位置信息为主体的空间分析结果和空间事件操作。本章分别介绍基础地理空间分析方法和基于位置信息的空间分析方法，并描述“中国位置”平台上所实现和提供的位置信息分析网络服务接口。

6.1　基础地理空间分析

6.1.1　地理空间分析概述

1. 什么是地理空间分析

空间分析也称空间数据分析(spatial data analysis)，是基于地理对象空间布局的地理数据分析技术，它与传统统计分析的根本差异是空间分析的结果依赖于事件的空间分布。通过空间分析可以发现隐藏在空间数据之后的重要信息或一般规律，因此空间分析也可以看作是一个空间知识发现和挖掘的过程。

2. 空间分析与地理信息系统

地理信息系统(GIS)研究的主要对象是具有空间特性的地理信息及其属性。早期的地理信息系统侧重于图形和数据库两个方面，由于缺少通用的空间分析模块，使得 GIS 在解决某些空间问题中的应用效果受到了很大的限制。传统的空间分析侧重于数值计算，即应用空间分析模型进行有关空间自相关、空间结构特征、空间插值、空间模拟等方面的计算。

空间分析和地理信息系统是两种有效的空间信息分析的处理技术，两者结合大大拓展了 GIS 的空间分析功能，使得地理信息系统更加完整、功能更加强大，同时也可使得迅速发展的空间分析得到地理信息系统的有力支持。

3. 地理空间分析方法发展过程

1950 年 Moran 首次引出空间自相关测度来研究二维或更高维空间随机分布的现象；随后 Matheron 先后提出了地统计和 Kriging 技术；20 世纪七八十年代空间统计理论体系出现雏形，以 Cliff & Ord 的专著 *Spatial Process：Model and Application* 为主要标志；20 世纪八九十年代空间分析的主要理论趋向成熟，包括 SAR、MA、CAR 模型，聚焦于空间异质性的局域统计 Getis'G 和 Lisa 出现，空间分析软件出现，包括与 GIS 结合的可视化交互空间数据探索，如 SpaceStat、S-PLUS for ArcView、SAGE 等

(张文艺，2007)。

20 世纪 90 年代至今，在 GIS 技术和海量观测数据大发展背景下，具有实际运用价值的地球信息科学理论和方法雏形正在形成。国外在地球信息科学方面的推动者主要来源于 20 世纪六七十年代计量地理革命的活跃学者如老一辈的 Tobler、Goodchild。中国学者在理论和方法方面也在做不懈的努力和推动，提出了地理信息科学和地球信息机理、地球信息图谱、格网计算等重要概念，引进了计量地理、空间信息分析等重要方法。

地理空间分析方法包括两大类：

(1) 空间基本分析，即基于图的分析。该分析功能与 GIS 其他功能模块有紧密联系，技术发展也比较成熟。主要有空间信息量算、缓冲区分析、空间拓扑叠置分析、网络分析、复合分析、邻近分析及空间联结、空间统计分析等。

(2) 空间模拟分析，也称为专业型空间分析。该技术解决应用领域对空间数据处理与输出的特殊要求，空间实体和关系通过专业模型得到简化和抽象，而系统则通过模型进行分析操作。目前 GIS 在该领域的研究相对落后，尚未形成一个统一的结构体系(袁长丰，2005)。

现有 GIS 的空间分析仍旧停留在空间基本分析层面上，即已经能够以数字化方式较好地描述地理实体和地理现象的空间分布关系。但这种描述是静态的、局部的，不能反映地理实体的内在规律和变化趋势，具体表现在 GIS 目前支持地理区域或现象的快照型查询，但是缺乏对用户感兴趣的时空变化的模拟仿真功能的支持。如何建立有效的空间数据模型来表达地理实体的时空特性，以及如何发展面向应用的时空分析模拟方法都是目前 GIS 及其相关领域研究的热点(朱欣娟等，2002)。

Openshaw 在深入研究 GIS 空间分析基础上，提出了 GIS 相关的分析模型所必须具备的一些条件，主要包括：①能够处理海量高维数据；②对空间信息敏感；③具有独立理论框架；④安全技术，即具有可靠性、鲁棒性、灵活性、容错性和抗噪声；⑤对 GIS 环境数据的应用有效；⑥其结果应该是可视化和易于理解的。由此可见，未来的地理空间分析技术是基于数据驱动而非理论驱动的一门技术，需要大量的空间数据拟合推测而非基于某些空间假设的理论推导。

新兴的智能计算(computational intelligence，CI)技术为 GIS 空间分析提供了新的机遇和发展的契机。神经网络是 CI 的主要代表，CI 工具能够管理大型的、多层次的异质数集，这与 GIS 空间分析所处理的与自然环境相关的、多维稠密的数据集是一致的。

4. 地理空间分析发展趋势

GIS 技术的应用极大地促进了空间分析的需求和应用。GIS 应用的最高目标是空间决策支持，而空间决策支持的核心是空间分析。基于 GIS 的空间分析发展方向分为两个方面：

(1) 由空间分析向时空分析领域拓展。千事万物均处在一定的时空坐标系中，时间、空间和属性是地理实体的 3 个基本特征，时空分析是指用于描绘随时间动态变化的空间物体和空间现象特征的一系列技术，其分析结果依赖于事件的时空分布(卢秀丽，

2013)。随着近期计算机技术和 GIS 的飞速发展，作为客观现实世界抽象和表示的时空数据模型日渐成为人们关注的热点课题。

(2) 探索基于 GIS 技术的时空分析的有效模型和统一框架。基于 GIS 的空间分析和 GIS 技术的融合，将该领域拓展到计算科学、统计学、数学、物理学、神经系统科学、认知学、电子工程、计算地理学等领域，使得 GIS 可以将这些学科的最新成果应用于空间决策支持。另外，GIS 技术之间的相互结合更加拓展了空间分析的应用领域，如模糊逻辑与模糊神经网络相结合的模糊神经网络、神经网络与遗传算法和免疫算法相结合探询网络结构和权重优化等。将 GIS 技术与空间分析技术相结合，在 GIS 环境下建立时空一体化的时空过程模拟分析引擎已成为空间分析技术的一项重要内容。

随着空间分析软件包的完善和推广使用，昔日复杂艰涩而只有少数学者涉猎的空间分析模型正在并将迅速地被地理信息系统的使用者和地球科学学者广泛使用(王劲峰等，2005)。

6.1.2　地理空间分析方法

目前常用的地理空间分析方法主要有：空间查询、数字高程模型与数字地形分析、叠置分析、缓冲区分析、网格分析、泰森多边形分析。

1. 空间查询

图形与属性互查是最常用的查询，主要有两类：第一类是按属性信息的要求来查询定位空间位置，称为“属性查图形”。这和一般的非空间的关系数据库的 SQL 查询没有区别，查询到结果后，再利用图形和属性的对应关系，进一步在图上用指定的显示方式将结果定位绘出(赵月斋，2006)。第二类是根据对象的空间位置查询有关属性信息，称为“图形查属性”。该查询通常又分为两步，首先借助空间索引，在地理信息系统数据库中快速检索出被选空间实体，然后根据空间实体与属性的连接关系，即可得到所查询空间实体的属性列表。因此，在大多数空间分析中，提供的空间查询方式有：

- 基于空间关系查询；
- 基于空间关系和属性特征查询；
- 地址匹配查询。

2. 数字高程分析

数字高程模型(digital elevation model，DEM)是对二维地理空间上具有连续变化特征地理现象通过有限的地形高程数据实现对地形曲面的数字化模拟——模型化表达和过程模拟。DEM 是数字地形模型(digital terrain model，DTM)的一个分支，其他各种地形特征值均可由此派生。

DTM 是描述包括高程在内的各种地貌因子，如坡度、坡向、坡度变化率等因子在内的线性和非线性组合的空间分布，其中 DEM 是零阶单纯的单项数字地貌模型，其他如坡度、坡向及坡度变化率等地貌特性可在 DEM 的基础上派生(贾亚红等，2011)。

1）DEM 的表示方法

• 等值线

根据各局部等值线上的高程点，通过插值公式计算各点的高程得到 DEM。等值线是地图上表示 DEM 的最常用方法，输入等值线后，可在矢量格式的等值线数据基础上进行，插值效果较好(如图 6-1 所示)。

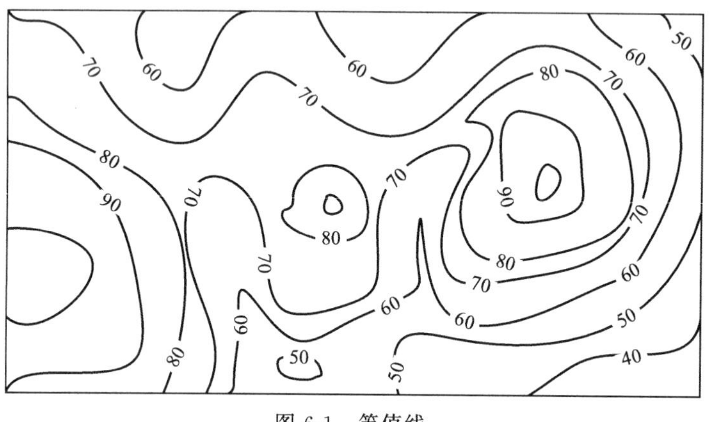

图 6-1　等值线

• 不规则三角网

将按地形特征采集的点按一定规则连接成覆盖整个区域且互不重叠的许多三角形，构成一个不规则三角网表示的 DEM，通常称为三角网 DEM 或 TIN(李明超等，2008)，如图 6-2 所示。不规则三角网能较好地估计地貌特征点、线，表示复杂地形表面比矩形更为精确。缺点是数据量较大，数据结构较复杂，使用与管理也较复杂。

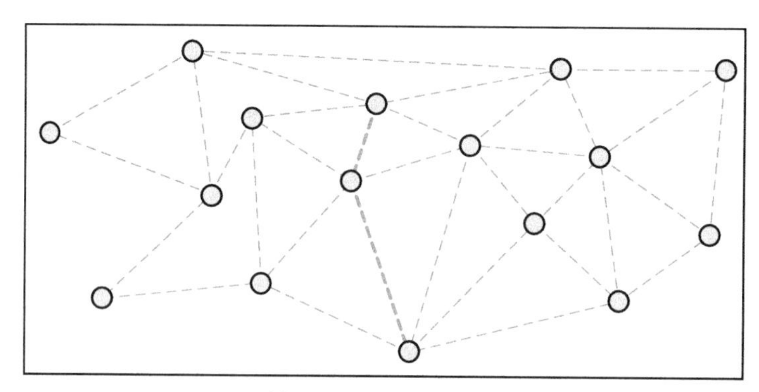

图 6-2　不规则三角网

• 规则格网(GRID)

利用一系列在 X、Y 方向上都是等间隔排列的地形点的高程 Z 表示地形，形成一个矩形网格 DEM，如图 6-3 所示。数据组织类似于图像栅格数据，只是每个像元的值是高程值。规则格网存储量较小，便于使用管理。缺点是不能准确表示地形的结构与细部。

91	78	63	50	53	63	44	55	43	25
94	81	64	51	57	62	50	60	50	35
100	84	66	55	64	66	54	65	57	42
103	84	66	56	72	71	58	74	65	47
96	82	66	63	80	78	60	84	72	49
91	79	66	66	80	80	62	86	77	56
86	78	68	69	74	75	70	93	82	57
80	75	73	72	68	75	86	100	81	56
74	67	69	74	62	66	83	88	73	53
70	56	62	74	57	58	71	74	63	45

图 6-3　规则格网

2) DEM 内插方法

• 反距离权重法(inverse distance weighted)

反距离权重法以插值点与样本点间的距离为权重进行加权平均，离插值点越近的样本点权重越大。如图 6-4 所示。

设离散点的坐标和高程为 X_i，Y_i，Z_i，$(i=1, 2, \cdots, n)$，则

$$z=\left[\sum_{i=1}^{n}\frac{z_i}{d_i^2}\right]\Big/\left[\sum_{i=1}^{n}\frac{1}{d_i^2}\right]，式中\ d_i^2=(X-X_i)^2+(Y-Y_i)^2$$

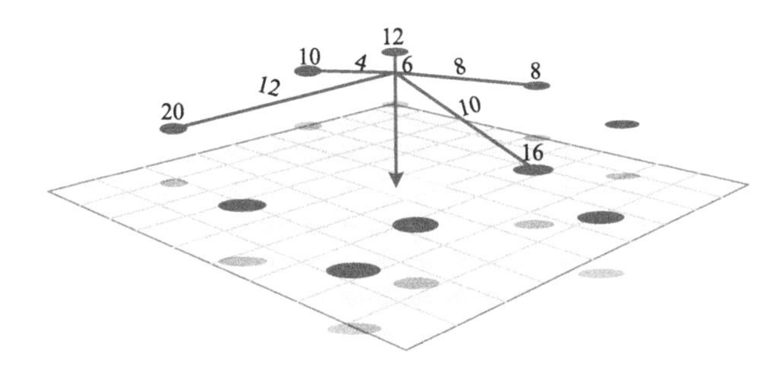

图 6-4　反距离权重法

• 自然邻近法

自然邻近法类似于反距离权重法，是一种权平均算法。但是，它并不利用所有的距离加权来计算插值点。邻近法对每个样本点做 Delaunay 三角形，选择最近的点形成一个凸集，然后利用所占面积的比率来计算权重。该方法适用于样本点分布不均的情况。

• 移动曲面法

移动曲面法是以待求点为中心，选取周围 n 个样本点拟合或内插一个低次多项式曲面来求得待求点高程，公式为

$$z=Ax^2+Bxy+Cy^2+Dx+Ey+F$$

式中，x，y，z 为采样点的三维坐标；A，B，C，D，E，F 为待定参数。

• 样条函数法(SPLINE)

为了保证曲面的光滑性，必须让 n 次多项曲面与相邻曲面边界上的所有$(n-1)$次导数都连续，这样的 n 次多项式就称为样条函数。该方法适用于渐变的表面属性，如高程、水深、污染聚集度等，不适合在短距离内属性值有较大变化的地区。如图 6-5 所示。

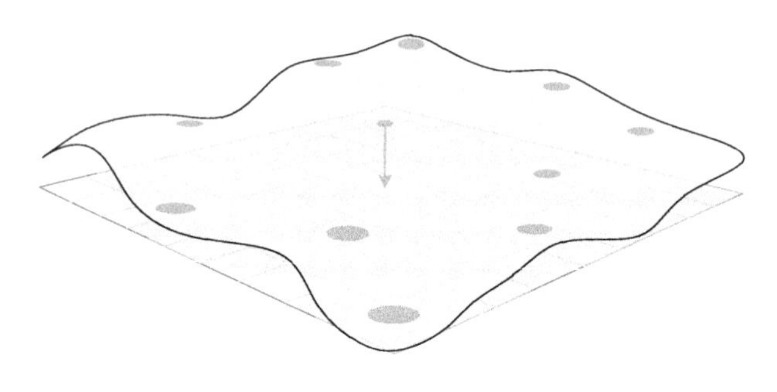

图 6-5　样条函数法

• 克里金法(Kriging)

克里金法是以南非矿业工程师 D. G. Krige 的名字命名的一种内插法，是一种最佳线性无偏估计。该方法不仅考虑待估点位置与已知数据位置的相互关系，而且还考虑变量的空间相关性。

如图 6-6 所示，设 x_1，…，x_2为区域上的一系列观测点，$z(x_1)$，…，$z(x_n)$为相应的观测值。区域化变量在 x_0处的值 $z^*(x_0)$可采用一个线性组合来估计：

$$Z^*(x_0)=\sum_{i=1}^{n}\lambda_i Z(x_i)$$

无偏性和估计方差最小被作为 λ_i选取的标准

无偏性：$E[Z(x_0)-Z^*(x_0)]=0$

最优估计：$\mathrm{Var}[Z(x_0)-Z^*(x_0)]=\min$

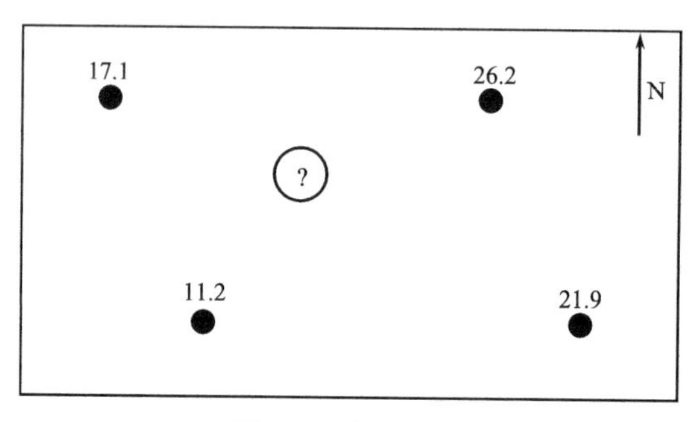

图 6-6　克里金法

3. 叠置分析

叠置分析是将两层或多层地图要素进行叠置产生一个新要素层的操作，其结果将原来要素分割成新的要素，新要素综合了原来两层或多层要素所具有的属性(周娟，2010)。如图 6-7 所示。叠置分析不仅生成了新的空间关系，还将输入数据层的属性联系起来产生了新的属性关系。叠置分析是对新要素的属性按一定的数学模型进行计算分析，进而产生用户需要的结果或回答用户提出的问题。

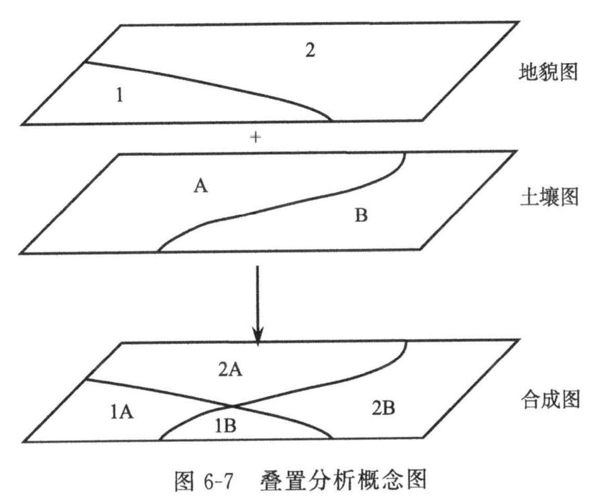

图 6-7　叠置分析概念图

叠加分析的类型主要有视觉信息的叠加、点与多边形叠加、线与多边形叠加、多边形叠加、栅格图层叠加五种常用的叠加方式。

- 视觉信息叠加

视觉信息的叠加是将不同层面的信息叠加显示在结果图件或屏幕上，它不产生新的数据层面，只是将多层信息复合显示，以便研究者判断其相互关系，获得更为丰富的空间关系。地理信息系统中视觉信息的叠加包括以下几类：

➢ 面状图、线状图和点状图之间的复合；
➢ 面状图区域边界之间或一个面状图与其他专题区域边界之间的复合；
➢ 遥感影像与专题地图的复合；
➢ 专题地图与数字高程模型复合显示立体专题图；
➢ 遥感影像与 DEM 复合生成真三维地物景观。

- 点与多边形叠加

通过点与多边形叠加，可以计算出每个多边形类型里有多少个点，不但要区分点是否在多边形内，还要描述在多边形内部点的属性信息。

- 线与多边形叠加

线与多边形的叠加，主要比较线上坐标与多边形坐标的关系，判断线是否落在多边形内。

- 多边形与多边形的叠加

多边形与多边形叠置分析是将两个或两个以上多边形图层进行叠加产生一个新的多边形图层的操作，其结果是将原来多边形要素分割成新多边形，新多边形要素综合了原来所有叠置图层的属性，用于解决地理变量的多准则分析、区域多重属性的模拟分析地理特征的动态变化，以及分析区域信息提取等。

多边形叠置分析基本步骤如下：

➢ 对原始多边形数据形成拓扑关系；
➢ 多层多边形数据的空间叠置，形成新的层；
➢ 对新层中的多边形重新进行拓扑组建；
➢ 剔除多余的多边形，提取感兴趣的部分。

• 栅格图层叠加

栅格图层叠加的实质是相应栅格的运算。进行栅格运算的前提是栅格大小相同、数目相等。栅格图层叠加主要是通过算术运算和函数运算两种形式。算术运算是指两层以上的对应网格值经加、减运算，而得到新的栅格数据系统的方法。函数运算是指两个以上层面的栅格数据系统以某种函数关系作为复合分析的依据进行逐网格运算，从而得到新的栅格数据系统的过程(张华，2007)。栅格图层叠加被广泛地应用在地学综合分析、环境质量评价、遥感数字图像处理等领域。

4. 缓冲区分析

缓冲区(buffer)分析是对选中的一组或一类地图要素(点、线或面)按设定的距离条件，围绕其要素而形成一定缓冲区多边形实体，从而实现数据在二维空间得以扩展的信息分析方法。实质是给定一个空间实体或集合，确定它们的邻域，邻域大小由邻域半径 R 来确定(杨婧等，2012)。

缓冲区是根据点、线、面地理实体，建立起周围一定宽度范围内的扩展距离图。缓冲区是用来限定所需处理的专题数据的空间范围，一般认为缓冲区以内的信息均是与构成缓冲区的核心实体相关的，即邻接或关联关系，而缓冲区以外的数据与分析无关。

点的缓冲区的生成比较简单，是以点实体为圆心，以测定的距离为半径绘圆，这个圆形区域即为缓冲区。如果有多个点实体，缓冲区为这些圆区域的逻辑“并”。如图 6-8 中(a)所示。

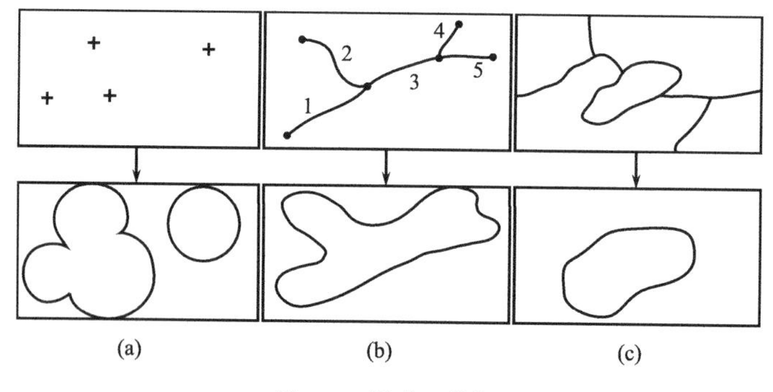

图 6-8 缓冲区分析

线和面的缓冲区生成，实质上是求折线段的平行线。算法是在轴线首尾点处，作轴线的垂线并按缓冲区半径 R 截出左右边线的起止点；在轴线的其他转折点上，用于该线所关联的前后两邻边距轴线的距离为 R 的两平行线的交点来生成缓冲区对应顶点。如图 6-8 中(b)和(c)所示。

利用缓冲区分析，可以过滤出用户当前位置周围的建筑物，可以供用户进一步查看。例如将缓冲半径设为 200m，搜索对象为餐馆，可以检索出用户当前位置周围 200m 范围内全部的餐馆，便于用户选择较容易到达的目的地。

1) 缓冲区分析几何类型

缓冲区分析是针对点、线、面实体，自动建立其周围一定宽度范围内的缓冲多边形。缓冲区的产生有三种情况：一是基于点要素的缓冲区，通常以点为圆心、以一定距离为半径的圆；二是基于线要素的缓冲区，通常是以线为中心轴线，距中心轴线一定距离的平行条带多边形；三是基于面要素多边形边界的缓冲区，向外或向内扩展一定距离生成新的多边形(刘丽娟，2009)。

• 点缓冲区分析

用户在图形区域中选择一组点状地物或一类点状地物或一层点状地物，根据用户给定的缓冲区距离，系统自动形成点缓冲区多边形图层，系统再将此点缓冲区图层和其他指定的图层做空间叠置分析。

• 线缓冲区分析

用户在图形区域中选择一类或一层线状地物，根据用户给定的缓冲距离，系统自动形成线缓冲区多边形图层，系统再将此线缓冲区图层和其他指定的图层做空间叠置分析。

• 面缓冲区分析

用户在图形区域中选择一类或一层面状地物，根据用户给定的缓冲区距离，系统自动形成面缓冲区多边形图层。面缓冲区有外缓冲区和内缓冲区之分，外缓冲区仅在面状地物的外围形成缓冲区，内缓冲区则在面状地物的内侧形成缓冲区，当然也可以在面状地物的边界两侧均形成缓冲区。

2) 缓冲区分析实现算法

缓冲区生成矢量算法，特别是线缓冲区的生成算法，常见的有凸角圆弧法和角平分线法。凸角圆弧法是逐个求得每个线段单独的缓冲区，然后用多边形叠置算法依次合并。算法所生成的缓冲区边界，轴线转角尖锐的转折点的平行线交点随缓冲距的增大将会迅速远离轴线，这就会出现尖角和凹陷的失真现象。角平分线法由画逐个线段的简单平行线，尖角平滑矫正和自相交处理三步构成。角平分线的缺点是难以最大限度地保证平行曲线的等宽性。

• 凸角圆弧法原理

凸角圆弧算法的基本思想是：在轴线的两端点处用半径为缓冲距的圆弧进行拟合。在轴线的各个转折点处，先判断该折点的凹凸性，然后在折点的凸侧用缓冲距为半径的圆弧拟合，而在折点的凹侧处，用与该点关联的两条平行缓冲线的交点为对应缓冲点(冯花平，2005)。

由于在凸侧用圆弧拟合，使凸侧平行边线与轴线等宽。而在凹侧，平行边线相交在角分线上。由此可见，该方法能最大限度地保证缓冲区边界与轴线的等宽关系，排除了角平分线法所带来的众多的异常情况。

• 角平分线法原理

角平分线法的基本思想是：在轴线起始点与终止点处作轴线的垂线，并以左右侧缓冲半径 d_1 和 d_2 截出左右边线的起点与终点；在轴线的各个转折点上，用与该点所关联的前后两邻边距轴线的偏移量为 R 的两平行线的交点来生成两平行边线的对应缓冲顶点。

• 栅格法原理

栅格方法又叫点阵法，栅格方法是基于数学形态学的扩张算子。栅格方法基本思想是将点、线和面这些空间目标栅格化，向目标栅格周围扩张，然后进行边界提取，生成矢量结果。该方法在原理上比较简单，容易实现，但受精度的限制；并且内存开销大，所能处理的数据量受到机器硬件的限制。

5. 网络分析

网络是一个由点、线的二元关系构成的系统，通常用来描述某种资源或物质在空间上的运动。GIS中的网络分析是依据网络的拓扑关系(线性实体之间、线性实体与结点之间、结点与结点之间的连接、连通关系)，通过考察网络元素的空间及属性数据，以数学理论模型为基础，对网络的性能特征进行多方面的一种分析计算。网络分析的基础是图论和运筹学(贺军政等，2010)。

1) 网络分析的要素

网络模型是对现实世界网络的抽象。在模型中，网络由链(link)、结点(node)、站点(stop)、中心(center)和转向点(turn)组成。建立一个好的网络模型的关键是清楚地认识现实网络的各种特性与以网络模型的要素(link，node，stop，center，turn)表示的特性之间的关系：

• 结点：网络中任意两条线段的交点；

• 链或弧段：连通路线，连结两个结点的弧段或路径，是网络中资源运移的通道；

• 属性：资源流动的时间、速度、资源种类等；

• 障碍：资源不能通过的结点；

• 中心：网络中具有从链上接受或发送资源能力的结点所在地，如河流网络中的水库、公共汽车停车场；

• 站点：网络中装卸资源的结点所在地，如车站、码头等；

• 拐角：在网络的结点处，资源运移方向可能转变，从一个链由结点转向另一个链。如在十字路口禁止车辆左拐，便构成拐角。

2）网络分析的方法

- 静态求最佳路径

一般分析从 p_1 到 p_2 共有 n 条路径，计算各路径上的权数之和，取最小者为最佳路径。

- N 条最佳路径

给定起点、终点，求代价最小的 N 条路径，事实上，理论上只有一条，实际上需选择 N 条近似最佳路径。

- 最短路径或最低耗费路径

确定起点、终点和要经过的中间点、链，求最短或耗费最小路径。

- 动态最佳路径分析

实际中权数可能是变化的，可能会临时产生一些障碍点，要动态计算最佳路径。

6. 泰森多边形分析

1）泰森多边形的概念和生成

设平面上有 n 个互不重叠的离散数据点，则其中的任意一个离散数据点 P_i 都有一个临近范围 B_i，在 B_i 中的任一个点同 P_i 点之间距离小于它同其他离散数据点之间距离。这里的 B_i 域是一个不规则多边形，该多边形称为泰森多边形。

泰森多边形的生成是将所有相邻离散数据点连成三角形，作这些三角形各边的垂直平分线，于是每一个离散数据点周围的若干条垂直平分线相交组成一个多边形，这个多边形就是泰森多边形，如图 6-9 所示。

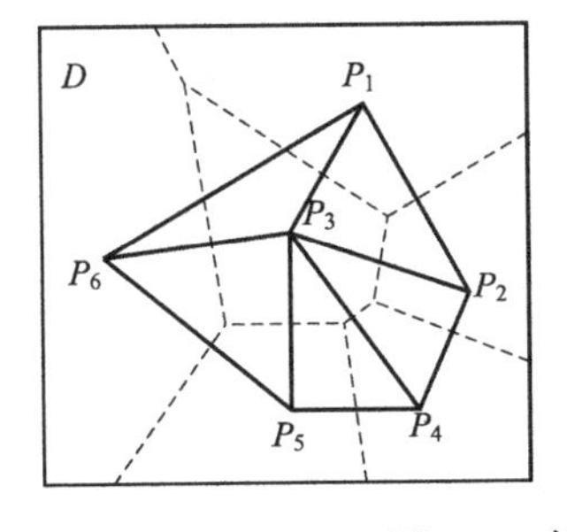

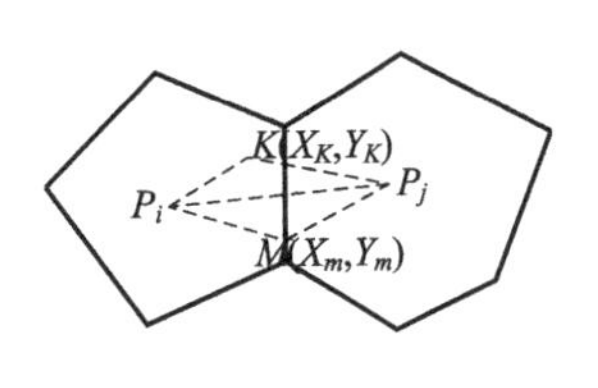

图 6-9　泰森多边形

(2) 泰森多边形的特点

- 每个多边形内含有且仅含有一个离散数据点。
- 若区域内的任意一点 $K(x_k, y_k)$ 位于包含离散点 $P_i(x_i, y_i)$ 的多边形内，则 $K(x_k, y_k)$ 到 $P_i(x_i, y_i)$ 之间的距离总小于它到其他离散点 $P_j(x_j, y_j)$ 之间距离。即

$$[(x_k - x_i)^2 + (y_k - y_i)^2]^{1/2} < [(x_k - x_i)^2 + (y_k - y_i)^2]^{1/2}$$

- 若点 $M(x_m, y_m)$ 位于包含离散点 $P_i(x_i, y_i)$ 与含 $P_j(x_j, y_j)$ 的两个多边形的公

共边上，则 $M(x_m, y_m)$ 到 $P_i(x_i, y_i)$ 之间的距离等于它到离散点 $P_j(x_j, y_j)$ 之间距离。即

$$[(x_m - x_i)^2 + (y_m - y_i)^2]^{1/2} = [(x_m - x_i)^2 + (y_m - y_i)^2]^{1/2}$$

• 泰森多边形的任意一个顶点周围存在三个离散点，将其连成三角形后其外接圆的圆心即为该顶点，该三角形称泰森三角形。

3）泰森多边形的应用

泰森多边形的分析方法及构成的多边形和三角网在区域位置服务分析中具有广泛意义。利用泰森多边形可以确定一些商业中心、工厂或其他的经济活动点的影响范围。如果要在考虑每个点的实际大小的基础上修正相邻点连线的垂线，利用泰森多边形分析商店和工厂的影响区域，将更具典型意义。例如，城市规划专家能大致估算一个商业中心满足的最大人口数量。

7. 视觉信息复合分析

视觉信息复合是在同一地区统一比例尺下，将不同含义的图形图像进行叠合显示在屏幕或结果图件，以便判断不同地理实体的空间关系，从而获取更多的空间信息。视觉信息复合中，不改变各图层数据结构，也不形成新的数据，只给用户带来视觉效果，用于目视分析。

1）点、线和面状图之间的视觉复合

通过点线和面状图的相互复合，寻求特征信息在空间上的关联性。在这里强调的是复合图之间的关系，而不是强调生成新的目标。如要了解居民点与污染区空间位置关系，就可以把居民点图和污染分区图进行点与面的视觉复合。直觉上可以看到各个居民点的污染轻重。又如旅游者在确定旅游线路时，可把该地区的旅游景点图、地形、交通和旅游者位置进行信息复合，从而帮助旅游者确定旅游线路等。

2）遥感信息和专题图的视觉复合

遥感信息和非遥感信息结合是地理信息系统和遥感相结合的基础，遥感和地理信息系统所处理问题具有互补性。遥感图上信息丰富，但缺乏行政区划界线等非遥感信息，这样不利于区域分析。另外，在遥感分类中常常出现比较麻烦的“异物同谱”现象；如荒草和牧草、果园和灌木等，从遥感角度看，因为具有相同的光谱特性而无法区分，这时如把遥感分类图和专题图或地形图进行视觉复合，就可以直觉地解决某些“异物同谱”分类问题，从而大大提高遥感分类精度。

3）专题图和数字高程图的视觉复合

专题图通常用平面图来表示，而数字高程模型(DEM)的立体彩色显示是具有高度真实感的，如果把各种专题图和数字高程图复合生成立体专题图，可以大大增强视觉效果，便于人们认识和研究自然资源。例如，把旅游图和数字高程图结合生成立体旅游景

观图，有利于人们观察景点分布和旅游路线选择；再如将野生动物分布图与数字高程图结合，生成立体野生动物分布图，可以帮助动物学家对野生动物群体生存环境的研究。

6.2　基于位置信息的空间分析

1. 热点分析

热点分析常常用于研究犯罪空间特征、流行病传播模型等，而 LBS 中的热点分析研究较少。其中，LBS 中的热点分析往往用于分析商业热点区域、用户生活热点范围等。具体分析方法是获取商户或用户的位置信息，利用聚类分析法，进一步讨论其空间分布的具体特征，讨论用户位置是否聚集于某范围或某一类商户是否聚集于某一特定空间范围内。

热点识别进一步讨论空间分布的具体特征，讨论位置信息是聚集、分散还是随机的。目的是识别热点，检验聚类是否存在。常用方法有最邻近指数法和 Ripley's K 方法。

(1) 最邻近指数法是一种常见的研究聚类情况的初级全局统计方法，也是最简单和快捷的聚类分析法。它是通过计算各点与其最邻近点之间的距离平均值得出的。多数方法合并了假设研究和分级统计的基本原则。假设用户位置点是完全空间随机分布的，并计算随机分布的期望值，将实验数据与期望值相比较，来确定什么时候存在聚集，这就是最邻近指数法的整体思路。计算平均最邻近距离的观察值与最邻近距离的期望值的比率，当结果等于 1 时，说明位置点是随机分布的；结果小于 1，说明位置点是聚集的；结果大于 1 时，说明位置点是均匀分布的。

计算每一点到其最邻近点的距离 $d_{\min}$，然后对所有的 $d_{\min}$求平均值，如下公式

$$\bar{d}_{\min} = 1/n \sum_{i=1}^{n} d_{\min}(s_i)$$

式中，s_i 为研究区域中得的事件；n 是事件的数量。

计算最邻近距离的期望值 $E(d_{\min})$

$$E(d_{\min}) = \frac{1}{2\sqrt{n/A}}$$

最邻近指数 R 为

$$R = \frac{\bar{d}_{\min}}{E(d_{\min})}$$

当 $R<1$ 时，观测模式为聚集。R 值越小集中程度越高；R 值越大，集中程度越低。

(2) Ripley's K 方法与最邻近指数法相比，还考虑了次临接情况。Ripley 于 1976 年提出这一统计量，是对多阶邻点统计量的扩展。在分析具体问题时，相邻的点的聚集程度未必相同，所以 Ripley's K 方法更加全面地捕获研究区域的局部变异特征。K 函数的实现分为 4 步。

求出步长为 h 的缓冲区内点的个数：

$$n(h)=\sum_{i}\sum_{j}I_{h}(d_{ij})$$

式中，i、j 分别表示具体的 i 点和 j 点；d_{ij} 是 i 点和 j 点之间的距离；I_h 是指示函数，如果 $d_{ij}<h$，则 $I_h=1$，否则 $I_h=0$。

将第一步结果与研究区点的分布密度的倒数相乘得到 K 函数

$$K(h)=\frac{A}{N^{2}}\sum_{i}\sum_{j}I_{h}(d_{ij})$$

对边界点构建缓冲区时，缓冲区的一部分会落在区域外，使结果失真。解决边界问题最简单的方法是引入一个权重 w_i，表示以 i 点为中心，并且落在研究区域内的缓冲区占整个缓冲区的比例。引入权重后的 K 函数表达式为

$$K(h)=\frac{A}{N^{2}}\sum_{i}\sum_{j}\frac{I_{h}(d_{ij})}{w_{i}}$$

对于随机点模式，函数 $K(h)$ 的理想估计值为 π^2，如果 $K(h)$ 大于 π^2，则为聚集模式，反之为分散模式。

通过对于商户位置或用户位置的聚类分析，可以分析出商户或用户的空间分布特征。以商户为例，因为商户的位置固定不变，分析起来较为容易。收集某一类的商户的位置信息，观察聚类分析结果，若为聚集，则表示该类商户在此地为热点，可以引导具有消费需求的用户到此处集中采购。以用户生活热点分析为例，分析某用户的日常位置点分布规律，结合时间信息，可以利用聚类分析，推测出用户的工作地点、家庭住址等潜在信息。

2. 路径分析和网络应用

1）路径分析

路径分析是基于栅格的空间分析方法。用耗费栅格定义通过每个像元所需的耗费，路径分析能找到像元间的最小耗费路径。路径分析所需要的要素包括源栅格、耗费栅格、耗费距离量测和生成最小累计耗费路径的算法。

- 源栅格

源栅格定义了源像元。源栅格中仅源像元有像元值，其他的像元不赋值。路径分析中，源像元可看成路径的终点，也可以是起点或目标点。路径分析导出一个像元相对于源像元的最小耗费路径。

- 耗费栅格

耗费栅格定义穿过每个像元的耗费或阻抗。耗费栅格包括两个特征。

第一，每个像元的耗费通常是不用耗费的总和。影响耗费的变量有多种，例如在管道选址中，影响变量包括距离、地形(坡度和坡向)、地质类型、文化资源、土地利用等。

第二，耗费可以是实际耗费也可以是相对耗费。相对耗费是一种将不同因素进行标

准化的方法。

- 耗费距离量测

路径分析中的耗费距离量测是基于节点-链接像元的表示法。节点代表像元的中心，链接包括横向链接(lateral link)或对角线链接(diagonal link)。横向链接连接了该像元紧邻的 4 个相邻像元之一，对角线链接连接该单元的 4 个角落相邻像元之一。对于横向链接，其距离为 1 个像元，而对角线链接的距离则是 1.414 个像元。如图 6-10 所示。

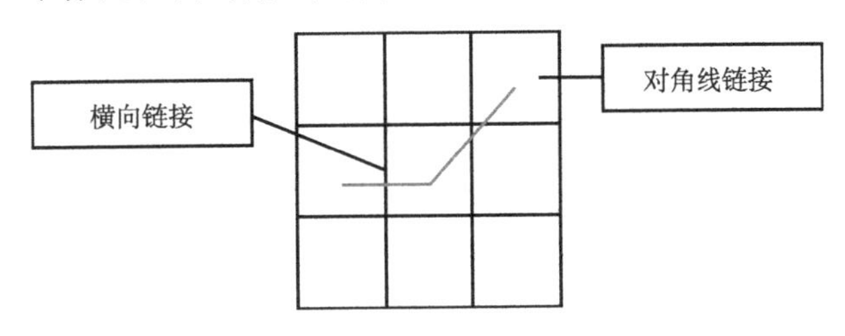

图 6-10　耗费距离量测法

- 生成最小累计耗费路径

找出最小累计耗费路径是一个基于 Dijkstra 算法的迭代过程。该过程首先激活与源像元邻接的像元，并计算到这些像元的耗费。从像元中选出最小耗费距离的像元，该像元的值被赋给输出栅格。下一步，与选出像元相邻的像元作为被激活的像元，并添加到列表中。接着，从列表中选出最小耗费像元，它的相邻像元就是活性像元。每次都有一个像元被重新激活，这意味着该像元可通过不同路径到达源像元，而它的累计耗费必须重新计算。最后，最小耗费被赋予这个被重新激活的像元。继续执行该过程，直到输出栅格中的所有像元都被赋予它们最小累计耗费。

路径分析在道路、管线、交通线的规划方面非常有用。在位置服务中，将用户当前位置点以及目的地位置栅格化，结合耗费像元及 Dijkstra 算法，可计算出最小累计耗费的路径。为用户的出行提供合理智能的路径指导。

2) 网络应用

网络应用要求矢量格式，并已建立拓扑关系的网络，最常见的网络应用是最短路径分析。例如，在车载道路导航系统中，最短路径分析可以帮助司机找到起讫点之间的最短路线。网络应用也用于查找最近设施、评估配置和解决定位配置等问题。

网络是一个具有目标运动的合适属性的线要素系统。道路系统、铁路、河流等都是网络。网络通常具有拓扑结构：线(弧)相交于交叉点(节点)，线不能有缺口，且具有方向。

- 最短路径分析

最短路径分析是在网络中寻找节点间累积阻抗最小的路径。路径可由两个节点(起点和终点)连成，也可在两点间有一些特定的站点。在位置服务中，最短路径分析可以帮助用户分析出到达某一地点的最短路径，便于用户节省时间。最短路径分析也可以帮助货车司机为多个交货点建立送货时间表，或用于联系事故处理站、事故地点和医院等的紧急救援服务。在车辆导航中，最短路径也可以帮助司机计划通行线路。

- 最近设施分析

最短路径分析的一种类型是在网络上的任何地点寻找最近的设施(如医院、消防站或自动取款机)。最近设施算法首先计算选定地点到所有备选设施的最短路径，然后从备选设施中选择最近设施。

最近设施分析可用于位置服务，这是最近几年由 GIS 公司推出的一个重要应用领域。可以用移动电话对定位服务用户进行定位，并且通过移动定位服务，获取用户与位置相关的信息。例如，如果用户想找最近的 ATM 取款机，定位服务供应商可以进行最近设施分析，并把信息发送给用户。

3. 用户行为轨迹分析

近年来，随着以 GPS 导航仪和智能手机为代表的智能终端的普及与应用，人们已经能够以相对低廉的代价获得大量的用户实时位置数据，如在 GPS 导航系统的支持下，可以实时获得汽车驾驶员当前所在的经、纬度位置信息和行驶方向信息；对于随身携带移动电话的用户，能以基站定位的方式，估计出该用户所在的大概区域。特别地，对于给定的用户，将其在一组连续时间点上的位置“串联”起来后，就形成了他在这个时间段内的行为轨迹数据。

在大量用户位置和行为轨迹数据的背后，隐含了丰富的空间结构信息和用户行为规律信息，通过对这些信息进行深入的挖掘和利用，不仅有可能发现个体用户的日常行为规律和群体用户的共性行为特征，甚至还有可能掌握其社交关系信息，这对智能交通、广告推荐等应用具有非常重要的意义(吴海涛等，2011)。早在 2003 年，Rao 与 Minakakis 预测，如下 4 类基于用户位置信息的服务应用蕴藏着巨大的商机：

- 用户空间定位及驾驶的路径诱导服务；
- 基于用户位置分析的精准广告投送服务；
- 基于用户行为的市场细分及应用服务；
- 面向企业的商业合作应用服务。

对于用户行为轨迹的分析，一般可以总结为“数据采集-位置匹配-分析应用”3 个步骤，具体技术架构如图 6-11 所示。在图中，用于轨迹分析的数据主要来源于车载的 GPS 定位数据和以智能手机为代表的基站定位数据(部分智能手机也支持 GPS 定位，也有可能提供 GPS 定位数据)，一般这些数据都可以使用四元组＜数据源 ID，时戳，经度，纬度＞表示；在使用这些数据之前，需要把它们匹配到地图上以关联某些兴趣点(point of interest，POI)，但由于地图匹配所需的电子地图通常难以获得，因此研究人员对这一步骤做了简化处理，只是简单地栅格化，将每个原始的数据点映射到栅格中，对用户行为轨迹的分析和应用在完成上述位置匹配过程之后的数据上进行。

根据应用领域，现阶段对于行为轨迹的分析分为两大类：智能交通以及用户行为分析。其中，在位置服务中用户行为分析与服务推送的准确度密切相关。

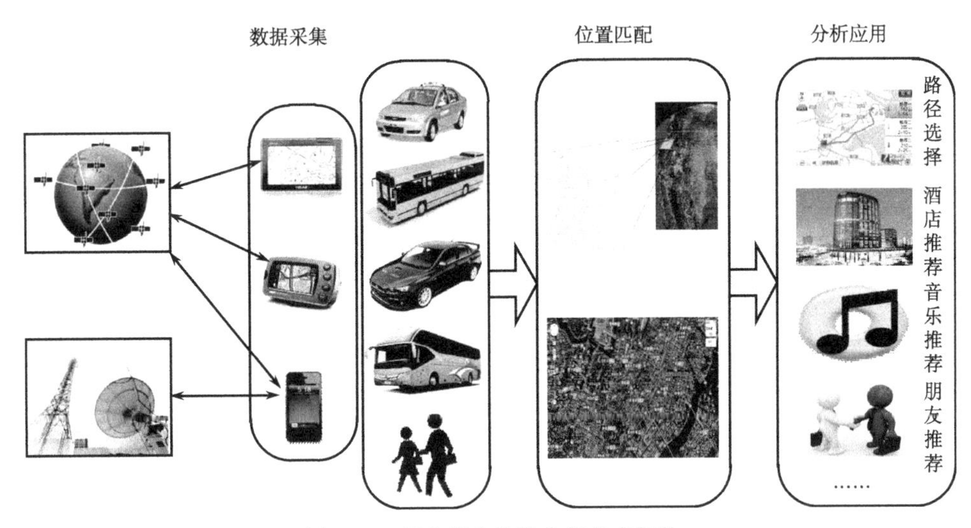

图 6-11　用户行为轨迹分析技术架构

1）用户行为分析

基于位置信息的行为分析也渗入用户的日常生活中，从个人的活动模式到群体的社交关系，都有可能从用户的历史活动轨迹记录中提取获得。以此为依据，位置服务的提供者又能进一步改进他们的产品，为用户提供更为个性化的服务。

2）用户行为理解

对用户行为的意图分析是用户轨迹分析的一个重要研究内容，其目的在于从用户的历史行为轨迹中挖掘和解释用户的日常行为规律。在对这一问题的研究中，聚类分析是最为常用的技术手段，然而在另一方面，由于缺乏必要的验证信息，对聚类结果的解读通常需要结合特定的时空上下文进行。如 Kirmse 等对用户日常行为特点的研究，使用 meanshift 聚类根据用户的历史行为轨迹数据生成了其日常驻留区域，并结合时间特点给出了结果的语义解释(如用户在白天驻留时间最长的地点是工作场所，晚上驻留时间最长的地点是家里)；而在 Ying 等的研究中，则充分利用空间信息辅助对结果的解读：首先把聚类获得的用户日常驻留点与其周边的兴趣点(如公园、学校、银行、酒店等)相关联，进而根据用户的出行轨迹把这些驻留点“串联”起来，如“出门—学校—单位—下班”等，以此实现对用户出行轨迹的语义解读。也有部分研究者尝试直接根据用户的行为轨迹数据建立其统计生成模型，主要做法是引入文本处理的相关技术(吴海涛等，2011)。首先在轨迹数据与文本数据之间建立如下映射关系：

- 轨迹数据中的一个区域(如一个 POI 或一条街道)；
- 对应文章组成中的一个单词，用户经过一个区域的次数相当于单词在文章中出现的次数；
- 一条行为轨迹对应一篇文章；

• 一组轨迹构成的集合对应一个文本集合。

在以上对应关系下，Zheng 与 Ni 把对用户出行行为的理解映射为文本处理中的主题抽取，进而构造了 LDA 模型的一个变体，以解释用户出行轨迹的生成过程；与此相类似的还有 Yuan 等人的工作，把 LDA 聚类的结果与城市中的服务设施位置相结合，从而实现基于用户行为轨迹的城市实际功能的分区识别。

只有对于用户行为轨迹的深入分析，了解用户的行为习惯、生活规律等，才能使得在位置服务中对于用户需求的了解更加深入，推送的个性化服务才能符合用户的真实想法。

3）用户轨迹停留点分析

用户轨迹的停留点计算是所有行为轨迹分析的基础。以图 6-12 为例，用户停留通常发生在两种情况：一种是用户进入建筑物内，在一段时间内失去卫星信号，直至再次到室外恢复信号；另一种是用户在一定范围的空间区域内往返徘徊。这两种情况都可以归纳为“在相对较长的时间内移动范围较小”。

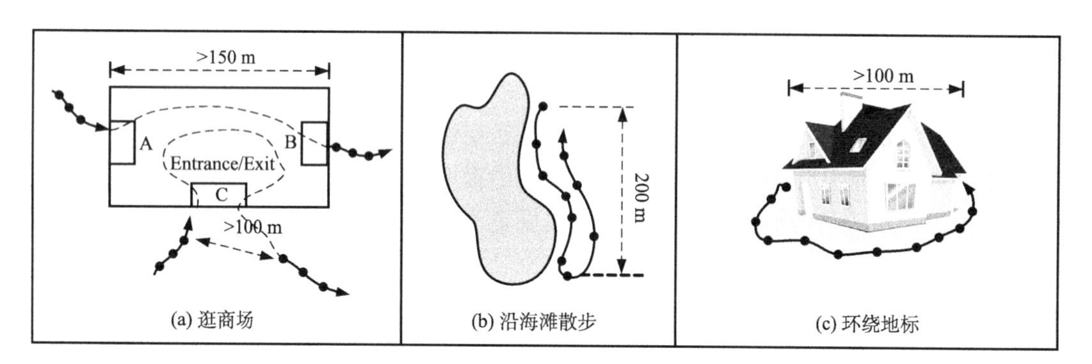

图 6-12　用户轨迹停留点分析

轨迹停留(stop point，简写 Sp)：轨迹中表征出行者达成出行目的的特殊子轨迹，即用户停留超过一定时间的子轨迹。抽取子轨迹要考虑三个因素：时间阈值(θ_t)、距离阈值(θ_d)。如果有一组点序列 $P=\{p_m, p_{m+1}, \cdots, p_n\}$，其中，$m< i \leqslant n$，满足以下条件：

$$\text{Distance}\ (p_m, p_i) \leqslant \theta_d\text{，并且}\ |p_n.t - p_m.t| \geqslant \theta_t;$$

然后计算该组点坐标的算术平均值，即为用户轨迹停留点坐标。如图 6-13 中所示。

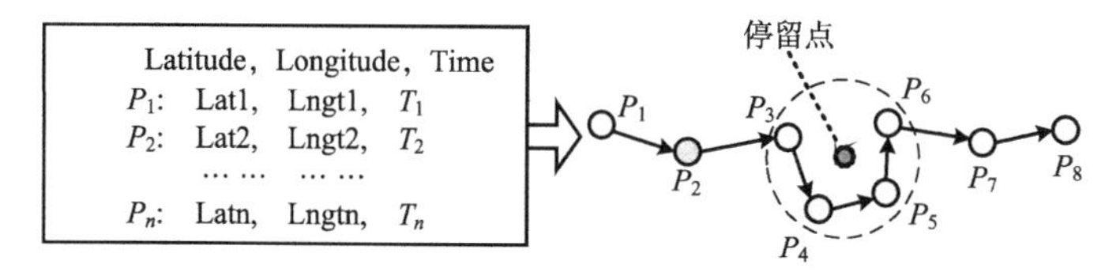

图 6-13　用户停留点轨迹处理

利用轨迹停留点做缓冲区分析，可得到用户停留时周围的位置服务信息，可以从中挑选出用户可能满意的服务推送给用户。

4. 地理编码分析

如何才能快速找到一个街道地址的位置？我们可以在一些地图服务网站，如百度地图上输入地址，获得带有表示该地址的点符号的地图。在一个不熟悉的城市，如何找到附近的银行？用移动电话，联系当地的定位服务公司，提供最近的交叉路口，便可等待公司传过来的显示附近银行的地图。上述两者都用到地理编码，即把街道地址或交叉路口作为要素显示在地图上的过程。地理编码可能已成为与 GIS 有关的商业化程度最高的业务。

地理编码指将空间位置与数据对应的过程，数据存储于表格中，表格中含有描述数据位置的字段。地理编码最常见的形式是地址地理编码，也称为地址匹配。它将街道地址用点要素表示在地图上。地址编码需要两个数据集：第一个数据集就是街道地址的表格数据，一条记录对应一个地址；第二个数据集是参照数据库，由街道地图及每个街道的属性组成，如街道名称、地址范围和邮政编码。地址地理编码通过比较地址与参照数据库中的数据来确定街道地址的位置。

1）地理编码参照数据库

参照数据库必须有一个相匹配属性的路网进行地理编码。它包括行政或统计区边界，如县、人口普查区、街道、道路等。更重要的是，这些属性还包括了每个街段的街道名称、街道两侧的起始地址号码，以及每一侧的邮政编码。

2）地址匹配过程

地理编码引擎是指执行地理编码的软件程序。很多 GIS 软件都具有内置的用于地址匹配的地理编码引擎。通常，地理编码过程包括三个阶段：预处理、匹配和标绘。

预处理阶段包括解析和地址标准化。解析是把一个地址分解为许多组成分。如街道编码、街道名称、街道类型、城市、邮政编码等。解析过程的结果是形成一条与每一个地址组成分的值相匹配的记录。并不是所有的街道地址都包含全部完整的结构。地址标准化可以鉴别并按顺序排列每一个地址组成分。它也将地址组成分的各种形式标准化为统一的格式。

接下来，在参照数据库下将地理编码引擎和地址相匹配。如果判定地址匹配，最后一步是把它作为点要素标注在图上。

对于国内来说，地址匹配技术刚刚起步，仅仅在应用方面做了比较多的工作。在这里，我们以国内常用地址匹配技术——K 叉地址数模糊匹配策略为例，如图 6-14 所示，具体说明地址匹配的具体工作流程。

假定匹配字段为字符串 address，长度为 h；标准字段为字符串 std _ address，长度为 H。如图 6-15 所示。定义满足 address$\cap$std _ address$\neq\varnothing$的 std _ address 集合为满足匹配条件的集合，最后保留隶属度高的集合元素。定义如下匹配规则：

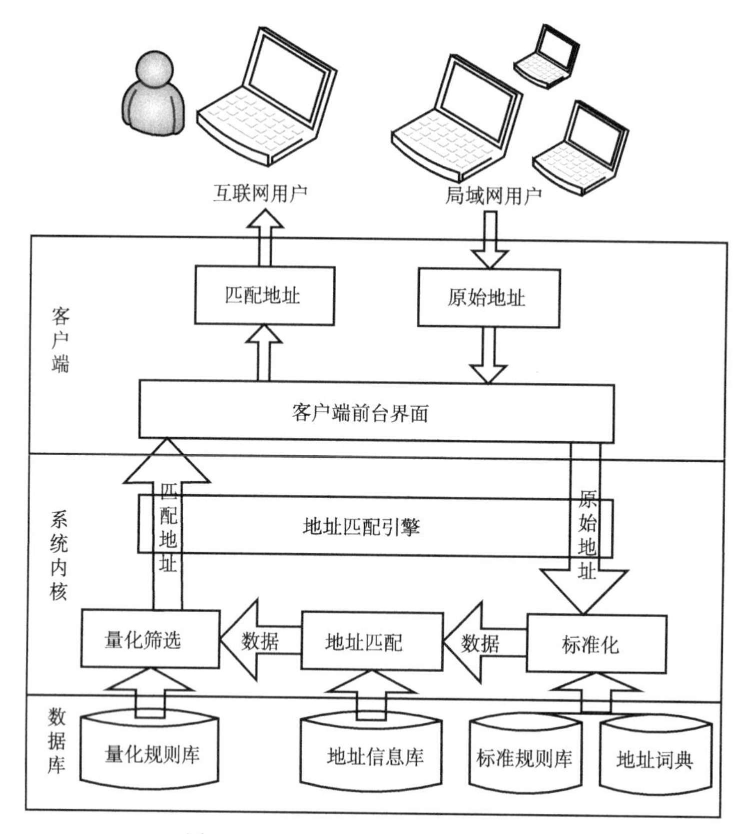

图 6-14　基于地址匹配的工作流程图

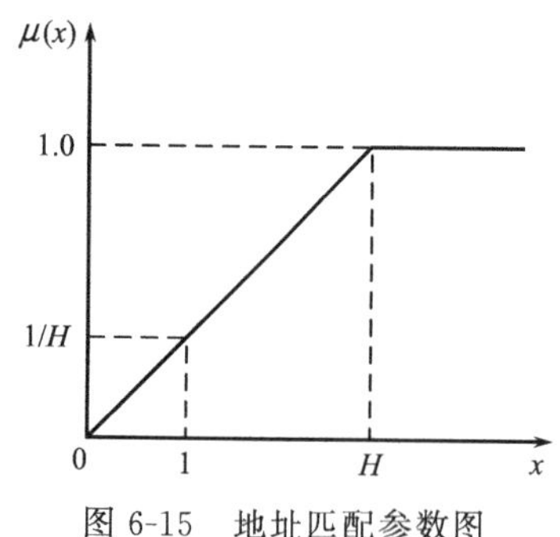

图 6-15　地址匹配参数图

• 标准字符串 std _ address 和匹配字符串 address 中 i 个字符相同，则隶属度为 i/H。

• 标准字符串 std _ address 包含匹配字符串 address，则隶属度为 1。

得到隶属度之后，按照映射规则 f：sc 后图转化为量化分值，映射函数：f (数：分值图 ess，将 sc 作为该候选记录的评价分数。

通过标准化操作，取得原始地址标准化后的候选地址数组定义为 address[i]，$0<i<N$ 。标准地址结点与对应层次候选元素的匹配分值设为 sc_i，i 表示该结点所属层次，N 表示初始地址树的深度。匹配评判规则如下：

规则 1：地址树结点与候选元素进行精确匹配，Y 树精确匹配，N 匹模糊匹配；

规则 2：精确匹配后查找可行解，Y 匹配算法下移，N 算返回上一级结点查找近似解；

规则 3：判断是否存在缺省项，Y 是保存上一级分支树，N 上保存当前级分支树；

规则 4：判断是否存在缺省项，$sc_i=0$，i 为缺省项所在层数；

规则 5：候选记录最终得分为其每层结点匹配得分之和：sc_i = 终得分。

候选地址数组中所有词段匹配完成后，将各地址记录的最后评价得分进行排序，得到评分最高的地址记录作为最终匹配结果返回(吴海涛，2011)。

参 考 文 献

冯花平. 2005. GIS 中基于空间物体的缓冲区构建技术研究[D]. 山东科技大学硕士学位论文.

贺军政，毛奎中，林均玲. 2010. 基于移动 GIS 的测绘系统设计与实现[J]. 测绘工程，19(4)：39-42.

贾亚红，白洁，贾亚敬，等. 2011. 数字高程模型的制作及应用[J]. 西部资源，(1)：58-61.

李明超，胡兴娥，安娜，等. 2008. 滑坡体三维地质建模与可视化分析[J]. 岩土力学，29(5)：1355-1360.

刘丽娟. 2009. 空间分析中缓冲区生成算法研究及应用[D]. 河南大学硕士学位论文.

卢秀丽. 2013. 浅谈 GIS 空间分析[J]. 科技信息，(1)：66-66.

王劲峰，孙英君，韩卫国等. 2005. 空间分析引论[J]. 地理信息世界，2(5)：6-10.

吴海涛. 2011. 城市道路网络分析及路线优化问题研究[D]. 浙江工业大学硕士学位论文.

吴海涛，俞立，张贵军. 2011. 基于模糊匹配策略的城市中文地址编码系统[J]. 计算机工程，37(2)：94-96.

杨婧，童杰，张帅. 2012. ArcGIS 矢量数据空间分析在市区择房中的应用[J]. 地理空间信息，10(1)：119-120.

袁长丰. 2005. 基于 GIS 人口统计信息分析研究[D]. 山东科技大学硕士学位论文.

张华. 2007. 基于 Web GIS 的物流配送中心选址模型研究[D]. 南京理工大学硕士学位论文.

张文艺. 2007. GIS 缓冲区和叠加分析[D]. 中南大学硕士学位论文.

赵月斋. 2006. 基于 Web 的电力通信资源地理信息系统研究[D]. 华北电力大学(北京)硕士学位论文.

周娟. 2010. 基于 RS 和 GIS 技术的三峡库区消落带动态监测[D]. 西南交通大学硕士学位论文.

朱欣娟，石美红，薛惠锋，等. 2002. 基于 GIS 的空间分析及其发展研究[J]. 计算机工程与应用，38(18)：62-63.

第7章　位置信息的智能处理技术

位置信息的智能处理是“中国位置”平台的主要亮点。顾名思义，位置信息的智能处理就是在位置信息基础上的智能化信息处理。在位置服务中，需要把通用信息和位置信息结合起来，其运算模式和产生的结果都会与位置相关。本章主要阐述基于位置信息的搜索与应用技术，以及在位置信息的基础上建立服务开发商与终端用户的商业匹配关系。

7.1　位置信息智能搜索

7.1.1　位置信息智能搜索基础技术

1. 网络抓取技术

近年来，伴随着互联网信息的爆炸性增长，它的开放性和其信息传输的迅速性极大地方便了人们获取信息。由于 Web 具有海量信息的特点，人们无法快速准确直接地定位感兴趣的资源，因此越来越多地依赖于搜索引擎。搜索引擎依靠网络爬虫来获取被其索引的网页。网络爬虫通过一定的策略在 Web 上搜集网页，源源不断地提供给搜索引擎，进而为用户提供检索服务。

1）*搜索引擎技术*

搜索引擎指的是一种在 Web 上应用的软件系统，它以一定的策略在 Web 上搜集和发现信息，在对信息进行处理和组织后，为用户提供 Web 信息查询服务。从使用者的角度看，这种软件系统提供一个网页界面，用户通过浏览器提交一个查询词，然后搜索引擎很快返回一个可能和用户输入内容相关的结果列表，这个列表通常会很长。

搜索引擎大致上被分成三个主要的子系统，如图 7-1 所示，分别为网页搜集子系统、索引子系统和检索子系统。

网页搜集子系统主要负责在互联网上搜集网页信息，通过给其提供少量的起始页面，网页搜集子系统即能够按照一定的规则沿着网页上的超链接进行网页抓取，直至抓取完互联网上的全部网页或者满足某种规定的搜集结束条件。索引子系统分析网页搜集子系统抓取到的网页信息，建立索引库，供检索子系统查询。索引子系统主要使用的技术为分词、索引词选取、停用词过滤、索引归并、压缩及更新以及倒排文件缓存。检索子系统是用户与搜索引擎的接口，它通常是一个 Web 应用程序，负责接收和解释用户请求，查询网页索引库以及返回排序后的检索结果。

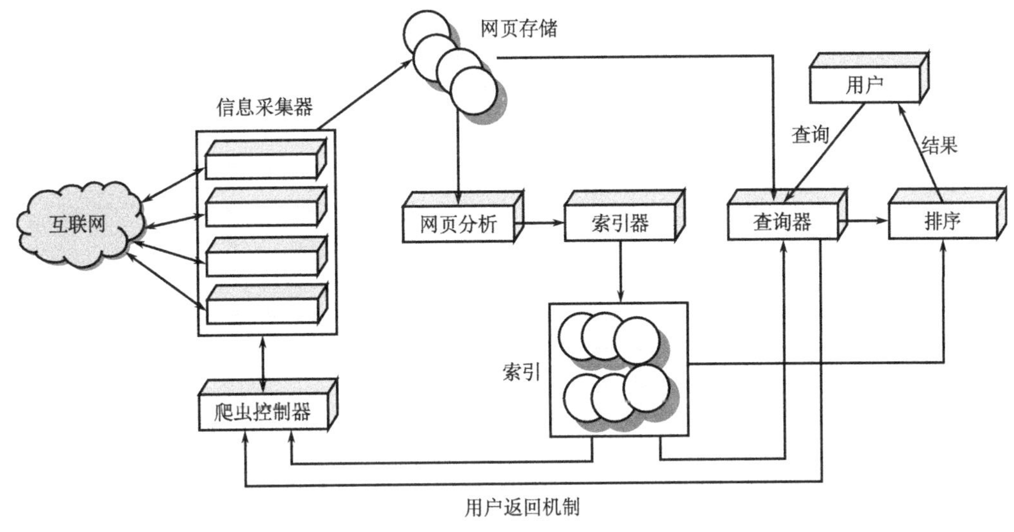

图 7-1　搜索引擎体系结构

(2) 网络爬虫

网络爬虫是在 Web 上获取网页的程序，通常作为搜索引擎的网页搜集子系统。大体上来说，网络爬虫拥有一个抓取任务队列，里面保存着所有待抓取的网页 URL。抓取开始时，队列中存放预先设定的种子 URL 集合，然后网络爬虫从任务队列中获取一个 URL，连接此 URL 对应的 Web 服务器，下载该页面，抽取页面中包含的所有链接 URL，并把这些 URL 加入到抓取任务队列中，爬虫以某种策略从任务队列中获取下一个待抓取的 URL 并下载，重复此过程直到抓取任务队列为空或者满足预先设定的抓取结束条件，网络爬虫的工作流程如图 7-2 所示。

一个好的网络爬虫在设计上面临很多挑战。外部方面，网络爬虫必须要避免对 Web 服务器或网络链路的过度负载。内部方面，网络爬虫又要面对海量数据的处理。除非拥有无限的计算资源和抓取时间，否则网络爬虫就必须要决定应该以怎样的顺序去抓取哪些网页。除此之外，网络爬虫还需要决定对已抓取网页的重新访问时间，以保证保存网页信息的数据库中内容的时效性。

2. 社会网络搜索技术

Web 按其信息蕴藏的深度可分为 Surface Web 和 Deep Web，Deep Web 数据资源包括需要通过查询接口查询才能生成的页面和只有登录后才可查看的专有网络信息。搜索引擎的出现，在一定程度上解决了查询信息的需求，但是传统搜索引擎无法索引到这些 Deep Web 页面。如今快速兴起的社交网站，吸引了大量的活跃网络用户，其 Web 信息资源更丰富并且具有很高的价值。

社交网络属于 Deep Web 的专有网络，指的是人和人在互联网上通过朋友、爱好、交易等关系建立起来的社会网络结构。在社交网络中，人和人之间通过互联网服务商提

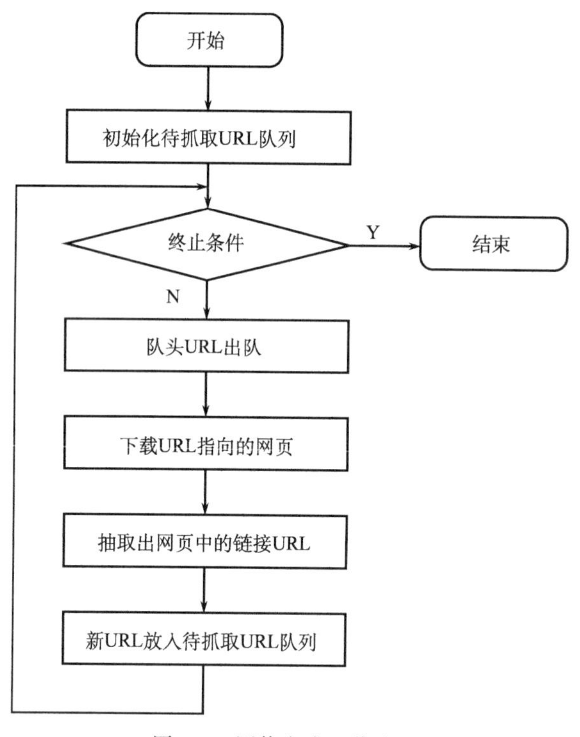

图 7-2　网络爬虫工作流程

供的功能进行讨论、点评、日志等功能。社交网络来源于网络交友，随着互联网的迅速发展，社交网络也逐渐演变，为人们的生活提供更便捷的信息交流。社交网络一直朝着节约交流时间和成本，获取高速、高质量信息的方向发展。社交网络通过互联网这一平台，把各式各样的人联系起来，形成具有鲜明特点的社会化集合。

Deep Web 数据相对于 Surface Web 蕴含了更加丰富的信息，信息的质量和数量都远高于 Surface Web。根据 Bright Planet 公司和 UIUC 近些年来的调查研究，Deep Web 有以下几个基本特点。

(1) 信息量大。据调查，Deep Web 信息资源量大约是 Surface Web 的 500 倍，2004 年大约有 307 000 个站点，450 000 个后台数据库和 1 258 000 个查询接口。而且它仍在迅速增长，增长速度是平均每年 3 到 7 倍。

(2) 分布领域广。Deep Web 信息资源分布在各种各样的领域，且发展方向更加多元化。电子商务、社交网站等占主要一部分。

(3) 主题分明。Deep Web 网站大多是针对某个特定领域的，可以根据不同的网站设计不同的数据抓取策略。

(4) 信息质量高。相对于 Surface Web 非结构化的网页，Deep Web 信息资源存储大多是结构化的，内容更精深。

(5) 数据获取难度大。Deep Web 信息一般为动态网页资源，需要通过查询接口或者登录来获取。

Deep Web 主要的研究技术包括三种：一是接口集成，这种方式是将多个 Deep Web 站点的数据库查询接口抽取出来，构建一种统一的查询界面，主要研究内容包括接口抽取、模式匹配、查询分发、结果合并等部分。对于接口抽取，可以根据对接口可视化分析结果，建立抽取语法规则，抽取语义相关的标签和元素。二是分类目录，基于分类目录的 Deep Web 数据集成是把 Deep Web 查询接口按其主题进行分类，用户可以根据所属类别找到需要的资源。三是 Deep Web 搜索技术，通过一定的策略自动发现互联网中存在的 Deep Web 信息资源，对其进行数据抓取并建立索引。首先需要设计一个 Deep Web 爬虫，自动识别页面中的检索接口，并填写提交表单。根据爬虫的设计不同，可以分为基准 Deep Web 爬虫和面向主题的 Deep Web 爬虫。基准 Deep Web 爬虫是通过对网页抓取和分析，有效定位可搜索数据库入口并抓取数据。面向主题的 Deep Web 爬虫是在发现可搜索数据库的过程中，增加了对主题的分类，使得爬虫更有主题针对性地抓取 Deep Web 的数据源。对专有网络的数据获取有一定的困难，目前尚未有学者进行过相关的研究。一般的方法是首先通过注册用户的用户名和密码登录，然后获得一个登录凭据，每次都附加上凭据来抓取网页数据。同时，要有一定得抓取策略来循环抓取，保证实时更新。网页如果包含 JavaScript 代码，要能够准确解析执行。

3. 位置信息推送

消息推送是通过一定的技术手段或者协议，主动将用户需要的消息传送到用户端的一种消息获取方式。自从 1996 年信息推送技术的问世，信息推送服务也走入了人们的生活中，作为一项重要的因特网服务，信息推送广泛地帮助人们高效率地获取所需要的信息。而随着移动互联网时代的到来，人们不再满足于只是高效率的获取所需要的信息，而是希望能够随时随地和高效率地获取所需信息。故而消息推送也伴随着这样的需求，走到了人们的生活中的方方面面。

消息推送的实现方式多种多样，包括定时的 pull 方式、WapPush、PushMail、持久连接、SMS 短消息等非常多的实现方式或者表现形式，但是归根到底还是两种方式：自动拉取方式和服务器直接推送方式。

1）自动拉取方式

该方式主要是：在客户端中按照预定的应用情景和使用规则，预设相关的触发方式，在满足预设的触发条件时，自动采用 pull 的方式，到预设的网络地址索取消息。采用这种方式，有的时候是按照预设的条件，直接到服务器获取数据即可；而另一种情景则是，在一定时间间隔下，不断地向服务器查询是否有新消息。

2）服务器直接推送方式

该方式主要是：在客户端开启时，就发起一个与服务器端的连接，然后在服务器端和客户端都采取一定的措施，维持住这个连接，以备有新消息需要推送的时候，可以通过该连接直接发送到客户端。在互联网初期设计时候，没有考虑到从服务器直接发送消息到客户端这样的应用场景，从 TCP 协议中，我们也可以清楚地看到，连接的发起方是客户端，而没有一种连接方式是从服务器发起的。因此，为了克服这样的缺陷，采取持久连接的方式，将客户端发起的连接进行维持，不释放掉，从而使得服务器可以在有新消息要发送的时候，可以有连接来发送。

消息推送到移动客户端之后，不同的应用会采取不同的呈现方式，大致上可以分为显式提示和隐式更新两种。

• 显式提示：主要包括在通知栏呈现新消息到达和直接弹窗提示两种，有时也会结合新消息铃音，例如 SMS 短消息应用、腾讯微信等，这种方式也可以称为“到用户”的推送。

• 隐式更新：主要是将获取到的消息，直接更新到应用的数据文件或者数据库中，待用户打开应用的时候，再将新消息呈现出来，或者应用有桌面 Widget 插件时，直接将新内容呈现在插件上，但是不提示用户新消息到达，这种方式的典型应用场景就是天气类的应用以及新闻类的应用，这种方式也可以称为“到应用”的推送。

7.1.2 位置信息搜索对象

1. 地图兴趣点

POI 是感兴趣点英文的缩写，其英文全拼为 point of interest，一般情况下，POI 应该具备的信息有名称、类别、经纬度以及地址等。POI 数据是一种代表现实地理实体的点状数据，它可以代表建筑物、商店甚至是占有一定面积的地理存在。很多 POI 数据除了以上给出的属性特征外，还可以有门牌号、邮编、地址、电话号码等更多丰富的属性信息。伴随着网络电子地图与基于位置服务(LBS)的快速发展，以 POI 为代表的空间地理数据出现了快速增长。POI 信息的搜集、存储以及更新需要花费大量的人力、物力，并且 POI 信息的及时添加和更新服务已经成为各个网络地图的核心竞争力(张雪英等，2010)。

POI 数据的采集最早都是地图出版商们的事，是为大众提供地图服务的一个必备环节。传统模式下，地图出版商都是雇一帮人去“扫街”，投入大量的人力到各个单位去拉广告，如果付钱，就可以在地图上标上单位名称(政策规定，有些单位必须无偿标注)。现在，POI 数据的采集从传统的地图厂商采集和经营模式中剥离出来，成为相对独立的产业，即实现图(电子地图的道路信息)库(商业注点数据信息)分离的运作模式，成了地图出版商的新选择，也导致专业的注点公司产生。随着电子地图市场的发展，POI 将形成一个规模产业。

2. 带有位置标识的互联网信息

移动互联网与社交网络结合后的巨大发展空间吸引各行各业涉足移动社交领域，移动互联网的特有属性衍生出 LBS、移动化等概念，结合社交网络，三者形成的“铁三角”——SoLoMo 是最近两年极受热捧的概念(刘分等，2013)。SoLoMo 由著名风投者、美国 KPCB 风险投资公司合伙人约翰-杜尔(John Doerr)在 2011 年 2 月提出，Social(社交化)、Local (本地化)和 Mobile(移动化)三者的完美结合让约翰-杜尔认识到未来互联网发展的重要趋势必将与SoLoMo概念紧密结合。其中，Social即是以Facebook、人人网以及新浪微博等为代表的社交应用；Local主要指各种基于用户地理位置的LBS(location based service)应用，其代表有Foursquare、街旁等；Mobile是指3G乃至4G网络的发展衍生出的各种基于移动终端的移动应用。目前，各种社交应用的发展已经初具规模，LBS应用在移动互联网发展之前也已经为互联网用户所认知，移动互联网时代的到来推动智能手机的普及，位置服务借助智能手机得到更广泛的应用，以Facebook、Twitter、Google+、MySpace等为代表的社交网络服务在全球已累计有超过20亿的用户。这些应用目前都已经具备了"位置签到""位置分享""位置标识"等服务的初级功能，在未来，社交网络、位置服务和移动化将共同创造出移动互联网时代最广泛的应用模式。

3. 带有位置标识的虚拟社会网络信息

移动互联网的发展使得社交网络与位置服务的结合成为必然。首先，移动互联网的普及使得移动终端尤其是智能手机成为用户最常用的通信机上网设备，手机天然的可定位性使得用户接触各种位置服务的概率变大，用户的位置信息反映出的都是用户的真实社会属性，比如用户的性别、年龄、兴趣、工作等，这些真实的信息更能促进用户之间的交流，即位置信息的引入使得用户之间的互动更深；其次，依附于位置的POI兴趣点、热点事件容易在附近的人群中形成话题，丰富了用户之间的社交内容；最后，用户的位置信息更容易成为连接虚拟空间与真实世界的枢纽，在同一片地理范围内的线上好友更容易发展成线下关系。

社交网络与位置服务融合之后扩展了传统的社交网络只能提供时间序列和行为轨迹的二维信息内容，增加了高度精确的位置信息，社交网络的内容开始出现展示用户在时间、地点和行为三维坐标中的信息，从用户发布的内容中，我们不仅可以看到用户在什么时间做了什么，同时还可以得到这些行为发生的地点，从用户发布的内容中就可以看到其显示的位置标签，这是与传统社交网络内容截然不同之处(王丽娜等，2013)。在移动互联网环境下，手机终端天然的可定位性与社交属性，在社交网络领域得以充分利用。用户可以通过手机定位功能，精确定位自己当前的位置，作为附属信息显示在自己发布的消息里，并可以查看在自己所处位置一定区域范围内的好友或是陌生人，继而开展基于当前位置的线下活动或是与附近的陌生人发展新的社交关系，移动社交网络借助手机的定位功能获得了比"同城交友"等更具体的位置服务，位置范围无限缩小至百米、数米范围之内，精确位置的交友需求得以满足(王波等，2013)。另外，根据用户使用行为和兴趣爱好，结合位置信息，商家或是企业可以向特定人群提供相应服务，将一些优惠信息或是广告信息精确地推送到用户的社交平台上。

7.1.3　智能搜索信息的组织

智能搜索信息的组织是指采用一定的方法与模式，按照一定的原则将因特网上某一领域大量的、分散的、杂乱无章、良莠不齐的信息通过搜索、评价、筛选、分析、标引、著录、排序、存储等手段加工处理，使其形成一个有序的、便于用户获取与利用的信息系统的过程。其根本目的在于促进网络信息更快捷、更方便地检索利用。此外，网络信息资源的组织不应仅仅局限于建立有序的信息空间，便于用户获取与利用信息，还要有利于用户理解、判断与吸收信息获得知识，这就赋予了网络信息组织检索更多的任务与更高的要求。

在地理信息系统中，单纯的位置一般采用经纬度进行表示。在基于地理位置的应用中，常常是位置与其他信息如文本、图片等组合起来，在互联网时代，每天产生海量的互联网内容数据，如何存储这些数据并快速地检索出来，业界一直在应用中进行探索。

1. 时空标签

时空标签是指以时间和空间位置为标识的标签。地理位置标识是包含了描述社会主体所处地理位置的数据信息，其信息内容主体地址信息、主体经纬度信息等。地理位置标识能够更好地数字化社会主体的地理位置信息，有利于全球数据定位及信息追溯，同时对物联网产业的发展起到了至关重要的作用(周永刚，2010)。

2. 数据组织

位置信息一般采用经纬度表示，不支持一般数据类型的比较、排序，所以对位置信息的处理相对来说难度比较大。经纬度一般用度分秒表示时，不同的纬度，经度上相隔1度的距离变化比较大(寇继虹等，2005)。由于地球半径的影响，两个经纬度之间的距离计算非常麻烦，在需要对附近的位置进行检索时，关键技术是计算与邻近位置点的距离。如果能够将位置附近的点在系统中做好索引，在查询时直接根据距离作为关键字进行检索，那么将会减少检索的时间，提高检索速度(卢炎生，2003)。

3. 时空索引

时空索引技术是空间索引技术和时间索引技术的结合，它必须兼顾时空对象的空间特性和时间特性，才能有效地提高时空数据库的存取效率。时空数据库是时间和空间要素相结合而构成的数据库，时间维的存在极大地丰富了数据库的内容。它一方面增加了数据库管理的复杂性；另一方面海量的数据为时间和空间数据分析提供了极为广阔的舞台(张林等，2010)。时空数据库的索引机制是支持时空数据快速存取的关键技术，当前的时空数据库索引方法大致可以分为对历史数据、当前位置和未来位置的索引。

历史数据的索引。时空数据库中的历史时空数据会随着时间的推移越来越多，这些海量数据的存取需要高效的索引技术作为支撑。按照各种索引方法对时态数据处理方式的不同，可以把存取历史数据的索引分为以下几类。

1）附加时间信息

将时态信息加入到索引中，但是索引依然参照空间分布进行存储组织，时态数据只是一种附加的重要信息，这类索引的主要目的是提高空间数据的检索效率 RT 树将空间索引方法 R 树和时态索引方法 TSB 树的思想结合起来，每个索引项都存放对象的空间状态和时间区间。当对象的空间状态发生改变时，产生一个新的数据项插入到索引中。RT 树依旧按对象的空间分布组织索引，可以看作是包含了时态信息的空间索引。

2）时间作为空间的另一维处理

将时间作为空间的另一维的处理方式非常直观简单，比较常见的处理方法是对 R 树进行扩展。3DR 树把时态属性简单地看作另外一维，对时间维和其他空间维的处理不做严格区分。该索引可以支持时态和空间查询，但也存在明显的缺陷。因为各个结点的最小边界矩形中包括了时间维，所以中间结点的重叠区域和无效区域迅速增大，严重影响了时空查询的效率。

3）重叠和多版本结构

将时间维和空间维隔离开来，一个时间片的空间数据集中存放在一个索引结构下（如：R 树）。这种处理方式的最终结果是每一个时间片会产生一个独立的 R 树，因此索引结构需要极大的存储空间。HR 树沿用了重叠 B 树的思想，采用 R 树组织每个时刻的空间信息，它保存了不同时刻对象的空间分布，实现时采用了子树重叠的方法。使用 HR 树进行时间片查询，先找到对应时刻的 R 树根节点，然后进行空间查询。因此 HR 树对时间片查询有很好的性能。但是时间段的查询效率却比较低，同一数据项可能被多次检索出来，数据冗余较多，存储空间也非常大。MR 树和 HR 树比较相似，也是采用重叠子树的方法，将这种处理方法应用到四叉树就得到了重叠四叉树。MV3R 树是一个 MVR 树和一个 3DR 树组成的混合索引结构。MVR 树提供时间片查询，3DR 树提供时间段查询。MV3R 树是对三维 MVB 树的扩展，3DR 树是建立在 MVR 树的叶子结点基础上，两个索引结构共用叶子结点，这导致了更加复杂的插入算法。MVR 树对于时态的变化是基于离散的事件模型，移动对象在位置发生更新前是保持同一个空间位置。在离散的事件模型上，MV3R 树的性能超过了其他索引结构(如：3DR 树和 HR 树)，这个模型的缺点是不能支持对象的位置逐步发生变化。

4）面向轨迹的索引方法

移动对象的历史时空数据在逻辑上可以看作是各条轨迹的集合，如果参照轨迹自身的特点对时空数据进行组织，就可以提高移动对象的整条(部分)轨迹的检索效率。对于同一条轨迹的线段，不仅要考虑线段的时空分布，还要将这些线段集中存放以提高轨迹查询的效率，这就是轨迹保护。

当前位置的索引。对移动对象当前的位置进行索引，则需要及时更新位置信息。然而，对数据的更新会引发索引的一系列插入和删除操作。移动对象的数量越大，更新操作就会更加频繁，随之而来的就是数据存取性能的下降。LUR 树用 R 树存放移动对象的当前位置，采用扩大边界矩形的方法降低了更新频率。如果移动对象的当前位置没有越出叶子结点的 MBR 时，则只更新索引项的空间位置。如果对象越出了叶子结点的 MBR，则根据对象的当前位置和叶子结点的 MBR 中心之间的距离 S 分两种情况进行处理：如果在 S 在某个阈值之内，则扩大叶子结点的 MBR 包含该对象；如果在 S 超出阀值，则删除并重新插入对象。如果记录移动对象最新的位置信息，当移动对象的数量非常大时，频繁的更新操作必然会增加索引的维护代价。为了减小系统的负担，可以只存储对象近似的位置信息。基于以上考虑，将空间划分为互不重叠的区域。对象的空间位置只存储区域的编号，当对象从一个区域移动到其他区域时，将新的区域编号更新到系统中。这种索引方法的缺点是只存储区域编号，无法提供精确位置的相关查询。

未来位置的索引。这类索引存储移动对象的位置和速度，实现对象当前和将来预期位置的各种快速查询。索引中存放的并不是简单的位置数据，而是表示这个对象位置的时间函数，在时间函数的参数发生改变时才去更新数据库。因此，只需要对每一个对象的移动情况使用一个线性函数进行表示，其参数为更新时的位置和速度。TPR 树采用速度矢量对 R 树索引结构参数化。树中的非叶子结点是以时间为参数的边界矩形，随着时间的改变，这一边界矩形能够始终包含所有的移动对象和其他的边界矩形。该索引能够计算出对象在未来任何时刻的位置，在某个特定的时刻 TPR 树可以认为是一个 R 树。因此，以 R 树为基础的查询算法可以“移植”到 TPR 树中，从而完成移动对象的各种查询。TPR * 树的结构和 TPR 树一样，它基于一个更优的代价模型，采用新的插入和删除策略提高了索引的性能。

4. 时空关联

地理实体之间存在着三种关系：空间关系、时间关系和时空关系。空间关系是空间分析的基础，时间关系是时态分析的基础，时空关系是时空分析的基础，对地理实体建模必须能够正确表达上述关系，许多学者对空间关系、时间关系和时空关系进行了深入研究(邱扬等，2008)。空间关系指地理实体之间存在的一些具有空间特性的关系，通常将空间关系分为三大类：空间拓扑关系、空间方向关系和空间距离关系。

空间拓扑关系用来描述空间实体之间的相邻、包含和相交等空间关系；空间方向关系描述空间实体之间在空间上的排列次序，如实体之间的前后、左右和东、南、西、北等方位关系；空间距离关系用来描述空间实体之间的距离远近。

空间关系和时间关系的联合表达，无论是从认知的角度还是形式化的观点上来看，都不是一个简单的问题。空间关系是从面向地理实体空间位置的观点出发，它没有考虑操作实体对象在生存时间上的拓扑关系；而时间关系是从面向时间的观点出发，它没有考虑到实体对象在空间上的拓扑关系。当对时间和空间加以联合考虑时，即时空拓扑关系，情况就变得非常复杂。

7.1.4 位置信息的智能发现

知识发现(knowledge discovery，KD)又称为数据挖掘，空间数据挖掘是指从地理空间数据库中发现隐含的、先前不知道的、潜在有用信息，提取感兴趣的空间模式与特征、空间与非空间数据的普遍关系及一些隐含在数据库中的数据特征，即从现有的数据库中导出数据间所隐含的知识，并将这些知识作用于现有的数据以得到新的知识和数据目的是把大量的原始数据转换成有价值的知识。知识发现是从数据集中抽取和精化新的模式，是当前人工智能及知识和数据工程领域的研究热点，也是许多致力于机器学习、统计、智能数据库、专家系统知识获取及数据可视化的研究者们共同探讨的领域(张利军等，2009)。

1. 兴趣点的属性

在基于位置的服务中，用户访问的每一个地理位置称作一个地理兴趣点，也就是签到点。典型的 POI 库中记录每个 POI 的唯一内部 ID、名称、经纬度和签到时间，POI =(valueID，name，location，time)。用户在现实世界中到达某地理位置后，通过手机在社交网站上签到记录访问过的 POI。一次签到记录在内部通常包括用户标识信息、用户访问的 POI、访问时间以及用户对访问 POI 的评价(陈晴光，2008)。

2. 位置相关性评价

位置相关性评价有三种模式，包括靠近模式、常去地模式以及常驻区域模式。其中相遇模式是实时的，只需要在用户每次进行签到时对当前在线用户数据进行处理，找出附近在线用户和商家，并不需要对历史签到信息进行挖掘。而常去地模式和常驻区域模式是通过对所有用户的历史签到数据进行处理挖掘，深层的发现在地理信息上相似的用户和商家。作为常驻区域模式的特殊情况，常去地模式和常驻区域模式的挖掘算法是相似的(卜健等，2004)。下面分别针对这三种模式介绍地理潜在好友模式的挖掘算法。

靠近模式。靠近模式是在用户每次签到时对周围的用户和商家进行搜索，把一定时间和距离之内签到过的用户都加到此用户靠近模式里。为了记录每一个用户实时的签到信息，需要用一个数据结构来记录用户签到的位置和签到的时间。通过对这些数据的检索查询，计算出这个点与所有在线用户的距离，找出符合条件的对象。

常去地模式和常驻区域模式。常去地模式就是在原始签到数据中找出去过同样 n 个 POI 的用户频繁模式，常采用的是 FP-Growth 方法，在每个 POI 的签到用户表中挖掘 minsip=n 的频繁模式对。POI 的签到用户表记录了在每个 POI 点签到过所有用户，常去地模式反映了用户的爱好和习惯，POI 表内同一个 POI 签到过的用户被认为在地理以及习惯上有一定的相关性。比如一个川菜馆签到过的用户可能都居住在离这家川菜馆的附近的地方，并且都喜欢吃辣的食品，或者可能都是四川人；在同一家健身房签到过的用户可能也是工作或者居住的地方在健身房附近，并且都喜好健身。而且在多个相同的 POI 签到过的用户可能会具有更大的相似性，关键一步是要选取合适的 n，通过适当的 FP-Growth 算法找出满足需求的常去地模式对。

因为 POI 信息是离散的不连续的，单纯通过常去地模式去发掘可能会错过一些潜在的用户。比如 A 和 B 生活在同一个小区，在同一个科技园上班，并且都喜欢去某一家咖啡厅喝咖啡，因为他们恰好签到时没有相遇，而且共同的签到地点只有这家咖啡厅，所以靠近模式和常去地模式都没有挖掘到 A、B 这个模式对。为了挖掘出这样的模式，还需要进行常驻区域模式的发掘。常驻区域模式与常去地模式的发掘基本是一样的，不同的是常驻地模式需要扫描的表单不再是 POI 表，而是改为了几个 n 级地理区域的签到表。先对每个用户的签到信息计算出用户的聚集区域，接下来把用户插入到对应的地理区域表中。接下来对这几个地理区域签到表使用 FP-Growth 算法进行挖掘，找出常驻区域模式对。太大范围的地理区域进行模式发掘的意义并不大，如果没有更小粒度上的交集，单纯在高层次上具有相似度的模式是没有意义的，还需要考虑地理范围的级别(夏英等，2011)。

要促成交易至少要在常驻区域上具有相近，在小粒度的地理区域上有所重合才行。鉴于这种考虑，可建立一定数量级别地理区域签到表单，用来进行常驻区域的发掘，其中低层次地理区域表可以按照签到点直接找出对应的地理区域，高层次因为对应的区域较大，为了减少噪音，增加区域的精确度，可使用对签到点进行 POI 聚集区域算法后计算出对应的地理区域构建的签到表单。查找出潜在的用户模式对之后，要对查找出的模式按照相似性进行推荐，例如运用协同过滤技术的思想进行相似性的运算(王生生等，2014)。

3. 智能推荐

推荐简单地讲就是将合适的物品推荐给合适的人，给合适的人推荐合适的物品，简而言之，就是将人与物品之间的关系进行尽可能地高相关性地关联。传统的推荐系统定义为：推荐系统通过分析个人的静态或动态的信息，建立用户的兴趣模型，然后根据推荐算法，给用户提供符合用户需求，使用户满意的推荐服务。个性化推荐旨在为每一位用户提供差异化的服务，使不同的用户得到不同的服务，因为每个人的需求是存在差异性的。

位置信息推荐模型是指一种合理的用户推荐和位置推荐模型。对于用户推荐，采用图模型和概率模型进行局部用户推荐和全局用户推荐；对于位置推荐，采用协同过滤和主题模型，将用户的签到历史和位置隐含的主题信息引入推荐，从而构建推荐模型。

推荐方法是整个推荐模型中最核心、最关键的部分，很大程度上决定了推荐系统性能的优劣。目前，主要的推荐方法包括基于内容推荐、协同过滤推荐、基于关联规则推荐、基于效用推荐、基于知识推荐和组合推荐(李东勤等，2009)。

1) 基于内容推荐

基于内容的推荐(content-based recommendation)是信息过滤技术的延续与发展，它是建立在项目的内容信息上做出推荐的，而不需要依据用户对项目的评价意见，更多地需要用机器学习的方法从关于内容的特征描述的事例中得到用户的兴趣资料。在基于内容的推荐系统中，项目或对象是通过相关的特征的属性来定义，系统基于用户评价对象的特征，学习用户的兴趣，考察用户资料与待预测项目的相匹配程度。用户的资料模型取决于所用学习方法，常用的有决策树、神经网络和基于向量的表示方法等。基于内容的用户资料是需要有用户的历史数据，用户资料模型可能随着用户的偏好改变而发生变化。基于内容推荐方法的优点是：

- 不需要其他用户的数据，没有冷启动问题和稀疏问题。
- 能为具有特殊兴趣爱好的用户进行推荐。
- 能推荐新的或不是很流行的项目，没有新项目问题。
- 通过列出推荐项目的内容特征，可以解释为什么推荐那些项目。
- 已有比较好的技术，如关于分类学习方面的技术已相当成熟。

缺点是要求内容能容易抽取成有意义的特征，要求特征内容有良好的结构性，并且用户的口味必须能够用内容特征形式来表达，不能显式地得到其他用户的判断情况。

2）协同过滤推荐

协同过滤推荐(collaborative filtering recommendation)技术是推荐系统中应用最早和最为成功的技术之一。它一般采用最近邻技术，利用用户的历史喜好信息计算用户之间的距离，然后利用目标用户的最近邻居用户对商品评价的加权评价值来预测目标用户对特定商品的喜好程度，系统从而根据这一喜好程度来对目标用户进行推荐。协同过滤最大优点是对推荐对象没有特殊的要求，能处理非结构化的复杂对象，如音乐、电影。

协同过滤是基于这样的假设：为一用户找到他真正感兴趣内容的好方法是首先找到与此用户有相似兴趣的其他用户，然后将他们感兴趣的内容推荐给此用户。其基本思想非常易于理解，在日常生活中，我们往往会利用好朋友的推荐来进行一些选择。协同过滤正是把这一思想运用到电子商务推荐系统中来，基于其他用户对某一内容的评价来向目标用户进行推荐。

基于协同过滤的推荐系统可以说是从用户的角度来进行相应推荐的，而且是自动的，即用户获得的推荐是系统从购买模式或浏览行为等隐式获得的，不需要用户努力地找到适合自己兴趣的推荐信息，如填写一些调查表格等。

和基于内容的过滤方法相比，协同过滤具有如下的优点：

- 能够过滤难以进行机器自动内容分析的信息，如艺术品、音乐等。
- 共享其他人的经验，避免了内容分析的不完全和不精确，并且能够基于一些复杂的，难以表述的概念(如信息质量、个人品味)进行过滤。
- 有推荐新信息的能力。可以发现内容上完全不相似的信息，用户对推荐信息的内容事先是预料不到的。这也是协同过滤和基于内容的过滤一个较大的差别，基于内容的过滤推荐很多都是用户本来就熟悉的内容，而协同过滤可以发现用户潜在的但自己尚未发现的兴趣偏好。
- 能够有效地使用其他相似用户的反馈信息，较少用户的反馈量，加快个性化学习的速度。

虽然协同过滤作为一种典型的推荐技术有其相当的应用，但协同过滤仍有许多问题需要解决。最典型的问题有稀疏问题和可扩展问题。

3）基于关联规则推荐

基于关联规则的推荐(association rule-based recommendation)是以关联规则为基础，把已购商品作为规则头，规则体为推荐对象。关联规则挖掘可以发现不同商品在销售过程中的相关性，在零售业中已经得到了成功应用。管理规则就是在一个交易数据库中统计购买了商品集 X 的交易中有多大比例的交易同时购买了商品集 Y，其直观的意义就是用户在购买某些商品的时候有多大倾向去购买另外一些商品。比如购买牛奶的同时很多人会同时购买面包。

算法的第一步关联规则的发现最为关键且最耗时，是算法的瓶颈，但可以离线进行；其次，商品名称的同义性问题也是关联规则的一个难点。

4）基于效用推荐

基于效用的推荐(utility-based recommendation)是建立在对用户使用项目的效用情况上计算的，其核心问题是怎么样为每一个用户去创建一个效用函数，因此，用户资料模型很大程度上是由系统所采用的效用函数决定的。基于效用推荐的好处是它能把非产品的属性，如提供商的可靠性(vendor reliability)和产品的可得性(product availability)等考虑到效用计算中。

5）基于知识推荐

基于知识的推荐(knowledge-based recommendation)在某种程度是可以看成是一种推理(inference)技术，它不是建立在用户需要和偏好基础上推荐的。基于知识的方法因它们所用的功能知识不同而有明显区别。效用知识(functional knowledge)是一种关于一个项目如何满足某一特定用户的知识，因此能解释需要和推荐的关系，所以用户资料可以是任何能支持推理的知识结构，它可以是用户已经规范化的查询，也可以是一个更详细的用户需要的表示。

6）组合推荐

由于各种推荐方法都有优缺点，所以在实际中组合推荐(hybrid recommendation)经常被采用。研究和应用最多的是内容推荐和协同过滤推荐的组合。最简单的做法就是分别用基于内容的方法和协同过滤推荐方法去产生一个推荐预测结果，然后用某方法组合其结果。尽管从理论上有很多种推荐组合方法，但在某一具体问题中并不见得都有效，组合推荐一个最重要原则就是通过组合后要能避免或弥补各自推荐技术的弱点。

在组合方式上，有研究人员提出了七种组合思路：

- 加权(weight)：加权多种推荐技术结果。
- 变换(switch)：根据问题背景和实际情况或要求决定变换采用不同的推荐技术。
- 混合(mixed)：同时采用多种推荐技术给出多种推荐结果为用户提供参考。
- 特征组合(feature combination)：组合来自不同推荐数据源的特征被另一种推荐算法所采用。
- 层叠(cascade)：先用一种推荐技术产生一种粗糙的推荐结果；第二种推荐技术在此推荐结果的基础上进一步作出更精确的推荐。
- 特征扩充(feature augmentation)：一种技术产生附加的特征信息嵌入到另一种推荐技术的特征输入中。
- 元级别(meta-level)：用一种推荐方法产生的模型作为另一种推荐方法的输入。

7.1.5 位置信息智能发现服务体系

1. 体系架构

位置信息智能发现服务体系架构如图 7-3 所示，用户在使用互联网过程中或者通过社交工具的签到功能会留下个人信息尤其是位置信息，商户也会发布自己的信息，服务商应用网络抓取技术搜集这些信息，并进行智能分析和智能推荐，在为用户推送个性化的生活服务信息的同时，也能根据用户的聚集情况和使用频率为商家提供改进建议，增加商户效益(李云海等，2010)。

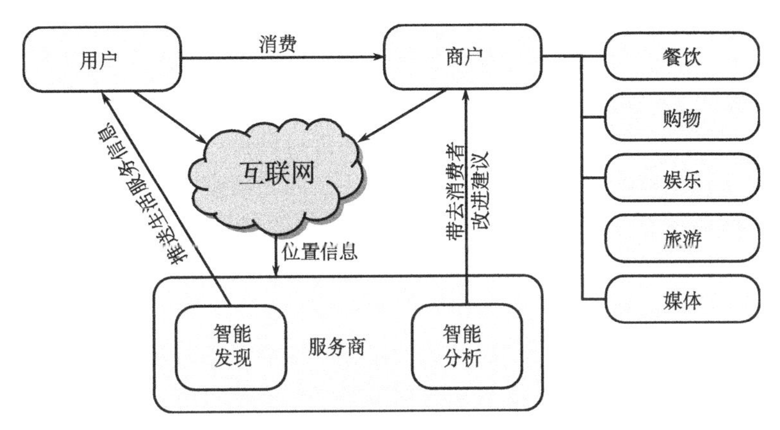

图 7-3　位置信息智能发现服务体系架构

2. 不确定性分析

数据抓取遗漏。搜索引擎首先尽可能地抓取网页，然后用户提交关键词执行查询，返回最相关的网页。但是，仍然有相当一部分网页无法被搜索引擎检索到，有的只能通过网站的查询接口提交来动态生成，有的需要注册和登录之后才能查看。这些网页隐藏在互联网数据库中，没有超链接的互相关联，其信息量却占整个互联网的绝大部分。虽然当前出现了一些新的技术能够尽可能地获取更多的位置信息，但是还是会有相当比例的信息无法获得。

网络稳定性。位置信息大部分获取自用户的移动终端设备，移动互联网的稳定性对位置信息的收集存在比较大的影响。当前国内用户主要通过通信运营商的2G/3G网络，以及覆盖范围有限的WiFi，其稳定性有时并不理想。

定位精度。关于移动设备的定位方式，当前市场上较为常用的是通过通信基站和GPS来进行手机定位。基于基站定位可分为两种方法：①通过获取手机即时使用基站的物理位置进行定位，这种定位方法运算简单，易于使用，但是由于基站密度的问题，这种定位方法的精度存在较大的误差，在城市基站密度较高的地方定位相对准确；而在偏远地区，由于基站密度的大幅降低，使得这种定位方法的精度误差大幅提高。②通过计算手机与三个不同位置的基站之间数据反馈时间计算与基站的距离，并通过基站的物理位置计算手机的空间位置的方法，即三角定位法，这种方法虽然准确，但是由于计算量较大，对终端要求较高。基于GPS定位的方法可分为两种：①纯GPS定位，这种定位方式虽然有较高的准确度，但是由于GPS信号的问题，当手机进入室内、底下车库和山洞等地方时，会存在定位精度不高或不能定位的问题。②AGPS辅助全球卫星定位系统，这种定位方式是通过基站来辅助GPS定位，有效弥补了使用GPS在室内、地下车库等地方定位不准或不能定位的问题，同时提高了定位的精度。现阶段在内置了GPS芯片的手机中都使用AGPS定位方法。随着定位技术的发展，定位精度越来越高，但是目前各种移动设备质量参差不齐，以及用户所处场景的不同，所获取的位置信息的准确度也存在差异，这对实现精准推送的目标还是有一定的影响。推荐模型的可靠性。第一，数据稀疏性问题是指依靠少量的数据是无法产生精确的推荐的，评价信息量少就是协同过滤推荐算法所遇到的评价数据稀疏性问题。数据稀疏性还会造成丢失用户之间潜在的关联关系，比如用户甲与用户乙的相关程度很高，用户乙与用户丙的相关程度也很高，但是由于用户甲与用户丙很少对共同产品进行评价，所以认为两者的关联程度比较低。正是由于数据稀疏性，丢失了用户甲与用户丙之间潜在的关联关系。第二，冷启动问题又称为新项目/新用户的问题。其实冷启动问题就是稀疏性问题极端的情况。因为出现一个新项目的时候，还没有一个用户对这个项目进行评分操作，因此无法通过基于用户或是基于项目的相似性计算来进行预测评分，就更不可能进行推荐了。同理，一个新的用户因为还没有对任何一个项目进行评分，这个用户的邻居用户就无法被系统通过对应的项目评分数据来找到。冷启动问题是每个推荐系统都逃避不了的问题。第三，随着用户和项目的增加而大大增加，对于上百万之巨的数目，通常的算法将遭遇到严重的扩展性问题。从协同过滤推荐过程来看，用户相似性度量及最近邻搜寻是最耗时的算法环节。因此，如何有效提高推荐计算的速度是必须予以研究和解决的重要问题。这些问题都有可能会对推荐结果的可靠性产生影响。

3. 服务质量评价

国内外对服务质量与电子商务服务质量进行了广泛的研究，现在对网络服务和电子商务的研究已经被广泛重视，但是，关于位置信息服务质量评价的研究尚不充分。现有的评价体系所提出的关键评价指标和评价模型都未对位置信息服务质量进行全面可靠有效的评价(李振龙，2002)。笔者认为，对于位置信息服务质量评价需要有以下几点：

(1) 可靠性，是指为用户推送的商家信息是可靠的，并且是用户感兴趣的、符合用户个性的。通过对位置信息的挖掘分析，为商家提供的改进建议是有效的。

(2) 便捷性，是用户在使用位置信息服务的过程中，能够方便快捷地获取周边合适的消费地点，并提供到达商家的合适的路线。

(3) 安全性，是指位置信息服务提供商在服务过程中保障信息及相关资源安全的能力，能增强用户对企业服务质量的信心和安全感。

4. 商业模式

位置服务将用户和商家这两种相互契合的需求连接起来，在用户所在位置附近的小范围内，打穿信息不对称的“高墙”。这是地理位置服务对用户的真正价值所在。位置服务将会借助大量用户的主动贡献增加地点、数据和评论来达到同样的效果。基于位置的社交功能将会吸引用户，而依赖地理位置的商业模式将能够带来利润。基本的服务模式有以下几种。

(1) 生活服务型：主要结合用户地理位置提供周边生活服务的搜索，如提供周围餐厅的位置和点评信息、推荐周围的可参与事件、提供旅游导航服务等。通过推荐第三方信息来引导消费者进行相关的消费来获取利益，通过和线下商家的合作来实现盈利的，即按照给商家带来的收益来进行提成。或是通过一个广告平台来盈利。例如，国内的贝多网早在 2003 年就开始尝试和 Puma 专卖店合作，当用户走近专卖店周围数百米的时候，就会接收到打折信息。麦当劳已经开始尝试和 Facebook 合作向附近的用户推送广告。而且随着位置信息的逐渐增加，将迎来一批服务行业的商家。比如说咖啡馆、饭店、美容店等等，因为它们的服务是有地域性的，不论是在门户网站上打广告，还是买关键词，成本和收益都不成正比，但是假如在这样的位置信息智能搜索服务平台购买广告，就能做到对身边的客户的精准营销，便于本地企业和商家及时发布促销信息和优惠券，推广其服务和产品。

(2) 商务型：如基于用户位置进行广告推送服务结合用户轨迹进行团购推荐服务等。

(3) 社交型：如好友位置分享、基于用户同一时间处于同一地理位置提供交友服务、以地理位置为基础构建小型社区等。

(4) 休闲娱乐型：如基于签到(cheek-in)、积分、微博等方式激励用户参与商家活动提供基于位置的普适游戏等。签到模式主要是以 Foursquare 为主，而国内则有嘀咕、玩转四方、街旁、多乐趣、在哪等几十家。地理位置签到服务基本特点如下：

- 用户需要主动签到以记录自己所在的位置。
- 通过积分、勋章以及领主等荣誉激励用户签到，满足用户的荣誉感。
- 通过与商家合作，对获得的特定积分或勋章的用户提供优惠或折扣的奖励，同时也是对商家品牌的营销。
- 通过绑定用户的其他社会化工具，以同步分享用户的地理位置信息。
- 通过鼓励用户对地点(商店、餐厅等)进行评价以产生优质内容。

该模式的最大挑战在于要培养用户每到一个地点就会签到的习惯。而它的商业模式也是比较明显，可以很好地为商户或品牌进行各种形式的营销与推广。而国内比较活跃的街旁网现阶段则更多地与各种音乐会、展览等文艺活动合作，慢慢向年轻人群推广与渗透，积累用户。

这种越来越“地域化”的功能，显然将给社交网站和广告商带来更多的利益。它意味着无论距离的远近，都可以分享自己的信息。长期以来，精准定位自己的传播对象一直是广告商苦苦追求的目标。位置信息智能搜索服务对于地理人群的划分，将使得他们的追求得到一定程度上的实现，而即时定位功能，将使得他们的投放效果更加明显。目前国内的位置信息服务正处于“做成大市场还是做成小市场”这种历史性选择的十字路口(高玉荣等，2011)。历史已多次证明，一项关键技术最后到底实现多大商业潜力往往并不取决于技术本身，而是在于利用这项技术的产业领袖是否能够设计合理的商业战略和路线，因为服务模式的开拓具有更重要的意义。

7.2　用户位置信息与服务开发商的准实时匹配

7.2.1　准实时匹配技术

准实时匹配技术主要研究了以下两个层面：一是基于终端定位信息与服务开发商的地址信息之间的匹配；二是基于终端附带的需求信息与服务开发商的商业服务信息之间的匹配。这个两个层面不是孤立的，而是有机集成在一起的匹配，相互之间起到互为补充的作用，位置信息拓展，获取敏感区域，匹配服务关键字，位置路径规划等手段都可能是一种有效的匹配技术。位置信息的时空属性及其语义活动拓扑关系构建，位置信息上下文关系，行为触发事件，服务活动约束条件设置，如路径偏离、敏感区域、位置变化规律失常、活动区域变换等可能触发匹配机制，从而发生准实时匹配的行为。

建立准实时匹配模型和实现方法，完成用户行为分析、商业服务分析和位置状态分析等有效的数据挖掘和信息发现，建立用户和商家之间的高效信息通道。

1. 准实时匹配模型框架

准实时匹配模型包含了终端位置信息、服务开发商、匹配触发机制和匹配事件定义等四个方面，其简单的模型结构如图 7-4 所示。

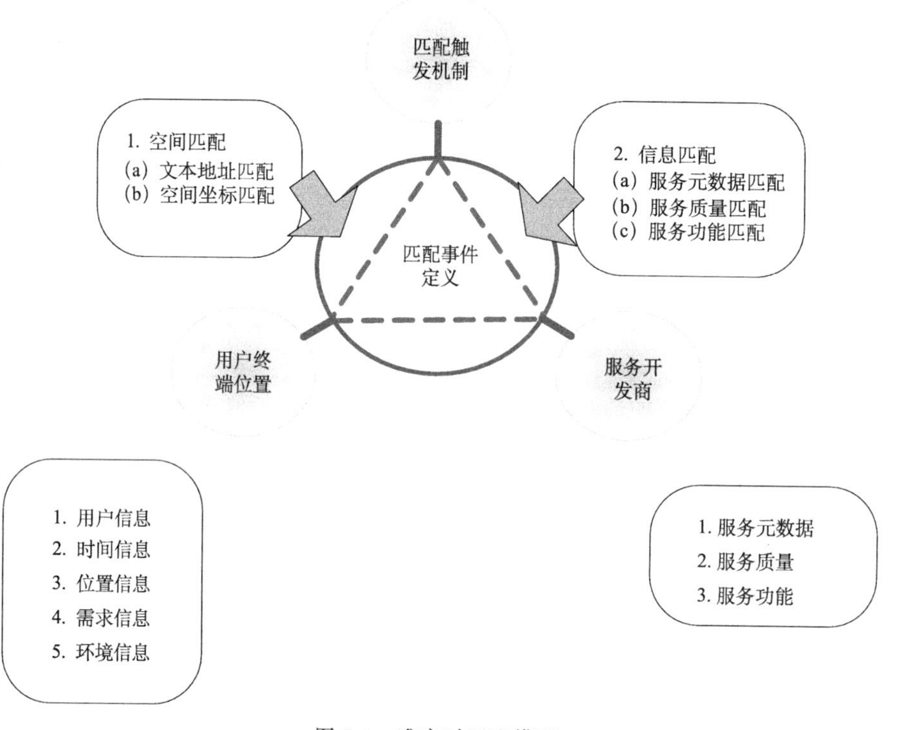

图 7-4　准实时匹配模型

用户终端位置信息包含了上下文信息，适应性级别。同时基于定位数据库建立用户分类需求描述，可以分析用户的行为轨迹、用户的兴趣爱好、日常生活热点区域等。并将这些用户相关的位置信息转化为用户位置热点和需求热点，供服务商匹配。

服务开发商的地址信息包含商业服务固有商品属性、服务质量评价、服务信用等级、热点商品推荐、商业活动描述等商业化活动信息。形成基于位置的商业分布信息，产生商业信息热点，供终端用户匹配。

匹配触发机制包含主动与被动两种方式：主动方式就是用户或商家主动发起匹配请求；被动方式是由用户或商家根据设置的匹配条件，当条件成立自动发生匹配请求的方式。

匹配事件定义是构建服务开发商用于构建商业服务的主要手段，同时用户也可以根据需要设置基于位置的触发事件，如进入热点区域、路径偏离、运动方向等。

匹配模型的实现主要基于以下三方面：首先是建立个性化的用户兴趣模型，量化表达不同情境下的用户偏好，为服务匹配提供目标；然后是建立商业服务信息运行体系，为服务建立个性化的档案，为服务匹配提供服务资源；最后是基于用户兴趣模型和商业服务信息运行体系的高效匹配算法，将服务需求和合适的服务联系起来，将服务交付到用户，完成完整的服务流程。

2. 准实时匹配实现方法

准实时匹配模型的实现方法：

(1) 建立用户兴趣模型，准确地理解和判断用户需求，是为用户推荐个性化服务的基础。利用客户端收集用户使用服务的上下文信息和服务质量评价反馈数据，量化表达不同语义环境下用户对基于位置服务的偏好，从而实现用户行为分析。

(2) 建立商业服务信息运行体系，以支撑服务信息语义描述和服务开发商信用评价。服务信息语义描述将从服务类别、服务内容、服务对象、服务规模体量、服务空间辐射范围等方面建立服务商业描述语义模型，为后续的服务匹配提供数据支持。服务开发商信用评价是为了确保服务的真实有效性，反映服务的质量，为用户选择和使用服务提供客观依据，从而实现商业服务分析。

(3) 用户在通过终端设备(如智能手机和平板电脑等)获取位置服务的过程中，通过数据分析可形成用户行为位置热点、商业服务信息地址热点。根据用户使用习惯，商业服务可根据用户的位置热点以近实时的方式响应用户的需求或推送商业服务信息。基于用户兴趣模型和商业服务信息运行体系，根据用户终端的位置的上下文信息，综合文本、语义和空间关系信息的高效匹配算法，实现终端定位信息与服务的准实时匹配，提升用户体验效果，从而实现位置状态分析。

3. 准实时匹配技术算法

1) 终端定位与服务开发商地址信息之间空间匹配技术

用户需求信息与商业服务信息之间空间匹配策略分为两个部分：第 1 级是基于文本

地址的空间位置匹配，用户提供的位置信息匹配商户的详细地址信息；第 2 级基于坐标的空间位置匹配，直接获取用户终端定位信息匹配商户辐射范围坐标信息；根据匹配度大小返回服务结果列表，供用户自行选择。

2）基于文本地址的空间位置匹配

终端定位与开发商地址匹配采用基于 K 叉地址树的模糊匹配策略。该技术针对中文城市地址匹配的特殊性，首先采用分词技术对初始地址进行标准化，然后将候选地址在标准地址库中进行匹配，通过模糊规则对匹配结果进行量化分析，得到最佳匹配结果。

3）基于坐标的空间位置匹配

获取用户当前发送位置服务请求的坐标位置，设定合适的缓冲半径，作缓冲区分析。同时与商户的商业辐射范围进行叠置分析，得到叠加结果，并分析叠加结果的辐射权值，按大小顺序依次发送给用户。基于坐标的空间位置匹配能在忽略语义层面上，在空间范围进行合理有效的资源优化，让用户可以自行选择距离最优、出行最便捷等方式，获取需要的位置信息服务指南。

4. 商业服务活动匹配

在准实时匹配过程中，用户主要是通过终端设备，如智能手机和平板电脑等，获取位置服务。这种情景下的用户使用习惯，要求系统必须以近实时的方式响应用户的需求。需注意的是用户请求与返回结果并不需要完全符合，而是以某种相似度“弹性符合”。

商业服务活动匹配分为用户需求判断、备选服务检索和服务排序三个阶段，如图 7-5 所示。

在用户需求判断阶段，系统根据客户端收集的上下文信息，如环境、时间、位置信息和搜索关键字等，根据前面建立的用户偏好概率模型，计算用户对于各服务类别和具体内容的需求概率，根据合理的阈值设定，确定服务需求的内容范围。

在备选服务检索阶段，根据用户的位置、需求以及其他条件限制，从服务库中检索满足条件的服务。在空间匹配方面，根据服务商业语义模型中的服务空间辐射范围匹配用户的位置信息，这个匹配涉及到基于坐标的空间位置匹配和基于地址的文本匹配的联合查询，以适应不同的定位信息源。在服务内容匹配方面，根据前面得到的服务需求内容范围，与服务商业语义模型中的服务类别和内容进行匹配，这个匹配主要是基于文本和本体的语义匹配。最后是基于其他限制条件，如服务时间的匹配。对于三类匹配的结果取交集，得到备选服务集合。

在服务排序阶段，综合内容需求匹配程度、服务质量与信用评价，对备选服务集合进行排序，将结果返回给客户端。

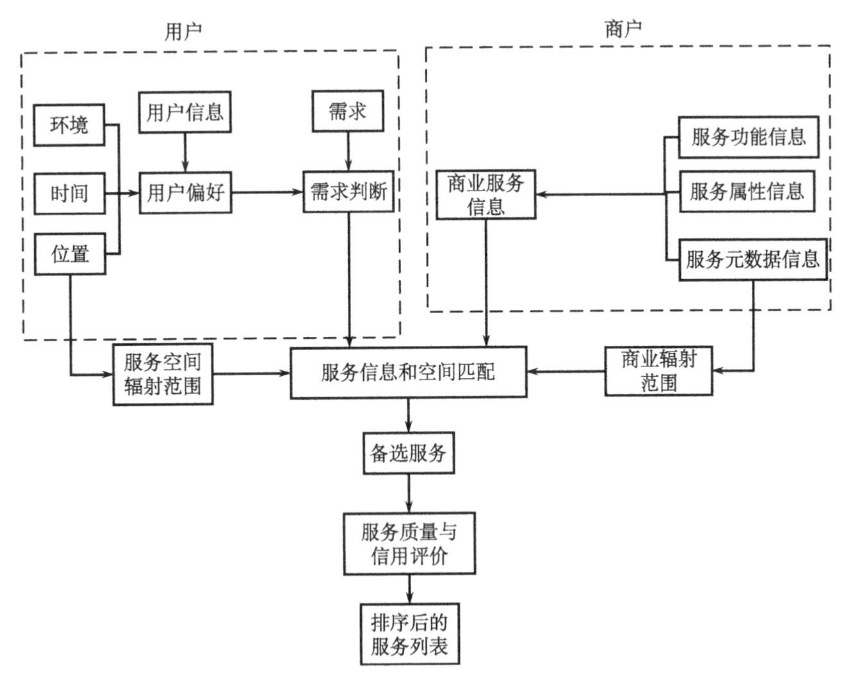

图 7-5　商业服务活动匹配

5. 用户需求信息与商业服务信息之间匹配技术

用户需求信息与商业服务信息之间匹配策略分为三个部分：第 1 级是关键字过滤匹配，首先过滤掉大量与用户需求关键字相似度低的服务发布；第 2 级服务质量匹配，得到服务质量匹配度；第 3 级服务功能匹配，得出服务功能匹配度。最后再根据用户偏好加权后得到最终的匹配度，根据匹配度对不小于用户给定阈值的服务发布降序排列，得到服务发现列表，返回匹配结果。用户需求与商业服务信息匹配过程如图 7-6 所示。

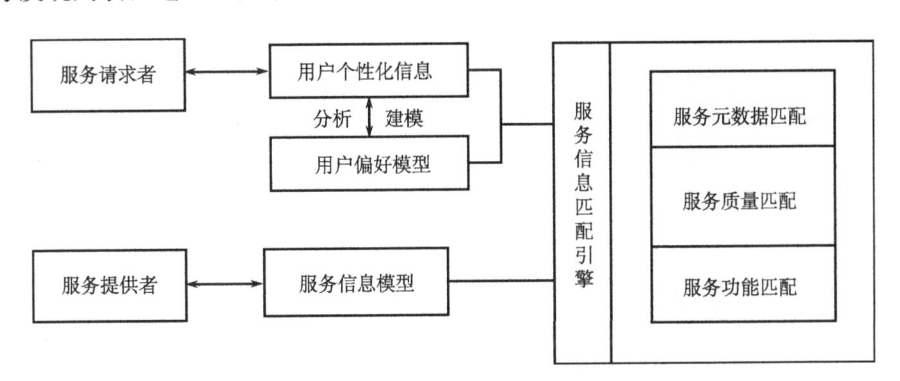

图 7-6　商业信息与用户信息匹配

1）一级匹配——元数据关键字过滤匹配

提取用户个性化信息模型中的用户需求信息关键字，与商业服务描述模型中多元组的各个字段进行关键字匹配。取各个关键词计算结果的最大值，然后取各关键字相似度的平均值作为语句间的相似度大小。

这里关键字匹配算法采用的是 Jaro-Winkler Distance 算法。该算法适用于简短字符串之间的匹配计算，得出字符串匹配相似度。相似度在 0 和 1 之间，0 表示无匹配，1 表示完全匹配。

$$d_j = \frac{1}{3}\left(\frac{m}{|s_1|} + \frac{m}{|s_2|} + \frac{m-t}{m}\right)$$

式中，s_1、s_2 是要对比的两个字符；d_j 是最后得分；m 是匹配的字符数；t 是换位的数目。

Match Window（匹配窗口）计算公式：

$$\mathrm{MW} = \left(\frac{\max(|s_1|,\ |s_2|)}{2}\right) - 1$$

式中，s_1、s_2 是要比对的两个字符；MW 是匹配窗口值。

$$dw = dj + L * P(1 - dj)$$

其中，dj 是 Jaro distance 最后得分；L 是前缀部分匹配的长度；P 是一个范围因子常量，用来调整前缀匹配的权值，但是 P 的值不能超过 0.25，因为这样最后得分可能超过 1 分。Winkler 的标准默认设置值 $P=0.1$。

2）二级匹配——服务质量匹配

服务质量匹配的目标不是发现与服务请求质量参数相似的服务，而是发现最佳服务，也就是发现满足或优于服务请求的质量参数的服务。根据取值大小不同，代表的意义不同，质量参数可以分为两类：一类是质量度量的值越大代表该质量参数越佳，如 reliability；另一类是质量度量的值越小代表该质量参数越佳，如 time，cost。该文将第一类质量参数称为积质参，第二类质量指标称为消质参，因此需分 2 种情况计算服务质量参数的匹配度。积质参的计算公式如下：

$$\mathrm{OneOfQoS}i,\ j = \begin{cases} \dfrac{P_{ij} - \min P_j}{\max P_j - \min P_j} & \text{if } \max P_j \neq \min P_j \\ 1 & \text{if } \max P_j = \min P_j \end{cases}$$

消质参的计算公式如下：

$$\mathrm{OneOfQoS}i,\ j = \begin{cases} \dfrac{\max P_j - P_{ij}}{\max P_j - \min P_j} & \text{if } \max P_j \neq \min P_j \\ 1 & \text{if } \max P_j = \min P_j \end{cases}$$

式中，$1 < i < n$，$1 < j < 3$；i 表示第 i 个服务；j 表示第 j 个质量参数；$\max P_j$ 表示某项质量参数的最大值，$\min P_j$ 表示该项质量参数的最小值，而且，为了比较服务请求

质量参数和服务发布质量参数的差异值大小，$\max P_j$ 和 $\min P_j$ 是指包含服务请求和所有服务发布中的质量参数的最大值和最小值；P_{ij} 表示各个服务发布中的对应服务质量参数值。计算出各质量参数的匹配度后，再根据用户对各个质量参数的偏好，加权计算质量参数的总的匹配度，得到如下公式所示

$$\text{QoSmatchdegree} = \sum_{i=1}^{3} (\text{OneOfQoS}i, \ j \times W_j)$$

式中，$W_j \in [0, 1] \in W_1 + W_2 + W_3 = 1$

服务质量匹配参数最终返回的是 0 和 1 之间的值，数值越大，相对服务质量越高。

3) 三级匹配——服务功能匹配(备选匹配算法)

服务功能匹配运用本体分类树进行服务功能 IOPE 的匹配相似度计算。其主要计算 Input 和 Output 的相似度。这里采用邬群勇《语义地理信息服务的三级匹配发现算法》匹配算法。该算法根据节点之间的有向路径距离来判断相似度。其中相似度级别分别为 exact、subsume、sibling、fail。具体计算公式如下：

$$\begin{cases} \text{if } p = \text{flagthenreurn1} & \text{exact} \\ \text{if } p > 0 \text{ thenreturn0.6} + \left(\dfrac{1}{p+1}\right) \times 0.4 & \text{plugin} \\ \text{if } p < 0 \text{ thenreturn0.4} \times \dfrac{1}{|p|} \text{subsume} & \\ \text{if } p = 0 \text{ thenreturnfail} & \end{cases}$$

式中，p 是节点中的级数。最后相似度为 0 到 1 之间的数值，数值越大，相似度越高。

7.2.2　服务开发商信息建模

1. 商业服务描述模型

建立三层式的商业服务模型，如图 7-7 所示。最下层是服务元数据信息，描述商业服务提供者的元数据信息，包括商户名称、商户地址、所处商区等描述信息；中间层是服务属性信息，主要包括服务质量 QoS(quality of service)参数；最上层是服务功能描述信息，主要指服务的 IOPE(input、output、precondition、effect)。

2. 服务元数据信息模型

服务元数据模型可以使用多元组的方式来描述，形式如下：

商业服务元数据(＜商家名称＞，＜商家地址＞，＜标签＞，＜营业时间＞，＜客户群体＞，＜所处商区＞，＜人均消费＞均消)

商业服务元数据集合了用于描述商家特点、功能的属性。同时各类型的商户拥有不同的元数据结构，例如酒店就需要提供星级标准，餐饮店提供菜系类别等。

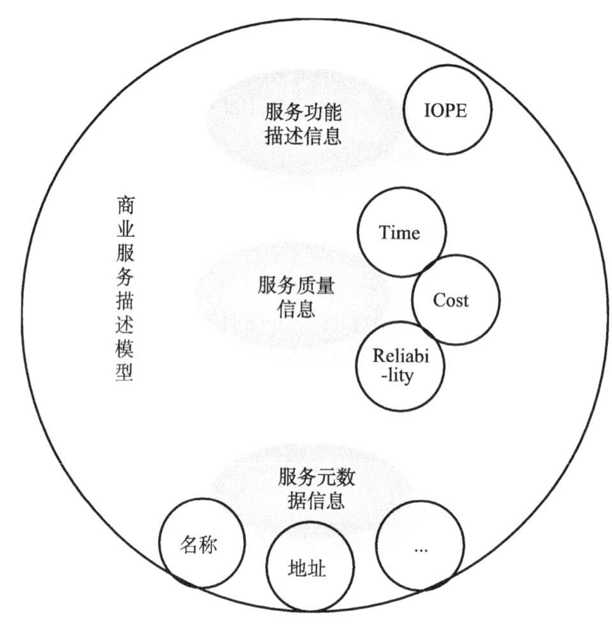

图 7-7　商业信息描述模型

表 7-1　商业服务元数据参数表

参数名称	说明
名称	商家名称
地址	商家详细文本地址以及坐标
标签	商家特征标签
营业时间	营业时间
客户群体	面向主要消费群体
人均消费	人均消费额度
……	……

3. 服务属性信息模型

服务功能属性主要分析服务质量参数，即 QoS。评价服务质量 QoS 中三个参数 reliability、time、cost。即 QoS（<reliability>,<time>，<cost>）。

上式中，time 表示响应时间，是指从服务请求者发出请求到获得请求响应所花费的时间；cost 表示服务的花费，是指服务请求者使用这次服务需要支付的费用；reliability 表示服务的可靠性，反映服务正常运行的概率，定义为调度执行 100 次中成功执行的次数。

表 7-2　服务属性信息参数表

参数名称	说明
reliability	服务正常运行的概率，定义为调度执行 100 次中成功执行的次数
time	从服务请求者发出请求到获得请求响应所花费的时间
cost	服务请求者使用这次服务需要支付的费用

4. 服务功能描述信息模型

服务功能描述主要通过服务的四个参数来衡量，即服务的 IOPE(input、output、

precondition、effect)。一个过程本体主要通过 IOPE 参数来描述功能信息转化的过程。即输入(input)：该过程需要的输入参数；先决条件(precondition)：该过程正确运行的条件；输出(output)：该过程执行后产生的信息；结果(effect)同一个过程根据不同的条件，可能产生不同的结果。

表 7-3　服务功能参数表

参数名称	说明
Input	该过程需要的输入参数
Output	该过程执行后产生的信息
Precondition	该过程正确运行的条件
Effect	同一个过程根据不同的条件，可能产生不同的结果

5. 商业服务空间辐射模型

针对商户商业服务的辐射范围，构建商业服务在空间范围上的辐射模型(包括辐射范围和辐射力)。根据用户群体数目在空间范围上的变化规律，为用户推荐合适更理性的位置服务。可以给来商场或店铺的用户做问卷调查，统计用户住址和人数，计算出商户的辐射范围。看在空间范围上，顾客主要来源于哪些地点，以及顾客分布范围。就可以初步划定商业服务空间辐射范围，这个范围可以为匹配位置服务提供更有力的参考。

7.2.3　用户信息建模

1. 用户个性化信息模型

针对用户个性化的位置信息特点，将 Gaia 模型中主＋谓＋宾的语法结构扩充为：条件状语＋时间状语＋主＋谓＋宾，即“在什么样的环境下，何人何时在何地发出怎样的用户需求”。如图 7-8 所示，将这样的描述语句再抽象为五元组模型，形式如下：

UserContext (< User >, < Location >, < Time >, < Surroundings >, <Demand>),

简写为 User Context (U, L, T, S, D)

模型元素描述如下：

—User 描述的是发出服务需求的主语，即用户。

—Time 用户发出需求的时间。

—Surroundings 反应周围的环境特征。

—Demand 表示用户的需求信息，用一系列的文字进行描述用户需求，例如“寻找一家附近的川菜”。

2. 用户偏好模型

根据上一步收集的用户个性化信息，进行进一步数据分析，得到更有现实意义的用

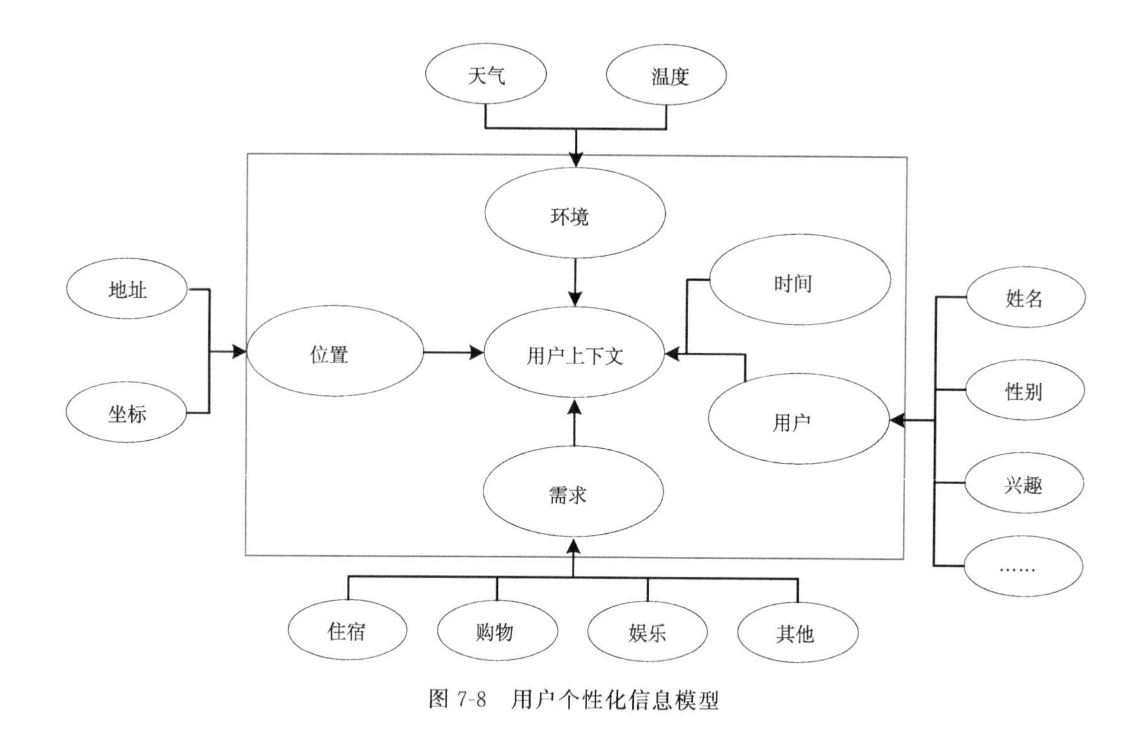

图 7-8　用户个性化信息模型

户偏好概率模型。根据用户的输入信息与收集的用户个性化信息，建立用户偏好模型。建立模型流程如图 7-9 所示。

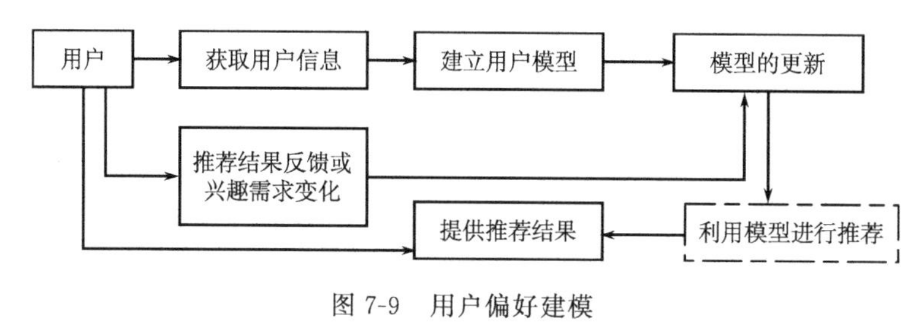

图 7-9　用户偏好建模

采用用户偏好模型 CUP，即基于情境的用户偏好模型。$U=\{S,P\}$，其中 S 表示用户的情境兴趣；P 是用户的个人兴趣。由于个人兴趣与情境兴趣不断变动且包括多方面，所以将偏好模型细化如下：

$$U=\{<s,\ \omega_0>,\ <p_1,\ \omega_1,\ q_1>,\ <p_2,\ \omega_2,\ q_2>,\ \cdots,\ <p_i,\ \omega_i,\ q_i>,\ \cdots,\ <p_n,\ \omega_n,\ q_n>\}$$

式中，s 表示用户的情境兴趣；p_i是用户的一个个人兴趣；q_i是和 p_i相关的文档的数量；ω_i是对应兴趣 p_i 的强度。

ω 是一个很重要的值，它被用来表示在当前用户对某个兴趣类别的信息的感兴趣度。引入 ω 值的主要原因是由于一个用户每天能够接受的信息量是有限的，为了能达到更好地推荐效果，必须要尽可能合理的分配不同兴趣所占的信息量。在本章中，ω 值是一个根据用户反馈不断变动的值，但对于所有个人兴趣来说有 ω 是一个根据用户反馈不断变动的。另外 ω 还用来标识个人兴趣的状态。当某个兴趣的 ω 值下降到一个阈值 δ_1 以下，就认为该兴趣进入了沉寂状态。如果 ω 继续下降，达到另一个阈值 δ_2 以下，则认为用户的这个兴趣已经消失了。过滤系统在进行过滤时，对于不同状态的个人兴趣会采取不同的过滤策略。

系统可根据用户个性化信息以及收集的潜在信息出现的频次，计算用户偏好模型中的 ω 权重，从而获取用户偏好模型。利用用户偏好，系统可以为用户提供更实用、更有意义的位置服务。

参考文献

卜健，张琦. 2004. 基于 LBS 应用的分布式移动 GIS 技术实现[J]. 重庆邮电学院学报(自然科学版)，16(1)：105-107.

陈晴光. 2008. 基于 Web 访问信息挖掘的商业智能发现研究[J]. 计算机工程与设计，29(6)：1413-1416.

高玉荣，谢振东. 2011. 智能交通信息服务的产品类型、商业模式与营销策略探讨[J]. 科技管理研究，(13)：159-163.

寇继虹，查先进. 2005. 网络信息资源组织模式研究[J]. 情报杂志，(12)：2-4.

李东勤，徐勇. 2009. 个性化推荐系统中协同过滤算法研究[J]. 科技信息，(32)：466-467.

李云海，陈叶. 2009. 位置服务基础应用平台的设计与研究[J]. 软件导刊，8(1)：104-106.

李振龙，徐剑平. 2012. 基于云计算的位置服务平台建设研究[J]. 地理信息世界，(1)：69-79.

刘分，汤红波，葛国栋，等. 2013. 基于移动网络位置信息的群体发现方法[J]. 计算机应用研究，30(5)：1471-1474.

卢炎生，秦川，唐波. 2003. 基于属性标识位的面向对象时空数据模型[J]. 华中科技大学学报(自然科学版)，31(3)：52-54.

邱扬，王勇，傅伯杰，等. 2008. 土壤质量时空变异及其与环境因子的时空关系[J]. 地理科学进展，27(4)：42-50.

王波，甄峰，席广亮，等. 2013. 基于微博用户关系的网络信息地理研究——以新浪微博为例[J]. 地理研究，32(2)：380-391.

王丽娜，彭瑞卿，赵雨辰，等. 2013. 个人移动资料收集中的多维轨迹匿名方法[J]. 电子学报，41(8)：1653-1659.

王生生，杨锋，刘依婷，等. 2014. 基于时空关系的复杂交互行为识别[J]. 吉林大学学报(工学版)，44(2)：421-426.

夏英，张俊，王国胤. 2011. 时空关联规则挖掘算法及其在 ITS 中的应用[J]. 计算机科学，38(9)：173-176.

张利军，李战怀，王淼. 2009. 基于位置信息的序列模式挖掘算法[J]. 计算机应用研究，26(2)：529-531.

张林，汤大权，张翀. 2010. 时空索引的演变与发展[J]. 计算机科学，37(4)：15-26.

张雪英，张春菊，闾国年. 2010. 地理命名实体分类体系的设计与应用分析[J]. 地球信息科学学报，12(2)：22.

周永刚. 2010. 时空数据库索引技术研究[J]. 计算机知识与技术，6(2)：268-370.

第 8 章　位置服务终端关键技术

位置服务终端设备是“中国位置”平台的终端硬件核心和现场业务承载单元，其涉及的关键技术也是终端设备更好接入到服务平台和实时接收位置服务平台功能的最重要的技术保证。本章主要阐述终端硬件设计方面的关键技术包括双模定位、专业结构性能和终端配件等，以及论述移动终端设备在音视频多媒体数据、实时位置获取、多样化信息采集和地图可视化等方面的应用技术。

8.1　移动终端硬件设计

位置服务终端的类型多种多样，有车载型、手持型、跟踪型和指挥型等。下面以面向公共安全领域的北斗移动警务手持终端为例讲解移动终端硬件设计的原理和功能。

8.1.1　北斗/GPS 双模定位

目前国外正在研发第四代 GPS 芯片，向小尺寸、高灵敏度、低功耗、多模、A-GPS 方向发展，与多种应用高度整合；软件处理正朝弱信号捕获、高动态、室内定位等方向发展，终端产品体积日趋轻薄短小。

国内的北斗模块专用芯片主要包括射频和基带信号处理芯片，构成了北斗模块的核心部件。国内定位模块经历三个主要发展阶段：全部进口，逐步实现部分自主设计，最终达到整机自主集成设计。

北斗最大的优势在于自主产权。国外企业无法获得北斗导航定位的关键算法和技术参数，客观上构成了对外资企业的技术壁垒，北斗核心技术如芯片以及核心算法只能自主研发。我国北斗元器件的技术水平已经实现了自主集成设计。目前国内北斗多模解决方案仍主要基于射频＋基带＋应用处理器的解决方案，已经出现基带内集成处理器的 ASIC 方案。伴随北斗系统逐步完善，国内企业、研究机构的芯片在性能上与国外产品有差距逐渐缩小(潘未庄等，2014)。

我国正加快北斗卫星导航系统的建设，对于涉及国家经济、公共安全的重要行业领域，采用逐步过渡到北斗卫星导航兼容其他卫星导航系统的服务体制。当前专业终端的内部定位芯片和技术要重点考虑如何兼容和逐步过渡到国产的北斗卫星导航上面来，目前较为常见的做法是终端设备内部集成北斗和 GPS 双芯片，实现北斗/GPS 的双模定位运算和组合导航能力，既能保证卫星信号的无缝覆盖，也能保证终端位置的信息安全。

1. 北斗/GPS 兼容可行性

北斗要扩展到民用领域与 GPS 全面竞争，不可避免要兼容 GPS。采用北斗模块代替原来 GPS 模块，必须不影响用户体验，不改变原来的使用习惯，即定位模块的升级替换对用户而言是透明的。这要求北斗模块在物理尺寸、接口协议等方面必须兼容 GPS 模块，功耗和成本也要和 GPS 模块相当才能具备竞争力(潘未庄等，2014)。

北斗导航系统与 GPS 导航系统是不同的两个系统，它们之间的融合之所以具有可行性主要有下几个方面的共性。

(1) 系统组成相同。北斗导航系统与 GPS 导航系统都是由空间段、地面段和用户段三部分组成，并且各段的功能也基本相同。

(2) 定位原理相同。都是通过空间段卫星不间断地向用户播发卫星导航信号，用户接收到卫星信号后，对其进行伪距测量和定位解算，最后得到定位结果的。

(3) 频段选择相近。GPS 发送 1 575MHz、1 227MHz 两个无线电载波信号频率，来调制伪随机噪声码 C/A 码和 P 码。北斗导航卫星分别在 1559～1610MHz、1 209～1 300MHz两个频段设计两个粗码、两个精密测距码导航信号，具有公开服务和授权服务两种服务方式。它们的频率范围相差不大。

(4) 编码方案相同。北斗与 GPS 均采用码分多址识别方式。

(5) 用途相同。北斗与 GPS 的主要用途都是导航定位，同时也广泛应用于各种等级和种类的测量应用及授时应用等。

由以上这些特点来看，虽然是完全不同的两个系统，从信息融合的角度来看它是可以兼容的(龙昌生，2011)。

2. 终端硬件功能设计

采用 Cotex A9 双核高性能处理器，支持 3D 加速；采用高灵敏度北斗和 GPS 双模芯片设计，可以软件切换 GPS 系统和北斗系统。采用高性能陶瓷天线，灵敏度高，搜星速度快。

采用阳光下可视 LCD，在户外操作也可以看清楚屏幕；支持电容式触摸屏，采用特种钢化玻璃，耐磨抗冲击；支持高亮闪光灯，晚上也能清楚拍照；支持前 30 万摄像头和后 500 万自动对焦摄像头；采用低功耗设计，电池使用时间更长；支持蓝牙 4.0，传输速度快，功耗低；支持 WiFi，并支持 WiFi 直连；支持接近传感器，在靠近物体时进行感应；支持光线传感器，可感应外界光线变化；地磁传感器，在北斗卫星被遮挡，无法使用的环境下，依然可以辨别方向；加速度传感器，可以感应加速度的状态，为处理突发事件提供条件；气压计，可以通过气压变化来精确测量高度，以弥补北斗和 GPS 高程测量精度的不足，同时气压计也可以用来预测天气变化情况和测量温度。

支持 13.56 MHz 的 RFID，可读取包括门卡、公交卡在内的市场上大部分的卡，同时也支持近距离数据传输，可以用户高安全性的数据传输；支持 USB 连接电脑，可以通过 USB 与电脑互传数据。支持 USB 充电；支持 USB Host，可以连接键盘、鼠标、USB 二代身份证等 USB 外设，为连接更多 USB 外设提供接口；支持 WCDMA 网络，

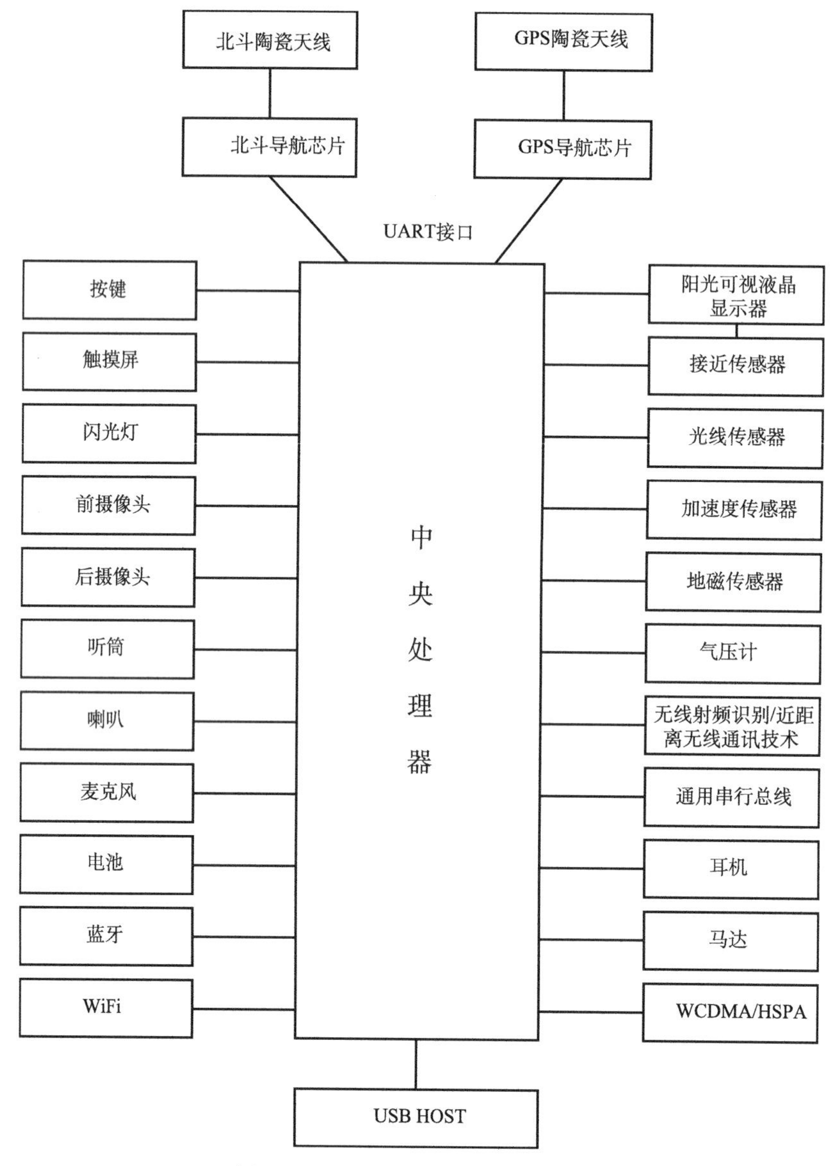

图 8-1　移动终端硬件总体设计框图

支持 HSDPA、HSUPA，下行速度可达 7.2Mbps，上行速度可达 5.6Mbps。图 8-1 为移动终端硬件总体设计框图，图 8-2 为硬件模块设计图。

3. 模块框图及功能单元

模块总体框图见图 8-3。CPU 芯片采用可扩展到 32G 的 SD 卡槽，带有内置 MIC，Speaker. 给 CPU 供应 26MHz、36.768kHz 两路时钟，前者为系统时钟，后者为 RTC 时钟。电源管理：用 MT6239 作为电源管理芯片，支持电池充放电管理，同时为系统提供电压，及低功耗电源管理。USB 给电池充电。BT：通过 UART3 接口和 CPU 通

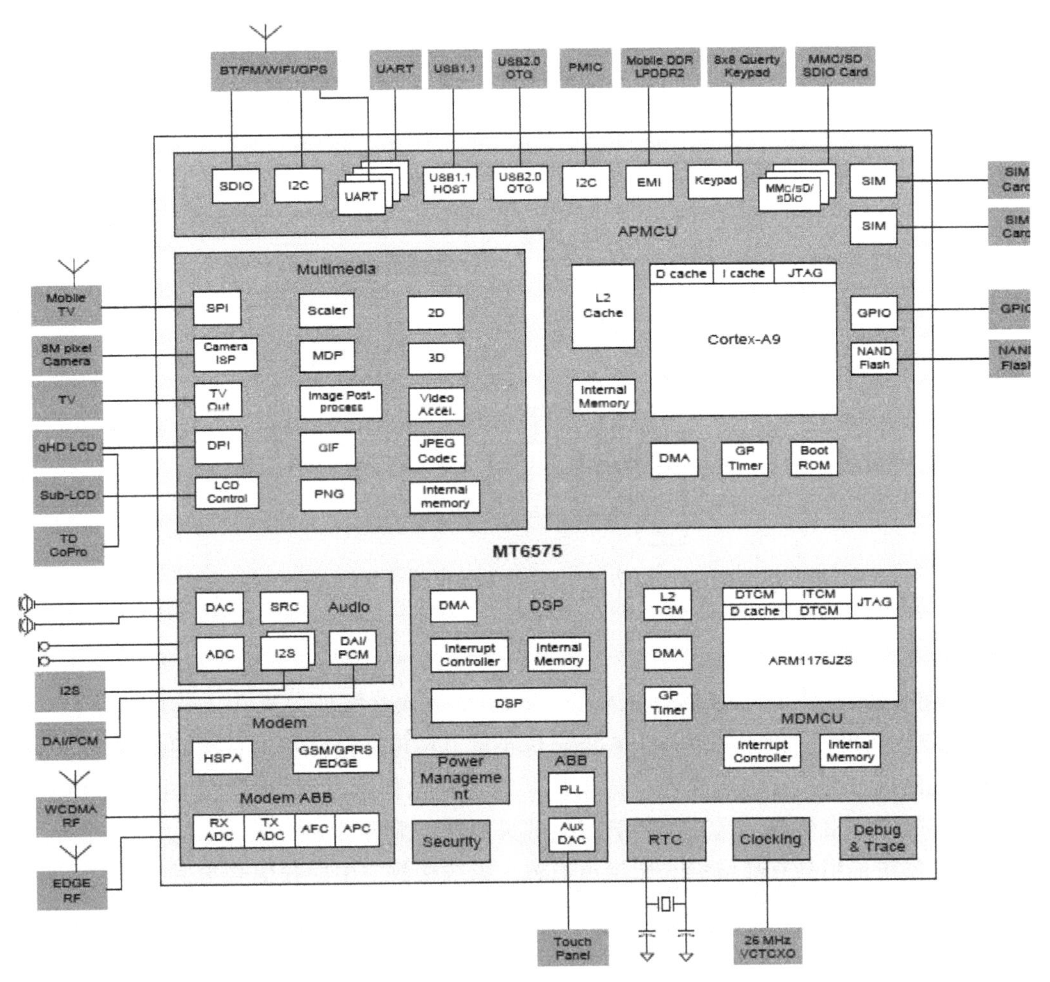

图 8-2　硬件模块设计图

信。GPS：通过 UART2 接口和 CPU 通信。WiFi：通过 SDIO3 接口和 CPU 通信。GSM：通过 GSM-BASBAND 接口与 CPU 通信。电子罗盘，G-sensor：通过 I2C1 接口与 CPU 通信。压力传感器，FM：通过 PCM 接口与 CPU 通信。GPS 与北斗切换。增加电子罗盘定位，增加气压传感器，增加加速度传感器。考虑到 GPS 对电源要求比较高需要增 LDO 电源把 VBAT 电源转换成 3.0V 提供给 GPS。

GPS 信号解析：根据从 GPS 接收板收到的数据，解析成系统可以识别的数据格式，包括：通道号、通道状态、卫星编号、仰角、方位角、接收板状态、定位误差(EPE/DOP)、当前位置/时间/速度。GPS 接收板控制：工作模式设置：可以设置成正常模式、SBAS 模式、Sleep 模式。卫星信息显示：显示给用户以下信息：星历、位置精度衰减因子(PDOP)。

4. 北斗定位模块设计

终端采用北斗二代/GPS 二合一导航定位模块，支持北斗二代 B1/GPS L1 双系统

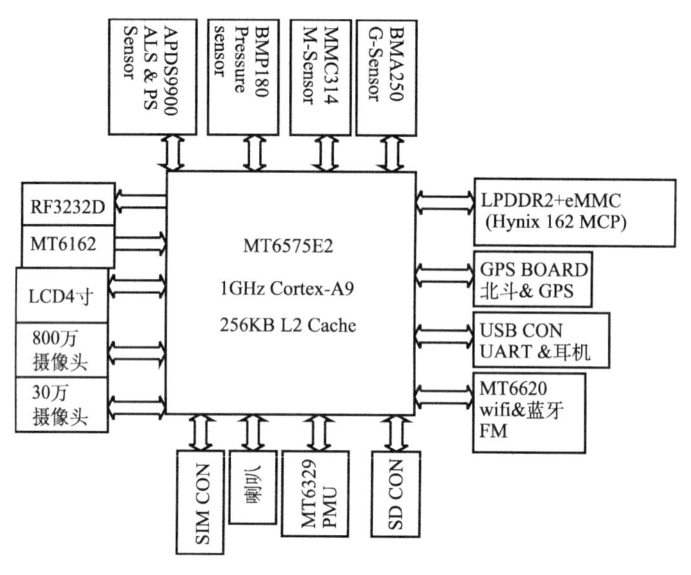

图 8-3　模块总体框图

独立定位及组合定位，定位模式可自主选择；支持 NMEA0183 标准语句输出；采用 SMD 表贴封装，尺寸小。关键技术特点：①采用快速并行处理算法，卫星捕获和重捕速度快；②采用载波相位平滑伪距来提高伪距测量精度和定位精度；大幅提升手持导航设备的接收灵敏度和定位准确性；③采用了双模定位技术，用户可在北斗和 GPS 双系统卫星信号中自由切换，保证了导航定位的灵活性、兼容性和安全性。

定位模块采用具有高增益、低噪声系数，天线接收空中射频信号给射频芯片，射频芯片经过 LNA 放大，混频处理后送到中频滤波，然后通过 VGA 和 AGC，再经 AD 转

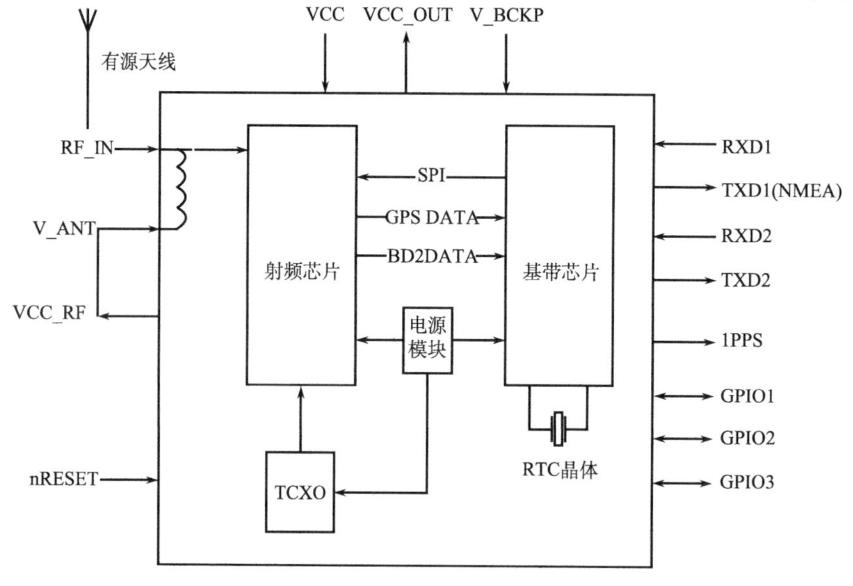

图 8-4　北斗定位硬件设计图

换成数字中频送给基带芯片。基带处理芯片对数字中频信号，进行捕获和跟踪，定位结算算法处理，通过串口输出 NMEA。硬件设计图如图 8-4。

定位天线采用集成化的天线设计，将北斗/GPS 定位模块，北斗收、发天线集成在一张天线 IC 上，最大程度实现小型化，以保证整机设备的便携性。天线与 RDSS 模块、RNSS 模块经过专门适配调试，确保短报文收发的成功率和定位的可靠性，如图 8-5 所示。

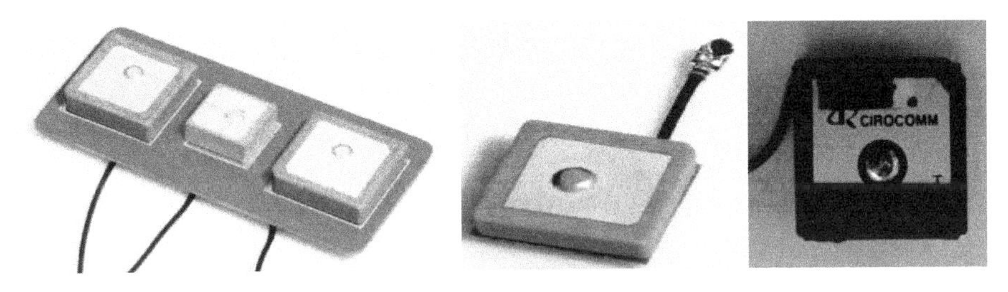

图 8-5　北斗定位天线

8.1.2　专业结构和性能设计

国内北斗同类产品大多数属于专门为军事用途开发的北斗一代手持终端设备。这些设备体积笨重，重量大，不便于普通的工作人员携带。此外，这些设备往往采用封闭的或较为老旧的操作系统，硬件配置普遍偏低，难以支撑较为复杂多变的行业应用软件的开发。因此，这类设备在行业应用领域，推广程度有限。在新的应用场景和应用要求情况下，专业位置终端产品需要考虑如下结构和性能指标。

首先硬件配置要高，使用较新的双核/四核处理器，计算能力足够支撑绝大多数的行业应用软件。使用兼容性较好的 Android 操作系统，同时经过安全加固，兼顾了软件适应性和安全性。具有良好的工业设计和人机工程，便于携带，全触屏操控，使用方便快捷。野外适应性较强，具有较高等级的防尘、防水、防震性能，使用可更换式的锂电池，显示屏在强光下清晰可见，在较极端的高温和低温环境下也可正常工作。提供移动设备管理系统平台，可以更加有效地对终端设备进行统一管理。

1. 工业级三防设计

终端采用工业三防设计主要是满足户外执法和作业人员在恶劣环境下能稳定和安全的使用终端作为采集和查缉工具，工业级三防技术的主要特征和技术指标包括：

(1) IEC IP 防护等级是电气设备安全防护的重要标准，提供了一个以电气设备和包装的防尘、防水和防碰撞程度来对产品进行分类的方法。终端采用双色模一体成型生产工艺和精细的外壳密封设计(如密封胶条、透气防水膜等的运用)，经过严格的防尘防水试验达到 IP65 防护等级，整机可完全防止粉尘进入，用水冲洗无伤害，具有良好的防尘防水性能。

(2) 终端材料选择考究，外壳成型选用进口原材料，设备四周由高密度硬橡胶材质包覆，起到良好缓冲作用，经过严格跌落测试，从 1.2 m 高处自由跌落至水泥地面设备无损伤。

(3) 显示屏上方覆盖一层业界知名的 Gorilla® 防刮玻璃，这种玻璃具有高强度和高硬度的特点，具备防划耐刮、超强抗冲击能力，确保整机可靠性，更好地承受刮擦、摔落和意外碰撞等日常损伤。同时具有高清晰度的特点，能为用户提供视野清晰、明亮的视觉体验，如图 8-6 所示。

图 8-6　专业的 IP 防护等级

2. 户外强光可见屏

为了解决常规手机在户外强光下显示不清或者必须通过提高背光亮度才能看清显示内容等问题，专业终端既要能满足在任何光线情况下的正常作业，也不要以牺牲续航时间为代价来满足户外可见的需求。终端采用高清高亮显示屏的先进性包括：①高色彩饱和度，显示效果细腻、逼真；②高对比度图像显示，在强烈阳光下依然可以清晰阅读。采用 FFS 边缘场开关技术，在各方向观察均不发生色偏，实现超宽可视角度。采用有源矩阵驱动，实现高对比度图像，达到高色彩还原性，在强烈阳光下仍然能取得很好的可视效果。采用 COG(Chip On Glass)方法，显示芯片以玻璃作为底板，显示模块更轻薄、紧凑，如图 8-7 所示。

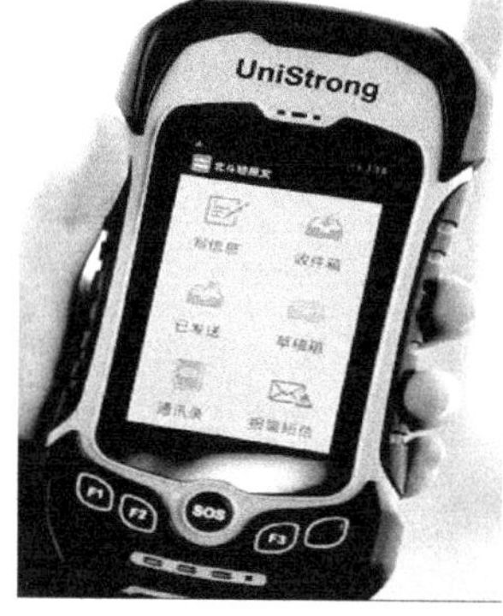

图 8-7　专业户外显示屏幕

3. 低功耗和长续航

为了满足用户在户外执法和工作的长时间需要，位置终端需要考虑设备的低功耗和长续航能力。终端采用全模块化的 IC 设计，将主控 CPU、GNSS 模块、蓝牙模块、WLAN 模块、数字通信模块、传感器模块置于一张 9 层 PCB 版上，全部元器件均做电磁干扰屏蔽，减少信号传输衰减。加入了节电设计，集成图像处理单元，使得整机功耗大幅度降低，极大地延长了电池使用时间。

同时在设备的电源管理方面，采用低功耗电源管理芯片，大幅降低电池能耗，提升电池续航能力。终端待机电流小于 5mA，单块电池可达到 240 小时超长待机时间。终端选用高容量锂电池，并采用电池可拆卸、可更换设计，在户外环境下，用户使用两块电池可持续工作 12 小时以上。高级电源管理功能的实现和热插拔设计，能确保用户在更换电池时 20 分钟以内不断电，以防止作业数据丢失。设计过程从电源管理、电池拆卸和大电池定制等三个方面保障整机的超长工作时间，在电源管理方面利用 Android 操作系统提供的电源管理框架，结合自主研发的特殊外设电源管理策略，在不同的工作状态下开启关闭不同的外部设备以达到省电的目的；通过电池可拆卸设计，用户可以通过携带多块电池达到增加工作时间的目的，如图 8-8 所示。

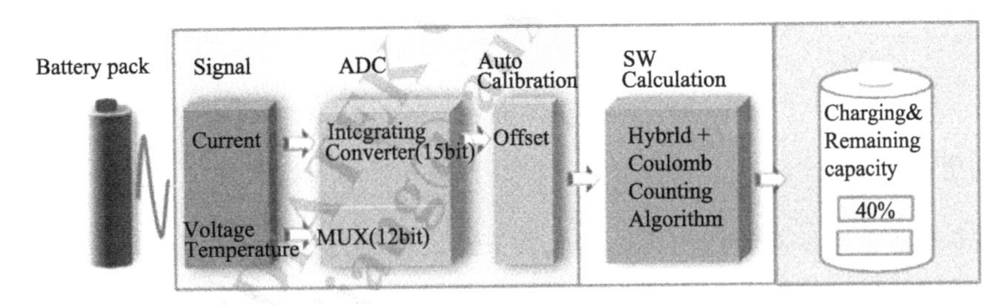

先进的电源管理架构

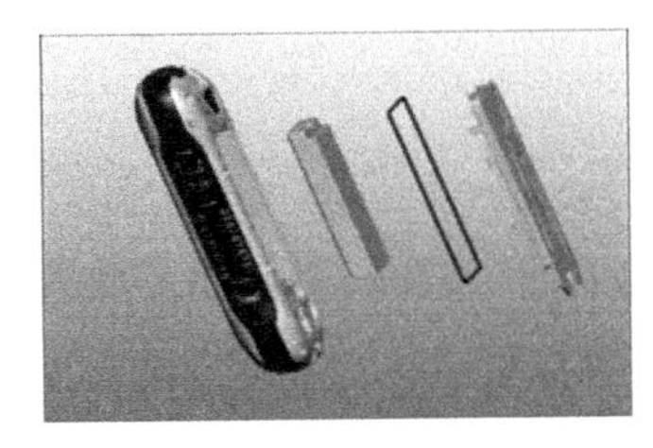

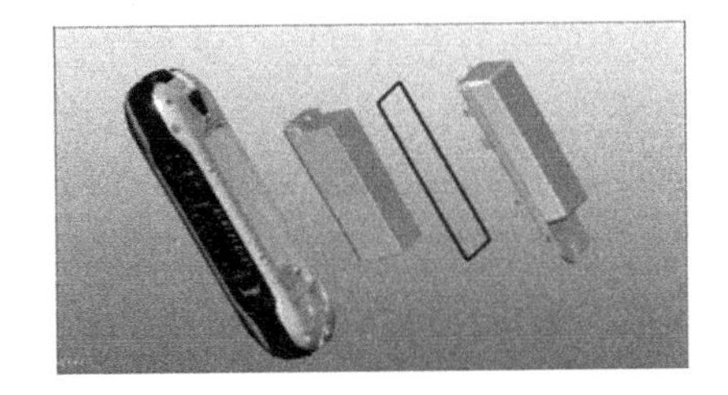

电池可拆卸，支持多块电池　　定制大电池解决方案

图 8-8　设备电源管理方案

4. 融合多通信模式

为了实现户外业务与后台系统的对接和移动互联应用的创新，终端设备需要内置多种通信模块，通过内置 WiFi、蓝牙、GPRS/3G、RFID 等多种通信方式，设备可在任何地方进行在线工作，而不需要电缆连接，这样可保障外业人员与办公室或其他外业人

员保持联系。GPRS/3G 允许用户通过移动互联网持续访问实时定位导航数据及基于网络的服务，蓝牙技术还允许用户连接其他蓝牙设备。终端可利用 RFID 视频识别技术实现电子标签读取功能。将两台终端轻轻接触，可通过 NFC 近场感应自动识别并建立连接，实现文件、数据的传输。

5. 内置丰富传感器

对于现场环境信息的实时感知也是位置终端的重要工作目标，为了解决对现场信息的感知，需要在终端内部内置各类传感器，如图 8-9 所示，主要包括：

(1) 内置电子罗盘、气压测高计，用户随时随地轻松掌握自身方位和地形变化。

(2) 内置光线/接近传感器，显示屏亮度随环境光线智能调节，提升用户视觉感受。

(3) 内置加速度传感器，显示屏画面自由旋转，用户的操控更方便、更自如。

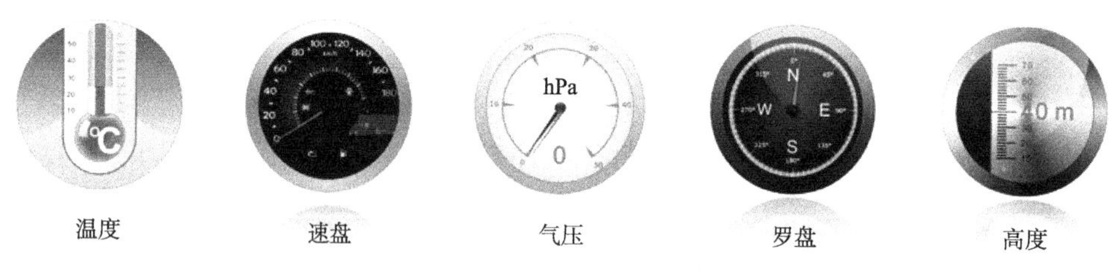

图 8-9　各类传感器

6. 安全操作系统

在很多专业领域，对于终端无线接入的安全、信息的安全、设备的安全都提出了更高和更严格的要求，例如公安行业，需要位置终端更加安全与可靠，而且必须符合公安无线多级网络安全的接入规范和策略，因此对于对原生 Android 系统必须要进行“安全加固”，去除不必要的系统组件，加入行业应用需要的特性，在终端操作系统安全层面实现如下功能：

(1) 可根据需要屏蔽蓝牙和 WiFi 等无线连接功能。

(2) 终端只能通过合法渠道安装软件，如 App Store，或用户指定的其他合法渠道。

(3) 软件双重加密，禁止非法程序运行和程序外泄。

(4) 隐藏机内重要文件，防止无关人员浏览。

(5) 仅限使用用户指定的 SIM 卡。

(6) 设备丢失时，可远程遥控关闭系统，远程清除资料。

(7) 强制设置开机密码，输错 5 次即锁定设备并自动上报。

(8) 新版本 OS 的统一推送，确保 OS 同步更新。

8.1.3　终端配件集成

位置服务终端已经彻底地改变了人们的交流、商业运作和浏览互联网的方式。多媒体和移动互联应用一直是近年智能终端的卖点。现在的用户正在寻找新的方法来发掘智能终端的娱乐潜力，并且逐步改变用户日常生活使用智能终端的方式，同样，他们也希望其他终端配件设备同样优秀。有多半手机配件旨在为用户提供更加方便和直观的使用方法。在接下来的十年里，无论是视听内容、文件处理还是数据存储，配件市场将会给智能终端用户提供更好的方法来访问他们的设备，并且形成一种趋势：逐渐增加用户接口来使用户尽可能多地利用智能终端的高处理能力。把计算能力转化成改善用户体验的关键是平衡配件市场和产品、完善用户接口和智能终端的总体效用(中国广东IC网，2011)。

1. 连接和集成方式

目前与移动位置终端相连的配件主要通过蓝牙、USB数据线、多触点扩展坞、3.5mm接口和AV in接口等多种方式进行物理连接和互联互通。

(1) 蓝牙：是一种支持设备短距离通信的无线电技术。能在包括移动电话、PDA、无线耳机、笔记本电脑、相关外设等之间进行无线信息交换。利用“蓝牙”技术，能够有效地简化移动通信终端设备之间的通信，也能够简化设备与因特网Internet之间的通信，从而数据传输变得更加迅速高效。蓝牙采用分散式网络结构以及快跳频和短包技术，支持点对点及点对多点通信，工作在全球通用的2.4GHz ISM(即工业、科学、医学)频段。其数据速率为1Mbps。采用时分双工传输方案实现全双工传输。

(2) USB数据线：OTG是On-The-Go的缩写，随着USB技术的发展，使得PC和周边设备能够通过简单方式、适度的制造成本将各种数据传输速度的设备连接在一起。但这种方便的交换方式，一旦离开了PC，各设备间无法利用USB口进行操作，因为没有一个从设备能够充当PC一样的Host。OTG技术就是实现在没有Host的情况下，实现从设备间的数据传送。

(3) 多触点扩展坞：终端触点是预留的连接外设的扩展坞接口。智能终端扩展坞简单地扩展了特定智能终端的用户接口和功能。大部分的智能和处理能力仍然是在终端内执行，在扩展坞里面有一些智能接口和处理模块。功能可能包括充电、多媒体输出、局域网连接、蓝牙连接及连接其他HID设备以及扩展内存。

(4) 3.5mm耳机接口：通常手机上的3.5mm耳机接口只是在佩戴耳机时才会用到，实际上3.5mm耳机接口的作用可不止听歌、打电话这么简单，和其他配件的结合，可以充当传输数据、充电、甚至是控制等功能。耳机线上传输的就是音频信号，常见的音频信号一般都是在100Hz～10kHz的范围内，而耳机线传输的音频信号一般是1 250～9 600Hz之间的交流音频信号。手机里面音频输出系统的幅频特性，也既是带宽概念。那么，既然有带宽，我们就可以在这个频带内实现我们的通信信道了。

(5) AV in接口：视频输入口，可以输入视频信号源，如DVD、数字电视的视频信号。与3.5mm耳机接口类似，AV in接口也可以传输不同的混合数据，这其中主要的就是与音视频相关的多媒体数据，目前很多厂家利用AV in接口来实现视频和语音的一体化输入和输出管理，主要用于集成接驳可视化指挥调度方面的摄像头、耳机和麦克。

2. 一体化专业配件

针对很多特殊行业，需要直接利用位置服务终端实现与外业执法相关的专业业务功能，比如身份查缉、打印罚单、密拍密录和移动支付等，这些扩展功能的实现主要通过专业的配件来实现，在结构设计上因为长时间工作的需要，必须与位置终端作为整体进行一体化的设计，便于行业用户的使用和拆卸。下面介绍一些常用的专业配件。

1）二代身份证和指纹识别背夹

通过外置的二代身份证识别模块，可识别和读取公安部二代身份证信息。针对公安警务领域，尤其适用于公安警务人员对人员、车辆、案件等信息的查询与核查。

• 业务背景

移动警务行业的迅速发展，各省、市公安厅大力推行移动警务，提高工作效率。公安各个警种中治安民警和社区民警对身份证信息查询需求最大。在单独使用移动警务终端进行身份信息查询的过程中，需手动输入数字和字符，效率非常低，而且在冬季操作不便，输入非常困难。随着二代身份证加入指纹信息，移动执法作业可通过指纹信息进行身份证信息查询。

二代居民身份证阅读器＋指纹识别扩展配件和移动警务终端组合使用可快速查询身份证信息，大大提高了移动警务终端的使用率和民警的工作效能，也是能够让移动警务终端具有更强的行业针对性。在公共安全市场及具有广阔的市场前景。

• 产品主要功能和特色

主要功能：二代居民身份证电子信息读取；通过指纹识别查询居民身份信息；可录入指纹信息。

产品特点：一体化设计，体积小巧；低功耗设计，自动待机方式，节能环保；二代居民身份证信息读取，可在移动警务终端显示完整的身份证信息(图片、文字)；高精度指纹采集，可输出公安部标准格式指纹信息(GA 426.3—2008)，并通过指纹信息查询居民身份证信息；坚固耐用，工业防护等级 IP54；可通过扩展支架配合公司移动警务全系列产品使用；可通过 USB 连接 PC 机使用。

• 产品 ID 方案

产品 ID 方案如图 8-10 所示。

2）便携式打印机背夹配件

在现场使用便携式打印的客户群体主要包括公安交警、工商执法、物流揽收等行业，通过外接的打印机配件和主机上的业务系统，能很好地实现信息录入和票据打印的功能，如图 8-11 所示。

产品技术规格和功能包括：外观：与终端产品牢固而紧密可靠结合，方便安装与拆卸，通过终端后金属触点进行串口通信及控制。抗 1.2m 自然跌落。一个开关键，左右两侧两个功能相同的扫描快捷键。内置 1 600mAh 可充式锂电池独立供电。支持热敏点阵打印，支持黑标检测，打印速度不低于 65mm/s。打印字符：ASCII 字符集，2×24

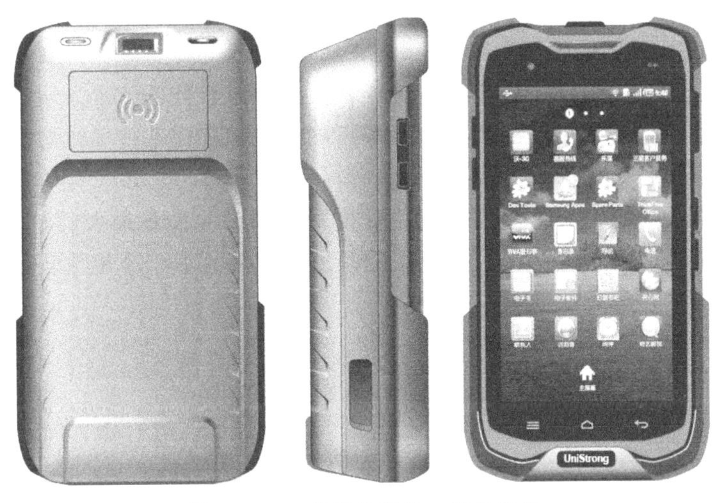

图 8-10　二代证和指纹一体化配件

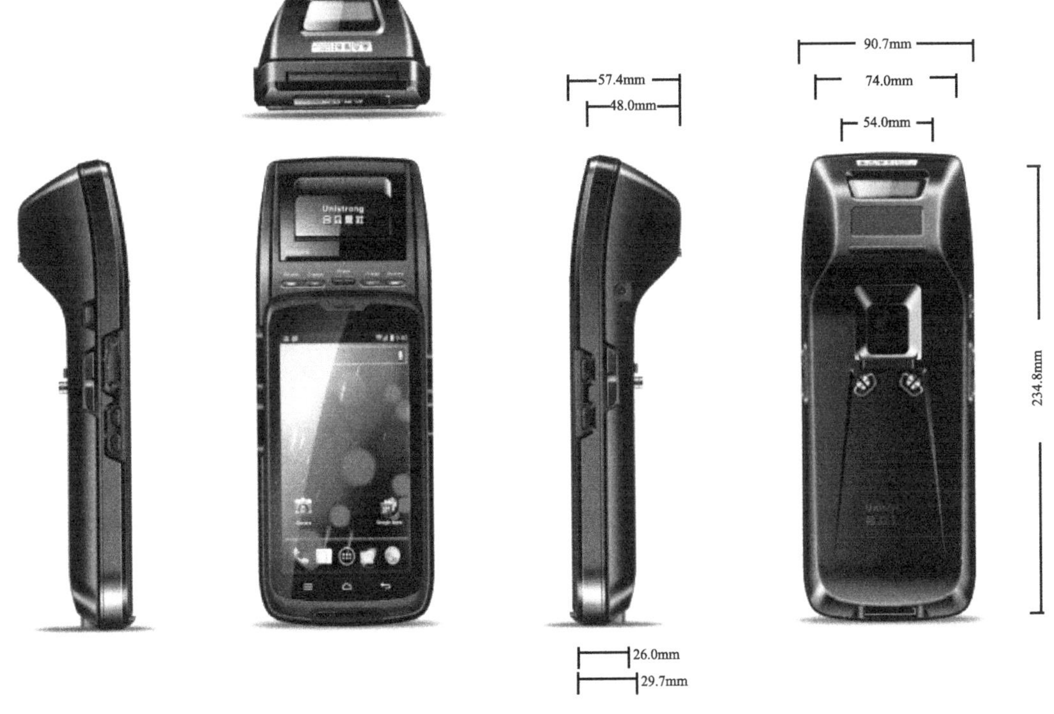

图 8-11　便携式打印机配件

点阵，支持一二维码打印。兼容 1D 扫描头和 2D 扫描头。传感器：CMOS 图像传感器，像素数：752×480 像素。

3）外接摄像头

在某些场合利用终端设备内置的前置或者后置摄像头都不能很方便和很完整记录场景信息，需要利用外置摄像头的不同角度和不同类型来实现某些场合的密拍密录和执法取证工作。通过带外接摄像头的移动终端，设备具有体积小、重量轻、安装灵活、移动操作方便等多功能特点，具体功能包括：带外置摄像头的设备最大的特点就是体积小、重量轻、操作简单、方便使用广泛，经久耐用省电。因为体积小重量轻，可随意摆放角度拍摄到更理想的位置，如图 8-12 所示。

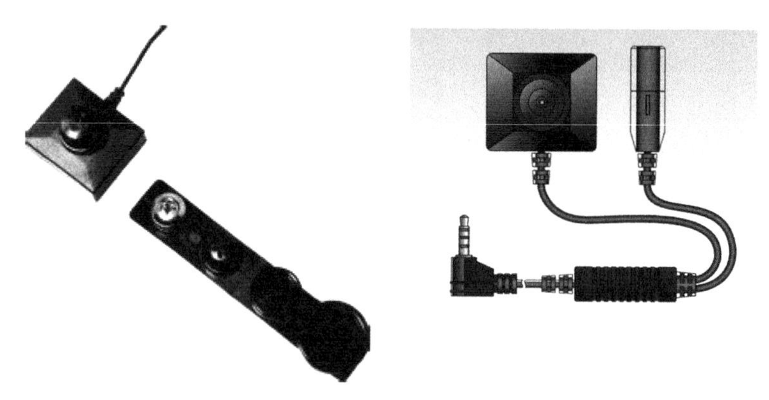

图 8-12　外接摄像头配件

外接摄像头终端一般分为两种：一种为纽扣摄像头，穿在身上摄像，为密拍密录时使用；另一种安装在帽檐和衣服上，在进行公开执法取证时经常使用，可以很好地解放双手。

4）手机刷卡器

拉卡拉手机刷卡器是拉卡拉支付有限公司推出的自主知识产权的个人刷卡终端，拉卡拉手机刷卡器是一款通过音频进行数据传输的刷卡外设终端，支持 iPhone、HTC、小米等各类主流手机以及 pad 产品。其产品特点包括：体积小、易携带、不受时间地点限制，随时随地；贴近用户习惯，刷卡消费；用户自助操作，步步随心；支持所有银行卡；无需网银，无需开办、登录繁琐手续，足不出户节省用户大量宝贵时间；先行付费，无需准备大量现金，安全便捷；所有敏感信息都已做加密处理，高度安全。

这款设备是通过 3.5mm 的耳机插头来与手机进行数据传输，使用时需要将插头插入到手机耳机插孔中。在刷卡器的顶端及左右两侧有刷卡时需要定向划过的卡槽，刷卡时读取卡片内信息的磁头位于设备顶端(拉卡拉手机刷卡器，2013)，如图 8-13 所示。

3. 可穿戴式智能设备

“可穿戴式智能设备”是目前非常流行的终端设备的配件产品，产品应用穿戴式技术对日常穿戴进行智能化设计，开发出可以穿戴的设备，如眼镜、手套、手表、服饰及鞋

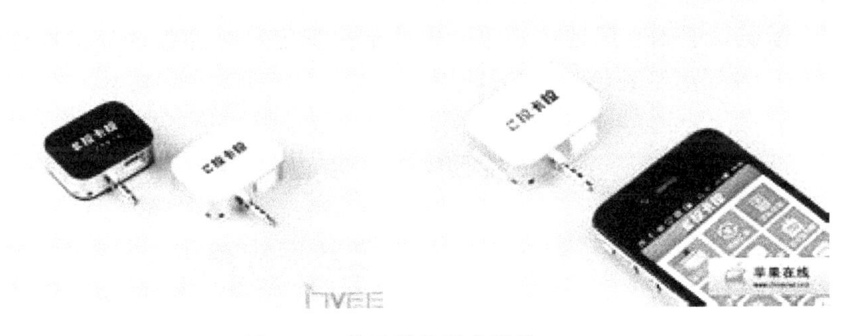

图 8-13　移动手机刷卡配件

等。而广义的穿戴式智能设备包括功能全、尺寸大、可不依赖智能手机实现完整或者部分的功能，例如智能手表或智能眼镜等，以及只专注于某一类应用功能，需要和其他设备如智能手机配合使用，如各类进行体征监测的智能手环、智能首饰等。随着技术的进步以及用户需求的变迁，可穿戴式智能设备的形态与应用热点也在不断地变化。

穿戴式技术在国际计算机学术界和工业界一直都备受关注，随着移动互联网的发展、技术进步和高性能低功耗处理芯片的推出等，部分穿戴式设备已经从概念化走向商用化，新式穿戴式设备不断推出。2013 年被称为“可穿戴设备元年”。目前市场上流行的可穿戴设备大致可分为七大类，包括可穿戴照相机、智能眼镜、智能手表、可穿戴医疗健康设备、活动跟踪器、3D 动作追踪器和智能服装，如图 8-14 所示。

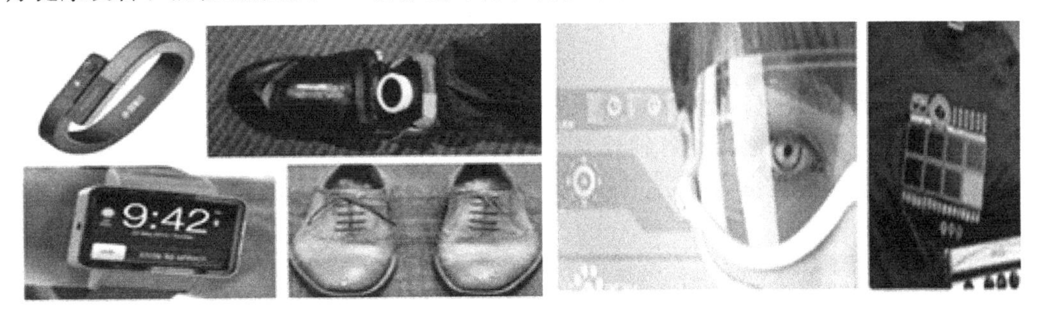

图 8-14　可穿戴式智能设备

首先可穿戴设备不一定是“穿戴”在人体上。嵌入到车里的、家居的、工厂的、公司的、环境的这些设备，它们虽然被穿戴在别处，但依然可以不断追踪你，知道你何时在哪里出现过，知道你的睡眠习惯，知道你的起居时间，知道你在公司的工作状态。就是说，这些设备虽然没有被穿在你身上，但它们依然可以量化你和你的环境，将这个世界数据化。

其次可穿戴设备还有更多种形态和功能。真正受用户欢迎的可穿戴设备并不是手环，也不是手表，更不是眼镜。譬如被穿戴在自行车、滑雪板、旅行背包这样的运动工具上，可以运动摄像；再比如一个被戴在耳朵上像蓝牙耳机一样的摄像机；虚拟现实眼镜是可穿戴设备；还有面向宠物、小孩和物体的防丢设备，都比手环需求和场景更加明确。

最后可穿戴设备不只是个人消费产品。可穿戴设备已被应用在迪士尼乐园作为游客的身份 ID 标识，中国有房地产物业公司在给保安定制可穿戴手环实现自动化的考勤、定位、开门以及巡更签到(穿戴式智能设备，2013)。

8.2 移动终端多媒体应用

8.2.1 音视频数据应用

移动终端配备音频、视频采集的传感器，能方便获取音视频媒体数据，在数据采集、行动指挥、视频通信等应用场景广泛使用，扩大了终端多媒体应用的范围。在数据采集方面，音视频数据以附加文件形式作为数据采集表单的附件，提高数据采集的信息量和可信性。行动指挥方面，后台指挥系统可以实时监视一线的视频信号，并可以直接下达指挥命令，保证指挥决策的准确和及时。音视频通信方面，通过后台服务器可以实现"端到端"，"端到服务器"的一对一和一对多的音视频通信能力，方便多目标之间的信息交互。

1. 音视频数据获取

音频、视频数据获取需要借助音视频采集传感器，包括移动终端自身的摄像头、MIC 和通过蓝牙、OTG 线、WiFi 数据通道连接的传感器。终端系统通过相应的驱动程序，使传感器能在终端上正常运行。由于终端系统平台不同，音视频数据的获取方式也多种多样。

Android 平台是由 Google 公司开发和维护的开源手机操作系统，因其开源的特性，可以支持多种音视频传感器和各种外界连接的设备。借助 Android 开放的 API 接口可以方便地采集音视频数据。在 Android 系统中主要用以下几个媒体相关的类进行数据采集：

(1) Camera 类：Camera 类是摄像头相关的操作类，包括摄像头打开、切换、事件监听以及摄像头生命周期维护，也是数据采集的核心类。

(2) Audio 类：该类是音频采集相关类，音频数据的采样率、编码类型、MIC 启动、音频数据输出等功能都由该类维护。

(3) MediaRecord 类：是媒体采集类，对 Camera 类和 Audio 类都有引用。该类集成了媒体数据采集的全部功能，包括设置采集源、设置音视频编码、设置采集帧率、设置输出方式、输出文件格式等，可以实现音频和视频数据同步采集，同样也是媒体数据采集的核心类，大部分的采集工作由该类完成。

2. 音视频数据编解码

编解码是音视频采集、播放中涉及的重要概念，编码的过程是对传感器采集到的原始数据流，采用一定的算法(比如 H.264 视频编码)进行有损或无损的数据编码，转换为计算机可以处理的二进制数据。编码有硬件编码和软件编码两种方式，硬编码效率高，是设备优先采用的编码方式；当设备不支持特定的硬编码时，就需要用软编码来实现。解码是编码的逆运算，将编码数据解码后进行播放。音视频编码分类见表 8-1。音视频的编码方式有很多，适用于不同平台和应用场景，主要包括如下。

表 8-1　音视频编码分类

视频 codec	ISO/IEC	MJPEG · Motion JPEG 2000 · MPEG-1 · MPEG-2 (Part 2) · MPEG-4 (Part 2/ASP · Part 10/AVC) · HVC
	ITU-T	H. 120 · H. 261 · H. 262 · H. 263 · H. 264 · H. 265
	其他	AMV · AVS · Bink · CineForm · Cinepak · Dirac · DV · Indeo · Microsoft Video 1 · OMS Video · Pixlet · RealVideo · RTVideo · SheerVideo · Smacker · Sorenson Video & Sorenson Spark · Theora · VC-1 · VP3 · VP6 · VP7 · VP8 · WMV
音频 codec	ISO /IEC MPEG	MPEG-1 Layer III (MP3) · MPEG-1 Layer II · MPEG-1 Layer I · AAC · HE-AAC · MPEG-4 ALS · MPEG-4 SLS · MPEG-4 DST
	ITU-T	G. 711 · G. 718 · G. 719 · G. 722 · G. 722. 1 · G. 722. 2 · G. 723 · G. 723. 1 · G. 726 · G. 728 · G. 729 · G. 729. 1
	其他	AC-3 · AMR · AMR-WB · AMR-WB+ · Apple Lossless · ATRAC · DRA · DTS · FLAC · GSM-HR · GSM-FR · GSM-EFR · iLBC · Monkey's Audio · TTA (True Audio) · MT9 · μ-law · Musepack · Nellymoser · OptimFROG · OSQ · RealAudio · RTAudio · SD2 · SHN · SILK · Siren · Speex · TwinVQ · Vorbis · WavPack · WMA

H. 264 是由 ITU-T 视频编码专家组（VCEG）和 ISO/IEC 动态图像专家组（MPEG）联合组成的联合视频组（JVT，joint video team）提出的高度压缩数字视频编解码器标准。H. 264 标准的主要特点有：

(1) 高编码效率：与 H. 263 相比平均节省大于 50%的码率。

(2) 高质量的视频画面：H. 264 能够在低码率情况下提供高质量的视频图像，在较低带宽上提供高质量的图像传输是 H. 264 的应用亮点。

(3) 高网络适应能力：H. 264 可以工作在实时通信应用（如视频会议）低延时模式下，也可以工作在没有延时的视频存储或视频流服务器中。

(4) 采用混合编码结构：同 H. 263 相同，H. 264 也使用采用 DCT 变换编码加 DPCM 的差分编码的混合编码结构，还增加了如多模式运动估计、帧内预测、多帧预测、基于内容的变长编码、4×4 二维整数变换等新的编码方式，提高了编码效率。

(5) 错误恢复功能：H. 264 提供了解决网络传输包丢失的问题的工具，适用于在高误码率传输的无线网络中传输视频数据。

AMR _ NB 选定为 GSM 和 3G WCDMA 应用的宽带语言编解标准。AMR 由欧洲通信标准化委员会提出，是在移动通信系统中使用最广泛的语音标准。AMR 文件的容量很小，每秒钟的 AMR 音频大小可控制在 1K 左右，也被智能终端作为录音的标准。AMR 因为其数据量小，非常适合网络传输，配合流媒体的协议可以被用于视频会议、实时网络通信领域。

3. 音视频数据传输

音视频数据量大，不同于普通文本数据传输。根据时效不同可以分为两种传输方式：实时传输和文件传输两种。实时传输是将音视频数据直接以数据流的方式传输到目标终端。主要是通过 Socket 传输，由于 UDP 和 TCP 协议不能保证数据传输的序列和完整性，音视频数据对时间的连续性要求较高，为保证数据的完整性，需要利用 RTP 和 RTCP 协议对媒体数据进行打包。通过 RTP 中的序列编号、时间戳可以保证数据之间的序列和数据传输质量。音视频实时传输的基本流程如图 8-15 所示，流程图表示的是两台移动终端之间通过服务器转接实现音视频的实时传输过程。

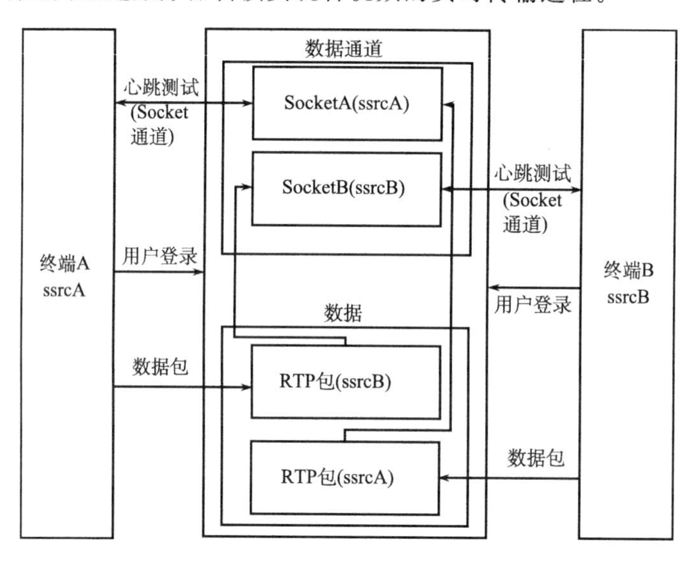

图 8-15　音视频实时传输流程图

文件传输相对简单，不会涉及丢帧和数据同步的问题，音视频数据打包到容器(文件)中，然后利用 HTTP 或 TCP/IP 协议将文件上传到指定位置。在 Android 系统中，可以通过调用系统 I/O，网络访问相关的 API 实现文件读写与网络传输。由于音视频文件尤其是视频文件体积一般比较大，移动终端处于移动状态，不能稳定地通过连线方式接入互联网，同时网络带宽不大，网络环境也不稳。为保证文件传输的质量和速度，需要采用“断点续传”的方式进行文件上传下载。基本原理就是将一个视频文件拆成若干小的文件，分批次地传输，目标端接收到小文件后，根据文件拆分过程遵守的协议，进行逆运算，将多个小文件合并还原成原来的视频文件。

4. 音视频同步处理

音频、视频数据的采样率和帧率是不同步的，见表 8-2，实现音频和视频的同步播放是媒体播放的基础能力。以文件存储的音频视频数据，其音频和视频是同步采集的媒体数据，设置好采集参数后，媒体采集类(Mediarecorder)能自动将音视频数据同步到容器中存储。

而对于实时流媒体同步需要借助 RTCP 实现。音频和视频 RTP 会话建立时，为每个 RTP 会话指定唯一的 SSRC。同时为每个会话建立相应的 RTCP 会话，RTCP 的包头中有与对应 RTP 相同的 SSRC 和“相对时间戳”，另外包含 NTP(绝对时间戳)，这样就完成了 RTP 和 RTCP 的时间对应关系。接收端在接收到音频和视频 RTP 包和相对应的 RTCP 包，就可以根据 NTP 来实现音视频的同步，同样的方法可以实现位置信息与音、视频的同步显示。

表 8-2 采样频率

项目	采样频率	帧率	时间增量(u)	时间戳
音频(s)	8 000Hz	50 帧/s	160	1/8000s
视频(v)	90 000Hz	30 帧/s	3 000	1/90000s

音频的数据量小，较视频数据传输快，可以把音频数据作为标准进行连续播放。通过视频的 RTP 和 NTP 计算出当前音频播放时对应的视频帧，当前音频帧对应的绝对时间公式：

$$Tc=(RTPs1-RTPs0)*Ut+NTPs0$$

由于音视频帧不能完全对应，需要设定一定的容差 $MOD((Tc-NTPv0)/Uv)\leqslant 0.5$，对应的视频 RTP 包计算公式：

$$RTPvc=(Tc-NTPv0)/Uv+RTPv0$$

若 $MOD((Tc-NTPv0)/Uv)>0.5$，取计算出的视频帧的下一帧作为当前音频的对应帧。同样的算法可以把空间位置信息的 RTP 包对应到绝对时间轴，实现与音视频的同步显示。

5. 音视频内容展示

根据音视频数据的编码方式和存储容器不同，音视频媒体数据播放有相应的解码方式。媒体文件和媒体流播放展示需要调用不同的系统方法。以 Android 平台为例，对于媒体文件比如 3GP、MP4 文件，可以通过 VideoView 空间，调用 VideoView 相应方法可以直接播放出音视频文件。对于媒体流处理的流程更为复杂一些，需要经过数据接收、解包、组帧、音视频同步和播放五个流程。

通过监听相应的 RTP 和 RTCP 端口，获取视频和音频的 RTP 和 RTCP 包，根据获取的 RTP 包里的数据分解出每一帧，并根据帧类型进行相应的处理和组帧，根据接收到的 RTCP 将音频和视频的时间轴对齐，保证同步播放。最后视频数据调用第三方的解码库如(ffmpeg)解析出每帧数据，调用系统的 bitmapFactory 类绘图，音频帧调用系统的 AudioPlayer 类解析播放。

6. 音视频数据本地管理

多媒体数据流需要同时包含音频数据和视频数据，这时通常会加入一些用于音频和视频数据同步的元数据，例如字幕。这三种数据流可能会被不同的程序、进程或者硬件处理，但是当它们传输或者存储的时候，这三种数据通常是被封装在一起的。通常这种封装是通过视频文件格式来实现的，例如常见的 *.mpg，*.avi，*.mov，*.mp4，*.rm，*.ogg or *.tta. 这些格式中有些只能使用某些编解码器，而更多可以以容器的方式使用各种编解码器。

音视频数据本地存储以文件为单位组织，为了媒体文件管理，可以利用文件的元数据存储与文件相关的更多信息，比如文件创建者、文件采集空间位置、文件关键词等，通过丰富文件元数据信息，可以方便文件检索、管理和使用。

8.2.2 终端地图表现

1. 导航地图数据管理

导航地图作为数字地图的一种，按照其数据结构的不同，又主要分为数字矢量地图数据和数字栅格地图数据两种。路网数据作为导航地图数据的最基本数据，这里作为单独的一种数据类型来进行描述。

1）矢量数据管理

矢量地图是每幅经扫描、几何纠正后的影像图，对一种或多种地图要素进行矢量化形成的一种矢量化数据文件，是一种更为方便的并且支持放大、漫游、查询、检查、量测、叠加功能的地图，其数据量小，便于分层和能快速的生成专题地图。此数据能满足地理信息系统各种空间分析要求，视为带有智能的数据。可随机地进行数据选取和显示，与其他几种产品叠加，便于分析、决策。通常矢量数据的基本单元定义为点、线、面 3 种目标形式。基本信息单元由反映其分类体系及位置的基本数据组成。同一类基本空间信息单元具有类似的质量、数量特征，构成一个要素层；多个图形要素层构成一个图幅，数据按图幅存放；同一比例尺的多个图幅构成一个区域(贾奋励，2010)。

矢量数据是以(x,y)坐标或坐标串表示的空间点、线、面等图形数据及与其相联系的有关属性数据的总称。

点：单个位置或现象的地理特征表示为点特征。点由一对(X,Y)坐标定义，没有长度和面积。

线：线形地理特征，用来定位和描述两点之间连线的地理信息。以节点为起点和终点，中间点以一串$(X，Y)$坐标来表示，确定一条线及其形状。

面：由一组或多组线首尾相接而成，如图 8-16 所示。

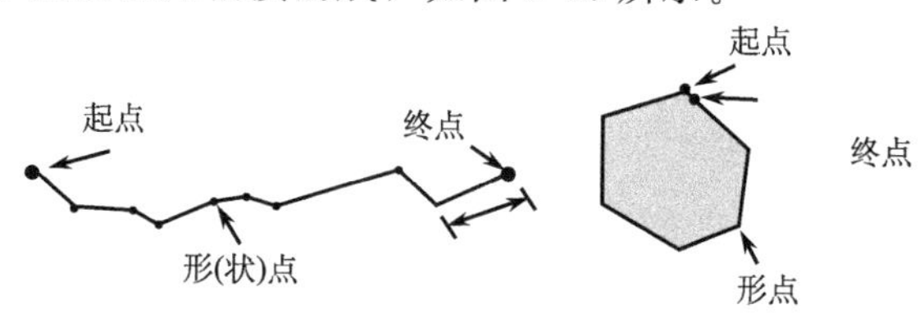

图 8-16 点线面组成图

2）栅格数据管理

栅格地图是各种比例尺的纸介质地形图和各种专业使用的彩图数字化产品，就是每幅图经扫描、几何纠正及色彩校正后，形成在内容、几何精度和色彩上与地形图保持一致的栅格数据文件。栅格数据为按给定间距排列的阵列数据，基本信息单元由数据点的空间位置和数据信息构成，数据信息可以是高程、遥感图像的 RGB 值或其他信息。数据按图幅或按区域存放，文件结构包括文件头和数据体，文件头包括对数据的各种描述信息(如行数、列数、格网间距、坐标等)，数据体会依次记录基本的单元信息。一般为节省存储空间，栅格数据需进行压缩或以其他形式进行重新组织。

3）路网数据管理

路网数据的逻辑描述通常采用三个层次，即数据层、描述层和综合层。数据层通过点、线、面等图形数据描述地物的几何外形和空间关系，用于存储道路的形状。描述层在数据层基础上，将现实对象的特征提取为属性值，即交通要素，用于地图显示和路径引导。综合层则对描述层进行综合，描述要素间的拓朴关系，用于路线计算(胥锐，2008)。

路网数据是整个导航地图的数据基础，对电子地图的显示、导航定位、路网分析、路径规划等都起着至关重要的作用。在建立导航地图的路网数据信息数据库时，除了要考虑信息的完备性和易于更新外，还需考虑信息的结构化组织、层次化部署和增量式传输。建立适合于导航地图的电子地图路网数据模型是导航地图成功的关键。

导航地图路网数据的数据结构是建立在普通的基于基本空间位置的地形图基础之上的，具有拓朴性的数据结构(方钰等，2005)。由于是手持移动设备上的导航地图，因此，路网数据的数据精度、完整性、算法的准确性等方面的要求要高于一般的数据结构。也就是说，路网数据的数据环境应能完全记录和模拟实际的道路情况，道路的名称、长度、宽度、级别、通行速度、转弯性质和路段连通性，以及由此而引伸的网络路径通行问题、基于网络的位置可达性问题等都必须涵盖在路网数据模型的描述范围之内(胡瑞鹏等，2007)。

路网数据中包含的各种信息按更新的频率可以分为时间相关信息和非时间相关信息。所谓时间相关信息是指随时间的推移不断发生变化的信息，这类信息一般反映实时的交通状况，数据大多通过智能交通系统分散在各个采集点的 GPS、摄像头或流动车数据获得。对这类数据的管理涉及时空数据库的范畴。非时间相关信息指的是在交通基础设施中不会发生变化或很少变化的信息，这些信息大多在路网数据库建立之时就已经确定，即使发生变化，也可以通过数据记录的更新操作实现。对这类信息的管理通过一般的关系型数据库就可以实现。

路网数据信息的查询输出过程可以归纳为以下几类。

• 空间查询：描述空间区域或查询条件，要求返回该区域内的所有空间数据对象，或符合查询条件的所有数据对象的空间位置，主要用于地图和空间数据对象的显示等操作。

• 属性查询：查询某一特定数据对象的相关属性，主要用于地理信息查询和交通信息查询等操作。

• 路径查询：查找到达目的地的通行道路，主要用于路径的规划。

基于上述分析，导航地图对路网数据的信息要求具有下列特点：

• 路网数据对各种服务需求来说主要涉及描述和计算两个作用。道路描述主要是对现实道路的显示和基本信息的查询，要求数据比较细致；而道路计算主要是配合导航地图的匹配、路径规划和引导等内容，这就要求路网数据既要有明确的拓扑结构，又要有利于道路计算和算法的实现(武雪玲等，2006)。

• 信息内容更加丰富。由于大量的信息服务交由后台服务器完成，摆脱了自主导航系统资源不足的限制，路网数据的信息内容包含的范围更加广泛，尤其是大量实时信息的引入，使得信息的检索和处理也呈现多样化的趋势。

• 信息的组织更加灵活。自主导航系统的信息完全存储在导航设备中，而移动导航系统中的信息分布于后台服务器和移动终端，甚至后台服务器也可能是复杂的分布式系统，这就要求有更加灵活的信息组织方式。

2. 导航地图展示

1）在线地图

(1) 将数据传递给终端后，让终端形成地图。整个地图数据存放在远程服务器上，而在终端上需要显示地图时，终端将屏幕中心对应的实际坐标、屏幕对应的实际范围传递给服务器，服务器经过计算后，获取相应部分的数据，并将数据传递给终端，终端根据数据及属性绘制成实际地图。

在这个过程中，远程传输的是数据，因此传递的数据很小。但是服务器筛选出传输数据的过程以及终端根据数据生成地图的过程，都大大消耗了两端运行效率，尤其是终端，从数据到地图，需要很多的计算以及系统的支持，因此这种方法很难被大量使用。

(2) 在服务器上形成地图后，将图片传递给终端。整个地图数据放在远程服务器上，而在终端上需要显示地图时，终端将屏幕中心对应的实际坐标、屏幕对应的实际范围传递给服务器，服务器经过计算后，取出相应部分的数据，并将数据绘制成地图，然后将地图图片传递给终端，终端将图片直接显示。

2）离线地图

由于离线地图的数据都在终端上，地图的形成是根据目前位置以及所需要的比例尺实时组建而成。比如目前地图中有路网数据与POI数据，形成过程是：

• 根据目前位置、比例尺、屏幕大小获得相关数据。

• 通过数据的属性及绘图要求，获得地图显示。

3）多级缓冲算法

多级缓冲，对于离线地图和在线地图，其原理基本相同，只不过在线是从服务器上，通过指定范围参数提取，在本地缓存。而离线是从本地提取，本地缓存。其基本原理如下：首先全国地图保存在 SD 卡或外设中，当第一次加载地图的时候，初始化以及地图数据缓存，取出三个级别比例尺层中预先指定范围内的数据到内存作为一级缓存，其次取出三个级别比例尺层中当前点所在图块以及周围八个图块的数据作为二级缓存。每当地图显示需要更新的时候，首先去找二级缓存中是否有所需数据，命中则取出数据，否则去一级缓存中查找，只有一级缓存中没有才到外设中调入，显示完毕后更新缓存，另外开一个线程采用一定的策略专门负责更新缓存(熊汉江等，2009)。当然这种设计是建立在整体的分层分块模型基础并结合一定的索引机制的。地图缓存机制如图 8-17。

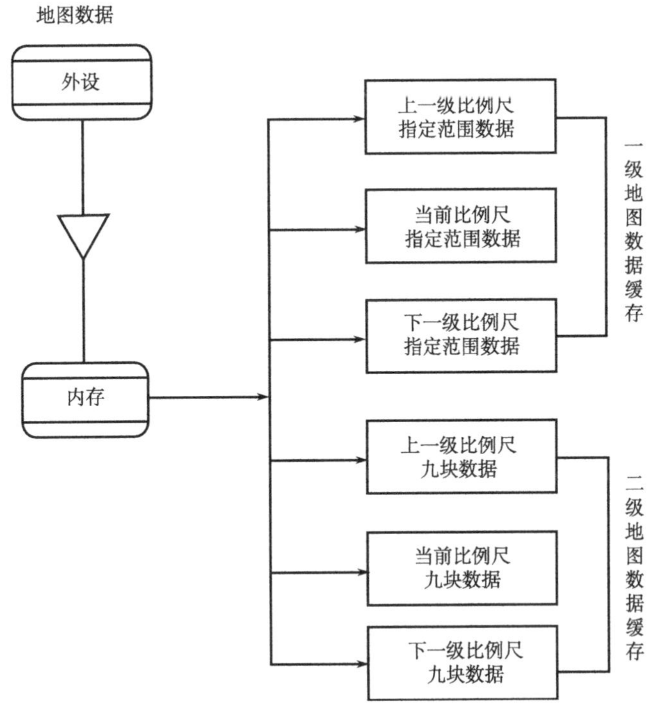

图 8-17　地图缓存机制

由于导航数据的数据量巨大，而嵌入式平台内存小、显示分辨率低，在显示时不可能也没有必要将数据全部读入内存，因此，必须对图幅数据按位置和大小进行分块组织和存储，在显示时只提取当前显示所涉及的数据块。目前，四叉树数据结构是 GIS 领域普遍采用的数据分块组织方式(高扬等，2011)，也在导航系统中得到广泛应用，如日本的 Kiwi 汽车导航数据格式。其基本原理是将图幅按四叉树结构划分成小的网格，根据四叉树叶节点所对应的底层网格的空间位置和大小，将其所包含的地图要素打包为数据块进行存储，从而将图幅数据从空间上切割为小的数据块。

该数据结构的主要优点是在显示时可以根据当前显示屏范围快速定位到指定的网格，整块提取相关的地图要素。但也存在一些弊端：由于是以四叉树叶节点所对应的底层网格为单位进行数据分块(高扬等，2011)，当某一地图要素(如面状要素、线状要素)同时压盖多个网格时，这些网格所对应的数据块都可能存储该要素。为了避免同一要素重复存储、重复提取和绘制，一种方法是在四叉树划分时，若网格内包含有可能压盖下一层多个网格的要素时，则停止划分，将该网格作为基本数据块；另一种方法是对要素数据本身进行物理碎化，即对要素按所在网格的位置和大小进行剪裁，将碎化后的数据分块进行存储。这两种方法可以解决地图要素与数据块间一对多的问题。但是，第一种方法可能使网格内的要素数据过大，降低了检索效率；第二种方法修改了数据，在提取后必须对需符号化显示的要素进行重组处理，增加了显示负担。因此，现有的四叉树数据分块方法需要进一步的改进和优化。

4）*多层四叉树空间结构*

可以看出，造成上述问题的根本原因是现有的四叉树数据分块单位被限定为四叉树叶节点所对应的底层网格，网格大小固定，对于压盖多个网格的要素则难以进行处理，为此又设计了基于多层四叉树空间的数据分块方法。其基本思想是将四叉树各层上的所有节点都作为一个网格单位，上层网格从空间上包含且正好包含其孩子节点所对应的下层网格，将压盖多个下层网格的不能进行碎化处理的要素存放于能包容该要素的最小上层网格内，从而解决压盖多个网格要素的存放问题。

具体做法如下：

将图幅空间划成四个大小相等的网格，再将每个网格继续划分下去，直到最下层网格空间大小符合屏幕最精细显示的要求，从而就形成了一个基于多层四叉树的空间划分。该四叉树为满四叉树，每层都对应一个规则格网，每个节点对应一个网格，整个图幅为根，自顶向下、逐层划分非叶节点，直到最底层的叶节点，并利用“相关区域法”，根据网格的空间范围逐层划分数据块，数据块在图幅文件内存储顺序与四叉树节点的宽度优先排列顺序一致，最后建立图幅文件的数据块索引表。

为避免地图要素与网格一对多的关系，制定了以下规则来划分数据块：

规则1：地图要素应尽量存储在底层网格所对应的数据块内，对于压盖多个网格的不需符号化显示的线状要素，则对要素进行物理碎化，并将碎化后的要素分别存入相应的数据块内。

规则2：对于压盖多个下层网格的需符号化显示的线状要素或面状要素，则将该地图要素存储在上层能包容该要素的最小网格所对应的数据块内，并按这一规则向上推进。如图8-18所示，图幅R0分裂为网格R1～4，R1、R2、R3、R4又依次分裂为R5～8、R9～12、R13～16、R17～20。同时压盖多个下层网格且需符号化显示的要素a和要素d、b、e、h，分别存入上一层网格R1和R0数据块内；同时压盖底层网格R13、R14和R15且不需符号化显示的线状要素f，则将其碎化为m、n和l，并分别存入R13、R14和R15数据块中。

通过以上方法，网格与地图要素的对应关系为一对多（一个网格可以包含多个地图要素），同时一个地图要素只能对应于一个网格（地图要素只存入包含它的最小网格所对应的数据块中），这样在不影响符号化显示效率的前提下，有效解决了压盖多个网格的要素的存放问题。

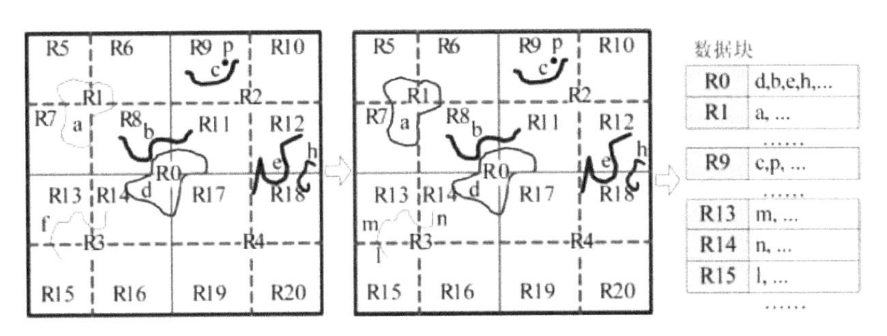

图 8-18　基于多层四叉树空间结构的数据分块示意图

5）地图数据的提取与显示

为了提高数据提取速度，采用多线程、设备缓冲区是目前导航系统普通采用的方法。其基本原理是，在内存中预先开辟比当前显示屏大的数据缓冲区，主线程将显示屏所涉及的要素数据从外部存储器读入缓冲区并进行绘制，同时利用系统工作间隙，启动后台进程将下次显示可能涉及的要素数据预先读入缓冲区，这样在系统需要刷新显示时，只需将缓冲区中的数据进行绘制，从而减少了数据提取的时间。在此过程中，缓冲区的数据结构至关重要，直接影响到数据的提取和显示速度。

在导航系统中，导航目标快速行进和用户对未知区域的预览可能引起四类刷新显示：全屏刷新、漫游、放大和缩小，四类操作对缓冲区内数据的更新方式是不相同的："全屏刷新"需要更新缓冲区涉及的全部要素；"漫游"显示倍率不变，但显示中心位置改变，需要将漫游方向新区域的数据读入缓冲区；"放大"不改变显示中心位置，但显示倍率变大，显示范围缩小，显示更为详细，需要将下一显示等级的数据读入缓冲区；"缩小"不改变显示中心位置，但显示倍率变小，显示范围扩大，需要将周围新区域的数据读入缓冲区。由于系统内存容量有限，缓冲区中数据不可能无限扩充，因此，在读入新数据的同时，还须将超出当前显示范围的旧数据"丢弃"。此外，对于后三类操作，数据更新前后，缓冲区内有大量数据是相同的，为避免重复读取，这部分数据需要"保留"。采用普通的单缓冲区结构是不能处理好"读入""保留"和"丢弃"之间的关系。

3. 地图信息查询

1）POI 查询

POI(point of interest)即兴趣点，它是指那些供用户查询的目的地数据，例如公共设施、风景区、娱乐场所等(刘鹏等，2009)。POI 信息一般包含数据类别、所属行政区，目的地名称、地址、电话、经纬度等数据。

用户对导航地图的满意度在很大程序上取决于导航地图提供的 POI 信息的丰富程度。POI 信息记录一般具有以下特点：同一行政区不同 POI 信息包含的经纬度坐标和电话号码大多在同一局部范围内离散分布；同一类别、不同 POI 信息中的名称虽大多具有唯一性，但其中某些常用词重复出现比例较高，例如“公司”；同一行政区不同 POI 信息地址中公共前缀字符串重复出现的比例较高，例如“北京市朝阳区”。

为了充分利用 POI 信息中局部数据出现的重复性，可按照行政区和类别将 POI 信息记录进行聚类，即将同一类中的 POI 记录按照经纬度坐标、电话号码进行升序排列；再依据此顺序为每条 POI 信息记录赋予唯一的 ID，以利于对记录的分块压缩和基于块的快速检索。为了便于用户在检索时根据名称数据中部分关键词查找到所需的 POI 信息，要对信息中的名称进行分词，并按其中的关键词建立索引，以便提高检索的速度。

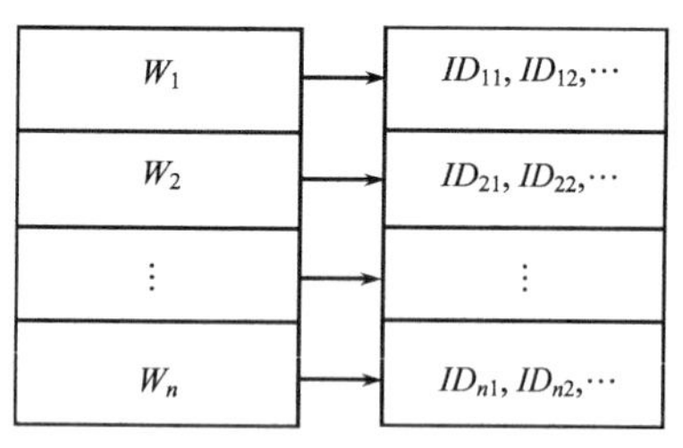

图 8-19　简化的倒排表结构

为了提高基于 POI 记录名称的检索速度，可利用分词技术，对 POI 记录名称建立索引。实质上基于名称的检索可视为一种特殊的全文检索，只是被检索文档的长度比较短。目前，流行的全文检索索引模型主要有署名文件、位图、倒排表模型、Pat 树和数组等。其中，倒排表模型的综合性能较好，应用最为成熟，更适合 POI 信息这样简单的检索方式。

由于名称数据较短，因此需要对倒排表索引的结构进行简化。切分出来的每个词对应有一个数组记录所有包含该词的记录 ID。简化后的倒排表索引结构如图 8-19 所示，其中 W_i 为第 i 个词；ID_{ij} 表示第 j 个含有 W_i 的记录 ID。

由于倒排索引的膨胀系数较大，将增加存储空间，因此需要对其进行压缩。目前，索引压缩方法主要有：按位紧凑压缩法、可变字节编码法、Elias Gamma 编码、Golomb 编码、Binary Interpolative 编码等，每种方法都有各自的优缺点和适用范围。其中，可变字节编码压缩算法压缩率和解压时间相对稳定，实现比较简单，更利于嵌入式环境的应用。

2）道路查询

在导航地图中，道路网是主要图形特征。现实道路在电子地图中涉及描述和计算两个作用。道路描述主要是现实道路的显示，要求数据比较细致和详细；而道路计算主要是指配合导航的地图匹配、路径规划和引导等内容，这就要求道路具有明确的综合性，又利于道路计算的速度和算法实现。所以对现实道路空间数据的描述常采用三层次，即数据层、描述层和综合层(刘春等，2002)，其关系可见表 8-3。描述层数据一般用于道路引导和图形显示，而综合的数据则主要用于道路计算。

表 8-3　道路信息分层

层次	内容
数据层(level-0)	存储基本图形数据，包括节点、边和面的数据，它描述的是一些基本平面图形要素
描述层(level-1)	吧具体的现实实体用点(节点)、线(边)、面以及复杂图形特征进行描述，它采用数据层中图形要素，实现对道路的描述，往往比较详细
综合层(level-2)	复杂图形综合描述，存储数据的拓扑结构，不用于显示，而用于道路计算

事实上，道路综合层的空间描述可以归纳为两个基本要素的组合，即节点和路段。路网的描述是节点和路段之间的组合表达。由节点和路段组成的一个道路网络。

节点主要包括道路的连接点和道路的交叉口。道路的连接点用于标定道路方向的改变以及同一道路发生属性描述变化的转折点。道路连接点是道路链中不可缺少的过度点，复杂道路可以通过增加道路连接点来分段描述。道路的交叉口是道路描述中的关键内容之一，其主要包括：单数字化道路的同级交叉、双数字化道路的同级交叉、有环岛的路口、高架桥、地下通道、入口坡道以及出口坡道等。在路网的综合层描述中，这些交叉口被定义为一个超节点，所以道路交叉口的描述也就是这些超节点的描述。

路段一般作为道路最小空间描述单元。一个路段指的是路网中两具节点之间的道路，是路网中在描述层可以描述的最小单元，在路段的两端各有一个连接点，单一的路段互相独立，所以一个路段状况发生变化是不会影响其他路段的。事实上，对于一个路段，它有对应的一些属性信息，比如路段的交通限制和名称等。有时需要根据属性信息的变化把一些路段拆分为更小的路段，也即一个路段应该是具有同一属性在路网中相互独立且最小的道路图形特征。在路网中，路段通过节点建立拓朴关系，这种拓朴关系也就是路段之间相互连接关系。建立拓朴关系的路网可以方便进行类似最短路径和道路规划等的道路计算。

用于导航的道路网络涉及很多信息，结合属性信息可以完整的表达道路网络及其相互之间的逻辑关系。

路段是构成路网的基本单元，路段连接主要通过节点。交叉口和道路连接点是节点的两个主要形式，它们在道路综合描述层被定义为一个超节点，超节点的属性信息一方面可以描述复杂路口特征；另一方面也定义了路段相互间的连通性。两个节点给出一个路段，多个路段即是路网，这样节点链接关系也就可以描述路网，所以节点的空间位置以及空间搜索影响了路网空间分布，也就是说在导航电子地图的道路空间数据库中，如果建立节点的空间索引，就可以通过节点的关系索引基本确定路网的空间形成。

3）分类图层管理

随着社会的不断发展，导航对电子地图的需求增加，导航电子地图对地物信息显示的完备性和详细性要求渐增，如果将所有的地理信息都放在一个单独的文件里面，地图信息显示时会在屏幕上同时出现，这将给电子地图的识别度带来了很大不便，也违背了电子地图简易方便的初衷。因此，地图分层的思想便出现了。在电子地图中，图层是它的积木块，每一张有地理信息的表都是一个图层。例如，在一个城市地理信息中，第一个图层包含行政区划，第二个图层包含主要街道，第三个图层包含主要建筑，把它们叠加起来就形成了一幅完整的城市电子地图。另外要对图层的缩放显示级别进行设置，科学合理地设置好每一图层的缩放级别，可以控制电子地图上图层显示的数量。不然，一旦地图中包括比较狭窄的道路图层，当用户缩小地图到一定程度时，可能发现道路都聚集在一起，变得难以辨认。

图层的缩放级别包括最大缩放级别和最小缩放级别。一旦设置好图层的缩放级别后，当地图的缩放级别刚好在最大和最小缩放级别之间时，该图层就会在地图上显示，否则该图层将不会出现在电子地图上。这样，通过为地图的每一个图层设置不同的缩放显示级别，可以选择性地显示需要的图层。图层缩放显示级别被设置好后，随着地图的不断放大缩放，可显示的图层逐渐增多或减少，从而使得导航电子地图所显示的内容更加清晰条理，并且如果地图缩小到一定程度，用户可以在宏观上观察整体信息，通过缩放可以实现在计算机屏幕上的目标区域实现理想的观测效果。

4. 路径导航

1）本地导航

也称自主导航，就是所使用的导航地图数据、路径规划、文本语音转换存储在导航设备里。它用于导航的路况信息数据库固定不变，路径选取算法以路径最短、时间最少为标准。

2）网络导航

网络导航，其实包括两部分：一是实时交通服务中心；二是手持导航终端。实时导航系统结构如图 8-20 所示。网络导航就是与网络实时连接的，它可以通过网络做路径规划，然后将计算数据发送到导航终端上，再由导航仪引导人员或车辆行走。用于导航的路况信息数据库按照交通流实时刷新，这需要交通信息中心实时交通信息，如某路口堵车、基本路段有事故等通过无线通信链路传输到用户设备，导航系统接收到该信息后，对原始信息数据库进行刷新，本地导航与网络导航最主要的区别在于路况数据库的动态刷新与否。网络导航还可以实时提示并自动进行本地地图更新，它是一个智能交通的子系统。本地导航与网络导航的另一区别就是本地导航就像一个信息的孤岛，而网络导航的服务会更及时、更丰富，但网络导航又要求有实时的数据连接通道，这是它的弱点。

图 8-21 是网络实时动态导航图实例。

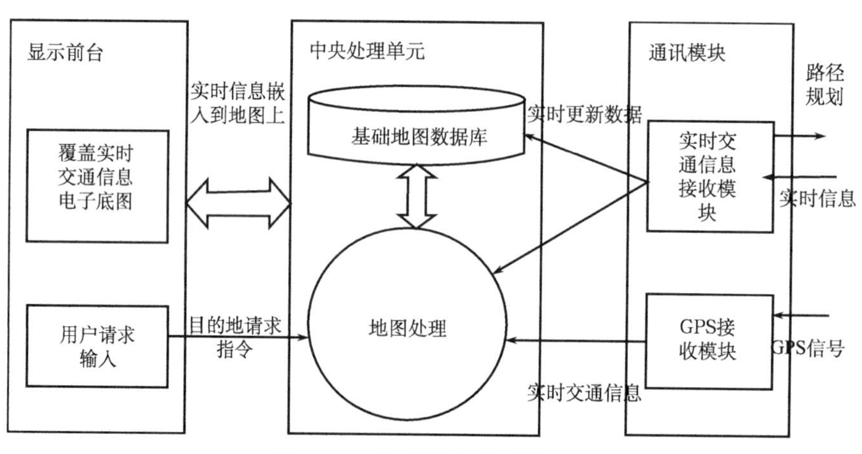

图 8-20　实时导航系统结构图

图 8-21　网络实时动态导航图

8.2.3　终端实时信息获取

1. 信息获取的通道

1) 3G 无线网络

第三代移动通信技术(3rd-generation，3G)，是指支持高速数据传输的蜂窝移动通信技术。3G 服务能够同时传送声音及数据信息，速率一般在几百 kbps 以上。3G 是指将无线通信与国际互联网等多媒体通信结合的新一代移动通信系统，目前 3G 存在四种标准：CDMA2000，WCDMA，TD-SCDMA，WiMAX。

集成 3G 通信模块的移动终端，通过调用系统通信相关接口就可以利用 3G 数据通道进行数据通信，由于系统底层做了封装，在进行程序设计时不需要关注具体的实现细节，只要调用相关的开发接口就可以实现数据通信。

2) WiFi 无线通信

WiFi 是一种能够将个人电脑、手持设备(如 Pad、手机)等终端以无线方式互相连接的技术。WiFi 技术是由澳洲 CRIRO 研究机构在 20 世纪 90 年代发明，1999 年 IEEE 在制定 802.11 标准是参考 WiFi 技术，将其定位无线网络技术的标准。WiFi 具有低功耗、高速率、传播距离远的特点。WiFi 的数据传输速率最高可达 54Mbps，传输距离在 100m 左右，适用于办公或家庭局域网组建。

WiFi 组网技术复杂程度和费用远低于有线组网，简单的 WiFi 网络只需要无线网卡和 AP(access point)就可以组网，通过 ADLS、宽带等其他有线网络可以实现与互联网连接，实现快速组网，高速接入。

3）RFID通信

RFID射频识别技术(radio frequency identification)是一种无线通信技术，可以通过无线电信号识别特定目标并读写相关数据，而无需识别系统与特定目标之间建立机械或者光学接触。

RFID按应用频率的不同分为低频(LF)、高频(HF)、超高频(UHF)、微波(MW)，相对应的代表性频率分别为：低频135KHz以下、高频13.56MHz、超高频860M～960MHz、微波2.4G～5.8G。RFID按照能源的供给方式分为无源RFID，有源RFID，以及半有源RFID。无源RFID读写距离近，价格低；有源RFID可以提供更远的读写距离，但是需要电池供电，成本要更高一些，适用于远距离读写的应用场合。

4）蓝牙通信

蓝牙(blue tooth)是无线数据和语音传输的开放式标准，它将各种电子终端采用无线方式联接起来。蓝牙的传输距离根据不同的发射功率在10cm～10m，如果增加功率或是加上某些外设便可达到100m的传输距离。蓝牙的数据速率为1Mb/s。蓝牙采用2.4GHz ISM频段和调频、跳频技术，使用权向纠错编码、ARQ、TDD和基带协议。TDMA每时隙为0.625μs，基带符合速率为1Mb/s。蓝牙支持64kb/s实时语音传输和数据传输，语音编码为CVSD，发射功率分别为1mW、2.5mW和100mW，并使用全球统一的48比特的设备识别码。由于蓝牙采用无线接口来代替有线电缆连接，具有很强的移植性，并且适用于多种场合，而且技术功耗低，对人体危害小，而且应用简单、容易实现，所以易于推广。

2. 实时信息内容

1）位置信息获取

智能移动终端通常集成有定位传感器，比如GPS、北斗定位模块。通过定位模块，系统获取卫星信号并且解算出定位点的经度、纬度、高程等地理位置信息。终端通过内部的定位模块来选择定位卫星信号，若只集成GPS或北斗其中一个定位模块，成为单模定位。目前集成GPS模块的终端占相当比例，北斗随着卫星组网越来越完善，利用北斗系统定位的设备也越来越多，尤其涉及机密或国家安全的部门。同时开成两个定位模块称为双模定位，GPS和北斗可以实现协作互补，提高定位的精度和速度。

空间位置信息的发送与传输有标准的协议，采用统一的协议可以实现不同平台之间信息的互通，也可以采用统一的方法解析位置信息，$GPGGA协议是常用的空间位置协议，具体协议内容如下：

$GPGGA、<1>、<2>、<3>、<4>、<5>、< 6>、<7>、<8>、<9>、M，<11>、<12> * hh<CR><LF>

<0>$GPGG，语句ID，表明该语句为GlobalPositioning System Fix Data(GGA)

GPS定位信息

<1>UTC时间，hh mm ss格式(定位它的卫星提供)

<2>纬度dd mm mmmm格式(前导位数不足则补0)

<3>纬度方向(北纬)或S(南纬)

<4>经度ddd mm mmmm格式(前导位数不足则补0)

<5>经度方向E(东经)或W(西经)

<6>GPS状态指示：0——未定位；1——无差分定位信息；2——带差分定位信息；3——无效GPS；6——正在估算

<7>正在使用的卫星数量(00-12)(前导位数不足则补0)

<8>HDOP水平精度因子(0.5- 99.9)

<9>海平面高度(－9999.9－ 99999.9)

<10>地球椭球面相对大地水准面的高度

<11>差分GPS信息，即差分时间(从最近一次接收到差分信号开始的秒数，如果不是差分定位将为空)

<12>差分站ID号0000-1023(前导位数不足则补0，如果不是差分定位将为空)

通过对经度、纬度、高程解算可以获取采集点的大地坐标信息。获取地理坐标后，利用GIS技术可以对坐标点进行空间运算，例如可以通过地理编码查询出采集点所处的行政区域，跟不同的专题地图进行叠加分析，也可以根据坐标点或区域进行POI查询。最终可以调用地图服务API可以在地图上标绘出具体的位置，实现可视化表达。

卫星定位的优点是不受区域限制，全球的任何无遮挡的区域只要可以接受到卫星信号就可以定位，定位精度高，可以实现导航功能。但是由于要通过卫星定位，所有可能干扰卫星信号的因素都能影响定位精度，甚至无法完成定位，比如建筑物内、阴雨天等恶劣天气。为了弥补卫星定位的可能盲点，可以利用终端的移动网络进行网络定位，比如通过3G、WiFi可以实现粗精度定位。

2）实时交通信息获取

实时获取道路通达信息能极大方便驾车出行，可以动态规划最优路线。数据实时的特性决定，数据必须从指定服务器上动态获取、刷新。只要终端能通过3G或GPRS等移动网络接入互联网，并结合集成的定位模块就能方便获取需要的实时路况信息。目前有多家互联网企业提供实时路况信息，并开放一定权限的开发和接入接口，通过访问相应的服务就能获取实时位置信息和在终端中调用实时路况开发接口。

8.2.4　终端数据采集技术

移动终端集成音频、视频等多种信息采集模块，可以方便地采集、处理多种数据，数据可以存储在终端本地文件系统或者数据库中，也可以直接通过网络上传至服务器或共享给其他终端，这是数据采集的革新，在采集方式、采集效率、信息丰度、采集成本以及信息传播共享方面与传统的采集方式有质的提升。根据移动终端的特点，其采集的数据有图片数据、音频数据、视频数据、空间位置数据、文本数据、RFID 及其他扫描数据等，这些数据在没有移动终端时，采集大都需要分别采集后再统一处理，但是通过移动终端可以实现一站式采集和数据处理。

1. 图片的采集

图片可以记录兴趣区域的可见光下的全部信息和特征，具有丰富的信息内容，在现场记录、证据采集等应用场景有不可替代的作用。随着光电成像技术的不断发展，摄像头的拍摄质量、精度、分辨率都有了很大提升，终端携带的摄像模块分辨率一般够可以达 500 万像素以上，照片数据质量高。与传统的照片采集技术相比，终端设备不仅能完成照片数据采集和存储，更能利用终端的操作系统对数据进行处理分析，比如在图片数据中融入空间位置信息、修改源数据、图片重点部位标识等，还可以和其他数据做关联。

(1) 图片采集技术：只要集成摄像头的终端并且系统能驱动正常运行就可以采集图片。不同终端、平台采集的技术细节不同，通过系统提供的图片采集程序或开放的 API 就可以调用摄像头采集图像，并可以指定图片输出格式和存储位置等。

(2) 图片处理技术：采集后的图片有时不能完全满足信息收集的要求，需要对图片作进一步的编辑操作，比如在图片上绘制标志、图片裁切、图片编辑、元数据修改与添加等，这些操作都是普通的数码相机所不具备的。

(3) 图片上传与共享：终端集成蓝牙、WiFi、移动通信模块，可以方便地传送图片，终端间可以通过蓝牙在短距离内实现图片互传，通过 WiFi 局域网可以实现图片在多终端间共享，通过 WiFi、移动网络接入互联网可以将图片传送到服务器。

2. 音频数据的采集

音频数据可以快速记录语音信息，并可以保证信息语音准确性。在调查采访、取证方面有很大的利用价值。通过终端设备的 MIC 进行录音，将语音信息以文件存储本地或者通过网络实时发送。根据不同的需求可以对设备的音频采集功能进行需求设置，比如硬件编解码、音频降噪处理等。在音质方面设备支持单声道、多声道采集以及在语音编码方面都可以进行灵活的调整，保证录制的音质满足需求。具体的工作步骤如下。

(1) 设置音频采集源：指定声音采集的 MIC，如果有多个 MIC，比如有外接设备时，可以选择需要的设备，通过 setAudioSource(MediaRecorder. AudioSource. MIC)方法设置。

(2) 设置音频采集编码：MIC 采集到的原生音频数据，数据量大且不利于数据存储和网络传送，选择合适的音频编码对原生数据进行编码，在保证音质的前提下能有效的减小数据量。Android 系统支持三种常见音频编码，分别是：AAC、AMR _ NB、AMR _ WB 通过调用 setAudioEncoder(MediaRecorder. AudioEncoder. AMR _ NB)方法可以设置音频采集编码。

(3) 设置采集格式：通过 MIC 采集到的音频编码数据，需要存储到系统内部存储空间时，需要特定的文件容器来存储。常见的音频文件格式有 mp3、mp4、AAC 等，不同的文件格式对音频数据封装的算法不同，可以通过 setOutputFormat(MediaRecorder. OutputFormat. MPEG _ 4)方法来设定文件存储格式。播放音频文件时采用合适的音频播放器，寻找对应的解码方法，可以实现文件播放。

(4) 设置采样率：采样率是指 MIC 在进行声音信号采集时的采集频率，频率越高，单位时间内采集的采样点越多，声音中能保留的特征点相对会更多，音质会更好一些。通过 setAudioSamplingRate(8000)方法可以设定声音的采样率。

(5) 设置声道：声道表示声音在录制或播放时在不同空间位置采集或回放的相互独立的音频信号，所以声道数也就是声音录制时的音源数量或回放时相应的扬声器数量，目前有单声道(mono)、立体声(stereo)、四声环绕等，Android 设备支持单声道和立体声两种，可以通过 setAudioChannels(AudioFormat. CHANNEL _ CONFIGURATION _ MONO)方法来设定采集的声道数。

(6) 设置视频输出位置：采集到的声音数据最终要存储到终端内部存储或输出到网络端口。本地存储是以文件方式组织数据和存储的，设定好采集的文件容器，设定输出位置后，系统自动将文件存储到指定位置。当音频数据应用场景为实时语音或者指挥系统时，可以将数据直接输出到本地 Socket 端口，再通过 UDP 或 TCP 发送到目标位置。通过方法 setOutputFile()可以设置输出位置。

(7) 开始采集：参数设置完成后调用 start()方法，开始采集音频数据。

3. 视频数据的采集

视频数据可以实时记录采集点的动态信息，尤其是实时指挥、事件监控等应用场景，视频数据采集有不可替代的作用。视频采集是通过终端的摄像头进行，通过调用系统的录像程序或者根据开发的 API 定制开发的录制程序，完成视频数据采集。

视频采集平台和系统的差异性很大，和硬件的相关性比较大。下面就以 Android 平台的标准视频采集流程为例，阐述移动终端的视频采集流程和步骤。

(1) 设置视频采集源：设置采集视频的摄像头，通常移动终端，尤其是智能移动终端不仅只有一个摄像头，如果支持外接摄像设备，可供选择的录制模块就更多了，通过 setVideoSource(MediaRecorder. VideoSource. CAMERA)方法指定用哪个摄像头采集数据。

(2) 设置视频采集编码：通过摄像头采集到的视频数据时原始数据，没有经过编码和压缩，不利于数据存储和媒体播放。指定视频采集编码格式后，系统自动完成编码。Android 系统支持 H. 264、H. 263 等视频编码方式，通过 setVideoEncoder(MediaRecorder. VideoEncoder. H264)方法设定编码方式。

(3) 设置采集格式：与音频采集类似，视频数据同样需要文件容器对数据进行打包封装，方便文件存储和视频播放，通过 setOutputFormat(MediaRecorder. OutputFormat. MPEG _ 4)方法可以设置视频文件采集格式。

(4) 设置采集帧率：频率是指摄像时一秒时间采集的次数，例如 24fps 表示每秒采集 24 帧数据。帧率越高，采集的数据量越大，视频中还有的信息量相对也大，画面的连续性更强，但是实际应用是，要结合具体的使用场景设置合适的帧率。帧率大小和数据量是线性关系，视频录制时要兼顾画质和数据大小。使用 setFrameRate(min，max)方法可以设置视频采集的帧率范围。

(5) 设置采集质量：设置视频采集的尺寸，常见的是 CIF(352×288)，D1(704×576)，采用标准的采集尺寸，方便解码和播放。通过 setVideoSize(resX，resY)方法可以设定采集分辨率，采集分辨率和数量大小是指数关系，在存储空间不足或者网络带宽不足时，减小采集分辨率是有效的方法。

(6) 设置视频输出位置：设置采集到的视频数据的存储位置，可以是设备内部存储，也可以是远程的网络位置，通过 setOutputFile()方法可以实现。

(7) 开启预览：视频采集需要实时观察采集区域，通过预览界面可以实时查看采集区域，根据需要可以调整采集位置和范围等，通过 setPreviewDisplay(holder.getSurface())可以开启预览。

(8) 开始采集：参数设置完毕后，可以调用 start()方法启动录像。

4. 表单的采集

表单是数据采集和存储的主要形式，在 UI 层表单变现为一系列有明确含义的目标项，用户可以根据表单上的对应项进行数据填写和选择。表单源于网页数据采集，尤其是在 Web2.0 以后，表单无论从功能、样式方面都有很大的发展，功能越来越强大，从简单的文本数据到文件上传都有相应的表单控件完成。在移动终端，表单同样作为主要的数据采集方式，从终端原生 UI 层就很好的支持表单元素，Android 系统中内置了大约 50 多种表单控件，可以非常方便地组织表单功能和样式，满足不同应用场景的表单需求。

表单在结构上可以分为三部分：选项名称、编辑区域和表单动作。选项名称主要是提醒填写者，该填写项的目的和意义，比如“姓名”“证件编号”等，编辑区域是与表单名称对应的输入区域，比如“文本编辑框”“密码输入框”“时间选择控件”等。表单动作是表单填写完成后的对数据的处理，可以上传到服务器或存储到本地。

移动终端表单数据采集方便灵活，可以采集的信息也丰富多样，在表单数据采集方面有广泛应用：一方面系统提供丰富的表单组件，利用系统原生的表单元素可以快速高效地设计实现表单；另一方面，可以在应用中嵌入 Web 表单，Web 表单采用统一的 HTML+CSS 布局设计表单，与平台无关，具有良好的跨平台特性，在 Android、IOs、Windows Phone 平台都能很好地展示，同时在线表单可以直接通过 URL 方式加载，方便表单统一维护和更新，但是在性能上稍逊于系统原生表单，根据不能的业务场景可以采用不同的设计方式。

5. 数据压缩打包

移动终端在硬件配置、网络访问、存储空间方面与传统的 PC 机比有很大的差距，虽然随着硬件、软件技术发展，移动终端在处理速度、续航能力方面一直在改善，但是同样的数据处理程序设计，移动终端的设计和开发要更关注性能优化，尤其是在数据处理和存储方面，表 8-4 是主流的 Android 设备和 PC 的主要性能对比。

表 8-4　性能对比

	Android 设备	PC 设备
处理器	双核 1.5GHZ	四核 2.66G(i5)
RAM	1G	4G
ROM	4G	—
存储扩展	32G	500G

数据压缩分为两种：一种是通过一定的编码算法实现实时压缩，一般这种压缩方式是有损压缩，会牺牲掉部分数据和信息；一种是文件压缩，对文件采用压缩算法对文件重新编码，实现数据压缩。

1）编码压缩

音频、视频、图片等媒体数据会使用到编码压缩。根据硬件平台不同，终端支持的音视频编码方式也有差异，以 Android 4.0 系统为例，系统原生支持的视频编码方式有：H.264、H.263、MPEG _ 4 _ SP 三种编码方式，压缩效率上 H.264＞H.263＞MPEG _ 4，H.264 的压缩比是 MPEG-2 的 2 倍以上，是 MPEG-4 的 1.5～2 倍；系统支持的音频编码有：AAC、AMR _ NB、AMR _ WB 采用编码压缩后，可以显著减小数据量的大小。另外对音视频数据而言，还可以采用减少帧率和采样率来控制数据量大小，这在实时流媒体方面是很好的减少数据量的方式。图片数据可以通过不同的文件格式比如 PNG、JPG、TIFF 等编码方式压缩数据量大小，还可以通过控制图片质量方式有效压缩数据，Android 系统的 bitmapFactory 类库中提供相应的 API 实现图片质量控制。

2）文件压缩

文件压缩打包有成熟的算法，比如霍夫曼压缩编码、游程编码、算数编码，Android 发布的 SDK 中提供了数据压缩的 API，其中包括了常见的压缩算法的具体实现。如图 8-22 所示，通过导入相关的 jar 包，就可以调用数据压缩方法，实现对文件压缩。压缩完成后以 zip 格式文件存储。

```
import java.util.zip.ZipEntry;
import java.util.zip.ZipException;
import java.util.zip.ZipFile;
import java.util.zip.ZipOutputStream;
```

图 8-22　开发包文件

参 考 文 献

穿戴式智能设备. 2013. 百度百科. [EB/OL] http://baike.baidu.com/view/10457747.htm? fr=aladdin. 2013-12-27.

方钰，何启海. 2005. 移动导航系统数字地图路网数据的描述与组织[J]. 计算机应用，25(11)：

2673-2675.
高扬，杨志强，乌萌. 2011. 导航数字地图的快速显示技术研究[J]. 测绘科学，36(3)：236-238.
胡瑞鹏，王刚，王迅. 2007. 基于 STL 下最优路径组件设计与应用[J]. 湘潭师范学院学报：自然科学版，29(3)：44-47.
贾奋励. 2010. 电子地图多尺度表达的研究与实践[D]. 解放军信息工程大学博士学位论文.
拉卡拉手机刷卡器. 2013. 百度百科. [EB/OL]http://baike. baidu. com/view/8553079. htm? fr=aladdin. 2013-12-27.
刘春，姚连璧. 2002. 车载导航电子地图中道路数据的空间逻辑描述[J]. 同济大学学报(自然科学版)，30(3)：346-351.
刘鹏，康建初，诸彤宇. 2009. 导航终端中的兴趣点数据压缩检索技术[J]. 计算机工程，35(14)：81-84.
龙昌生. 2011. 北斗/GPS 双模导航终端关键模块的设计与实现[D]，重庆大学硕士学位论文.
潘未庄，陈石平，牛明超. 2014. 一款北斗/GPS 双模定位模块设计与实现[J]. 全球定位系统，39(2)：34-37.
武雪玲，杜清运，任福. 2006. 基于 A＊算法的路网数据组织[J]. 地理空间信息，4(6)：11-13.
熊汉江，杨哲宇，戴雪峰，等. 2009. 网络 3 维地球软件客户端缓存动态管理设计与实现[J]. 地理信息世界，(4)：55-59.
胥锐. 2008. 车载导航电子地图的路网模型[J]. 电脑技术与技术，3(8)：1803-1804.
中国广东 IC 网. 2011. 智能手机扩展坞系统发掘了智能手机的潜力并推动了接口标准化[EB/OL]. http://www. gdicw. com/info/detail _ 2507 _ 6170500. html. 2013-12-27.

第9章 交通安全监管与信息服务

位置服务技术在交通安全监管、交通拥堵信息、个人出行服务等方面的应用是“中国位置”致力于智能交通系统领域的重要成果，本章重点介绍交通安全监管与位置服务相结合的系统架构体系、应用模式和典型的服务平台功能，同时阐述结合位置信息进行交通信息服务系统的数据采集与信息发布模式。

9.1 交通安全监管

9.1.1 交通运输业发展对位置服务的需求

随着我国经济建设的高速发展和公路总里程的增加，交通物流行业发展迅速。物流和交通运输行业的快速发展给行业管理带来了新的挑战。

对于政府交通运输管理部门来说，主要问题体现在以下两个方面。

1）区域和跨区域交通监管的问题

交通监管需要一个相对统一、在任何时间地点可以追踪车辆和货物信息的信息化系统。目前我国已经建立了一些省市级 GPS 交通监控系统，但是跨区域联合监管属于相对空白状态。交通安全监管信息系统不仅要覆盖陆路交通运输，还应覆盖水上运输、航空运输，成为连接机场、码头、物流集散地等的立体运输管理系统。

2）危险物品运输管理的问题

据不完全统计，我国每年通过公路运输的危险品约有 2 亿 t 3 000 多个品种。截至 2008 年年底，我国共有 8 300 多家道路危险货物运输企业。随着危险品运量的增加，危险品运输事故也呈上升趋势，危险物品运输监管是一个不容忽视的问题。

因此，国家级、省级、市级的交通运输管理部门必须承担对车辆、船只、飞机等运输工具的运输管理职责，导航与位置服务技术可以帮助管理部门实现对货物运输过程的监控，实现精细化管理，并解决车辆调度、交通流量控制、安全监控等问题。

9.1.2 交通监管平台系统的构成

一般地，交通监管位置服务系统可以分为基础设施层、数据层、信息处理层和应用服务层，如图 9-1 所示。

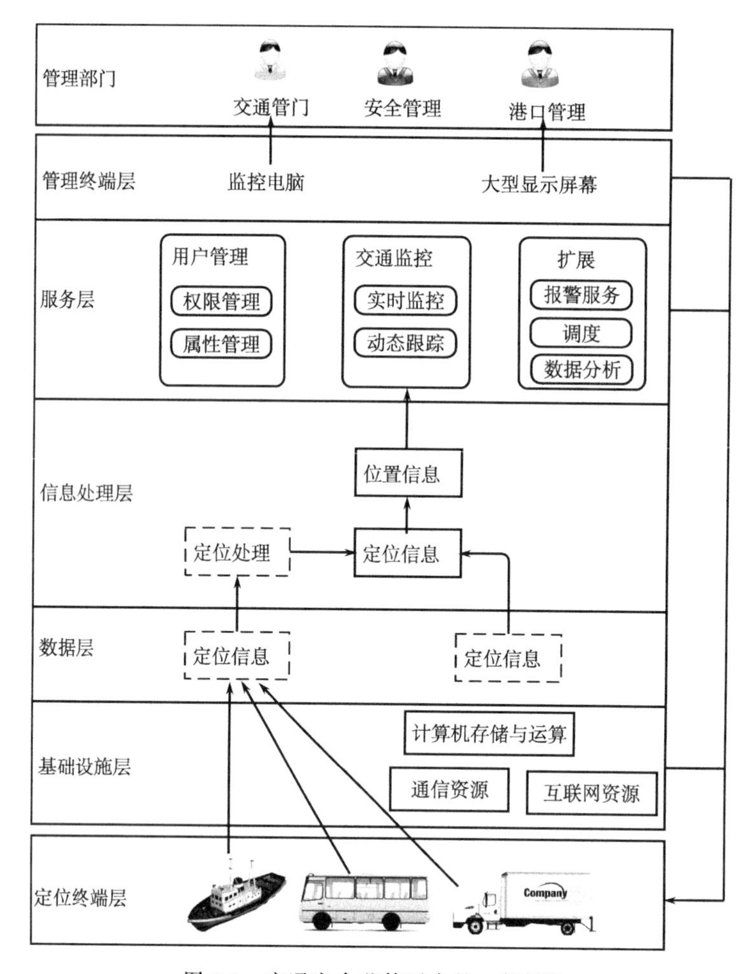

图 9-1　交通安全监管平台的一般架构

1）*基础设施层*

基础设施层包括服务器、存储器、局域网、通信网络等。基础设施层主要用于各种定位信号的获取、实现信号的传输、实现空间数据与互联网信息的集成融合、提供实现定位服务所需的基础计算处理资源，包括移动通信定位设施、互联网信息资源、计算处理与存储资源等。

2）*数据层*

包括位置服务所需要的各种空间数据、位置数据和交通专题数据。

• 基础空间信息：为定位系统提供空间定位、空间检索的基础信息，包括一般的电子导航地图、遥感影像、地形图等基础空间信息，是交通可视化管理和辅助决策的重要手段。

• 位置信息：主要是各种交通运输工具上装载的跟踪设备上传的 GPS 信息，依据该信息，管理中心可以随时了解系统中交通运输工具的位置和动态。

- 交通专题信息：主要包括各类交通管理专题信息，例如历史上的拥堵数据、交通设施分布等。此外，大多数交通监管系统还包括交通视频信息。

3）信息处理层

信息处理层主要利用基础资源层、数据层所提供的资源，对定位信息和空间数据信息进行综合处理，实现整个实时定位及其可视化功能。

4）服务层

应用服务可以划分为用户管理模块、基础服务模块和扩展服务模块。

用户管理模块：用户管理模块一般有几项功能——针对专业平台不同级别用户的权限管理，用户社会属性信息的管理，用户登录的浏览操作记录。用户管理模块与平台使用者紧密相关，尤其是跨区域交通监管系统实现的时候，不同等级的交通监管平台使用者在系统中会有不同的管理权限，例如市级管理者和省级管理者的查看数据权限就不同。

基础服务模块：基础服务模块实现的是交通监管系统的基本功能，即结合电子地图，对车辆进行实时定位、跟踪监控，实现全程动态跟踪；查询历史轨迹，并进行轨迹动态回放。

扩展服务模块：扩展服务模块一般是根据交通管理方法的不同要求而进行设计的。如：

- 应急报警服务：①主动呼叫用户终端，发送紧急的系统消息；②接收用户终端上传短信等报警信息。
- 时空数据统计：将终端采集的交通信息，形成分区域分时段的统计报表。根据各种交通管理需求，采用地理信息系统对空间数据和属性数据进行可视化、空间分析、数据挖掘等。
- 调度管理：根据上传的信息，对车辆发出行车指令等信息。

此外，系统还有两个接入层：一是定位终端层，具备位置采集、位置传送、导航定位等一系列功能，各种定位终端回传交通工具的位置信息，也可以接受监管平台传达的信息；二是管理终端层，主要是管理部门用于显示、查询和管理交通工具的定位信息。

9.1.3　典型的交通监管平台

1. 全国重点车辆监控系统

1）系统主要功能

全国重点营运车辆联网联控系统是交通运输部建立的一个全国性车辆动态信息监控平台。系统的监控对象是“两客一危”(客运班车、旅游包车、危险货物运输车辆)，系统设计目标是通过制定统一的车辆动态信息交换标准，建设统一的车辆动态信息公共交换平台，整合全国省市级车辆动态信息监控资源，实现全国重点营运车辆动态数据收集，建立交换体系。

通过该车辆联网联控系统实时掌握全国范围内重点营运车辆的分布情况、车辆运行情况，还可对分属不同省份、不同企业的车辆使用同一监控端软件，实现同时监控和跟踪。同时，系统能够发现运输中存在的超速行驶、疲劳驾驶等问题。一旦发现司机有超速行驶和疲劳驾驶问题，管理部门就能立即施行干预。例如，广东道路卫星定位数据管理系统通过带有卫星定位功能的车载行驶记录仪实时发回的信息，发现江苏南京某货车连续行驶超过 4 小时，可以立即向江苏省运政管理部门通报，该部门立即通知对司机的违章行为进行纠正，整个过程用时不到 8 分钟。

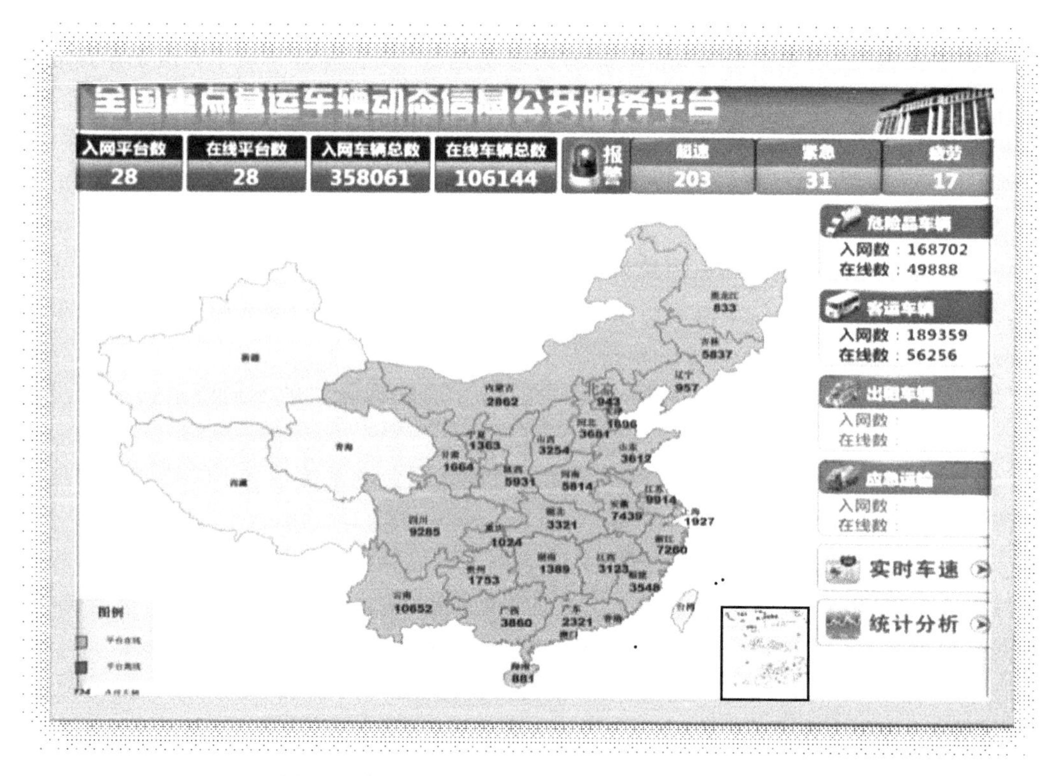

图 9-2　全国重点营运车辆动态信息公共服务平台

在完成全国重点营运车辆动态信息公共服务平台系统建设的同时，交通运输部又组织新建了 13 个省级平台，改扩建了 15 个省级平台，调通了全国监控平台与 31 个省级平台的数据接口，改造、接入系统的 GPS 服务运营商达 800 多家，35 万余辆重点营运车辆数据进入系统。31 个省、区、市实时把本地各运输企业通过车载卫星定位管理系统收集的车辆动态数据发送到交通部平台，再转发给需要这些信息的省份，中转时间仅需 1/30s。最终形成了系统性的全国监控平台(中国交通通信信息中心，2013)。

我国跨区域的交通信息监测平台应用体系，如图 9-3 所示。

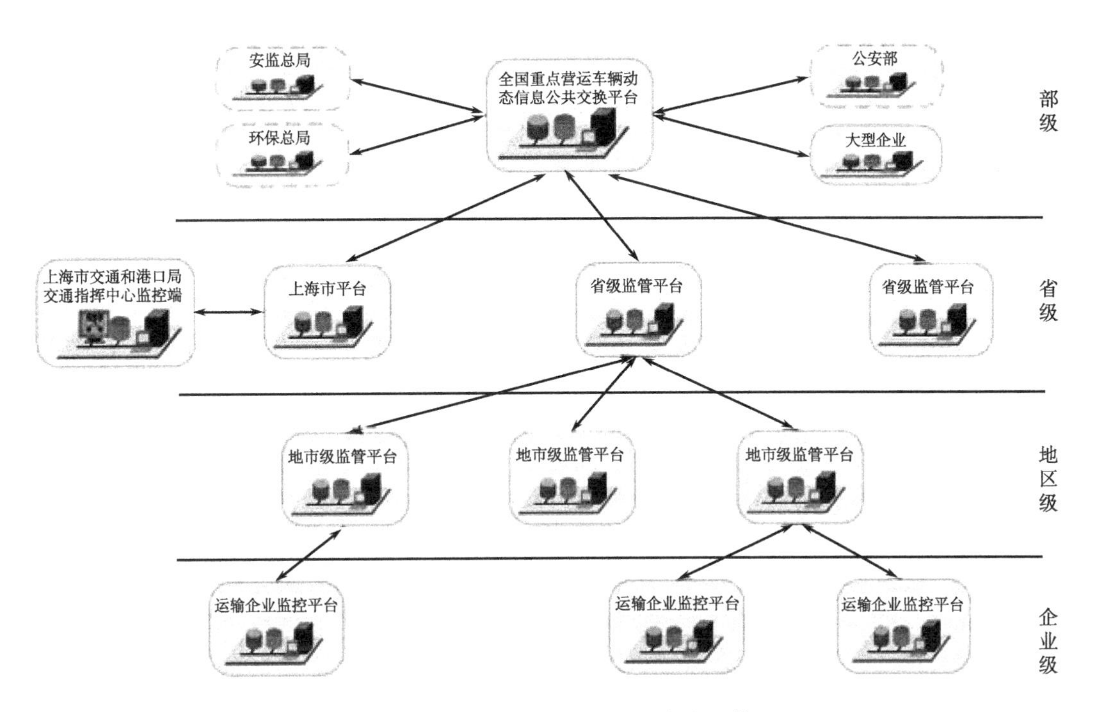

图 9-3　跨区域的交通信息监测平台应用体系

2）系统主要特征

(1) 互联互通、数据共享。系统实现了车辆动态数据跨地区、跨部门流转，建立了统一的数据交换标准，整合了全国 31 个省级平台资源，消除了信息孤岛。系统充分整合现有各省级道路运输监控系统资源，完成重点营运车辆各省间信息互联互通，数据共享。它一方面实现了重点营运车辆动态信息的跨区域交换体系，使跨地区联合监管成为可能；另一方面作为一个全开放系统，建立了数据交换通道，实现了同一地区不同政府管理部门之间的信息沟通，为多部门协同办公、应急联动等方面的应用奠定了基础。

(2) 动态静态信息的有效结合。联网联控系统实现了车辆动、静态信息的有效结合。传统道路运输信息的收集均是静态的数据汇总，无法给管理者提供实时信息。通过联网联控系统可以将车辆动态位置信息、车辆运输信息以及车辆货物运输信息实时地转发给相应平台，使接收平台不但可以清晰地了解车辆的行驶轨迹，还可以对车辆的货物信息、属性信息了如指掌。

整个监管系统实现了数据在部级层面的统一集中，可以有效掌握全国道路运输行业的总体运行情况，加强了道路运输行业监管，提升道路运输行业信息化管理水平和决策分析能力，能为现代物流业、应急指挥系统、路网拥堵情况分析、交通经济运行分析等多个方面提供数据支撑。

3）实施效果

重点营运车辆动态信息公共交换平台建成后已向各接入省级平台转发了外省入境车辆动态信息。现阶段，该系统建设成果主要体现在以下几个方面。

（1）营运车辆安全监管。完善和加强部、省、市三级营运车辆分级监管体系，形成交通、公安、安监等部门对营运车辆的联合监管体系，有效遏制危货运输违章行为。实现对全国范围车辆异常聚集的监测体系，对于异常聚集点给出车辆种类、人员等相关参考信息，以便国家主管部门及各省市及时了解路网拥堵等情况下营运车辆的相关情况，最大限度降低道路运输事故损失，全面提高安全监管水平。

在上海世博会和广州亚运会期间，该平台向上海转发包括车辆卫星定位数据、车辆运营数据在内的跨域车次数据约107.1万辆次，向广东转发38.4万辆次，两省市的监控平台将其转入自有系统，并转发给公安、安监等有关部门。这些信息已经成为各部门对重点运输车辆进行有效监管的重要依据(中国交通通信信息中心，2013)。

（2）应急运输指挥调度。在应急运输指挥调度方面，建设道路运输应急信息系统体系，形成部、省、市三级道路运输应急指挥调度平台体系，实现各级指挥调度中心信息的互通和共享，提高应急响应速度和指挥调度能力。通过建立数据信息采集、处理和报送的相关信息标准，实现对应急运输车辆的日常监控与管理。在客运信息服务方面，提供准确的客流统计数据，为重点时期运力、运量的调控提供了准确实时的数据支持。

（3）交通执法方面的运用。在道路运输运政执法方面，建立部、省、市三级重点道路运输综合执法系统，实现各级、各地区道路运输管理机构间，公安、安监等其他行业管理部门间的执法信息、执法资源共享，形成对重点营运车辆的监管合力，提高各级运管机构的执法水平的效果。

（4）行业应用方面。系统的建设推进了道路运输车辆卫星定位动态监管系统系列标准的编制工作，为车辆卫星定位监控平台、终端产品及数据交换的技术标准编制，以及降低系统运行、维护成本方面积累了经验。通过位置服务系统逐步建立起综合信息发布体系，为社会公众提供信息服务，为企业提高管理水平、运行效率和竞争能力，为道路运输信息化体系建设奠定扎实的基础。

2. 水上交通运输管理系统

我国内河、沿海的水陆运输占国内货物周转量的50%以上、对外贸易的90%以上是通过水运进行的，因此，建设内河(沿海)物流运输安全保障监控位置服务平台是我国水上交通运输管理的必由之路。这里以交通运输部“内河(沿海)货物运输安全保障监控信息平台”来说明位置服务系统在这一领域的应用。

内河(沿海)货物运输安全保障监控信息平台设计的主要功能包括：

（1）实现内河(沿海)现有位置监控信息系统之间的信息共享。我国水运交通监控系统有VTS系统、AIS系统和基于GPS的公网监控系统等。在小型船舶数量相对较多的河域，多数使用GPS公网系统；符合国际海事组织(IMO)公约规定的重量达300总吨以上船舶，则以AIS用于安全航行保障；监管人员基本依靠VTS系统进行交通控制。

这些系统都是为了保障船舶航行安全，但因相互之间信息独立，无法实现共享。“内河(沿海)货物运输安全保障监控信息平台”的建设，能够实现不同平台之间的信息共享。

(2) 实现一体化全程实时动态监控。内河(沿海)货物运输过程中，载体包括远洋船舶、近岸船舶、码头装卸车辆、仓储周转车辆，还包括仓储至货主之间的运输载体。在整个运输过程中，对货物运输过程中所涉及所有运载体进行实时动态监控，可以确保交通运输管理人员和货主能够实时查验货物在运输过程中的实时状态。进而通过各种通信技术与运载体驾驶人员进行通信，进行实时调度和任务分配，以提高运输效率，降低运输载体空驶率，保护环境，如图 9-4 所示。

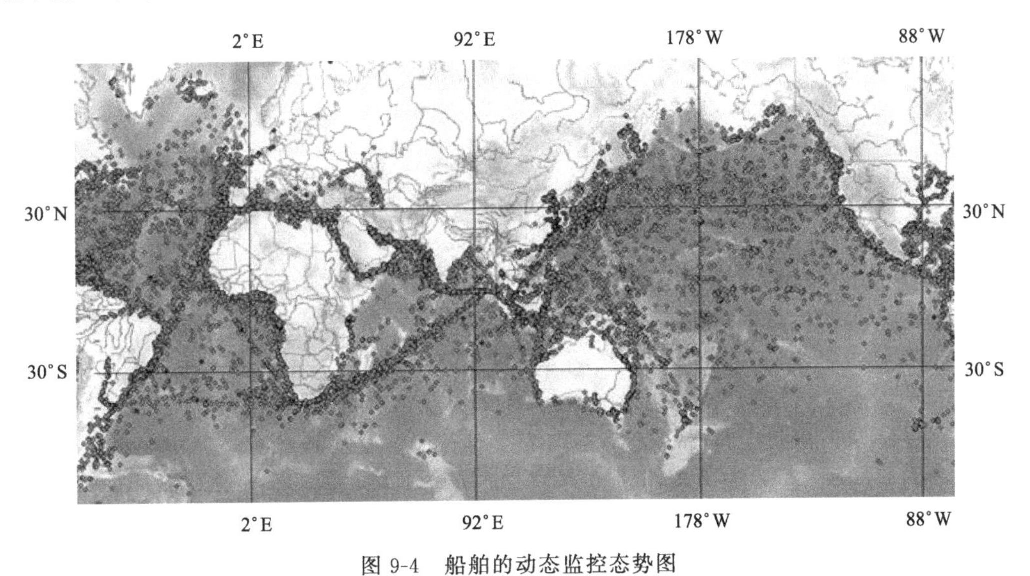

图 9-4　船舶的动态监控态势图

(3) 货物全程自动化实时“感知”。货物在运输过程中，不同件次的货物可能通过不同的运载体到达目的地，如：货物在运输过程中可能通过船舶、港口装卸拖车、仓储存放、装转运输、投递等不同阶段，要实现对一件次的货物进行全程自动化实时“感知”，需要将货物自动实时地与运载体进行自动的关联，且不需要操作人员主动参与。因此在不同的运输阶段，需要采用不同的通信技术传输上述运载体和货物的实时状态信息。对货物的感知，可以使用 RFID 识别技术，也可以采用条形码扫描等识别技术。

(4) 内河(沿海)货物运输实体全程安全预警及保障。内河(沿海)货物运输实体包括各类运载体和货物，运载体的安全营运与货物的安全密切相关，对环境保护、运输效率的提高和人员安全都有直接的关系，应尽可能地将安全隐患消灭于萌芽之中，及时进行预警，尽最大限度地降低危险的发生；而且，一旦发生各种危险，需要快速反应，及时搜救、保障各种物流实体的安全，将损失降到最小，如图 9-5 所示。

(5) 与公共口岸物流信息服务平台的无缝联接和信息共享。公共口岸物流信息服务平台包括各种货物电子单证、通关服务、审核审批、金融收费等过程，涉及海关、边检、海事、企业、银行、保险等部门的信息服务平台。上述公共口岸物流信息服务平台主要是提供单证和通关服务，最大化的提高货物通关和周转效率。而“内河(沿海)货物

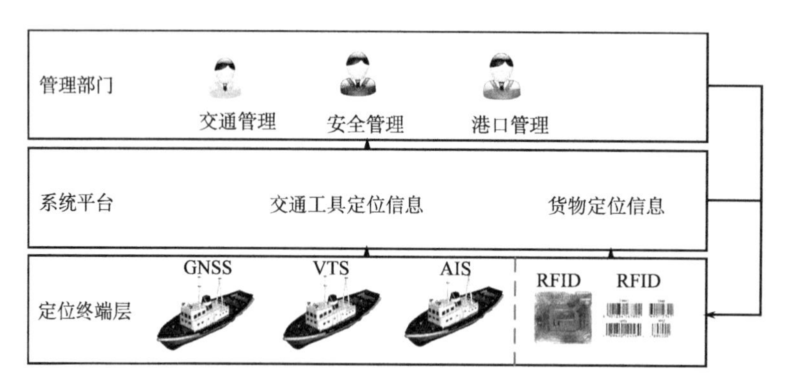

图 9-5　内河(沿海)货物运输安全保障监控信息平台主要功能示意

运输安全保障监控信息平台"主要是保障货物安全和提高货物周转效率、合理安排货物营运、提高运输载体营运效益。公共口岸物流信息服务平台与内河(沿海)货物运输安全保障监控信息平台既具有统一性，又具有互补性，两者的有机集成是物流信息化发展趋势，因此，要实现两者之间的无缝联接接口技术和信息交换共享内容。具体包括两者之间交换的货物信息、运载体信息及安全预警和调度信息等内容，制定两者之间无缝联接协议和信息交换协议标准。

(6) 多功能跟踪和感知终端设备。货物的感知依托于运载体上的移动终端设备，而且在不同的运输阶段该类货物需要与不同终端设备进行联接，以上传货物实时状态信息数据。

(7) 运载体货物高精度位置获取。由于内河、沿海航道狭窄，而普通的卫星定位精度是 10m，不能满足重点繁忙航道运载体的安全航行需求。运载体的实时动态高精度位置信息是货物全程"感知"和全程安全监管的基础。

与全国重点车辆监控系统相比，内河(沿海)货物运输安全保障监测位置服务平台主要不同在于：①实现不同定位系统、通信平台系统之间无缝连接与分享；②需要应用高精度导航定位、多模通信、全程货物感知等前沿技术。

3. 城市公共交通监管平台

在城市交通管理中，位置服务同样起到关键作用。城市交通位置服务系统的原理、结构和功能与"全国重点营运辆管理系统"几乎一致，是前者的区域性版本。这里以基于位置服务的城市公共交通监管系统为例，介绍城市级别的交通安全监控平台的主要功能。

一般而言，城市公共交通系统对于位置服务的需求主要体现在以下几个方面：

(1) 通过定位技术，实时确定公交车辆的位置，对公交车辆进行实时监管、安全监管；对公交线路执行监管；使车队、公司和政府监管部门能及时方便地了解公交车辆和公交线路的运营情况。

(2) 实现公交车辆的最优调度，改善公共交通运行状况，使整个公共交通系统的效益保持最佳。

(3) 对社会公众发布公共交通信息。

(4) 利用公交车的位置信息监控城市的交通状况，并建立公共交通信号优先系统。

目前国内位置服务技术在智能公交方面的应用主要有几个方面：

(1) 交通信息的采集和融合。通过公交车载信息系统的 GNSS 数据，包括公交车实时位置信息、瞬时速度信息、时间信息等，实现交通信息的采集和融合。

(2) 实时信息发布。面向公交乘客发布实时信息，例如通过车载多媒体信息终端为车内乘客提供多方位的信息服务，让传统、枯燥、乏味、未知的乘车煎熬变为有趣可知的过程享受；同时实现自动语音报站和文字显示到、离站信息，使预报站更加及时、准确。

(3) 城市路况专家决策和公交调度专家决策。对公交车的 GNSS 动态交通信息及城市道口及匝道的固定点交通信息进行汇总、存储，得到城市交通各条道路拥堵系数。面向公交企业，给出各线路各时段建议车辆发车周期的专家决策系统，为公交公司科学安排运力、规划线网提供有力手段，使得均衡发车、等距运行成为可能。

(4) 面向公交企业的实时监控功能。公交调度中心可对线路上正营运的车辆出现的超速、早点、晚点、滞站、越站及超越行驶轨迹等违章现象实施动态监控，并及时纠正和处理，规范营运秩序，使得车辆运行途中的管理真空得以填补，为乘客提供更安全、更优质的服务。

(5) 快速公交体系及交通信号控制。在信号交叉口让公交车优先通行，可以保证其调度运行的准时性。

4. 广域精密定位交通运输管理系统

在现有跨区域交通管理的基础上，交通运输管理部门正在建立全国范围的高精度定位信息处理系统，进一步提升位置服务系统在交通运输管理的应用水平。交通运输行业广域精密定位信息处理系统，依托着广域分米级实时精密定位系统，结合交通运输部现有水上 DGPS 系统，融合 VTS、AIS 信息，在全国路网、内河与沿海海域形成高精度定位服务网络，为政府、企业和公众提供广域实时高精度定位、导航信息服务，为日趋紧张的公路、水路运输及城市交通安全与运行效率提供更坚时的保障。

具体在应用方面，在广域精密定位信息，结合 RFID、传感器网络等现代信息通信技术，可形成交通运输行业应用示范服务系统，如疏浚船舶实时监管与服务系统、高精度道路运输车辆位置监测与安全预警系统、基于精确 GNSS 定位信息的公交调度决策方法和智能动态公交调度辅助抉择。

高精度的疏浚船舶实时监管与服务系统，主要目的是为航道疏浚船舶提供高精度精密定位服务。疏浚船舶作业的精度要求达到厘米级，利用广域高精度定位系统能够对疏浚船舶作业进行实时操控，提高生产效率，有效减少疏浚船舶在非核定区域偷卸漏卸废弃物的行为。

高精度道路运输车辆位置监测与安全预警系统主要是依赖高精度定位数据来进行交通管理。分米级的定位系统可以对车辆变道、主路辅路行驶、车辆 S 型行驶等驾驶行为做出精确判定。这些功能对疲劳驾驶、超速驾驶、违规掉头、堵塞应急车道、大货车长期占用超车道等危险违规驾驶行为做出有效警示，尽量避免因违规驾驶造成的交通事故。

9.1.4 交通管理位置服务的发展趋势

1. 跨区域的信息融合必不可少

全国范围的重点车辆运维监控系统已经与各个省(区、市)平台联网。不同行政辖区都在逐步建立不同类别的交通信息采集和监控系统，不同系统之间的进一步信息融合，是跨区域交通管理发展的一个必然方向。

2. 多种定位技术的应用和定位精度的提高将助力交通管理

在危险品监控过程中，定位追踪的目标已经不仅仅局限在运输车辆，而延伸到货物、押运人员等，涉及人、车、物品的多元定位与身份识别。广域实时精密定位技术的应用可以帮助管理者采集到更详细的信息，更有效地对司机的驾驶行为进行监测。

3. 交通信息数据挖掘模型研究亟待开展

目前的管理平台是以信息采集和简单统计功能为主，而交通管理部门和大众出行对于交通实时信息的需求十分迫切。例如道路拥堵点、预测拥堵高峰出现的时间、突发事件对交通的影响等，这些需求对交通信息的数据挖掘不断提出了新的要求，有待进一步研究。

9.2 交通信息服务

9.2.1 城市交通信息服务与位置服务

1. 城市交通问题的改善

交通阻塞和交通事故问题是当前我国城市交通面临的主要问题。

随着国民经济的快速增长，人流、物流、信息流以前所未有的密度涌向大中城市并向周边辐射，城市化进程明显加快，城市规模不断扩大，人口不断集中。目前城市化带动城市交通需求高速增长，机动车辆快速增加的同时，也促使城市道路负荷加重，交通拥堵现象日益加剧。

我国还是世界上道路交通事故最严重的国家之一。全国交通事故次数、死亡人数、受伤人数和经济损失等四项指标的绝对值一直居于世界高位。道路交通安全逐渐成为社会和经济可持续发展的一个制约形式。我国目前正处于机动车快速发展的过程，机动车数量和居民人均出行量仍将快速增长，道路交通安全形势不容乐观。有效地控制交通安全，减少交通事故，就能减少相关的人员损失和经济损失。

政府部门只有了解城市交通拥堵特征、掌握交通事故多发地点的状况，才能有效的进行城市交通管理，并制定相关的措施。在城市生活的大众人群只有了解交通拥堵、交通事故的行管信息，才能有效的规划出行。基于位置服务的交通信息服务平台可以帮助解决这些相关的问题。

2. 交通信息服务平台的构成

交通信息服务平台的构成与交通安全监管位置服务平台类似。但是后者提供的服务信息主要在于为各级管理部门和运输企业了解运输车辆的实时状况，供交通安全管理和物流管理使用。而交通信息服务平台提供的服务信息重点在于面向大众提供实时交通信息和交通路况预测，提高城市出行的效率和保障驾驶者的安全出行。与交通安全监管系统相比，交通信息服务平台必须在数据分析方面和信息发布方面进行更多的功能研发，如图 9-6 所示。

在交通信息服务平台的信息处理层，系统应将车辆的定位信息、安全事故信息和各种基础空间信息综合分析，进行数据挖掘甚至建模分析，为公众提供诸如实时路况、交通拥堵指数、交通热点专题图、交通安全专题图等数据产品。交通信息发布主要是面向城市出行大众，其信息发布终端包括互联网站、信息屏幕、车载导航终端、广播电台、智能手机等等。

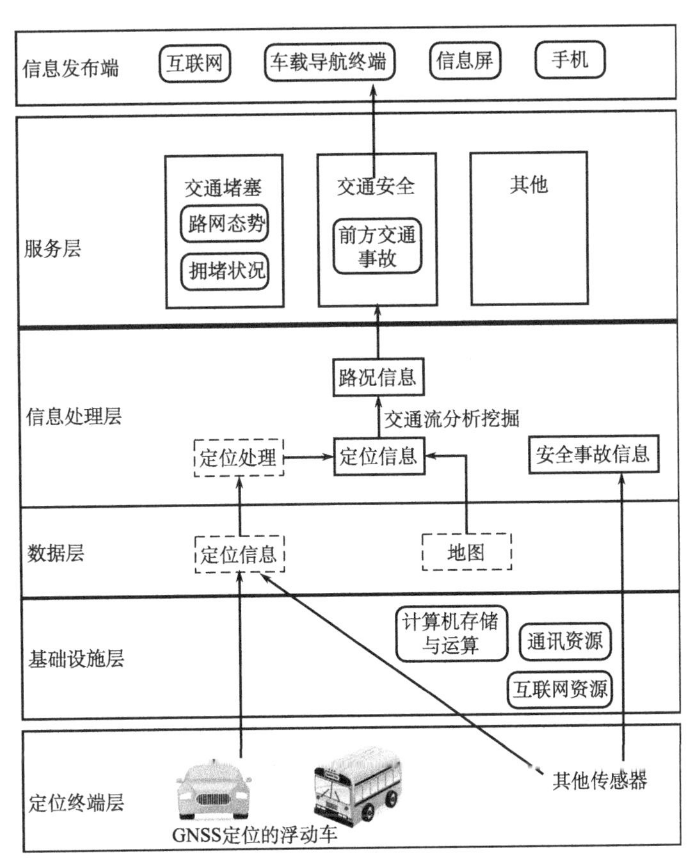

图 9-6　交通信息服务系统

9.2.2 交通信息采集发布

交通信息采集与发布系统可以实现两个方面的交通管理功能：一是科学管理。通过采集的交通信息分析出常规拥堵点段，对拥堵状况进行跟踪分析和综合评价，以便于交通管理部门对常发的堵点、乱点进行治理。二是交通疏导。通过实时路况的发布，可以对行驶车辆进行在线疏导，同时利用车载导航设备、个人导航设备动态分配疏导车辆和行人。

1. 国外城市交通信息采集与发布系统

1）日本的 VICS 系统

日本已经建设了提供导航定位和交通信息服务的车辆信息通信系统(VICS，vehicle information and communication system)。VICS 由东京一家半官方半民营性质的企业经营，负责交通信息处理、发布和系统运营维护。警察部门和高速公路管理部门提供的路况信息、交通施工信息、路线限制信息，以及停车场空位等信息经 VICS 中心编辑处理后，可及时传输给驾驶者，以提高出行的效率。

VICS 由四部分组成：实时交通信息采集、交通信息编辑与处理、交通信息无线传输、车载单元对交通信息的接收和使用。实时交通信息采集由警察部门和公路管理部门完成；VICS 中心负责编辑和处理实时交通信息，并将处理后的结果发送出去。VICS 使用三种方式来显示实时交通信息：文本方式、简单图形方式和地图方式。其中地图方式是将堵塞或拥挤的道路以不同颜色显示在导航电子地图屏幕上。

2）美国 ATIS 系统

美国的出行信息系统(ATIS，advanced travelling information system)建立在完善的信息网络基础之上，通过装备在道路、机动车、换乘站、停车场以及气象中心的传感器和传输设备，向交通信息中心提供全面的实时交通信息。ATIS 对各类信息加以处理后，向社会提供实时的道路交通信息、换乘信息、交通气象信息、停车场信息以及与出行相关的其他信息，出行者可根据这些信息确定自己的出行方式和行程路线。

ATIS 可使用高速的调频 FM 副载波向传呼机式手表、车载专用电台、便携式微机提供实时交通信息，便携式微机可以显示诸如事故报告、检测器数据等信息。目前该系统已建立在互联网上，并采用多媒体技术，使 ATIS 的服务功能大大加强，汽车可由此成为移动的“信息中心”和“办公室”。

2. 国内城市交通信息采集与发布系统

我国已成功研制了基于浮动车处理技术的实时路况信息服务系统，这里以北京市交通信息中心建立的实时路况采集系统为例，来介绍位置服务系统在交通信息采集方面的应用。

该系统能够实时展现北京市城区的路网交通态势和拥堵状况，路况信息每 5 分钟全面更新一次，并支持四级图形缩放。用户可根据地址名称查询其周边路网实时交通路况，公众也可在出行前通过互联网查询特定路线的交通拥堵状况，选择合适的路线出行，如图 9-7 所示。

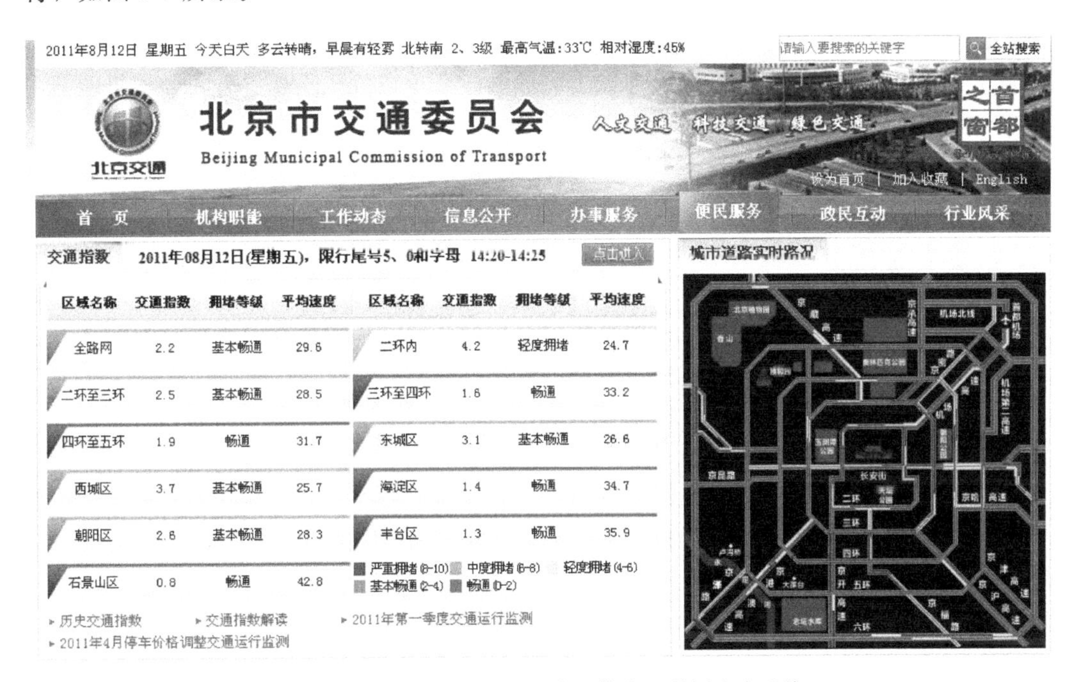

图 9-7　基于浮动车的实时路况信息互联网发布系统

北京市实时路况信息系统以浮动车定时传送到信息采集中心的 GPS 数据为基础，通过历史数据回归分析以及现实路况计算出实时的交通信息。

浮动车一般是指安装了车载 GPS 定位装置并行驶在城市主干道上的公交和出租车。浮动车技术是近年来国际智能交通系统(ITS)中所采用的获取道路交通信息的最常用技术手段之一。其基本原理是：根据装备车载全球定位系统的浮动车在其行驶过程中定期记录的车辆位置、方向和速度信息，应用地图匹配、路径推测等计算模型和算法进行处理，使浮动车位置数据和城市道路在时间和空间上关联起来，最终得到浮动车所经过道路的车辆行驶速度等交通信息。如果在城市中部署足够数量的浮动车，并将这些浮动车的位置数据通过无线通信系统定期、实时地传输到信息处理中心，由信息中心综合处理，就可以获得整个城市动态、实时的交通拥堵信息。

在系统后台，运用信息融合技术和数据挖掘技术，充分分析同一时间、同一道路上不同车辆的运行数据、同一车辆不同时刻不同公交车运行数据以及不同条件(气候、节假日)下的公交车运行数据之间的相关性，建立起公交 GPS 数据与城市道路交通流状态的关联模型，从而可以实时准确地得出城市公交出行道路交通状况。

9.2.3　交通安全信息主动发布

1. 交通安全需求与位置服务

发生交通安全事故的主要情况是，在途驾驶人无法在第一时间获得前方位置的道路交通和环境信息，从而不能在事发前做出减速、改线等事故风险规避行为。如果能够实时地获取驾驶者的位置，通过分析不同车辆之间的相互关系以及车辆位置与道路设施之间的变化关系，提供主动的交通安全干预，就可以提醒在途驾驶人提前采取主动应急行为。

目前大多数的交通安全信息发布只是发布路况信息，并不能发布交通安全信息。而且，这样的信息发送往往依赖于被动查询系统。基于位置的主动交通安全信息推送可以为在途驾驶人实时推送前方道路交通环境信息，使其及时采取合适的驾驶行为，从而达到主动预防交通事故，甚至缓解交通阻塞的作用。

2. 主动安全交通系统的推送服务

主动安全交通的位置服务系统可以向手机、导航设备等移动终端提供不同层次和菜单式定制的主动交通安全推送服务，大幅降低车辆的事故率及伤亡率。其可以提供的功能有：①城市道路平面交叉口及城市快速路与高速公路出入口位置的实时预警；②在车辆事故多发和隐患路段预警；③对突发事件快速预警，优化交通组织措施，快速发布相关事件信息。

9.3　发展趋势展望

在我国交通信息领域，目前已经建立了大量交通安全监管系统和交通信息服务系统。这些位置信息系统的发展趋势是相互融合，为大众出行提供更加便利的信息服务。

这种融合体现在两个方面：一是交通信息的服务对象从专业管理部门转向大众出行。交通管理平台将更多的交通信息与大众分享，共同改善交通。二是信息数据本身的融合，随着移动通信和定位技术逐渐融入交通服务系统，越来越多的城市活动个体可通过手机将位置信息发送到城市交通服务平台。交通服务系统能够实时获取多种形式的海量样本数据，处理发布的交通信息更加准确，最终实现城市交通的智能化管理，如图9-8。

9.3.1　信息融合的关键技术

1. 多源高精度定位技术

1）多源无缝定位技术融合

卫星导航定位技术只能应用在室外开阔环境，因此，在交通管理和信息服务中要实

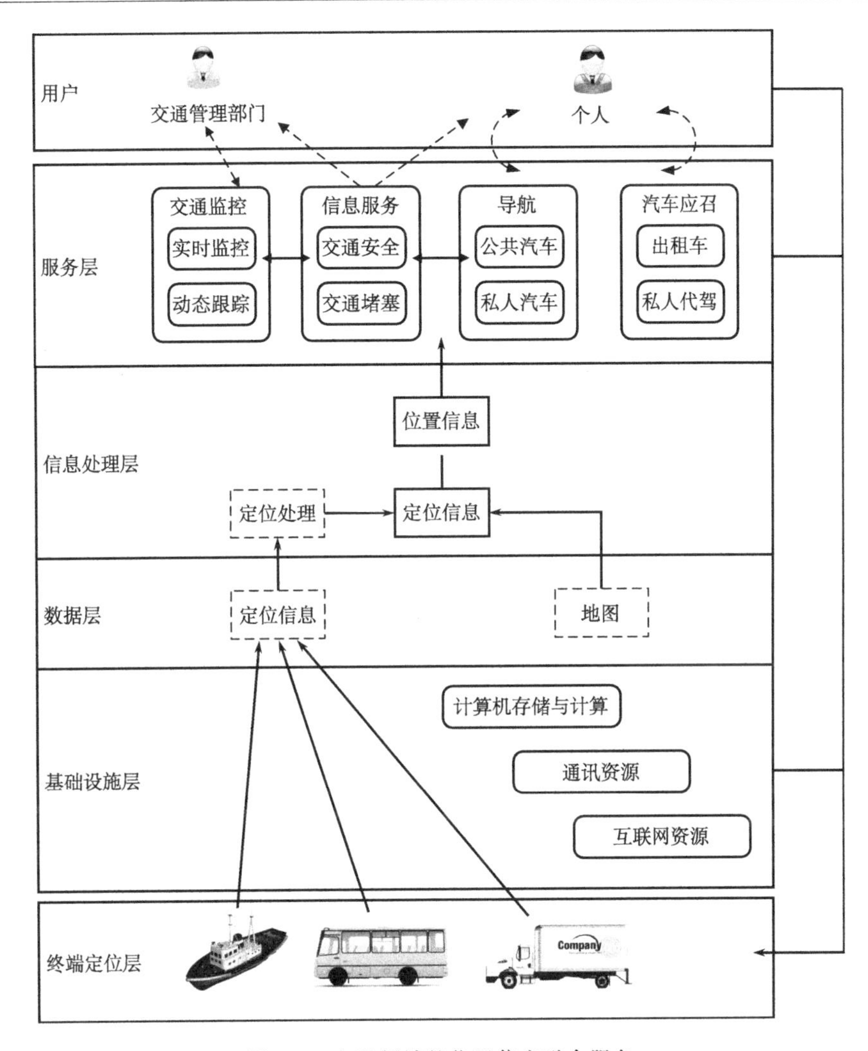

图 9-8　交通领域的位置信息融合服务

现多种室内外定位方式的无缝衔接，以实现对整个运输流程的全面监控和对出行方式全面服务。例如，RFID＋GNSS 技术融合，可以实现对危险物品的点对点监控。GNSS＋惯性导航技术能够对行驶在隧道、高楼林立街道和丛林峡谷路段进行无缝定位等。

2）发展更高精度的定位技术

高精度定位技术可以获取更精细的位置信息，便于对交通管理对象的行为模式进行管理和分析，如第 3 章介绍的广域精密定位系统技术，可以在航道疏浚、道路运输车辆车道监测与安全预警等方面得到广泛应用。

2. 信息集成

1）信息共享标准体系研究

标准化管理是信息共享技术实现的根本，是指导系统建设和应用的依据。例如，交通运输系统涉及的定位信息包括 GNSS 系统、广域实时精密定位系统、AIS 系统、VTS 系统、手机定位等提供的多源数据，因此，必须研究交通运输行业位置服务网络体系结构、网络技术协议和标准，建立信息共享和数据交换的标准体系框架。

2）多模通信网络接入技术

交通信息系统中往往面临着多种通信网络接口，如第三代移动通信网(3G)、数字广播网、互联网，以及交通运输部建设的 RBN 链路、海上宽带 VSAT 链路等。需要研究系统对不同通信网络的接口技术，实现系统多源数据信息采集及位置服务信息播发。

3）多源信息交换与处理技术

面向交通运输行业管理者、行业用户、大众用户对导航与位置服务精度、内容和时效性的不同需求，对多源信息进行预处理，并将处理后的数据按照约定协议标准提交发布。

3. 数据挖掘与交通管理模型

智能交通管理系统中的位置服务，不仅要对交通管理对象的位置进行监控，还要根据位置信息对交通状况进行综合管理和分析，为交通管理提供服务。例如，对事故信息和路况信息进行综合，为城市提供更多的交通安全信息；通过交通模型对路况进行预测，为城市出行提供服务；对公共交通进行优化调度、信号灯控制等等。有效的交通数据组织管理和交通数据分析挖掘是智能交通系统进行交通管理的关键，如图 9-9。在时空数据合理组织和管理基础上，利用时空聚类、异常检测、关联规则等针对位置数据的分析算法和模型，可以明确交通热点、交通异常情况、计算区域交通流量、预测交通拥

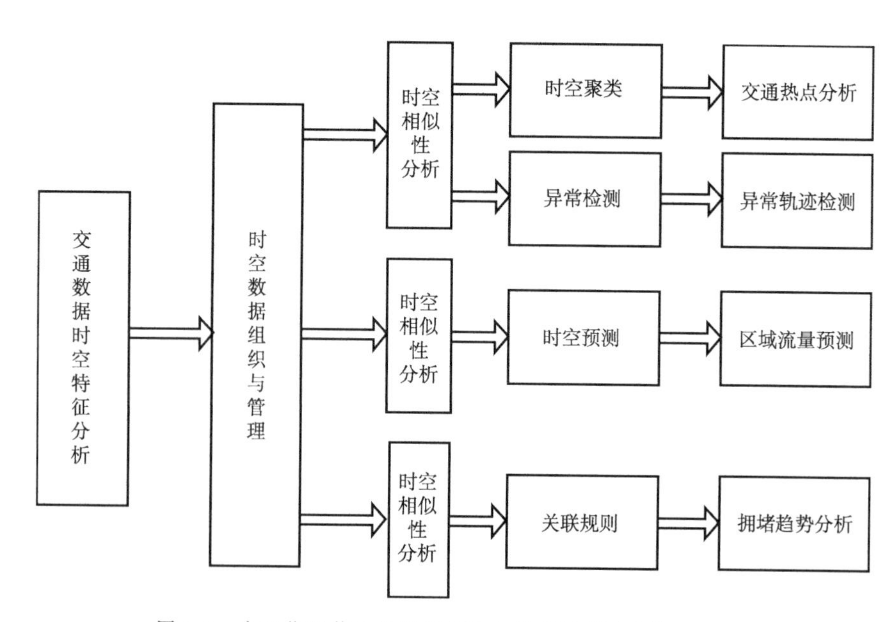

图 9-9　交通位置信息的组织管理与数据挖掘(夏英，2012)

堵趋势，这些进一步数据挖掘的结果，可以为动态交通管理和个人出行提供更多增值的服务。

4. 提高基础平台的能力

建立交通管理与信息服务系统的三个基本要素是：①多源信息获取和集成；②用户状态感知；③基于位置的服务实时匹配与推送。这对整个系统的基础平台提出很高的要求。

交通管理与信息服务系统与大量的终端设备和传感器通过网络相连通，实时收集了大量与位置相关的数据，首先需要解决的是海量位置数据的高并发传输和可靠存储问题。其次，平台需要实现高时效性的实时匹配与推送要求，这就要求平台具备高效的并行分析算法。这些问题，都需要在系统设计、位置服务数据库、系统算法上进一步进行开发研究。

9.3.2　平台扩展与应用深入

交通管理与信息服务系统的传统服务对象是政府管理部门，如今，交通管理和信息服务的对象更多地是面向亿万大众用户，这对于服务平台扩张和深入应用面临着机遇和挑战。

车联网的发展对于交通管理与信息服务系统影响很大。车联网将个体车辆和整体交通运输系统建立起一种实时、准确、高效的交通运输综合管理和控制系统，并由此衍生出诸多增值服务。车联网本质上是一个巨大的无线传感器网络。装载在车辆上的电子标签通过无线射频等识别技术，实现了在信息网络平台上对所有车辆属性信息和静、动态信息的提取和有效利用，并根据不同的功能需求对所有车辆的运行状态进行有效的监管和提供综合服务。

交通管理与信息服务系统受到的另一个冲击是移动互联网的迅速扩张。随着手机逐渐成为最主要的移动互联终端，交通位置服务向更多人群的发布成为可能。基于移动互联网的手机交通信息服务软件，如高德地图、百度导航、e代驾已经涵盖了大部分交通信息服务功能。

可以说，移动互联网和车联网来势汹汹，正在逼迫各类交通管理与信息服务系统升级。一方面，交通位置服务可以借此机遇促进应用的深入推广，迎来蓬勃发展；另一方面，交通管理与信息服务系统只有不断创新，提升平台服务能力，才能不被淘汰。

参 考 文 献

夏英. 2012. 智能交通系统中的时空数据分析关键技术研究[D]. 重庆：西南交通大学博士学位论文.
中国交通技术. 2013. 同济大学推出新型“智慧城市交通监测管理服务平台”[EB/OL]. http：//www.tranbbs.com/news/cnnews/news_125136.shtml，2013-12-27.
中国交通通信信息中心. 2013. 全国重点营运车辆联网联控系统[EB/OL]. http：//www.cttic.cn/descontent.aspx? dwid=6，2013-12-27.

第 10 章 公共安全服务

自从进入 21 世纪以来，公共安全逐渐成为世界各国越来越关注的一个问题。在我国现今的社会背景下，经济发展所带来的机遇和社会、自然环境时时产生的各种可预见及不可预见性的问题为社会带来了一系列的挑战。本章节所涉及的公共安全是狭义的公共安全领域，也就是集中在社会公共安全维护方面。经过近年来的努力，“中国位置”的位置服务技术在公共安全尤其是维护和治理社会安全领域取得了很多成果，并形成了成熟的解决方案。

10.1 公共安全警务系统的需求

在中国各级的公安机关和人民警察队伍是维护社会公共安全的核心机构和重要力量，同时也是公共安全领域位置服务的主要对象。在信息手段极大发展和移动互联网融入各行各业的当今社会，针对日益严峻的反恐形势和维护社会治安的需要，公共安全领域对位置服务应用提出了新的要求，主要集中体现在指挥调度和移动警务执法这两个与位置紧密相关的业务场景方面。

10.1.1 指挥系统建设需求

在目前公安系统指挥中心发展水平上来看，指挥中心需要加强并做到以下三点。

(1) 指挥中心需要具备并加强其自身调度能力及快速反应能力，使其更贴近实战化。由于现今违法犯罪活动逐渐呈现出多样化，跨区性甚至跨警种的趋势，所以指挥中心需要能够对各单位、部门进行统一调度，并且在合作上体现时效性。具体来说，首先需要切实地做好“三台合一”工作，使得“110”“119”“122”这三者能够真正地从运行机制、组织管理以及底层的技术支撑上做到高效运行。在做好“三台合一”工作的同时，也要使指挥中心发挥其龙头、枢纽的作用，充分联动各级部门、各警种。与此同时，比较重要的一点是指挥中心要做到成为扁平化指挥体系。即指挥中心在硬件及软件层面上最大限度地减少各级之间的指挥层次，能够从指挥中心快速、精准地直接下达指令至一线警员。

(2) 指挥中心应具备并加强其对外对内的服务职能。随着法制的不断健全完善及公民法律意识的不断提高，报警热线已经逐渐成为公民遇到紧急事件时所想到的求助手段。所以指挥中心在处理报警服务水平上的提高也会进一步增强公民对公安部门的信赖度。指挥中心作为公安系统内部的连接枢纽，实现各部门情报共享的职能也需要加强。许多警务活动并非单一警种能够完成，这时就需要指挥中心为相关部门及警种发挥好其中枢的作用，为公安部门内相关部门做好协调工作。此外，指挥中心还应为领导决策提供服务。作为各类警务的综合性信息平台，指挥中心可以时时动态地掌握大量社会治安动态信息，能够及时发现、汇报、汇总薄弱环节并预警可能出现的问题，这些信息可以协助领导决策层做好部署、指挥工作。

(3) 指挥中心应具备并加强信息的采集、处理及共享能力。信息是各级部门对警务情况进行判断的核心，而信息的准确性、时效性、范围等直接影响了各级领导对警情的研判。所以指挥中心需要对信息的获取、报送有严格的标准，保证信息能够及时、准确地报送至相关部门及人员。指挥中心还应具有信息的处理分析能力，对于各警种所掌握的信息资源及优势，应有能力对大量数据进行汇总、分析，研判可能出现的问题并建立预警机制。尤其对某些地区一段时间内的突发事件规律的分析，使分析出的信息更有导向性、针对性(刘伟，2009)。

10.1.2　移动警务建设需求

移动警务指的是通过无线网络利用手机、PDA 或笔记本等移动终端实现对公安内部网警务信息的访问来完成警务执法工作的信息化手段。实现移动警务的系统也叫“警务通”，它包括移动终端、后台处理平台以及相应的网络安全机制。

随着近年来“金盾工程”的应用及不断完善，全国公安机关在科技强警及信息化建设方面不断地摸索及经验积累，人们充分认识到公安信息化需要不断地向新的高度迈进，公安部门对移动警务的需求也就呼之欲出了。移动警务系统首先要在终端上满足一线警务人员的各种严苛需求，如对突发事件反应够快、现场能查询各警种系统和现场取证功能等。同时，移动警务系统在后台还要对外出执勤的警务终端进行强有力的管理和监控，移动警务终端可以在现场通过无线或其他方式接入到公安网。移动警务终端可以包含如类似手机、平板电脑、移动笔记本等特制的安全的警务终端(陈萱华等，2013)。

对于公安部门来说，保证移动警务数据的安全性是非常关键的要求，其中如何安全有效地接入公安系统网络以及对数据如何加解密非常重要。移动警务终端要求必须具有开放的操作系统，能够支持 3G 无线，并且能对所传输的音视频和业务数据进行实时加密，具有良好的 GNSS 定位性能。同时，警务终端设备还要具备良好的户外工作能力，做到坚固耐用、低功耗续航时间长等一系列特点。

对于移动警务系统的功能性需求可以主要分为以下几类。

1) 查询功能

作为移动警务系统最为基础并且最为重要的功能之一，需要满足公安信息的关联查询。

包括：可进行模糊、精确查询。可进行时间段查询，根据输入的不同起始、终止日期进行查询。对于录入的人员信息需自动与如前科人员库、违法犯罪人员库、交通肇事逃逸人员库等相关数据库进行数据比对，一旦匹配，自动给出提示。支持二代身份证信息读取功能，并能对假证进行识别验证。支持指纹识别功能。

2）查询方式

综合查询将各类公安信息按照如人员、物品、案件、机构、地点等要素进行关联整合，实现关联性的综合查询。

包括：当警务人员在终端上从某一业务数据库中查询出相关信息后，还应能够在相关数据库中进行进一步的查询，以实现不同线索间信息的互联。警务人员可以按照五大要素：人员、物品、案件、机构、地点五大要素对系统进行查询并返回结果。可对人员照片信息进行查询。可通过服务接口对除本省外的全国信息资源进行请求与调用，并返回相关查询结果。

3）查询内容

人员查询：通过被查人的姓名、出生日期、身份证号码、身份证有效期等信息作为查询基本条件，接入至后台人口基本信息数据库进行查询比对，返回相关信息，同时，系统根据输入信息自动与相关数据库进行比对。车辆查询：通过被查车辆的车牌号，对后台驾驶员数据库、机动车数据库进行查询，并返回相关信息。人口查询：通过对被查询人的姓名、出生日期、证件号码进行人口基本信息的查询。境外人口：对境外人员，可以通过其姓名、证件号码、出入境记录等信息进行境外人员基本查询，并返回相关信息，并关联查询其是否有犯罪记录等信息。危险品单位查询：对如剧毒物品、放射性物品等单位进行查询，返回其基本信息及单位从业人员基本信息，并可对人员进行进一步关联查询。电话查询：通过公安部内部通信录对相关单位、人员的电话号码进行查询。

4）信息采集

暂住人口信息采集：对暂住人员的基本信息进行采集，能够关联被采集人员相关信息，如就业信息、居住信息等，能够现场办理暂住证，实现照片采集、并连接有线、无线打印设备打印暂住证凭据。精神病人信息采集：对精神病人基本信息、监管人、肇事精神病人等信息进行采集，可通过身份证号自动比对其走失记录等。失踪人员信息采集：对人员进行现场的基本信息采集和回访信息的采集(如确认人、确认人与失踪人员关系，确认人联系方式)。执勤巡逻信息采集：包括盘查人员、被盘查人员、盘查地点、盘查时间、盘查车辆等信息。

5）信息对比

要求在终端提交信息后，系统自动对其信息在系统中各业务模块中进行比对排查，一旦比对结果匹配，则返回警报提示。

6）工作日志

系统可根据需求生成各执勤人员工作日志，并传至数据库进行备份。

7）定位功能

执法终端要具备定位功能、可将定位信息发送至后台指挥中心，方便指挥中心了解执法人员路径及后期分析。

8）后台管理功能

权限管理：对于不同警种及不同用户，不同模块，需要分设不同权限访问，实现对不同权限、角色的修改和删除等功能。用户管理：对用户的基本信息进行录入、删除、修改，根据用户所在区域、所属部门、职位分配不同的角色、权限。日志管理：对所有移动警务终端的注册、登录、退出、查询等联网操作进行记录，并提供按时间段查询功能，并且能对日志进行备份、导出、恢复等功能。

10.2　公安业务与位置服务平台的结合

10.2.1　面向公安的位置服务平台设计

“中国位置”平台设计了专门的位置服务系统来满足公共安全的指挥调度和移动警务执法的核心警务工作目标，平台的架构图如图10-1。

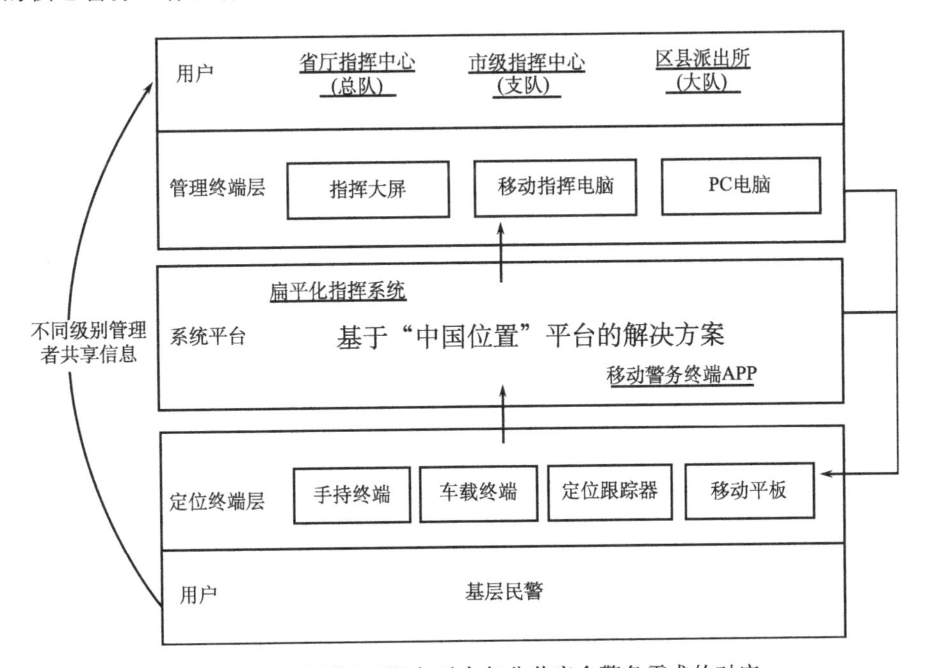

图10-1　“中国位置”服务平台与公共安全警务需求的对应

10.2.2　平台技术路线和实践意义

“中国位置”与公安行业应用的结合也是“中国位置”技术在“3S”行业应用中的落地和在公安方面的实践，主要内容就是通过“中国位置”的核心关键技术进行大情报系统的查询、多级联动指挥、警用 GIS 和导航技术的融合。这个也是位置云架构的核心与思想，就是在寻找一种新的方式和方法，使得在行业应用、个人应用和政府应用上，能够把一些核心技术、关键资源以及增值信息和内容能够相互融合。

构建在“中国位置”上的公安指挥系统应用和常规的 GIS 应用最大的区别在于：现场与后台的实时联动、多应用系统的充分融合、终端设备的多种支持以及导航功能的充分结合。

以大情报系统查询为例，有了基于位置云的 GIS 体系支撑，系统整体包括有单兵终端的设备，以及外部的移动车辆作为监控点，还有后台的指挥中心三大部分。在单兵的地方可以随时通过 3G 无线网络接入整个公安系统进行大情报查询。同时对于公安系统里边的其他业务系统、警务综合系统等子系统，也可以直接通过“中国位置”这样一个技术共享平台，使得整个系统能够被融合，能够跨多个系统进行信息查询和数据交换。

对于公安的多级联动指挥，以前的业务模式是公安指挥层层分级，从上面到下一级，下一级再控制现场单兵等。但是在很多案情发生的时候需要一个紧急联合行动，在这个时候可能需要跨级的直接指挥，并且能临时形成一个战斗组，甚至于把某一个移动终端临时升级为一个移动指挥点，在这个系统中整个“中国位置”平台的核心技术就很好地支撑了这样一个需求地落地，实现了最终的扁平化指挥的能力。

同时另外的业务创新还在于把应用于消费电子的导航技术和警用的 GIS 应用进行了一个完美地融合，移动终端可以具备嫌疑人目标定位锁定和快速导航进行追踪的功能。

利用“中国位置”平台架构配合公安警务应用的关键技术研究，这是导航位置服务技术结合公安应用特点的一个崭新和大胆的尝试，力求优化装备配置和警力结构，充分发挥出二者结合整体效益，并且确保符合扁平化指挥和移动警务信息化发展的公安业务需求。同时随着公安网络基础条件和信息化应用水平不断提高，以及公安部“金盾工程”的推广和深化，公安信息化今后一个重要趋势是构建基于空间位置信息的统一指挥调度体系。

“中国位置”平台建设成果应用到公安领域将会实现节省警力资源、增强执法手段、提高办案效率等目的，会极大提升公安的综合指挥作战能力，能很好地促进公安的信息化应用和科技办案水平到达一个新的高度。

10.3　基于“中国位置”服务的公安扁平化指挥系统

10.3.1　背景和目标

目前全国公安普遍存在公安警力配置与犯罪案件数量不相称的现象，公安部门面临和承担着艰巨办案任务。面对各种困难，公安信息化工作必须走科技强警之路，向科技要警力，以技术提升战斗力。

近年来，国家和各省、区、市也逐步加大了公安装备的投入，并且投入逐年增大，也给各级公安部门不同警种配备了众多单警装备，但各地普遍使用效率低，应用效果不明显，很多警用设备根本没有发挥过作用。主要存在几个问题：一是各种装备分散使用单打独斗，无法形成整体合力，设备和设备之间、前端和指挥之间信息孤立和指挥效率低，未能形成高档次、高要求的综合侦查指挥体系，不能满足现在公安多级侦查指挥实际的需要；二是公安网络安全性要求高，信息传递需要层层加密和单向控制，各类装备的信息接入途径和方式各不相同，需要综合构建满足公安要求的信息接入和共享网络系统，支持异构复杂数据的双向传递；三是缺乏现场视频指挥和位置指挥的综合能力，无法实现执法现场实时视频内容和位置信息的高度融合，满足不了指挥现场和后台领导之间多方实时视频通信的需求，缺乏支撑公安指挥和辅助决策的有效可视化手段。

针对这一情况，必须下决心改变以往“零打碎敲，撒胡椒面”的装备分配方式，按照“集中使用、确保重点”的建设原则，将有限资源整合起来，基于先进的地理信息技术、位置服务技术和无线通信技术，建设面向公安综合应用的扁平化指挥系统，重点保证公安警用装备的集中和系统使用，保证适应公安侦查指挥信息化实战的需求，保证警用装备用于公安专业队伍，统筹安排配发的警用装备，构建起面向公安侦查和指挥的立体查控体系。

目前全国各地公安部门已纷纷开展建设指挥中心系统，公安地理信息系统建设和空间信息数据的应用初具规模，但系统比较分散，没有将地图、定位、视频和对讲等可视化分析、监控调度等手段综合使用起来，没有很好地利用 3G 无线通信技术将侦查现场情况与指挥中心互动起来，缺乏实时互动的、符合综合作战指挥实战需要的高效单兵作战系统和定制手持终端。

本系统建设目标是在公安厅及下属各级单位现有网络资源、IT 基础设施、视频监控基础设施和侦查指挥业务需求的基础上，建设一套面向实战的高效系统，具体如下。

（1）在指挥调度方面：将视频监控、地理信息系统和 GPS 监控等有效融合，实现总队、支队、大队和现场警力的多级联动和协同作战，利用庞大的空间信息、情报信息、视频信息、决策数据库和位置信息辅助领导制定作战方针，配合现场指挥，协助单兵了解意图、掌握实时战况、知悉敌我分布从而高效作战。

（2）在公安侦查方面：利用定制警用终端、支持现场情报查询、身份识别、车辆查询、视频图像取证、电子地图和 GPS 定位等功能，可以通过无线方式和安全认证后接入指挥系统协同工作。

10.3.2　系统建设

1. 方案设计特点

这套系统的设计特点可以概括为：一个中心、两个业务单元、三种通信网络、四项关键技术、五类核心信息和六级参与对象，具体如下。

一个中心：指挥作战中心。

两个业务单元：公安侦查网络和公安查缉网络。

三类通信网络：语音对讲网络、数字 IP 通信网络、无线 3G 通信网络。

四项关键技术：GIS 技术、GPS 技术、视频监控技术、3G 无线通信技术。

五类核心数据：警用空间基础数据、GPS位置数据、视频图像数据、公安情报数据、辅助决策数据。

六级参与对象：公安总队、公安支队、公安大队、现场指挥车、现场警员和嫌疑人、车、物。

总体上涉及范围广，涉及人员多，涉及业务复杂，涉及信息量大，涉及通信手段多样，涉及的关键技术超前，集中体现公安侦查指挥工作的信息化、可视化和无线化水平。

2. 系统建设内容

公安扁平化指挥系统的项目建设，应遵循信息化建设技术标准体系和业务规范，充分贴近实战，注重系统的实用性、安全性、先进性和可扩展性，以指挥调度系统、公安侦查、公安查缉等业务应用为核心，以GIS集成系统、数据交换系统为支撑，综合运用有无线通信调度、计算机网络、数据存储、大屏幕显示、视频分析等多种技术手段，辅以指挥大厅建设、首长指挥室建设、机房建设等基础保障，建成一套技术先进、体系完备的“大联动”中心信息系统，实现各联动单位的有效指挥、资源共享、信息互动。

主要的建设内容如下。

(1) 指挥调度室建设：在省厅公安总队和一些重点城市分别建设带有大屏幕和办公坐席的指挥调度室。

(2) IT基础设施建设：在建立调度室的单位，添置运行该系统需要的服务器、存储设备、网络安全设备、负载均衡设备、办公PC等。

(3) 指挥调度系统：开发一套基于PGIS警用空间数据、警用情报数据、GPS位置数据等为基础，在总队、支队、大队、一线警员之间实现联动作战、多级部署的信息系统。

(4) 移动指挥车系统：为现场的移动指挥车配备专门的工业笔记本，并开发适于现场指挥作战的软件系统。

(5) 单兵终端：为一线干警配备特制的警用手持设备，带有无线通信、视频录像和RFID功能，并装有定制的基于移动GIS的业务软件，为现场情报查询、取证以及和指挥中心联动提供有效手段。

3. 总体设计

采取现场移动设备(PDA采集终端)和指挥调度后台系统两大部分硬件部分组成，并通过先进、可靠、多种类型的通信方式和网络，利用云+端的技术体系以及安全稳定的系统来实现上述功能。工作模式如图10-2。

4. 多级扁平化架构

从组织架构方面分为总队指挥中心、支队指挥中心和侦查现场三层。其中以总队为中心，上可以和公安厅、公安部沟通，平级可以与其他警种协同作战，向下可对各支队、大队和前线指战员进行指挥调度，形成一个科学的上下贯通、无缝连接的组织体系。如图10-3。

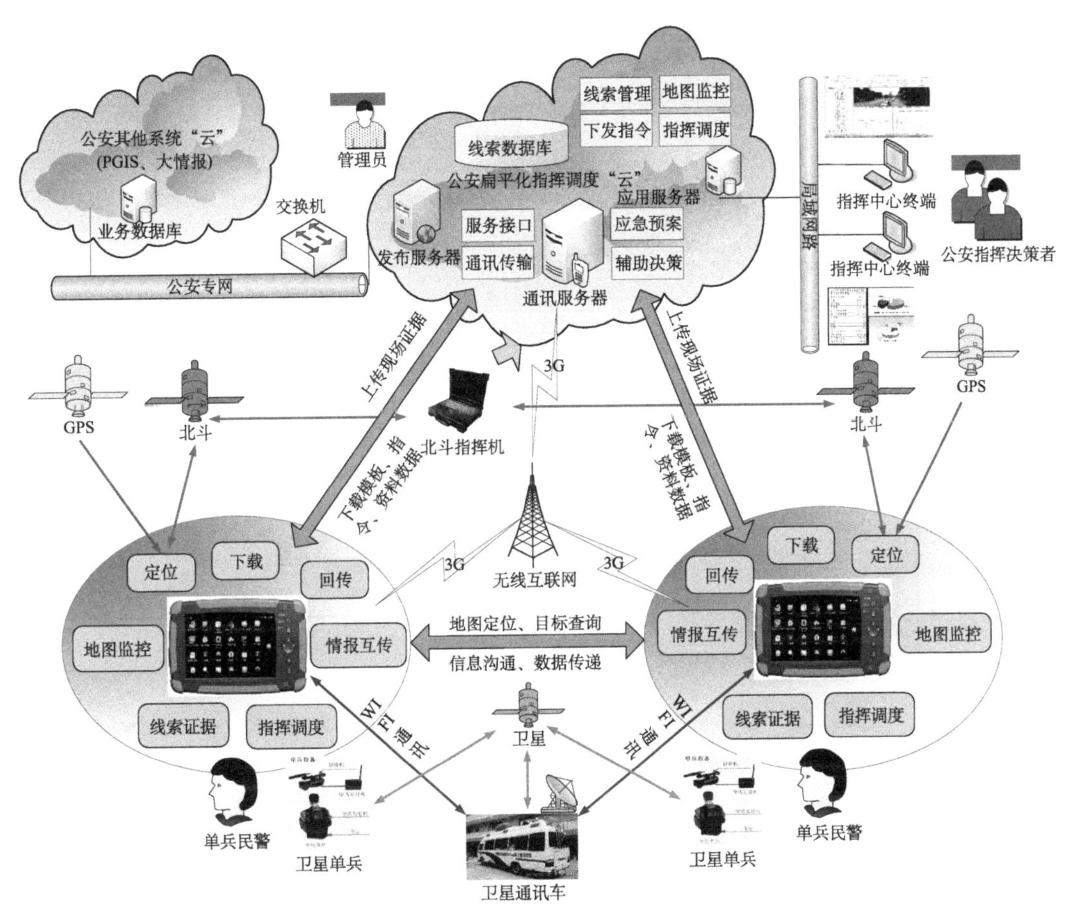

图 10-2　总体结构图

5. 功能逻辑结构图

从功能逻辑方面分为基础设施层、业务逻辑层和业务表现层，以及贯穿全局的系统运营维护保障系统、业务规范、技术标准和安全标准等，如图 10-4，详细内容如下。

(1) 基础设施层：包括系统的基础存储环境、运算环境、网络安全环境、视频通信环境、数字通信环境以及语音通信环境，是实现指挥作战系统的硬件资源。

(2) 业务逻辑层：包括各种行业和技术数据模型，是系统软件构件总和，为上层业务流程实现提供接口和服务。包括音视频系统、通信系统、GIS 系统、情报检索、信息综合管理服务、统一用户认证和数据库服务等平台。

(3) 业务表现层：是基于业务逻辑层实现的关键系统，包括调度中心系统、移动指挥系统、单兵警用设备系统和跟踪监视系统。

(4) 系统维护和保障：支撑和保障系统的正常运行，包括数据维护、网络维护、硬件运行维护、各子系统应用软件的运行维护。

(5) 业务规范：公安系统内的业务规范和规则，如组织关系、办案流程、文档体

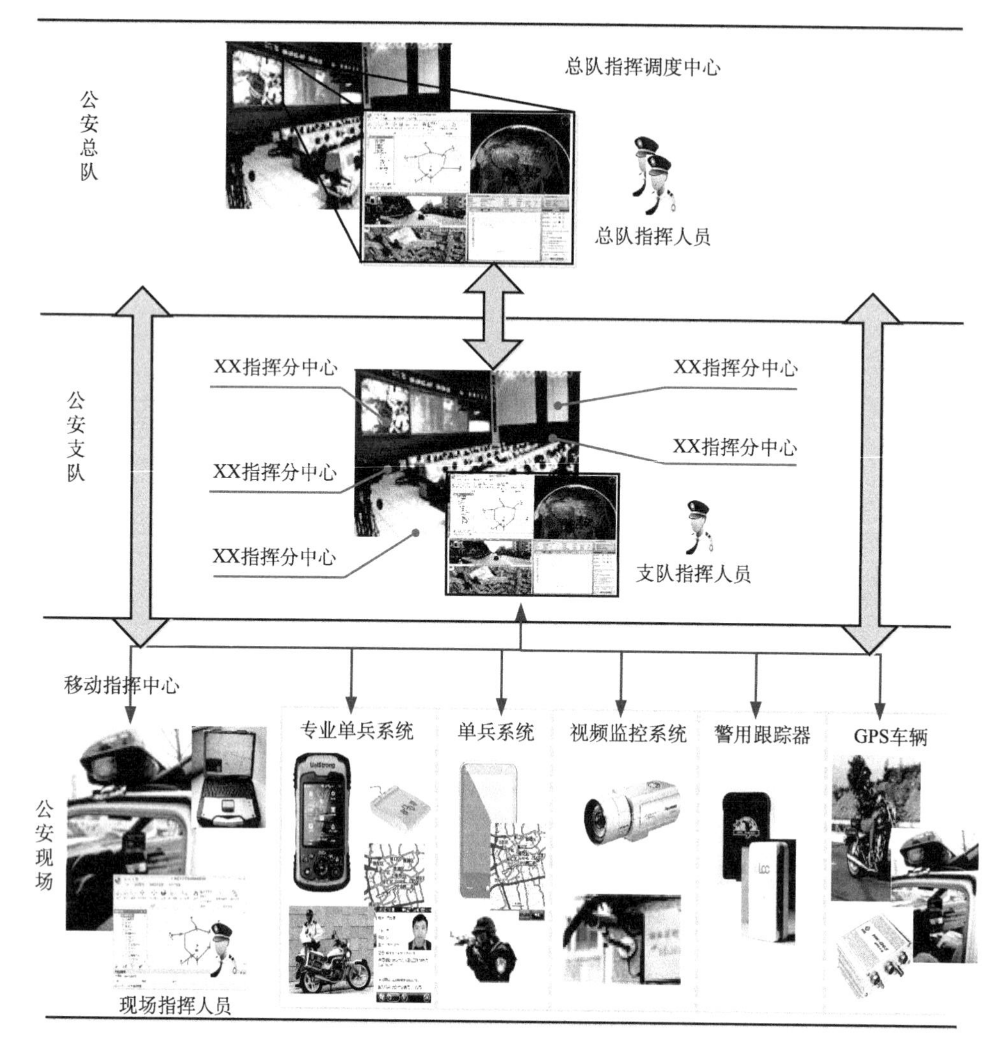

图 10-3 扁平化组织架构

系、行动指南、汇报体系、预案内容、地图规范、协作机制等知识体系。

(6) 技术标准：技术方面的规则和规范，有 GIS 技术标准、GPS 技术标准、视频技术标准、公安网技术规范、无线通信技术标准等。

(7) 安全标准：系统安全方面的规范，包括网络安全标准、信息安全标准、制度安全标准、用户认证标准，公安安全接入平台技术规范等。

6. 信息架构设计

该系统总体上由警用空间基础数据、GPS 位置数据、视频图像数据、公安情报数据、辅助决策数据五大类关键信息支撑如图 10-5。

(1) 警用情报信息：该信息主要来自警用大情报系统，包括人口、治安、刑侦等重要的情报数据，用于在指挥调度、公安查缉和公安侦查业务中辅助决策，是系统最为重

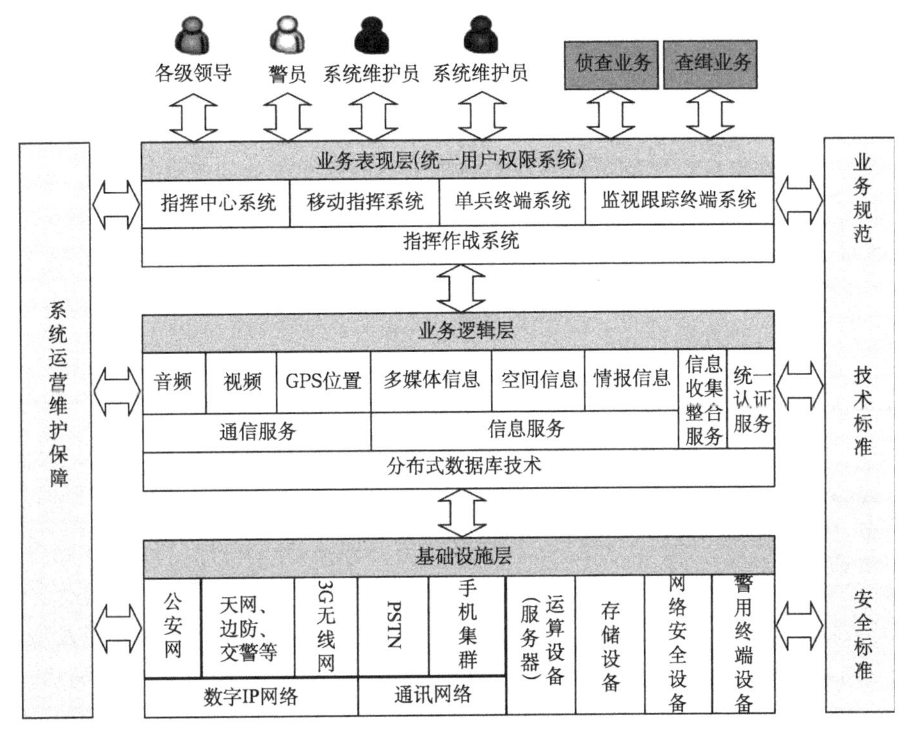

图 10-4　逻辑结构图

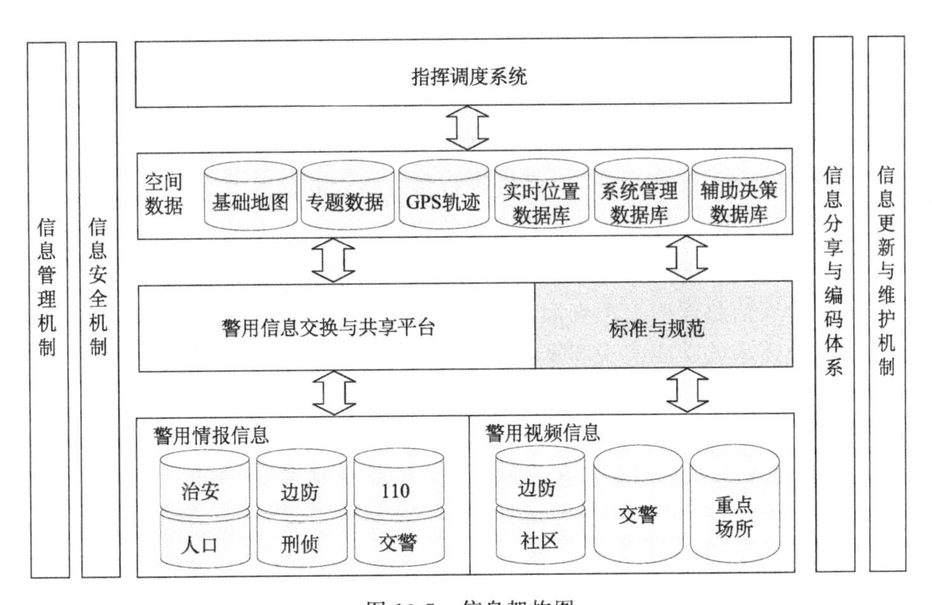

图 10-5　信息架构图

要的信息之一。

（2）视频信息：该信息主要来源于边防、交警、重点场所等的视频监控网络，利用该信息和该网络，指挥调度中心可以可视化监控案件现场，调用历史视频数据，为制订办案方针提供必要的现场情况。

(3) 空间定理数据：包括地形、建筑、水系、绿化、城市设施、医院、加油站、公安要素等主要信息，为上层系统提供空间定位、空间检索和空间分析的信息基础，是可视化管理和辅助决策的重要手段。

(4) GPS位置信息：该类信息是一类特殊的空间信息，也是系统中最为关键的信息之一，主要包括移动指挥车、单兵和监视跟踪设备的GPS信息，依据该信息，指挥中心可以随时了解系统中警力的部署、嫌疑车人的动向为协同作战提供动态依据。

(5) 辅助决策信息：主要包括各类预案和经过系统分析处理后形成的公安专用专题信息，专门用于辅助决策。

10.3.3 扁平化指挥中心软件功能

1. 与公安地理信息系统(PGIS)的整合

1) 基础地图平台

PGIS实现公安信息化领域“一张图”模式，PGIS是今后警用GIS应用发展的大趋势和大方向，PGIS整合能有效保证实时获取公安各类信息和资源(宾馆、酒店、单位、门牌地址等)，逐步成为一个数据自动更新和信息极大共享、鲜活的公安综合应用系统。

2) PGIS的地图应用

目前公安采集的各类遥感数据、道路数据和案件目标等数据都通过PGIS平台整合起来，目标定位和视频监控指挥系统基于PGIS来进行开发，相关的目标轨迹和实时视频内容直接在系统中展现和应用，如图10-6，集成后的主要功能和特点包括如下：

- 在公安“云”端无缝地与PGIS系统进行集成整合和信息共享。
- 在PGIS上整合与实现更多的公安业务功能。
- 充分利用PGIS现有的基础地图数据资源。
- 实现了公安信息库的上图查询和专业分析。
- 公安业务需求的功能实现和复杂业务能力的展现与个性化定制。

3) 多地图融合

公安系统中涉及多种类型地图各有不同特点。矢量和PGIS地图只能表现案件现场的平面信息，对于布控和抓捕的地点和建筑物，需要更加真实现场照片和更加立体的三维地图来提供细节展示，增强公安民警的“精确侦查、精确布控和精确抓捕”的侦查办案能力。

系统使用位置云体系中多框架和地图接口可以把矢量、三维、实景和PGIS地图等多种地图模式都集中整合到目标定位和视频监控指挥系统中，通过不同的地图可视化角度来辅助公安侦查指挥工作。PGIS地图没有覆盖的区域可以利用矢量地图来进行辅助和补充，如图10-7。

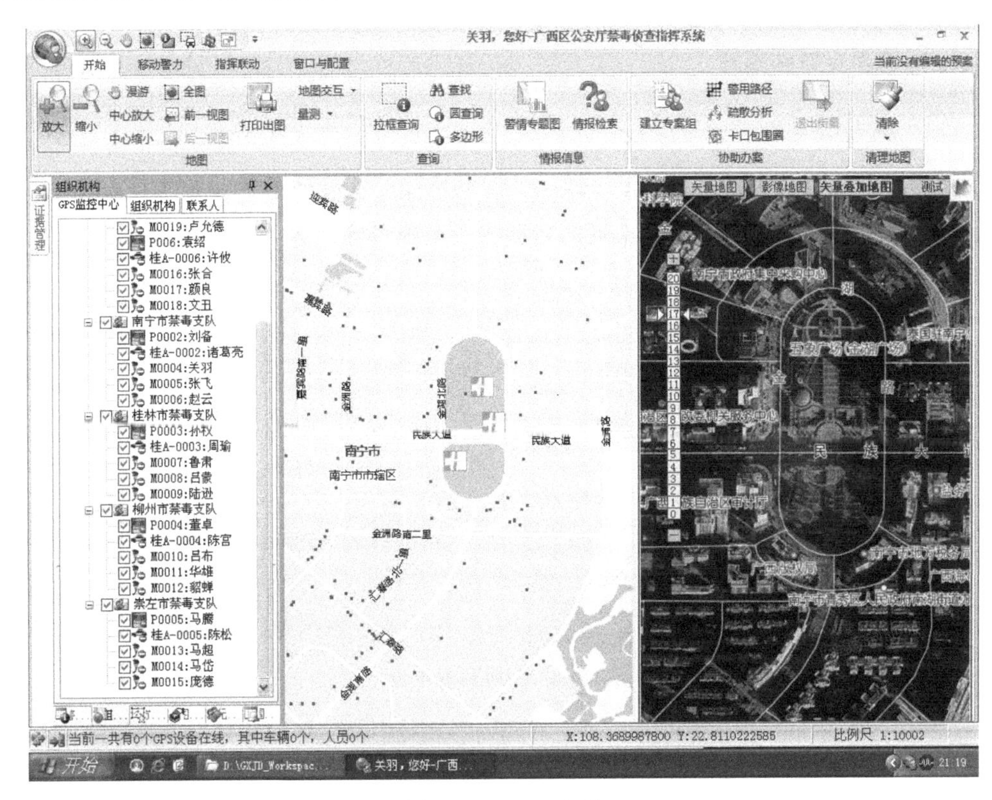

图 10-6　PGIS 应用

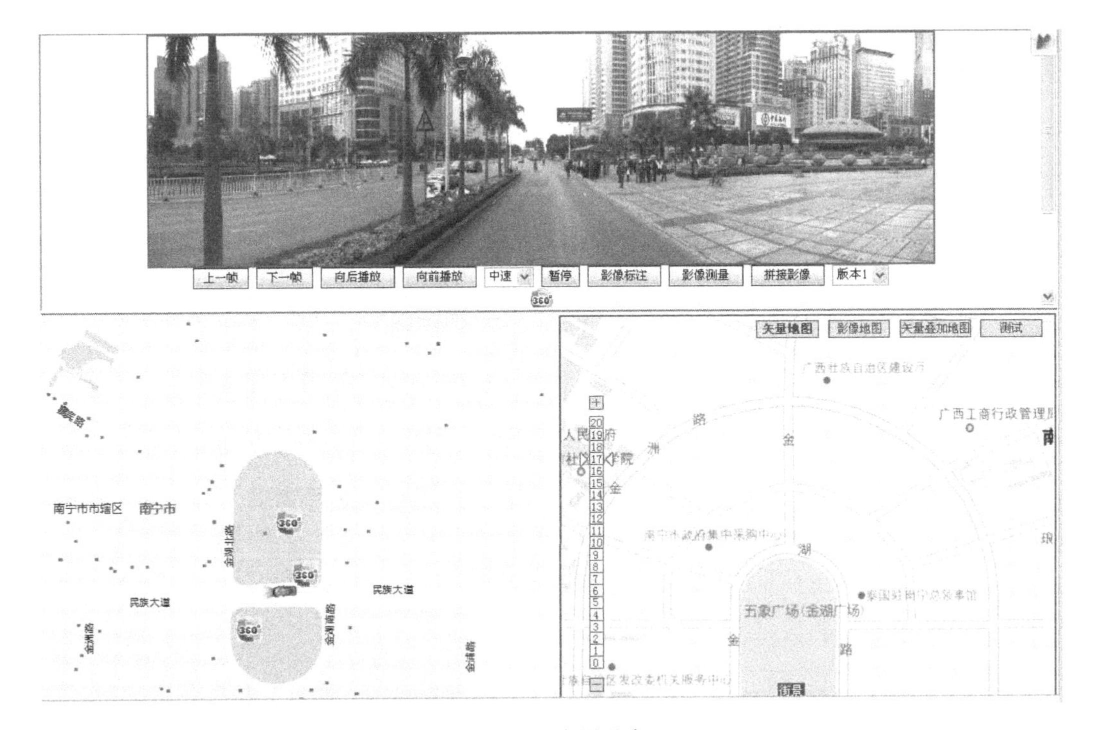

图 10-7　多图融合

2. 定位跟踪目标监控

1）目标实时位置

系统能在 PGIS 地图上实时显示警员、警车和目标车辆的位置信息，包括经纬度信息、时间、速度、高度以及目标车辆的名称或者车牌号等内容，如图 10-8 所示。

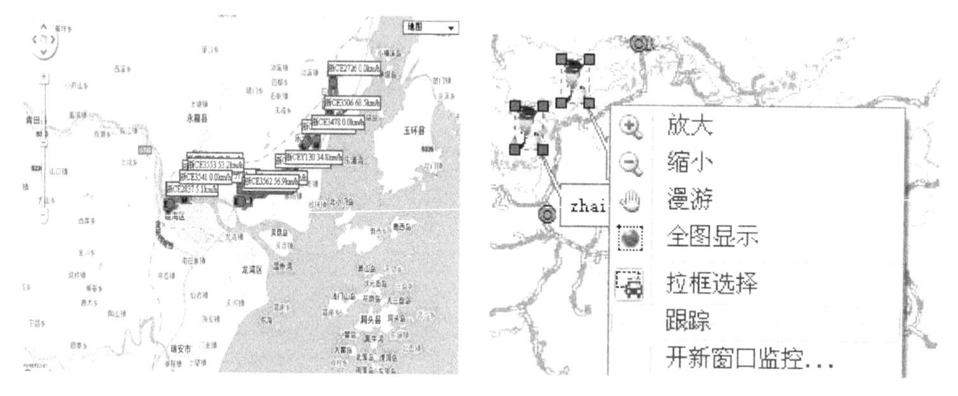

图 10-8　实时目标定位

2）多窗口跟踪监控模式

指挥系统可以分一个或多个窗口，跟踪监控车辆或人员，GPS 车辆或人员在跟踪窗口中显示，跟踪窗体和主窗体中提供了三种排列窗体的方式：自由排列、靠屏幕左侧和底部排列和围绕本窗体进行排列，如图 10-9 所示。

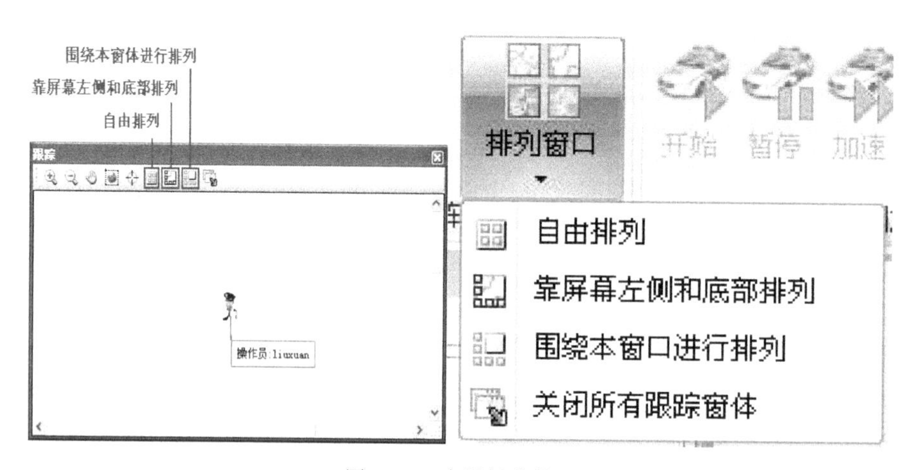

图 10-9　多目标监控

3）定位轨迹回放

系统支持用户选择目标对象和时间段信息，对查询到的监控目标对象在 PGIS 系统地图里显示定位轨迹信息。回放过程中可暂停、开始、加速、减速、停止等，将鼠标悬停在轨迹上，可以显示出悬停处轨迹点的时间、速度、方向、设备名称、设备 ID 等信息，如图 10-10 所示。

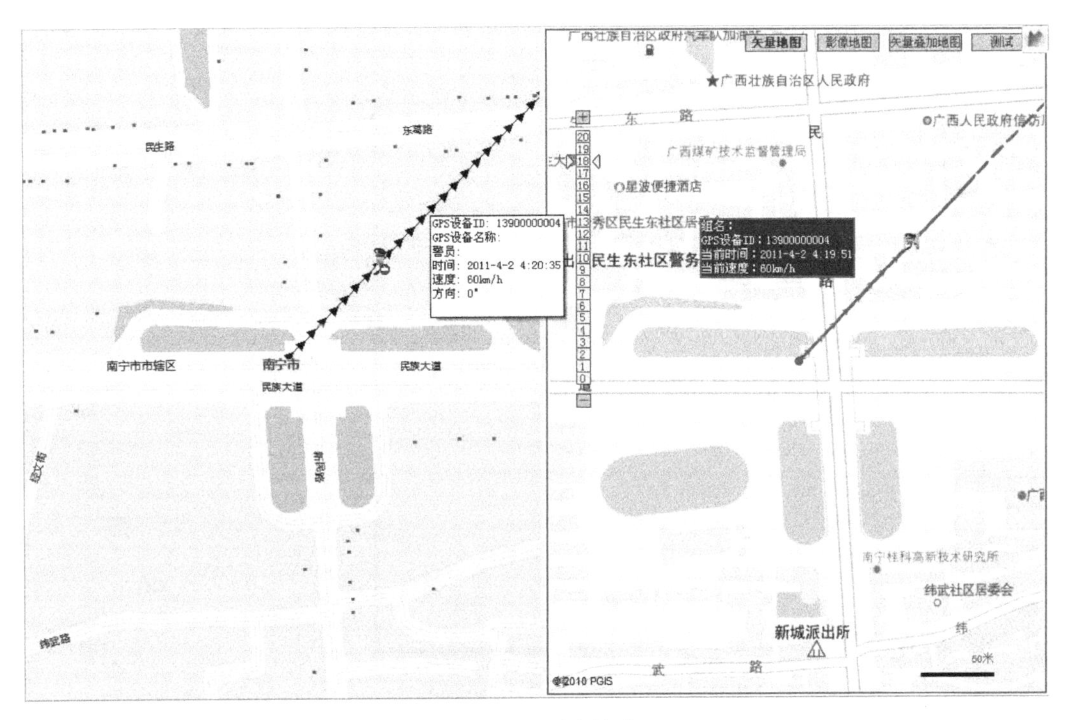

图 10-10　历史轨迹

4）设置电子围栏

对于需要长时间监控的目标对象，系统支持设定围栏规则进行监控。在 PGIS 地图上设置电子围栏或卡口范围，当定位对象经过此围栏区域时，系统会自动提示和告警。系统支持对圆形、矩形或者多边形区域电子围栏的交互设置，如图 10-11 所示。

5）越界警告

当有监控目标对象要出电子围栏时，屏幕右下角会弹出一个报警提示窗口，该窗口显示了基本的报警信息。并且在围栏管理窗口的报警信息中，将自动添加报警内容，如图 10-12 所示。

6）围栏管理

系统支持对于电子围栏管理进行如下的管理功能：在地图上实时查看围栏信息，包括围栏名称和实时范围；同时对于选中的围栏可以进行定位和闪烁显示；同时可以按照实际业务需求对监控目标设定不同的报警规则，达到不同围栏管理不同对象的目的，如图 10-13 所示。

3. 上传证据浏览和管理

系统平台能实时接收一线公安民警单兵现场采集回来的证据和线索数据，包括图

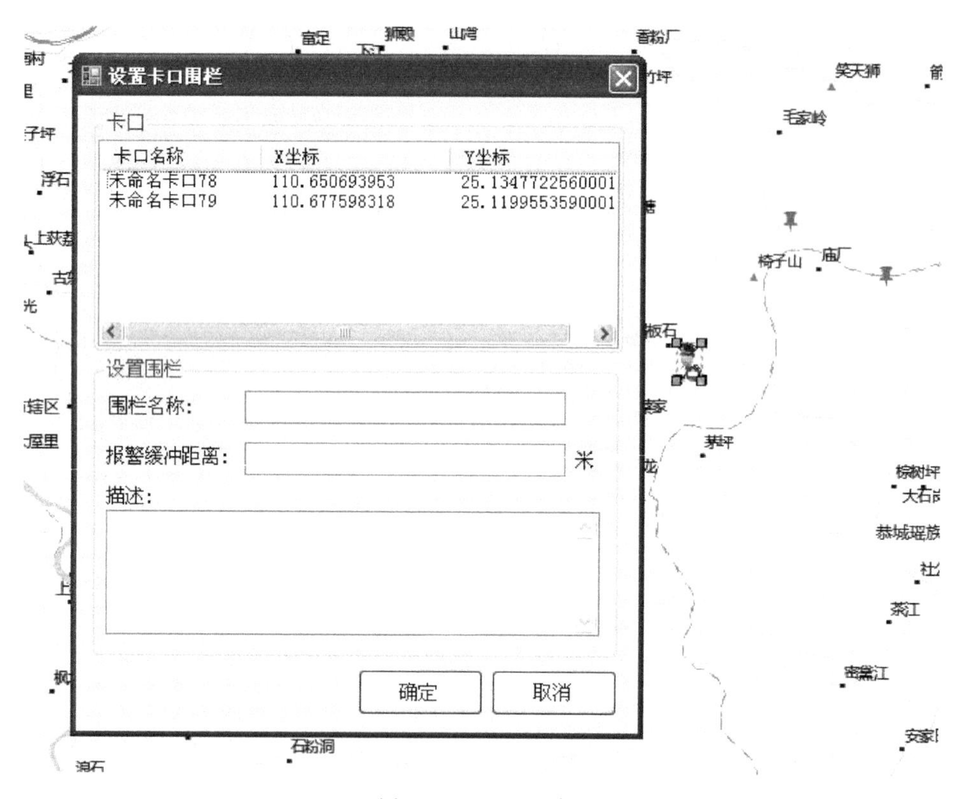

图 10-11　电子围栏

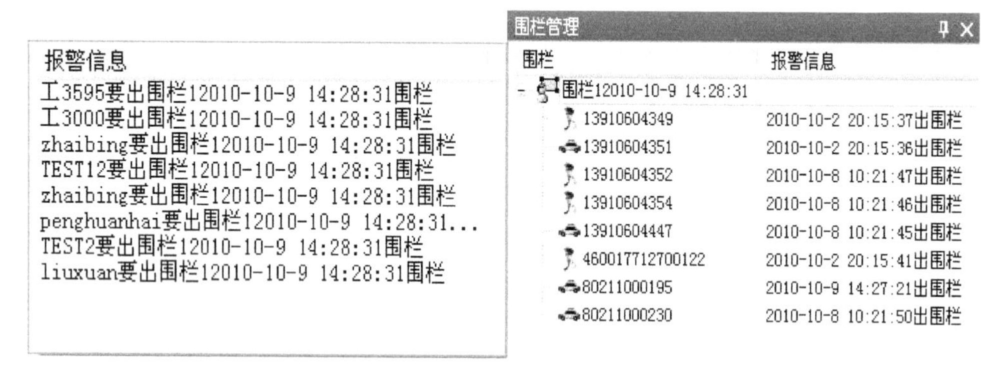

图 10-12　越界警告

片、视频、文字描述和位置信息，针对回传回来的现场资料和案件信息，直接在地图上标注和显示，如图 10-14 所示。

4. 辅助侦查功能

实现基于公安业务数据的实时检索功能，包括：人员身份信息检索：在指挥系统中通过输入身份证号或姓名，查找人员情报信息；车辆信息：在指挥系统中通过输入身份

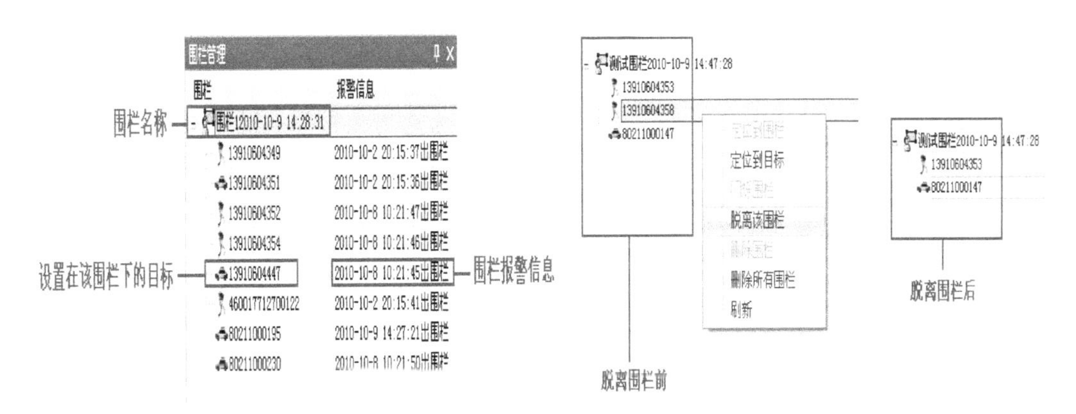

图 10-13　围栏管理

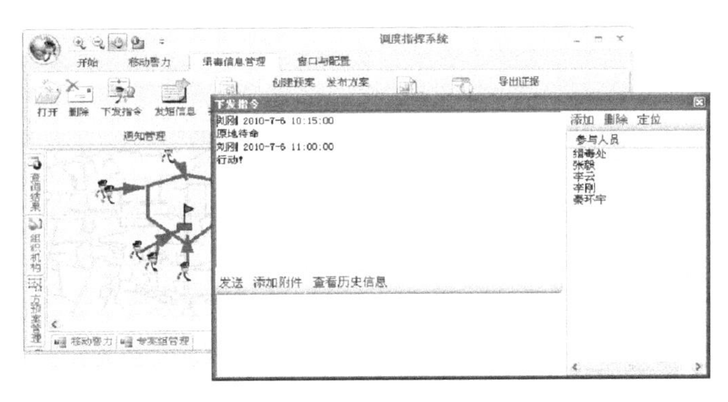

图 10-14　证据管理

证号码或姓名，查找车辆信息；驾驶员信息：在指挥系统中通过输入身份证号码或姓名，查找驾驶员信息，如图 10-15 所示。

5. 现场视频监控

为了使指挥中心更好、更直观地了解现场情况，将在移动指挥车上安装摄像头，指挥车上配备的视频管理设备通过 3G 无线通信网把视频传回指挥中心，实现地图上实时集成和展现现场视频监控内容，如图 10-16 所示。

6. 联动指挥功能

联动指挥是整个系统实现指挥作战和前后端互动的关键手段，包括不同指挥中心之间、指挥中心与指挥车之间、指挥车与警员之间、警员与警员之间的联动等。专案指挥中心可以下发文本、资料和图片等内容到终端单兵上，支持文字、图片和地图预案等多种模式的指挥调度功能，如图 10-17 所示。

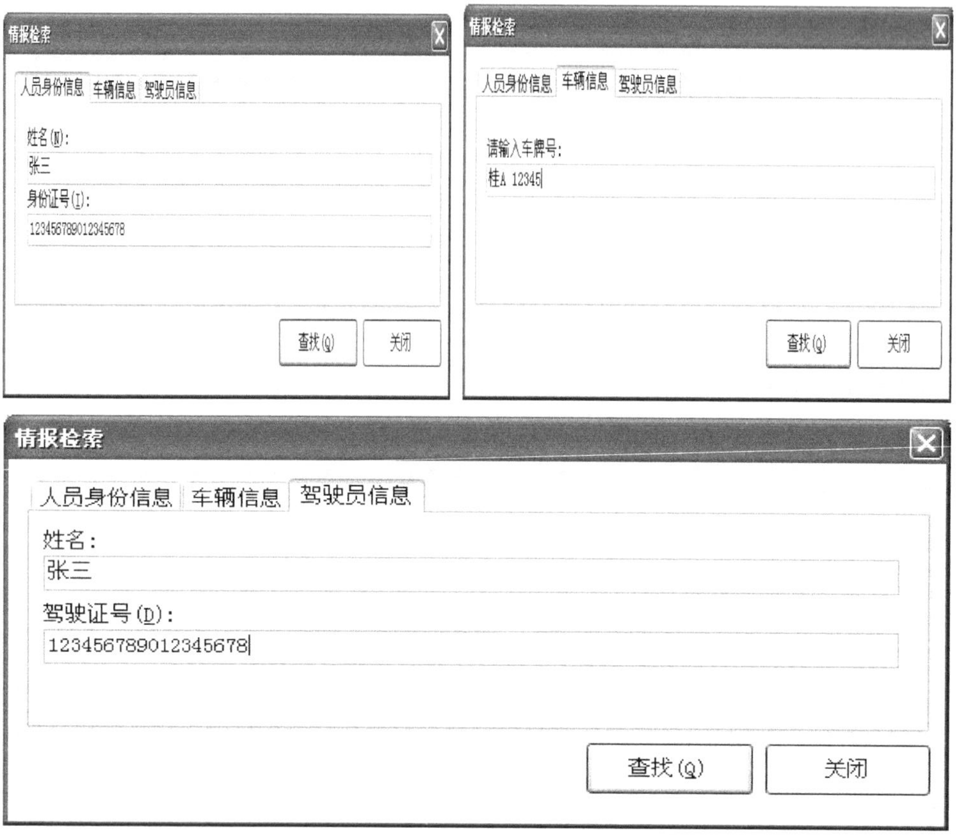

情报检索
人员身份信息　车辆信息　驾驶员信息
姓名(N):
张三
身份证号(I):
123456789012345678
查找(Q)　关闭

情报检索
人员身份信息　车辆信息　驾驶员信息
请输入车牌号:
桂A 12345
查找(Q)　关闭

情报检索
人员身份信息　车辆信息　驾驶员信息
姓名:
张三
驾驶证号(D):
123456789012345678
查找(Q)　关闭

图 10-15　辅助侦查

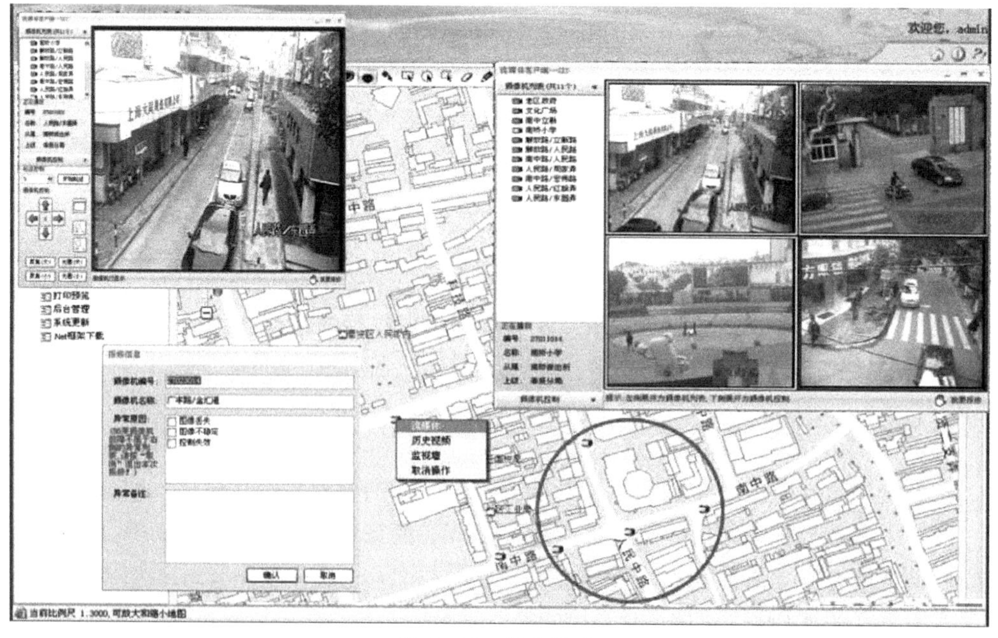

图 10-16　监控集成

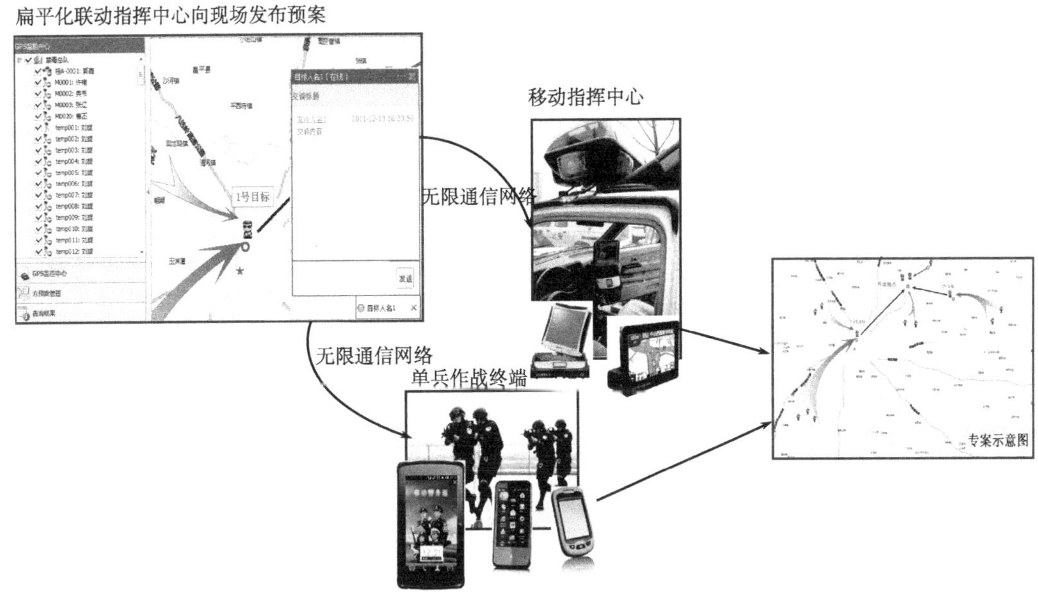

图 10-17　联动指挥

7. 专案分组管理

在公安民警进行抓捕和收网行动过程之前，需要在系统中按照不同的警种进行专案小组的实时分组管理，并且可以快速地实现不同专案小组的组名、成员、任务、装备、指挥员、显示图标和抓捕路线颜色等关键信息的创建、编辑和删除功能，如图 10-18 所示。

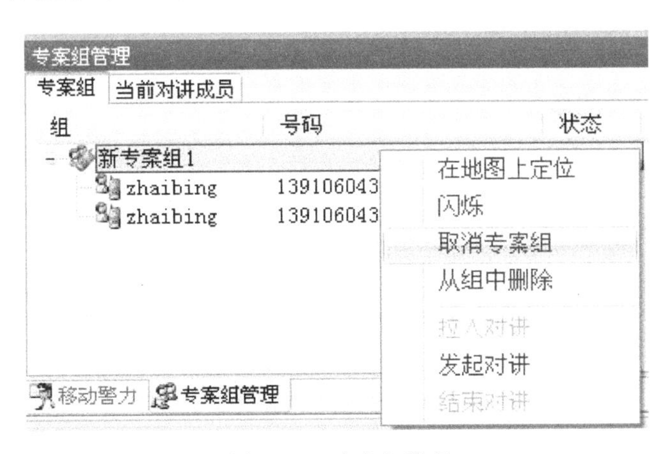

图 10-18　专案组管理

8. 辅助决策功能

辅助决策是系统的知识体系和专家库，该系统以庞大的空间信息、警用情报信息、实时位置信息和视频监控信息为基础，以先进的空间分析技术、预案设计技术、GPS定位监控技术和人工智能技术为手段，在指挥调度过程中起辅助决策作用，如图10-19所示。

主要功能包括：

- 案发点快速定位
- 卡口包围生成
- 警用路径分析
- 地图视频一体化分析
- 人口情报查询统计
- 警用居民疏散分析
- 警力查询分析
- 警用预案制作
- 警力分布分析
- 案件情报分析

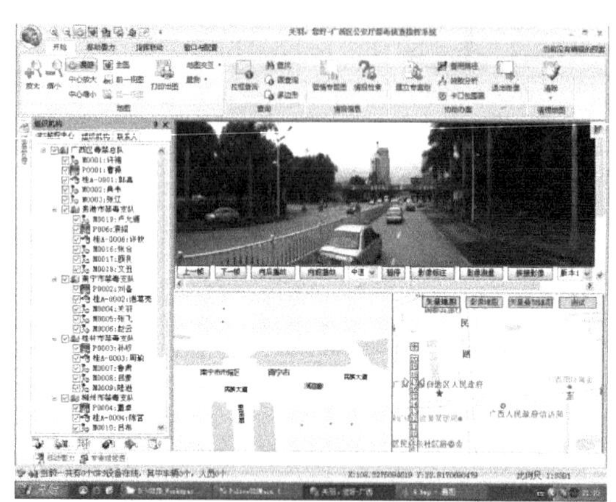

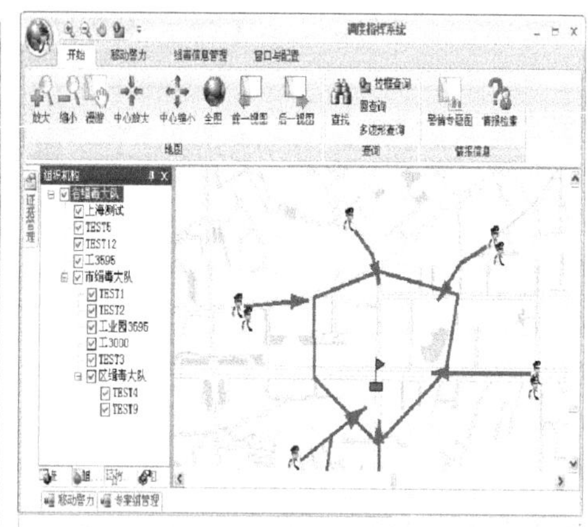

图 10-19　辅助决策

10.3.4　基于北斗的单兵作战终端

1. 北斗与单兵应用结合

1）背景和目的

随着我国的城市化进程、“智慧城市”建设、和谐社会建设正在不断加快，整个社会尤其是城市的安全管理任务越来越艰巨，随着我国信息化的进一步推进，警务信息化也得到了进一步发展。结合公共安全领域的业务需求，利用北斗多模卫星导航芯片、终端以及应用的研发资源优势，提供公共安全北斗多模导航终端的整体解决方案，集成自主研发的北斗芯片，研制北斗手持移动警务终端，并开发基于北斗兼容系统的云+端公共安全扁平化指挥应急系统，可为紧急和突发事件的处理提供信息依据，可避免重特大案件的发生，为突发案件的迅速侦破创造信息条件。适用于民警、交警、巡警、刑警、治安警等各类警务人员，让公安干警办案如虎添翼，有效提高了公安系统信息化水平。

2）北斗与公安应用结合

随着卫星定位技术的不断提高和我国北斗卫星定位系统日益完善，卫星导航定位技术已进入我国国民经济众多领域中，并发挥了重要作用。我国北斗卫星导航定位系统在 2012 年达到亚太地区服务能力，2020 年将实现全球服务的能力，目前国家也力推北斗的应用。但是，由于芯片、功耗等技术工艺上的差距，在智能手机市场的应用大多仍采用单一的美国 GPS 卫星导航系统。

警务移动终端是一种准军事化的装备，在导航定位上，应做到多系统兼容，发挥北斗系统的优势。在产品性能上，要做到高稳定性与可靠性，且应使用自主研发生产的终端产品，保证网络与信息安全。

由于社会安全事件的突发性与应急处置的复杂性，对警务终端系统在定位、通信、信息快速处理等功能方面，以及设备的稳定性、可靠性、先进性方面提出了很高的要求。在处置指挥工作中，省、市、县、乡多层次、多警种的警务人员经常共同深入到第一线，但彼此无法掌握准确位置，工作效率无法提高；后方指挥机构无法掌握前方现场情况给予指挥调度，前方人员不了解总部的整体战略和友邻人员的情况等，都给警务工作带来一些混乱，在一定程度上影响了警务指挥工作的质量和时效性。因此，应用先进可靠的警务终端，是指挥处置突发事件的保障，基于卫星导航的警务终端装备有利于提高警务工作的质量与效率。

2. 专业警用终端设计

1）警务终端现状和需求

目前，国家支持北斗产品应用推广，尤其是公安行业更应该使用北斗产品，北斗导航定位系统是由中国自主研制和建立的用于导航和定位的卫星系统，由总装发射卫星和总参运营，能保证公安用户的使用安全，军队和武警将全部使用带北斗功能的警务终端。

我国正在加快城市化进程和和谐社会的建设步伐，这使得公安部门面临着更大的来自城市和整个社会的公共安全压力，提高公安和武警的快速反应和综合作战能力成为公安部门的首要目标。而在技术方面，我国第二代身份证技术、第三代移动通信技术、适合手持产品使用的高性能 CPU、大容量存储技术等已经普及，北斗导航定位技术也已经进入广泛推行和应用阶段。

警务人员的工作环境和职务特点和其他行业不同，因此对警务终端产品有着特殊的要求，其中，最核心的要求包括：产品应该应用中国自己的北斗导航定位技术，保障信息的安全性；产品符合工业级“三防”标准，具有一定的防尘、防水、抗跌落能力，适应野外、户外等相对恶劣的工作环境；屏幕能够承受一定的刮擦、摔落和碰撞等意外损伤，并且在阳光下具有较好的可视效果；支持长时间续航的电源方案，满足警务人员一天或更长时间的连续工作；产品不能太笨重，要减轻警务人员的携带负担，同时工作时能灵活操作。

普通的民用消费类手机和平板电脑，虽然 CPU 等配置较高，也比较轻薄，但是不具备“三防”能力，屏幕在室外无法看清或可视效果差，功耗大，短时间内电池电量就被耗尽，产品不能在高温、低温等恶劣环境下工作，无法满足警务人员的工作要求；传统的警务终端产品，有一定的 GPS 定位能力，但没有北斗定位能力，存在安全隐患，而且使用的大都是非专业的 GPS 定位模块，定位精度较差，存在漂移严重现象，影响指挥中心对民警准确位置的获取，不能实现高效指挥和调度，有的产品为软件企业委托第三方加工生产，在整体设计、元器件选择和产品稳定性等方面存在问题，这些都直接影响到产品的质量和使用寿命。

针对上述警务人员的工作特点和对警务终端产品的实际需要，基于北斗具备三防等功能的手持移动警务终端的研制及产业化推广迫在眉睫。

2）北斗警务终端的设计

移动警务手持终端系列产品是专为公安民警开发的集移动电话、警务对讲、掌上电脑功能和移动警务应用功能于一体的专业移动警务手持终端，适用于公安行业不同警种，如治安警、交警、刑警、社区民警、巡警、禁毒民警等，如图 10-20 所示。

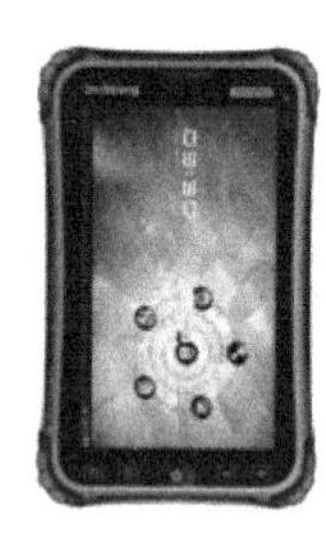
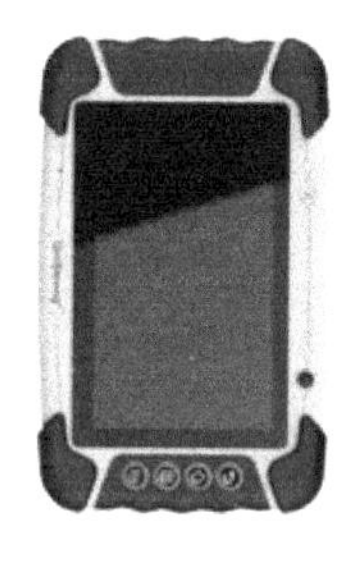

图 10-20　北斗警务终端设备

移动警务手持终端系列产品包括 UG801、UG903、UG775 三款型号，满足不同警种的业务需求。其中 UG801 采用 4 寸专业屏，设计小巧轻薄，并可套接二代身份证模块，适合刑侦、治安、交警、反恐、禁毒等公安警员随身携带进行人员查缉、侦查办案、现场处置、无线对讲、指挥调度等工作；UG903 采用 7 寸屏设计，屏幕大显示内容多，满足社区民警进行片区调查、地址采集和日常办公等用途；UG775 内置北斗一代短报文收发模块，特别适合边防民警在无网络信号环境下进行卫星定位和信息传输用。

移动警务手持终端的设备特性包括：

(1) 产品采用工业级三防设计(IP65-IP66)，高抗损伤性和高耐久性，完全满足野外恶劣环境的作业需要。

(2) 支持北斗＋GPS 双模定位，收星灵敏稳定，定位精度高，无惧遮挡。

(3) 彩色高清触屏、超宽可视角度、自适应光线反射调整显示技术使其拥有卓越的显示特性，强光下清晰可读。

(4) 可根据公安系统业务要求屏蔽蓝牙、WiFi 功能，内置 3G 通信、RFID，可通过多种无线连接方式畅享语音通话及数据高速下载及传输；支持两台设备之间通过 NFC 近场感应自动识别并建立连接，实现数据传输。

(5) 主流 Android 4.0 操作系统，主频 1GHz 高性能双核 CPU，1GB RAM 大容量

内存，设备运行更流畅。

(6) 大容量锂电池供电，配以低功耗电源管理芯片，超长续航能力，两块标准电池可持续工作 12 小时以上。

(7) 支持以公安加密 TF 卡认证方式接入公安网，实时获取公安网内各类大情报数据，安全可靠。

(8) 500 万像素双摄像头、自带闪光灯，自动对焦，支持全景拍摄、视频通话；实时获取现场图片信息，进行本地数据对比。

(9) 内置电子罗盘、气压计、加速度传感器、光线传感器等多种实用工具。

3) 北斗实现双星定位和通信链路保障

考虑到公安侦查指挥现场情况无线通信网络的特殊性和复杂性，系统采用北斗/GPS 双模单警终端进行定位和通信的保障。

(1) 双星定位。其中实时定位方面首先采用 GPS 定位，在没有 GPS 卫星信号的情况下可以无缝转换到北斗卫星定位，双星定位保证定位信息完美覆盖。

(2) 通信互补。在数据通信链路方面也是首先选择 3G 信号，单警终端可以选装联通 3G(WCDMA)和电信 3G(CDMA2000)模块，定位信息和采集数据的实时回传以及公安数据的下载主要依靠 3G 无线网络，在无 3G 无线信号情况下，利用北斗卫星的短报文通道，把关键的定位数据和现场文字情况分包分块的回传到指挥中心的北斗指挥机上，再通过北斗指挥机和通信服务器的对接，把采集数据传输到指挥系统的数据库中，同时对于后台指挥调度的文字指令信息，也可以通过北斗指挥机实时地下发到单警终端上去，实现应急情况下的实时通信保障。

(3) 短报文数据标准。格式为：信息编号，CRC 校验位是否为 BCD 编码方式，是否有密钥，发信时间，发信时间，发信方地址，收信方地址，电文字节长度，电文内容。

3. 单兵作战软件功能

在公共安全业务领域中，由于社会安全事件的突发性与应急处置的复杂性，对警务终端系统在定位、通信、信息快速处理等功能方面，以及设备的稳定性、可靠性、先进性方面提出了很高的要求。在处置指挥工作中，省、市、县、乡多层次、多警种的警务人员经常共同深入到第一线，但彼此无法掌握准确位置，工作效率无法提高；后方指挥机构无法掌握前方现场情况给予指挥调度，前方人员不了解总部的整体战略和友邻人员的情况等，都给警务工作带来一些混乱，在一定程度上影响了警务指挥工作的质量和时效性。因此，应用先进可靠的警务终端和基于移动导航的单兵作战软件，是指挥处置突发事件的保障，基于卫星导航的警务终端装备和单兵作战软件有利于提高警务工作的质量与效率。

目前全国各地公安部门主要采用基于 Andriod 操作系统的智能手机作为移动警务终端设备，基于 Andriod 开发集成导航功能和公安业务查询功能的单兵作战软件成为今后移动警务应用的重点方向。其中单警导航作战软件是运行在公安干警手持设备中的警用作战系统，主要负责与指挥中心、与移动指挥车以及与身边的警察进行信息传递和多方联动。主要包括如下功能模块：

1）地图浏览操作

地图操作是单兵作战系统的基础模块，为其他功能提供支撑，包括地图基本操作和地图定位，如图 10-21 所示。

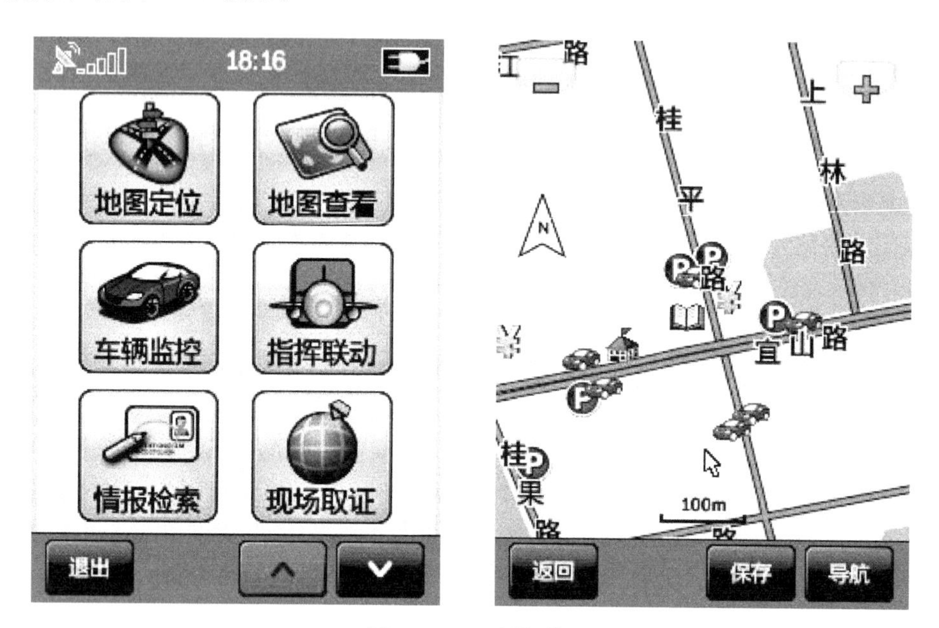

图 10-21 地图操作

2）目标定位监控

主要利用 GPS 的定位功能，通过和共享数据平台进行通信获取车辆和人员的位置信息，以达到监控的目的。分为位置上报、选择监控对象、设置电子围栏、开始追踪、停止追踪、附近警力查询、越界报警和历史轨迹回放等功能，如图 10-22 所示。

3）路线实时导航

对于已经部署侦查抓捕任务的一线民警，可以通过移动警务终端单兵软件中的案件目的实时导航功能，直接进行导航路径分析，并且实时指引公安民警不断接近抓捕地点，如图 10-23 所示。

4）情报检索

根据涉案嫌疑人员的身份证号码、电话号码和车牌号码，通过联网查询，获取其身份信息、在逃或者前科等相关信息，以辅助决策，如图 10-24 所示。

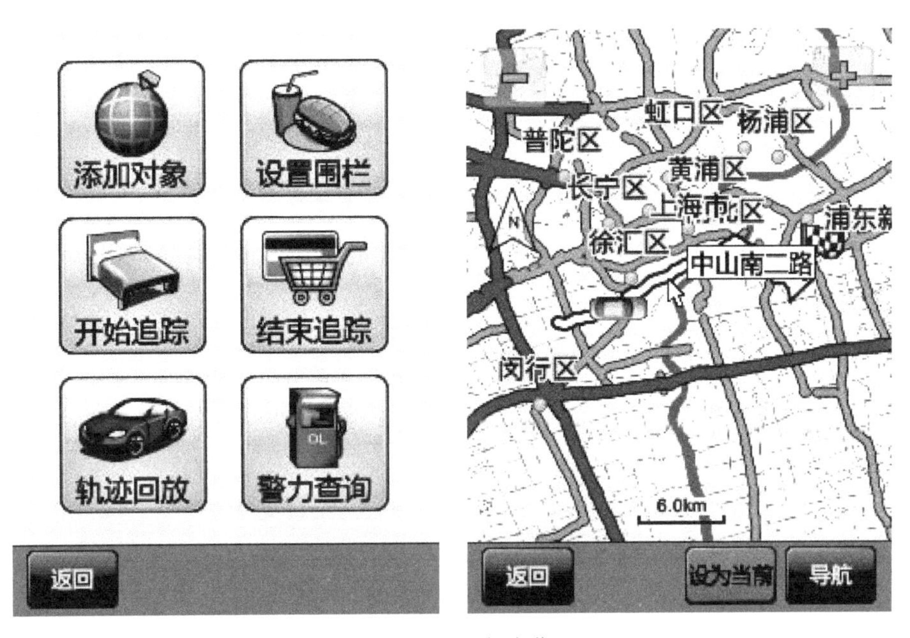

图 10-22　目标定位

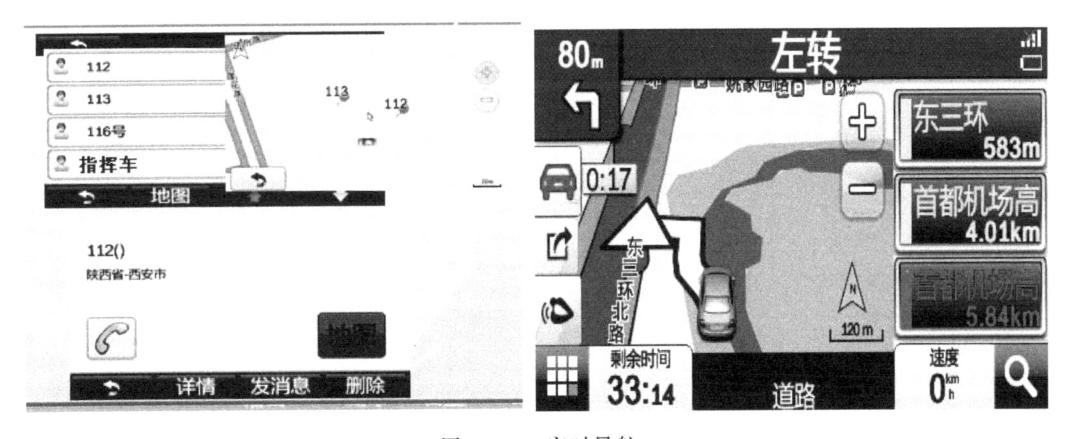

图 10-23　实时导航

5）案件周边查询

利用单兵软件还可以查找专案附件相关的案件信息内容，包括嫌疑人住所、案发地点、窝藏地点、案件资料等内容，如图 10-25 所示。

6）现场证据采集

对于一线的民警，可以通过以下手段采集专案现场相关的证据、线索等信息，同时通过 3G 网络实时回传到指挥中心。如果网络信号不好，可以先保存在本机上，待网络

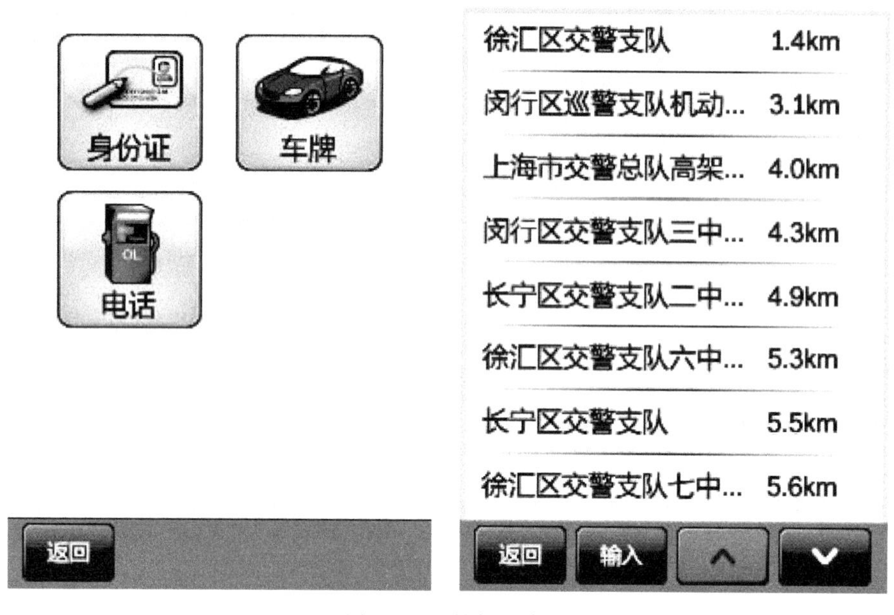

图 10-24　情报检索

图 10-25　周边查询

通畅后再回传后台。民警通过终端设备进行现场拍照、录像、录音和编辑文本，把采集的证据实时上传到服务器，供其他有权限的人查看或者下载，或者直接发送给指定的在线民警，如图 10-26 所示。

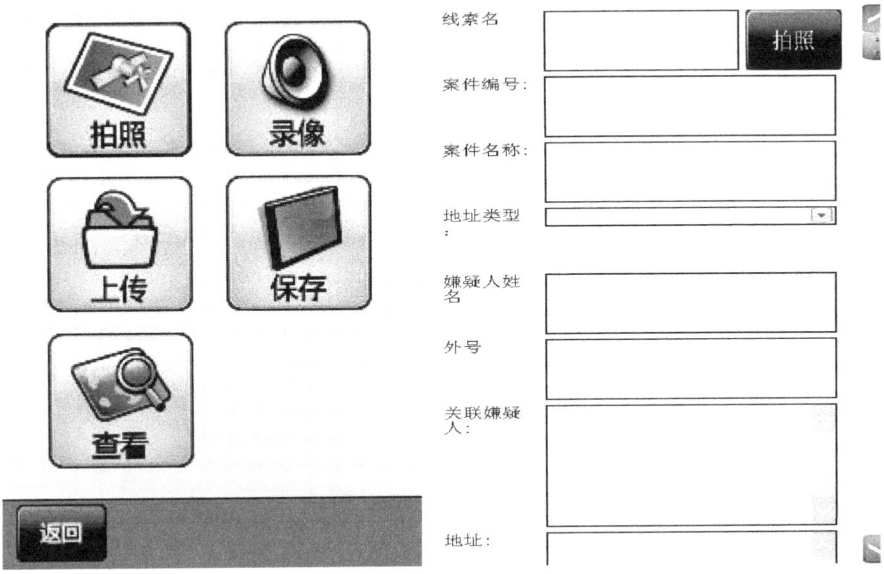

拍照
录像
上传
保存
查看
返回
线索名
拍照
案件编号：
案件名称：
地址类型：
嫌疑人姓名
外号
关联嫌疑人：
地址：

图 10-26　证据采集

7）指挥和信息联动

该模块实现单兵作战系统、指挥调度系统和移动指挥系统之间进行数据交换，指挥调度系统或者移动指挥系统下发的作战和部署指令可以实时到达到终端，作战资料可以直接下发到单兵终端，以达到协同作战的目的，如图 10-27 所示。

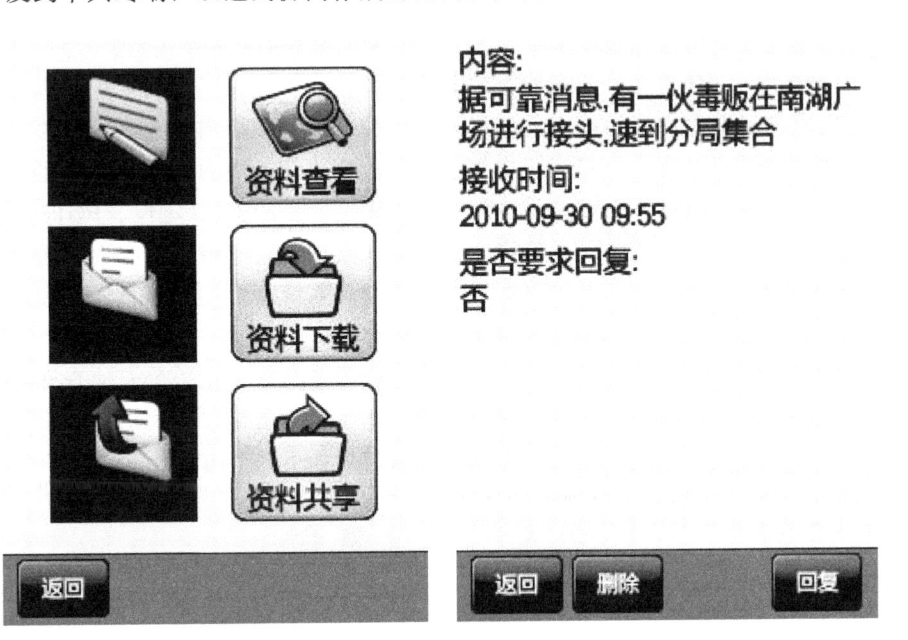

图 10-27　指挥联动

8）系统管理

终端的系统管理模块包括日志记录、权限实施、系统参数配置和在线升级等功能，如图 10-28 所示。

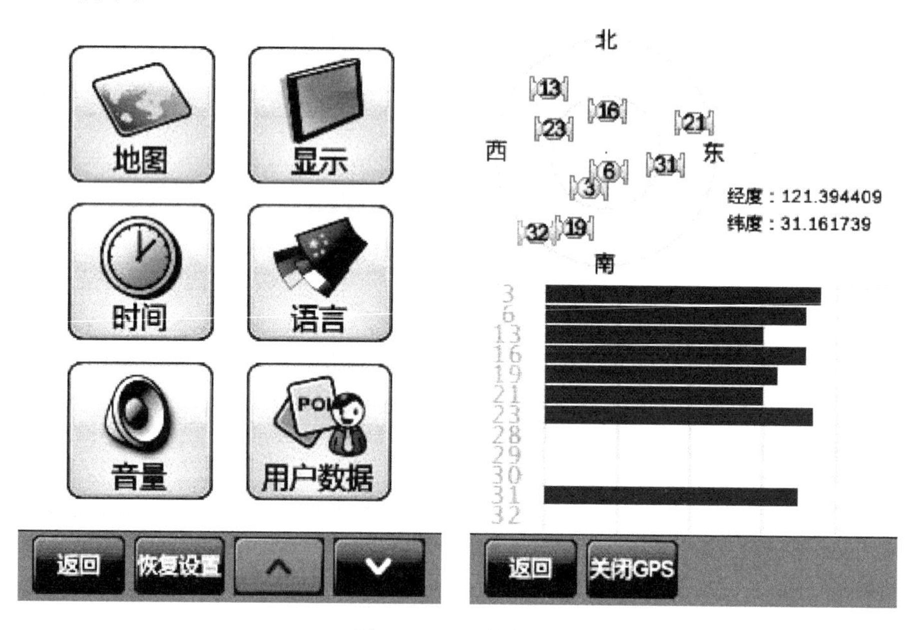

图 10-28　系统管理

10.4　建设成果与应用创新

一是构建了公安信息化领域第一个基于云计算技术的面向实战的北斗综合作战指挥系统和应用框架。二是搭建了公安侦查的多级指挥体系，提高了公安侦查指挥过程中信息传递的效率和扁平化指挥的能力。三是建立了公安侦查领域内快速高效的移动侦查指挥体系，大大增强和提高了公安现场指挥调度和应变决策的能力。四是提供了基于手机的北斗导航、身份识别目标比对、手机无线对讲调度、手机 GPS 定位、PGIS 地图展示等多种先进侦查办案手段，增强了公安一线民警的案件侦查和现场实时取证的能力。五是建立了公安指挥系统与公安内部数据系统、各业务系统等之间的信息通道和桥梁，增强了现场情报研判效率，大大提高现场查缉的能力。

利用位置云体系中的提供面向服务架构的企业服务总线，把跟公安侦查和指挥相关的各类公安业务逻辑和通信机制整合进来，通过基于服务的接口实现情报、接口、资源的动态连接、变更和升级，具体整合功能和业务包括如下几个方面：

10.4.1　系统整合

1. 基于多地图展现的整合

公安扁平化指挥系统中涉及多种类型地图各有不同特点，系统创新地利用位置云技术把矢量、三维、街景和PGIS地图等多种地图模式和信息内容都通过服务接口集中整合到指挥系统中，增强公安民警的“精确侦查、精确布控和精确抓捕”的侦查办案能力。其中重点区域利用真三维地图和实景地图提供一个“身临其境”的实景环境，为侦查办案提供直观影像数据，并且可进行通道尺寸、建筑物高度和射击通视距离量测，具有“可视、可读、可写、可画、可量、可链接、可挖掘”等特点。同时后台实现了与公安PGIS平台的整合与对接，作为公安信息化领域“一张图”的PGIS(警用地理信息平台)平台，实现把公安各警种业务数据都集中整合并且上图管理，逐步成为一个数据自动更新和信息极大共享鲜活的公安综合应用系统。

2. 公安天网、3G视频和语音对讲的指挥调度整合

公安天网工程是一项公安信息化的基础视频监控工程，各地天网依托不同的网络和运营商来建设，在这种基础情况下，公安扁平化指挥体系为更好地调取和异地共享天网监控视频资源，利用了架设于公安内网的高清视频会议的双流共享功能进行视频传输，坐镇指挥的领导在指挥室就可以调用各地市的天网视频资源进行跨区域案件抓捕和指挥工作。

针对公安在侦查和抓捕过程，目前利用各种3G视频图传设备进行远程视频调度和指挥案件侦查，实现了视频的单向传输和语音双向指挥，了解公安侦查工作现场情况，系统通过建立3G的VPN无线安全通道实时把现场的实时视频传回指挥室进行图像的整合。

同时利用位置云的服务接口打通了公安警务通单警设备和其他手机、座机电话之间的语音指挥通道，实现了在一套公安侦查体系中对视频、位置和语音方式综合指挥调度手段的无缝整合。

3. 公安数据系统和业务系统的整合

系统通过位置云的服务接口建立了和公安内部数据库、公安办公系统等公安业务系统进行数据交换的桥梁，一方面一线公安民警通过北斗导航终端能实时获取侦查目标对象的人口、在逃、住店和车辆等公安信息数据；另一方面采集的现场线索和证据数据能实时回传到后台通过转换模块接入公安业务综合系统和PGIS平台基础地理库。

针对公安工作的特点，系统完成了与公安业务系统底层用户和权限数据的对接，实现了公安民警在指挥监控系统和单兵作战系统的一键登录功能，打通了公安侦查指挥系统和公安日常工作系统间的接口通道，创建了公安侦查指挥和情报研判一体化办案流程。

10.4.2 系统创新

1. 位置云开放式模式和灵活系统框架

公安扁平化指挥系统采用云计算的开放式设计思想，不仅使本系统可以与其他公安信息和业务系统保持顺畅的应用和数据接口，还充分利用位置云技术与GIS技术进行

整合，从而保证系统的开放性和技术延伸性，方便今后的各项应用功能的扩展与完善。公安扁平化指挥系统是一个面向多部门、多警种应用且与多种应用和技术平台集成的云计算应用平台，不同用户的需求和应用范畴决定了系统要求有灵活的应用框架结构，可以根据用户需求的变更、新业务定制进行快速搭建。

2. 高效信息共享模式和多级信息网络体系

公安扁平化指挥系统采用SOA(service-oriented architecture)面向服务架构，保证开放性和延伸性，方便应用功能的扩展与完善。搭建了公安多级指挥的“信息神经网络”，实现了从公安厅指挥中心、总队侦查指挥室、支队侦查指挥室、现场指挥中心和一线干警之间“大脑/躯干/四肢/手指/以至神经末梢”式的五级指挥联动，打通了情报收集、案件侦查和行动收网之间的业务瓶颈，提高了公安侦查指挥过程中信息传递的效率和扁平化指挥的能力。

3. 符合公安实战需要的多级作战体系搭建

构建了面向实战的公安扁平化指挥系统和应用框架，实现了侦查指挥立体化、空间化和信息化，攻破了公安侦查指挥过程中多级实时联动的技术难点。建立了快速高效移动侦查指挥体系，大大增强和提高了公安现场指挥调度和应变决策能力。提供多种侦查手段，增强了一线干警案件侦查和现场实时取证能力，实现了公安指挥调度的多媒体可视化。

4. 与公安网信息平台高效集成

公安扁平化指挥系统的建设使侦查指挥工作更好地与公安业务系统进行集成融合，达到了“服务支撑、同一平台、可视化应用”的目标。建立了与公安内部业务系统之间的信息通道和桥梁，提供了基于手持终端“一站式”集成查询服务，增强了现场情报研判和辅助办案的能力。

5. 数据云端存储和业务流程创新

公安扁平化指挥系统所采用的云计算架构，把公安业务信息、指挥信息和地理位置信息等具有高度保密要求的数据存储在公安的私有云端，数据的管理和发布都在云端进行，客户端不保留数据，使得数据的安全性大大加强不留安全死角。另外所有系统功能的使用和业务流程的驱动全部通过在线和公安专有云进行实时交互和获取，打破了传统的本机安装、数据下载再业务办理的过程，对于公安侦查和指挥的业务流程进行了全面创新。

6. 侦查模式的创新应用

1）思维模式的创新

这一平台建设和应用以来，对于公安民警在思维模式转变和信息化认识提高方面具有重要的意义。基层公安民警能认识到：办案要提高科技和信息化水平；信息化建设，也是等于发展生产力。高科技技术和系统对于基层、工作、办案、民警都很需要；对于信息技术，要用好、用活、用到关键上，最后的目标就是“把人打下来、证据固定下来、案子办下来”。

2）公安工作的创新

传统的公安侦查工作模式是：

目标对象：指挥中心无法直接全面掌握目标位置和地理环境；

对讲通话：使用对讲机，体积大时间短，不利于隐蔽侦查；

现场取证：多为事后提取，手段单一，现场情况不直观；

指挥调度：没有统一架构，依次逐层传递，影响效率；

情报信息：最新的情报一线侦察员难以快速便捷获取。

采用扁平化系统后，创新的侦查模式：

目标对象：人员、车辆实时位置地图直观显示；

对讲通话：使用手机实现对讲调度，有利于隐蔽侦查；

现场取证：手机、移动指挥车摄像头采集视频、照片、声音；

指挥调度：证据上传、预案下发、指令下达；

情报信息：警务通终端公安追逃数据本机查询，公安业务信息的无线查询。

参考文献

陈萱华，李学亚，杨玲. 2013. 移动警务安全接入控制系统研究[J]. 计算机与现代化，4(212)：202-205.

刘伟. 2009. 加强公安指挥中心建设的思考[J]. 吉林公安高等专科学校学报，2(105)：22-25.

第 11 章　大众生活服务

近年来，位置服务越来越贴近大众生活。归纳起来大致包括：对家庭人员、车辆、宠物等移动资产的关爱服务，基于位置的社交网络(LBSN)服务，以及与基于位置的电子商务应用等。本章分别阐述"中国位置"在这些方面的见解，以及所取得的研究成果和相关应用产品。

11.1　移动资产管理

在大众位置服务应用领域，已经涌现出许多针对特定人群(老人、儿童)的位置服务系统，然而综合性的针对人、车、宠物的位置服务系统却很少。针对大众市场家庭移动资产管理的需求，北斗导航位置服务(北京)有限公司开发了"凯步关爱"移动资产管理系统。

11.1.1　综合性移动资产管理系统

"中国位置"设计的"凯步关爱"移动资产综合性管理系统，是一个面向大众提供定位的服务系统，包括针对车辆、家人、宠物的三类移动定位终端。通过 Web 端软件或手

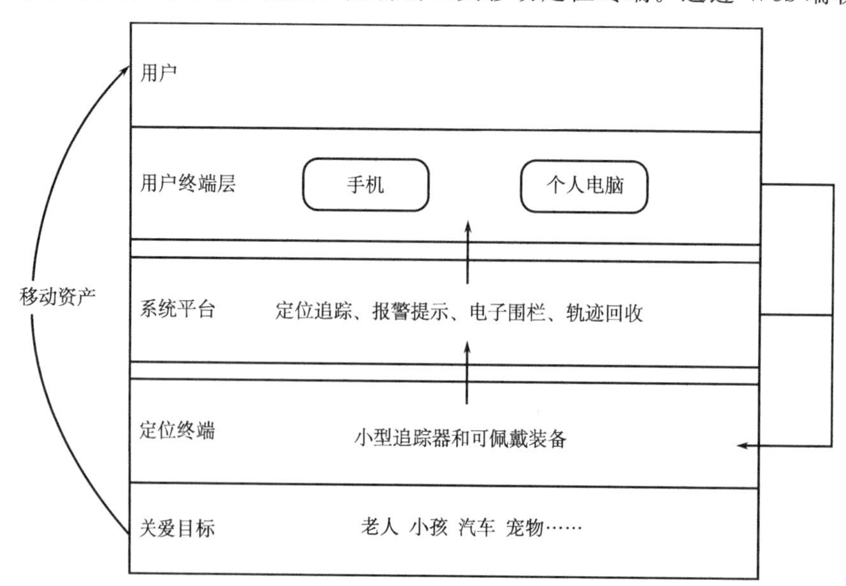

图 11-1　移动资产管理系统的管理关系

机软件提供定位追踪、报警提示、电子围栏、轨迹回放四大功能。用户可以随时查看家人、车辆、宠物等移动资产的实时位置，并通过手机软件为其设置安全范围，关爱目标一旦越过“围栏”，产品将在 10 秒内自动报警，通过短信、客户端消息等方式通知用户，如图 11-1 所示。

1. 系统架构与功能

“凯步关爱”移动资产管理系统架构主要包括基础设施层、数据层、信息处理层和应用服务层，如图 11-2 所示。

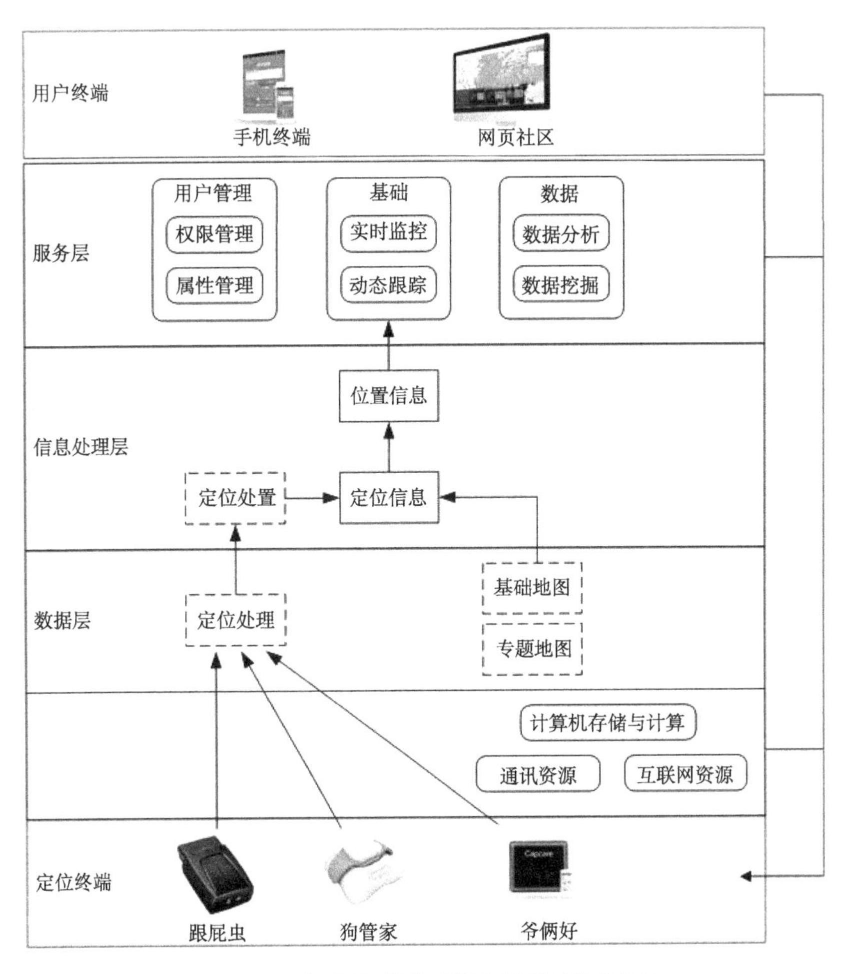

图 11-2　“凯步关爱”移动资产管理系统的架构

1) 基础设施层

基础设施层包括服务器、存储器、局域网、通信网络等。基础设施层主要用于获取定位信号，实现信号传输、空间数据与互联网信息的集成融合，提供实现定位服务所需的基础计算和处理资源。

2）数据层

包括位置服务所需要的各种空间数据，“凯步关爱”使用的基础空间数据是百度地图，以及中国位置平台的行业专题数据库等。

• 基础空间信息：为定位系统提供地图定位、空间检索的基础信息。

• 位置信息：主要是各类定位跟踪设备上传的GNSS信息，依据该信息，用户可以随时了解系统中各类关爱目标的信息。

• 专题信息：主要包括各类与服务对象有关的专题信息，例如宠物设施的分布、老年人服务设施的分布，为服务对象提供信息增值服务。

3）信息处理层

信息处理层主要利用基础资源层、数据层所提供的资源，对定位信息和空间数据信息进行综合处理，实现实时定位及其可视化功能。

4）服务层

应用服务可以划分为用户管理模块、基础服务模块、数据服务模块等。用户管理模块主要负责用户登录信息管理和用户终端管理；基础服务模块主要是实现四大监控功能；扩展服务模块进一步对获取的空间信息数据进行综合集成、可视化、空间分析，使得位置信息能够更好地服务于各类对象。

用户管理模块：用于用户社会属性信息的管理、记录用户与终端设备的关联关系、记录用户登录的浏览操作、允许用户进行各种个性化设置。

基础服务模块：对各类关爱目标进行定位追踪、报警提示、电子围栏、轨迹回放。

数据服务模块：主要是将终端采集的空间信息，进行各类统计分析和数据挖掘。扩展服务模块会根据服务对象的不同要求而进行设计。

此外，系统还有两大接入层，即定位终端层和用户终端层。定位终端层由各种便携式的移动终端构成，定位终端层负责位置采集、位置传送、导航定位等功能，也可以接收系统传达的信息。用户终端层主要包含网络端位置服务社区和手机软件，用于显示、查询各类位置信息。系统的信息流是由定位终端到管理服务器端，经处理后再发回信息终端，在管理对象和管理者之间形成一个完整的回路并实现其相关功能。

2. 系统主要特征

1）个性化的产品硬件设计

• 针对不同的用户特点设计各种适配的终端类型。针对汽车定位器采取即插即用设计，用户只需要将定位器插入车辆的OBD接口，即可完成产品的安装。针对老人和儿童的产品，具备穿戴科技的要求，用户可以贴在身上、挂在腰间或者佩戴在书包上，非常简单和方便。

• 在最短的时间完成报警，为老人、儿童和宠物提供第一时间的安全保障。

• 对于宠物的定位追踪产品，在距离底座 $100m^2$ 的范围内，处于低功耗休眠状态，而一旦宠物离开了这个范围，定位追踪器就会启动定位，并发送报警信息给手机应用软件和计算机监控端。

2）与移动互联网紧密联系的软件设计

用户可以很方便地通过 WEB 页、手机应用软件和手机短信对移动目标进行管理。应用软件支持安卓与苹果两种操作系统。用户购买产品后，可以扫描产品二维码，免费下载软件到手机客户端，也可以通过第三方平台，例如微信等使用软件功能。通过不同的终端和平台，用户都可以方便地进行各项功能的使用和设置。

3）多终端多用户的综合管理

如果用户购买了多个终端设备，可以将不同的监控对象，如车、家人、宠物等在同一个用户账号下集中管理。经过授权，同一个终端设备位置信息也可以由不同群组共享。

4）强大的数据分析功能

能够对记录的空间数据进行针对性的、实时、可视化分析，方便用户更好地了解移动资产的状态，如图 11-3 所示。

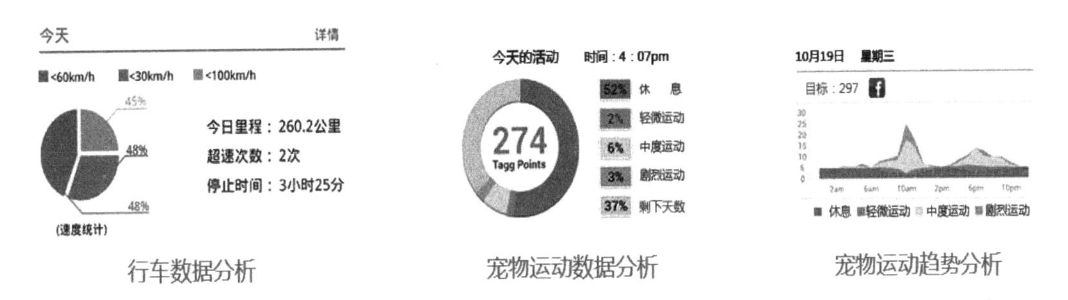

图 11-3　“凯步关爱”资产管理系统的数据分析功能

3. 未来的创新应用

1）数据增值服务

北斗导航位置服务平台将进一步加强数据服务功能。通过数据分析帮助线下商家实现网上的营销，帮助线上用户找到线下信息。以用户为中心的数据挖掘模式充分利用用户行为数据中所隐藏的模式提升位置服务质量，增加位置服务的附加值。

2）社交网络

移动资产平台可以围绕汽车生活、个人服务出行、老人生活服务、幼儿设施、宠物生活等主题提供相关的互联网社区服务。由此进行社交推荐和服务推荐，增加用户黏性。

移动资产管理系统还可以与其他在线服务资源结合，为用户提供更加多姿多彩的服务。

11.1.2 移动资产管理位置服务的未来

目前移动资产位置服务应用在移动互联网和物联网环境的影响下，已显示出以下特征。

(1) 随着定位终端的微型化和小型化，目前位置服务不仅可以追踪主动携带定位设备的人员，还可以对装备小型传感设备的物体进行追踪。实现的不仅仅是人与人的交互，还包括人机交互以及多个终端的交互。

(2) 大多数位置服务的管理终端(PC 和手机)已经从不具备定位和移动通信功能普遍转变成具备定位和移动通信功能的设备，应用软件越来越丰富。

(3) 传统的位置服务只能基于硬件设备搭载的地图来确定位置，只能为用户提供单纯的位置信息。而今的位置服务，可以更好地与移动互联网紧密结合，帮助用户从互联网资源获取更多的内容和信息。空间信息和非空间信息的叠加可以衍生出更多的应用。

(4) 传统的位置服务只是采集位置信息，为用户提供位置服务咨询。而未来的位置服务应该以动态空间信息和地图数据为基础，提供更多的信息服务咨询，例如为用户提供周边商店的实时打折信息，其他用户对商店的评价、口碑等。前文已经介绍位置服务在老人生活服务、幼儿设施、汽车生活、个人出行、健康娱乐休闲等方面的应用，都可以围绕实时动态位置服务应用主题搭建出五花八门的互联网搜索应用平台或者互联网社区。

在大众生活领域，位置服务可能进化为一种更包容、更全面的服务模式，与实体企业和用户更紧密的结合，实践硬件软件结合、线上线下联合的商业模式。位置服务平台的定位功能和通信功能，成为连接各类社会服务信息和个人生活需求的重要工具。

11.2 基于位置的社交网络

互联网的社交网络服务兴起已经有很长一段时间。所谓的社交网络服务(social networking service，SNS)，其主要作用是为拥有相同兴趣与活动的人群创建在线社区。社交网络服务会提供多种让用户交互起来的方式，可以进行聊天、通信、影音、文件分享、博客、讨论组群等。社交网络为信息的交流与分享提供了新的途径，是互联网继网站和搜索引擎之后，最为流行的一种网络服务。世界上较为知名的社交网络服务网站包括 Facebook、Myspace、Twitter 等。在我国内地，以社交网络服务为主的流行网站有人人网、QQ 空间、微博等。

随着无线网络、手机定位技术和在线地理信息系统的发展，共享个人的位置信息变得更加容易。因此在社交网络媒介中兴起了很多位置服务类的应用。人们把位置服务和社交网络结合的服务命名为基于位置的社交网络 LBSN(location-based social network)。

与上节提及的基于单个用户终端定位的移动资产管理不同，LBSN 嵌入在人与人在线的网络化交流之中。并不是对单个监控目标的位置服务，而是为网络化的信息交流提供位置服务。在增加空间维度后，虚拟世界中的社交网络与现实世界重新紧密结合。LBSN 可以支持许多应用场景，带来更多的新鲜体验，逐渐改写传统社交网络服务的格局。

11.2.1 基于位置的社交网络现状

1. 位置社交是传统社交的补充

人们利用社交网站与朋友进行联络分享信息的时候，“位置分享”的需求一直是存在的，典型的需求场景不胜枚举。

位置服务与社交网络的结合，能够实现位置信息在互联网上、在人与人之间的分享(见图 11-4)。位置服务和社交网络服务结合是符合人类社会活动规律的。出于人类行为活动的基本模式，人们的社会交往并不会永远停留在网上的虚拟社区中，也不会仅仅满足于在虚拟社区的交流。首先，通过社交虚拟网络互相认识的朋友需要寻找面对面的聚会的地方；其次，现实中平时依赖社交网络服务聊天工具的朋友也往往需要线下的休闲聚会，而线下的休闲聚会则需要一定的地理资讯；第三，人们也希望在社交网络中和朋友分享自己的空间行为(去了哪个风景优美的地方旅游，品尝了某个地方的美食)；第四，企业用户和广告商希望社交网路能够提供更精准的营销和广告推送，用户位置信息的增加无疑满足了这一需求。互联网中这些社交网络功能的实现都需要位置信息的帮助。在社交网络服务网站已经被人们普遍使用的情况下，位置服务迎来了为社交网络服务增添光彩甚至带来变革的机会。

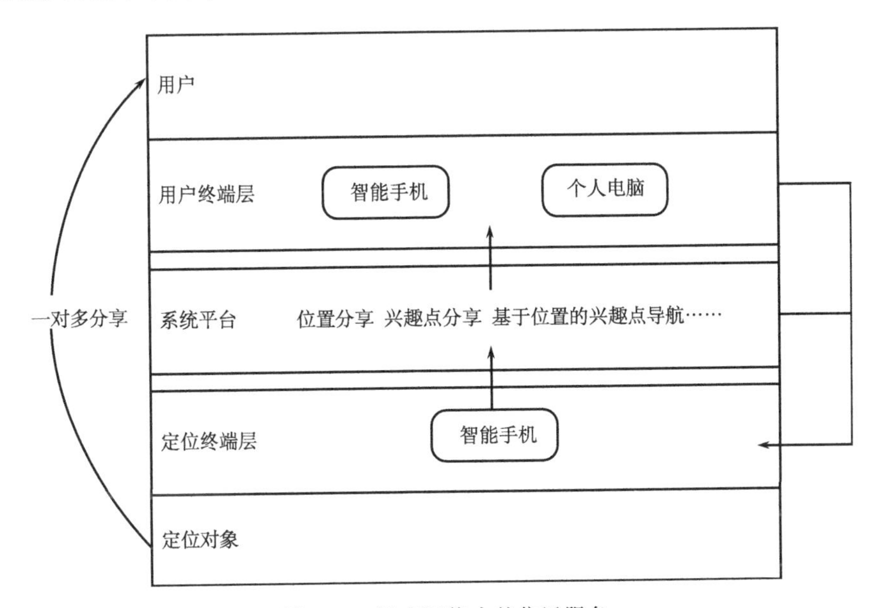

图 11-4　社交网络中的位置服务

2. 基于位置社交网络的兴起

基于位置的社交网络最早起源于美国，用户规模较大的应用有 Foursquare、Gowalla、BrightKite 等。其中 Foursquare 是最早兴起、最具有代表性的基于位置的社交网络服务。下面结合 Foursquare 对 LBSN 的服务模式进行介绍。

1）主要功能

Foursquare 主要功能是同他人分享自己当前所在地理位置等信息。从诞生伊始，Foursquare 就烙刻了显著的位置服务标签，被认为 50％是地理信息记录的工具，30％是社交分享的工具，20％是游戏工具。Foursquare 主要为用户提供了下列有趣的服务：

（1）用户打开手机的网络连线功能，通过移动通信或 GPS 确定自已所在的位置。当用户处在某一个地点（如百货公司、餐厅、咖啡厅）使用 Foursquare 时，即被认定为“签到”（check in）该地点一次。用户登入一个地点越多，就能在 Foursquare 上升入更高等级，获得一些“地位或头衔”。例如，用户常常去各处旅游或商务出行，就有可能获得一个“冒险家”的徽章；用户经常光顾某餐厅，就可能接到通知，发现自己成为该餐厅的“市长”。获得的徽章越多，等级越高，获得线下商家的奖励或者折扣越多。

（2）如果用户发现自己常去的爱店没有在 Foursquare 上有记录，可以自己建立。用户可以任意在某处建立“上班的座位”“男朋友的停车位”这种具备个性的地点，然后观察谁来抢这些地点的市长宝座。

（3）Foursquare 与美国一些常用的 SNS 工具是紧密联系的。用户可以随时知道自己朋友在什么地方干什么，可以将 Twitter、Facebook 上的好友拉进来，看看他们现在当上了哪个店家的“市长”，也可以看看你最常去的地方，市长是哪位，大家在该地点的留言是什么（例如称赞某个餐厅的菜好吃，或是那家店员脸很臭），从中认识更多兴趣相投的朋友。

Foursquare 的成功之处主要有几个方面：一是通过虚拟勋章、点数或头衔奖励让用户觉得签到过程充满乐趣、充满游戏机制，有效地激发用户的竞争天性。二是在用户有效签到的情况下，为用户提供更多的地理资讯服务，例如餐厅的菜好不好吃、百货商店的服务是否周到。三是将位置服务与社交网络服务紧密地联系在一起。Foursquare 本身是一款分享位置的 SNS 软件，Foursquare 账号还可以和流行的 Twitter 和 Facebook 绑捆，用户签到信息可以发送到更加广泛的 SNS 网站中，为其他的 SNS 用户提供真实的位置信息，提升用户体验（Foursquare 的位置服务在 Twitter 和 Facebook 的位置服务模块推出之前是独一无二的）。四是为企业提供基于位置服务的广告营销。著名的连锁咖啡公司星巴克（Starbucks）就是 Foursquare 首批知名品牌合作伙伴之一。星巴克为 Foursquare 领主提供零售店特别“咖啡师”徽章，拥有该徽章的客户购买饮品和食物时能够享受一定的折扣。

2）系统架构

Foursquare 的系统架构和流程是比较简单的。首先，在“签到”这一服务流程中，平台通过用户手机获取位置，通过后台的信息处理，将用户位置与地图结合显示，这样平台就获取到大量位置地点信息。其次，“游戏”“评论”功能依赖于用户在手机端软件输入相关的信息，而后通过平台服务与位置信息结合在一起。再次，服务平台将单个用户的位置信息和对地点的评论信息、游戏信息，开放给更多的用户浏览、互动，或者转发到相关的 SNS 网站，也就是实现“社交”“分享”“游戏”的功能。服务平台除提供手机端软件外，也提供 PC 端访问，只不过 PC 端网页缺乏实时“签到”功能，但仍然能够为用户显示很多有趣信息，例如哪家餐厅的菜好吃等，如图 11-5 所示。

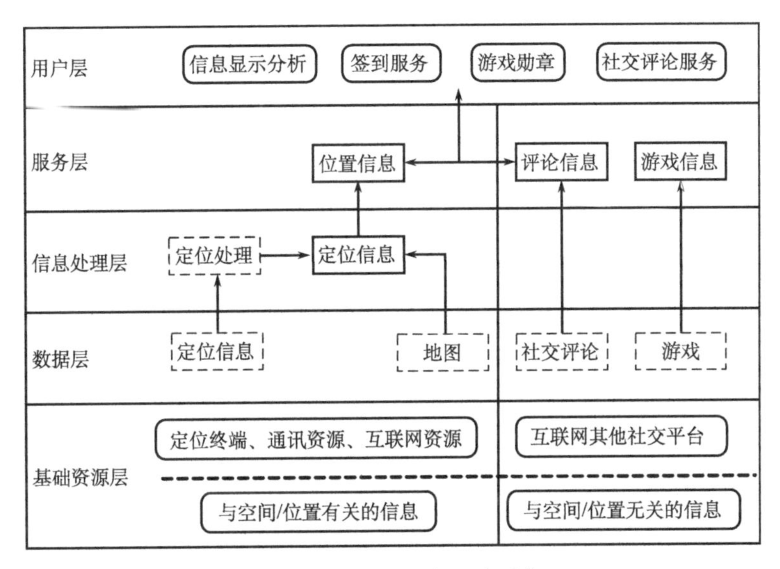

图 11-5　LBSN 服务基本系统

受 Foursquare“签到”模式的影响，2010 年以来，我国国内涌现出几十家具有“签到”功能的网站，其中具有代表性的有街旁网、切客网和嘀咕网。但是这些网站只是注意到了 Foursquare 的位置服务功能，而没有注意到其浓烈的社交功能。国内用户与国外用户不同，由于这些国内网站无法给予用户持续的实际优惠，其游戏娱乐功能又略逊于 SNS 上的游戏功能，因此，用户兴趣很难保持。当用户“签到”的兴趣逐渐冷却，而其他社交网站(如新浪微博)逐渐加入位置服务功能之后，这些网站开始遭遇用户数增长的瓶颈。单纯的位置服务网站发现位置服务离开社交网络是很难独立生存的，于是 2011 年成为这些网站的转型年，在此之后，国内基于位置的社交网络逐渐成熟起来。

在这里我们以街旁网为案例，简单了解国内典型位置社交网络服务的功能。街旁网目前提供的功能有：

(1) 位置及相关信息共享功能：地点签到、和谁在一起、上传或者拍摄照片、广播等。

(2) 基于位置场景的社交功能：为用户记录的地点搭配场景标签，将用户的记录汇聚成个性化的展示。通过场景标签寻找类似的朋友，进一步扩大社交范围。

(3) 与其他 SNS 网站的融合：支持微信、微博、豆瓣、人人等社区网络，灵活设置每一条记录的私密程度。

基于位置的社交网络发展的结果是，想要寻找城市里最火的餐馆、酒吧和演唱会，很多年轻人已经不再需要询问朋友们，他们会用手机在位置社交网站上“签到”，了解附近的社会人文信息，社交网络中的其他人在干什么，或许有位同事正与自己擦身而过，曾经的校友在城市的另一头正在看演唱会等。随着签到功能手机间的交流，人们立刻就能知道社交圈中流行的聚会场所。

3. LBSN 的进一步发展

当今世界，互联网的创新非常活跃，各种互联网和移动互联网应用五花八门。由于大部分应用是免费的，而且用户放弃一个应用转向另一个应用的机会成本很低，运营商只有不断地更新自己的服务，优化用户体验，才能抓住用户。随着时间推移，用户对于位置分享不再感到新鲜，对于频繁的签到服务也感到厌倦。不少传统的大型 SNS 网站，比如 Facebook、新浪微博等都增加了位置服务模块，国内外单纯的位置社交网络逐渐难以实现用户的增长。因此，这些位置社交网络纷纷提出自己的应对方案，那就是进一步通过位置服务去满足用户的需求，增加服务的附加值。

1）功能拓展

• 提供更丰富、更个性化资讯

当用户对于频繁的签到游戏感到厌倦的时候，Foursquare 通过进一步改版，弱化了“签到”功能，通过增强信息服务功能来保持对用户的吸引力，以保持用户数量。主要体现在以下几点：

（1）主动为用户提供更多基于位置的资讯。例如你在一家餐馆签到时，“Eat This, Not That”应用可以为你提供健康饮食的建议；当你在一个新城市签到时，“The Weather Channel”应用可以为你提供天气预报等。

（2）嵌入更多的流行社交应用，如 Foodspotting（美食发现服务）、Instagram（图片分享）和 Path（私密好友分享平台）等应用。预计今后还会有更多的应用内嵌到 Foursquare 中。

（3）个性化内容推荐。新版的 Foursquare 应用能够主动为用户推送信息，也鼓励用户之间的互动。新添加的 Explore 功能根据一天当中的时间、相关性、位置、朋友推荐和习惯等，为用户做个性化的内容推荐。这样的功能也为广告商在 Foursquare 寻找潜在客户群、进行精准营销提供了方便。

• 拓展空间信息的表现方式

与 Foursquare 同期另一个 LBSN 的网站 Gowalla 在发展过程中与 Foursquare 遇到同样的问题，Gowalla 的应对策略是把新功能与用户旅行经验的分享联系在一起。

首先，在 Gowalla 的机场页面上，你的旅程可以“从目的地到目的地”连接起来。假如你在旧金山机场（SFO）签到，5 个小时后又在在肯尼迪机场（JKF）签到，Gowalla 就会知道你在乘坐飞机旅行，并且会制作了一张新的图片来展示你的旅程以及你飞行的里程数。你的朋友们可以看到你的旅程，甚至也能够看到你的飞机是否中途在其他机场做过短暂停留。

其次，使用 Highlights 的功能，用户可以做出一份“某个城市中你的最爱”列表。列表基于一些预先设定的项目，比如“People Watching”(观察形形色色的人来打发时间)的最好去处，以及最好的“Watering Hole”(酒吧)等。但是每一项你只能填一个地方，所以很明显，Highlights 意在让用户推荐某个城市的好去处。试想一下，如果 Gowalla 推出度假服务，你的 Highlights 列表就可以被推荐给更多的朋友们。

再次，Gowalla 网站现在还可以为你提供一份地图，地图上显示你最近签到过的地方。这一功能可用于旅行轨迹的分享，只要给社交网络上的朋友发去一份地图链接，就能为大家提供你的旅行方案。

以往位置服务社交网站的分享是针对单个点的分享，而 Gowalla 的这些与旅行有关的新功能很显然可以把位置分享从单个点提升到点与点之间，甚至连接成完整的旅行线路，而且用户还可以用时间序列来组织和分享这些位置信息。Gowalla 的这些新功能更为吻合用户的时空行为，从而有望保持用户的黏性，而且 Gowalla 还把线下服务从城市内的日常消费空间扩展到跨城市的旅行消费。

• 基于位置的主动信息推送

位置服务和社交网络服务的出现，能够帮助广告商精准地投放广告。传统模式是，通过互联网得到的信息，将客户可能需求的服务和信息投放到客户群当中。用户在接收到服务信息时可能对服务中所涉及的产品毫无兴趣，相反却对另一类服务感兴趣，这样就形成了营销错位。

长期以来，精准定位传播对象是广告商们非常渴求的目标，位置服务技术可以在一定程度上帮助广告商实现这一目标。相关的零售企业可以通过平台提供消费者的综合信息(实时位置、兴趣爱好、历史访问记录)，向靠近商店、或者对商店具有潜在兴趣的用户开展促销活动及发布广告。位置服务能够帮助零售商和消费者进行某种匹配，提高交易的效率。

• 从位置社交到位置团购

国内首批位置服务网站出现危机后，都对自己的商业模式进行了调整。例如“切客网”将重心调整到提供周边生活消费类服务，将自己定义为“查找周边打折优惠信息的手机应用软件”，成为社会化的身边电子商务平台。它弱化了位置分享方面的功能，强化了基于位置所提供的生活消费服务信息。

“切客网”这一调整与国内电子商务模式 O2O 的发展是紧密联系的。O2O 是新兴起的一种电子交易商业模式，即将线下商务机会与互联网结合在一起，让互联网成为线下交易的前台。消费者可以在互联网上筛选服务，在线结算成交。

“团购”是 O2O 的代表模式。2013 年上半年我国互联网团购成交额达到 141.3 亿元，用户达到 2.6 亿人次，在售订单有 216.3 万期。“团购”主要面向餐饮、娱乐、酒店旅游、生活服务、购买商品这五大类，市场占比情况如图 11-6 所示。

位置服务在团购方面实现的功能主要基于地图的空间操作与位置匹配，主要功能包括：

(1) 用户可以在搜索框输入完整的地址、公交站、地铁站名称进行搜索，查找附近的团购信息。

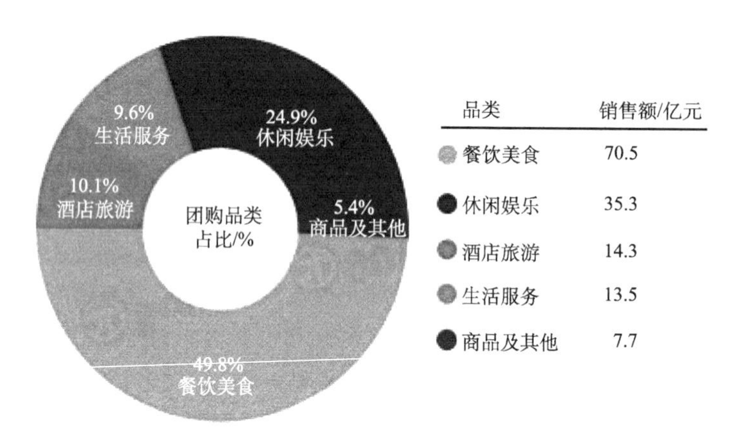

图 11-6　2013 年上半年团购各品类品所占的比例

(2) 点击地图直接标注定位，进而查找用户所需要的团购信息，包括商家店面的具体位置和联系方式。

(3) 利用手机信号自主定位，发现身边的团购信息，各种折扣优惠按照距离用户的远近依次排列。

(4) 用户定位之后，可以查找前往团购地点的路线。

除切客网涉足社交网络电子商务领域外，很多团购网站也主动与位置服务结合。位置服务与团购结合的关键点：一是可以随时随地为用户提供团购信息；二是根据消费者所在位置帮助他们迅速找到最近的团购。目前位置服务与电子商务(尤其是移动端团购)结合已经足够成熟并且投入产出比很高的产品，在酒店、票务、旅游度假、买房和租车等方面得到广泛应用。未来，位置服务与团购、本地化生活服务、移动支付等热门应用整合，可以帮助实现用户与用户、用户与商家的精准对接互动，完成精准营销，这是位置服务为电子商务创造的价值所在。

• 基于位置的社交发现服务

随着移动互联网的发展，涌现了不少与移动互联网紧密结合的位置社交服务。这种社交网络不再是像传统的 SNS 网站一样，在网络上重建线下的社交关系，而是寻找附近那些用户可能希望结识的人。

LBSN 的开放接口

继 Foursquare 之后，社交网站 Facebook 也开发了位置服务的模块 Facebook Places。除了与 Foursquare 类似的功能之外，Facebook Places 利用其平台大、用户数量多的特点，将重点放在为其他用户提供二次开发的机会。

Facebook place 为其他可能的开发者和企业提供了位置服务方面的开放应用程序接口(Open API)，这一模式正在挖掘出 LBSN 的深度价值。

2）服务平台的发展

从服务平台系统的角度来看，位置服务系统增加了更多的流程和功能，总体而言，平台系统更加开放，能够满足多种多样的需求，如图 11-7 所示。LBSN 服务平台的发展主要体现在几个方面：

首先，增加了更多类型的动态空间信息和非空间信息，拓展了 LBSN 服务范围。这些信息有社交用户的位置，被用于“陌陌”之类的社交发现软件；有参与团购和优惠服务消费场所的位置，用于基于位置的生活消费服务和团购服务；有来源于社交网络的用户兴趣爱好标签、用户的朋友圈，可以用于基于位置的主动信息推送。

其次，强化了信息处理能力。不管是为用户提供更个性化的地理资讯，还是进行主动精准的信息推送，系统都必须具备数据融合和数据挖掘的功能。

再次，增加了系统的开放性。Facebook place 将位置服务的接口开放给更多用户使用。在位置服务模式需要创新，盈利模式尚未明朗的情况下，这种开放，有利于引入更多的智慧思想来参与和拓展 LBSN 方面的相关应用。

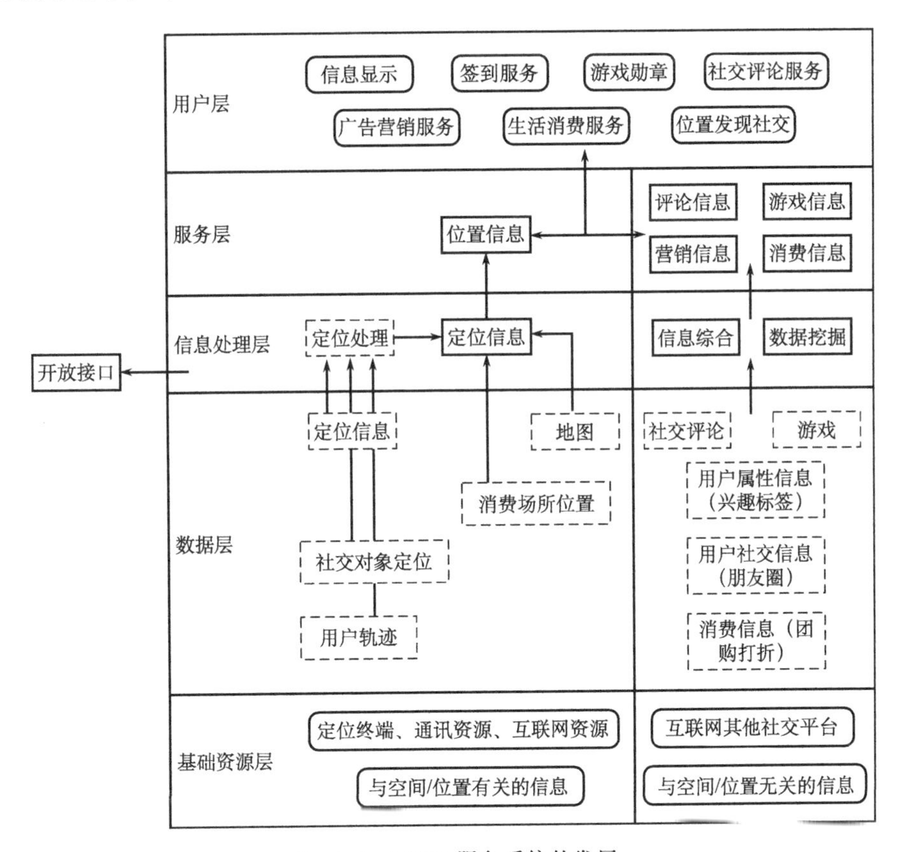

图 11-7　LBSN 服务系统的发展

4. LBSN 的需求与发展模式小结

现阶段 LBSN 发展与初级阶段的主要差别在于，LBSN 融合了互联网技术和思维，整个系统平台更好地满足了用户需求。其一是 LBSN 迎合了移动互联网的趋势。由于屏幕的限制，用户在手机端和在 PC 端的使用习惯有所区别，这就要求运营平台做出相应的调整。例如，Foursquare 侧重手机应用，而“陌陌”则完全是基于移动互联网的社交软件。其二是 LBSN 和社交网络充分融合，各种社交软件都充分与位置服务融合，借用 LBS 模块来吸引用户。例如在社交软件中显示用户兴趣点、迅速发布自己“足迹”的 POI 地图等。其三是 LBSN 也与“大数据”的发展趋势融合。不论是个性化服务还是广告推送，都必须建立在对 LBSN 的空间数据和非空间数据充分融合和挖掘的基础上。其四是 LBSN 呼应了互联网的开放性，例如 Facebook palce 的开放接口，让更多行业和用户使用位置服务接口，让更多的人参与到新应用和新盈利模式的创造中来。社交网络服务占据了互联网的半壁江山，而位置服务与社交网络结合之后更加强大，微博、社交、地图定位、手机游戏、手机广告、团购、活动营销都可以通过 LBSN 来盈利。如表 11-1 所示。

表 11-1 LBSN 满足人群需求的功能

人群需求	对应的 LBSN 功能	平台系统发展方向	案例
通过社交网络线等上工具寻找线下消费空间	定位信息的基本显示； 通过地图分享位置信息	空间数据和非空间数据的快速切换和融合	Foursquare 位置服务团购
旅游信息分享	展示连续性的空间信息	空间数据更好的可视化形式	Gowalla
个性化服务	社交网络用户信息的分享，通过数据挖掘，为消费者提供个性服务	空间数据和属性数据的综合处理(数据挖掘)	Foursquare 的 explore 功能
社交发现	社交发现服务	空间数据和非空间数据的切换	陌陌 微博中的附近的人
实时位置的广告推送	基于位置实时信息查找与推送	空间数据和非空间数据的融合	Twitter Facebook 初步尝试
潜在用户的广告营销	社交网络发送的信息、社交网络登记的属性信息、位置信息、设计网络的朋友圈，寻找潜在的用户群	空间数据和属性数据的综合处理(数据挖掘)	Twitter Facebook 初步尝试
其他未知需求	例如基于位置的游戏	开放位置服务接口	Facebook place

11.2.2 “中国位置”平台的 LBSN 服务设计

基于上述对 LBSN 应用需求和发展模式的研究，“中国位置”服务平台提出了 LBSN 服务的初步设计：一是在位置服务中嵌入社交互动的功能；二是提出基于位置的主动信息推送。

1. 位置服务平台社交互动功能

随着“凯步关爱”之“跟屁虫”“爷俩好”“狗管家”定位硬件的相继推出，正在逐步形成私家车、老人儿童的监护人群、宠物爱好者等用户群体。“凯步关爱”手机客户端软件中增添了社交互动的功能，并允许用户和商家自定义或开发自己的用户群，还将通过项目指南等方式鼓励开发多种多样的基于位置的社交互动服务。

2. 基于位置的主动信息推送解决方案

根据用户所处环境的上下文信息，挖掘出用户习惯、喜好以及用户行为轨迹特征，搜索候选服务列表，匹配出最优服务类型，面向用户的个性化服务，如图 11-8 所示。

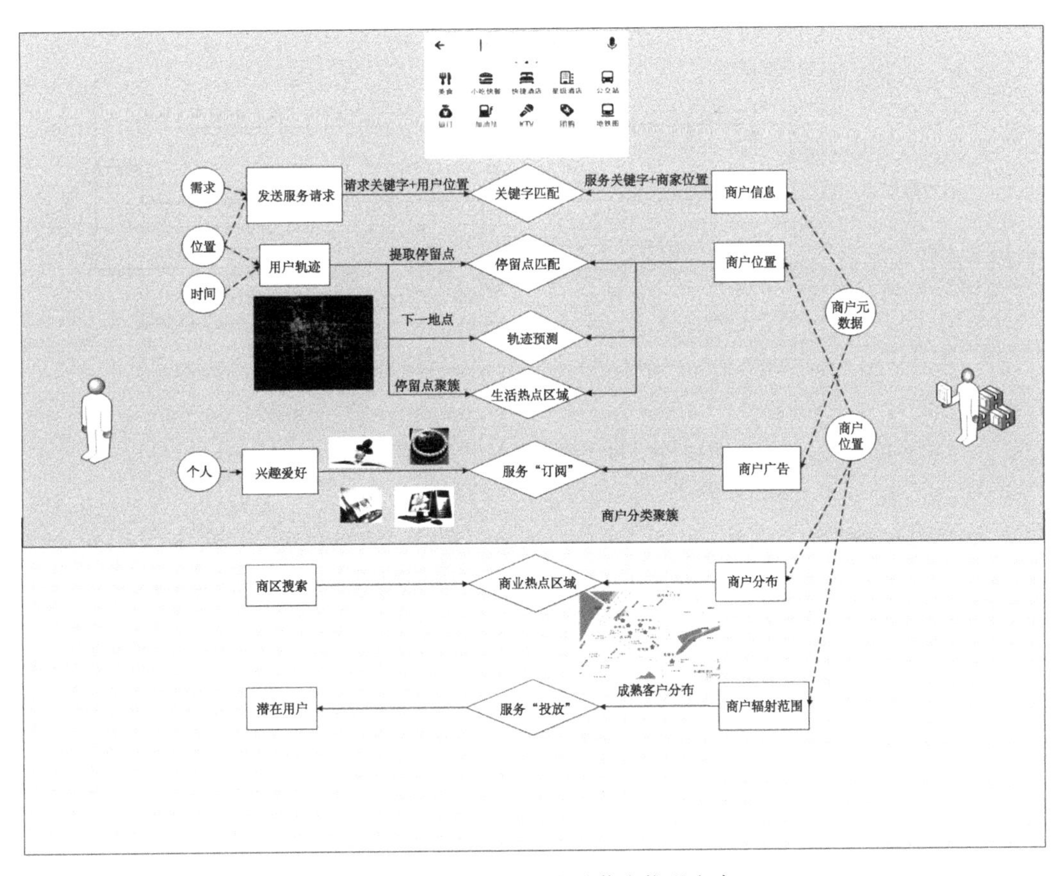

图 11-8　基于位置的主动信息推送方案

11.3　电子商务的透明化管理

“十二五”时期，我国电子商务行业发展迅猛，产业规模迅速扩大，电子商务信息、交易和技术等服务企业不断涌现。

电子商务是在互联网环境下买卖双方不谋面的各种商贸活动。由于交易方式不谋面，消费者更想了解所购买商品生产、交易、配送过程的详细信息，而如果将位置服务技术嵌入在电子商务流程的各个环节中，可以帮助电子商务解决这些问题。

位置服务为电子商务的透明化管理主要体现在对商品生产过程的监控追溯与流通配送。前者主要通过卫星定位系统、遥感、地理信息系统来完成，后者与位置服务在交通安全监控、物流方面的系统类似，通过典型的位置服务系统来完成。可以预见，具备定位功能的各种传感器，将渗透到生产—物流—配送的各个环节，实现从线上到线下、从原料产地到消费者最后一公里的透明化管理，如图 11-9 所示。

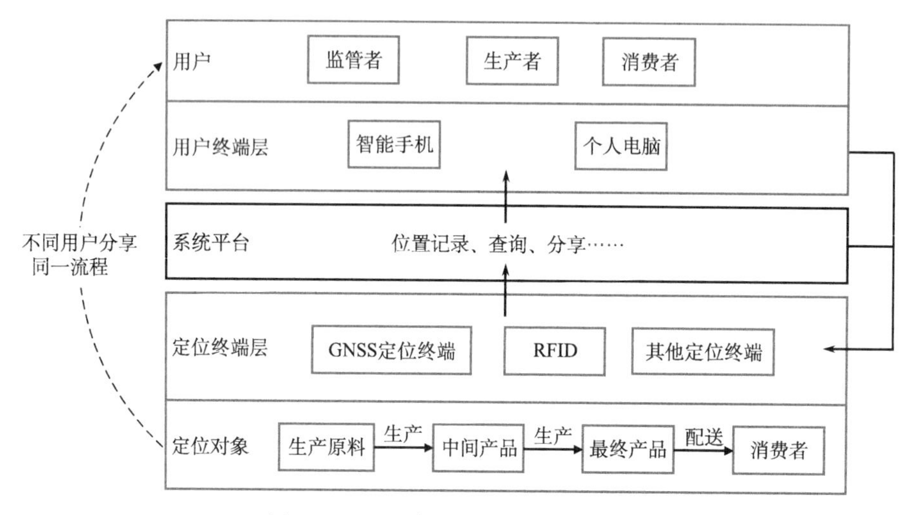

图 11-9　电子商务过程中的位置服务

11.3.1　生 产 管 理

对于生产企业而言，在生产过程中需要位置服务辅助管理。在电子商务交易中，消费者对产品质量的重视程度与日俱增，他们亟需了解商品从生产到配送过程的准确详细信息，促使生产、物流配送位置服务系统的信息延伸到销售和营销环节成为可能。生产领域的位置服务由于能满足生产者与消费者的双重需求而充满发展机会。

1. 畜牧业

现代化农业生产对精细管理的要求越来越高。畜牧业可以分为野外放养和舍养两种方法，其生产成本和产品价值差别很大。我们食用的肉类产品是生态放养的还是饲料舍养的、生态放养的生态环境如何等，都可以在畜牧过程中，通过动物身上的时间和空间传感器，完整记录其生长的整个过程。

在放养过程中，位置服务不仅能够确保禽畜不走失，保护生产企业的利益，还能够为每一个禽畜终生记录时空标签，同时还可对养殖场所的生态环境进行检测记录，如温度、湿度、空气质量等。这些信息可以经生产、加工、运输环节，在电子商务平台上完全透明地展示给消费者。禽畜位置监控可以通过以下两种技术方式实现：

(1) 将卫星定位设备安装在禽畜身上，通过电脑或者智能手机随时掌握其动态。

(2) 在牧场中搭建一个基站，通过基站信号监控。牧场中的禽畜动物配带与基站匹配的定位通信设备。通过基站设定电子围栏，围栏内的定位设备为安全模式；出围栏后，定位通信设备开启，开始定位、报警。用户还可以在手机和 Web 端添加行走轨迹查询、围栏设施、报警记录查询、监控、报警服务、统计服务等功能。

2. 水产养殖业

在水产养殖方面，同样可以通过位置服务的现代信息技术实现精细、高效、智能管理。“中国位置”平台建设的水产养殖管理系统已经能够实现对水产养殖信息的查询、统计、信息服务等功能。

• 以高分辨率遥感影像作为主要的数据基础，通过覆盖全国范围的遥感影像数据库，动态监测我国水产养殖规模，以及可利用的水体资源。

• 系统支持卫星导航手持移动采集设备及遥感数据提取手段，核查精确的水产养殖面积以及养殖环境调查。

• 生产部门可以上传其养殖生产台账，包括苗种投放、出塘、投入品、生产成本等信息。

• 利用多时相的遥感监测信息，可以定期监测水产养殖过程的基本情况，包括灾情、疫情情况等。

• 系统可显示重点养殖户或养殖公司基本信息，行政主管部门可查询统计管辖区域内的生产信息，科研部门可远程对养殖户进行养殖生产技术指导。

• 根据水产养殖管理部门的需求，系统可查询与统计各级行政区划内或任意指定区域内的苗种投放、分品种养殖产量、投入品、生产成本、销售收入、渔业灾情等专题信息。生成各种统计图表，以便直观地位决策者提供数据信息，如图 11-10、图 11-11 所示。

图 11-10　中国位置的水产养殖信息管理平台界面

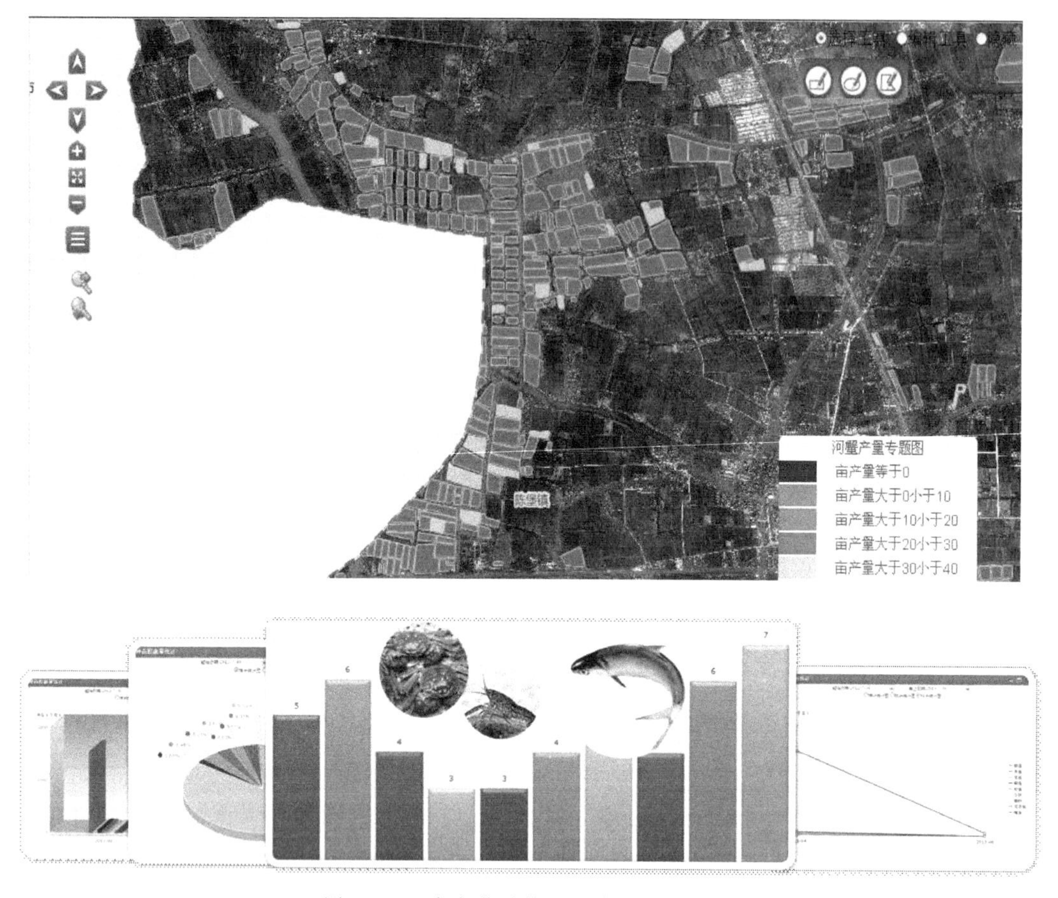

图 11-11　水产养殖管理系统的主要功能

这项工作目前正在我国 10 个省选取 10 个示范县市进行试点。未来，系统将提供部分信息与水产品交易市场和电子商务平台链接，为消费者提供可靠的水产品信息。

3. 食品追溯

通过食品生产、加工、运输、批发、零售的全过程追溯，能够极大地加强食品消费市场的安全监管力度。这里以生猪的生产环节追溯为案例介绍位置服务在产品追溯方面的应用。

1）养殖环节

生猪养殖分为配种、怀孕、待产、仔猪、商品猪等不同阶段，仔猪出栏后将佩戴 RFID 电子耳标，并通过该电子耳标关联小猪的上辈信息，在养殖过程中由饲养员通过 RFID 手持机将母猪、仔猪及成品猪的饲料信息、防疫信息、用药信息、环境信息等写在猪耳朵的 RFID 电子耳标上，并通过无线通信上传到食品安全平台数据中心，并在数据中心建立完整的养殖档案。

2）屠宰环节

生猪运抵屠宰厂区，首先要查检动物检疫证或产地检疫证、消毒证、免疫卡以及建立生猪屠宰档案，然后进行生猪屠宰以及成品检验。合格的猪肉产品绑定射频识别溯源标签，在出厂时射频识别通道获取的猪肉代码与RFID溯源设备获取的销售商RFID身份卡信息自动关联。同时溯源设备也与电子称连接获取重量，打印出具溯源系统肉品交易凭证。该批出厂肉品的溯源编码、重量、下游买家等信息同时上传至政府溯源监管系统中，每片猪肉对应唯一的商家或经营户，实现屠宰环节上生猪进厂与猪肉出厂的信息链接。

3）运输环节

通过GNSS的物流监控系统，方便企业和监管部门对运输中的质量问题进行监管。通过冷冻车辆上安装的传感器，随时了解货物运输状态，保障质量。

4）批发环节

带有溯源信息的猪肉抵达批发市场，办理入场手续并检验合格后进入滑轨交易系统进行批发。在滑轨交易系统中，超高频读写器读取猪肉的溯源标签，并与高频读写器读取的滑轨挂钩信息自动关联，称重后关联上下游经营者信息，并打印交易凭证。销售商、团购单位和个人在生猪批发交易市场可获得批发市场交易凭证。在此成交的供应商和销售商的交易信息进入政府数据监管中心。

5）零售环节

猪肉制品交易过程中，经营者或最终消费者都将获得生猪肉制品溯源标签，其中包括溯源代码。经营者或者消费者通过自助查询终端、互联网、查询电话、短信等方式输入生猪肉制品溯源代码，进行质量信息追溯查询，即可了解所购买猪肉的养殖场地、屠宰加工场地、检验检疫等信息。

在共用一个数据中心的省、市、区县三级业务管理平台下，商务、农委、工商、质检、卫生等政府部门工作人员可以随时通过互联网按各自权限进入系统查看整个流程的运行状况及关系到与本部门有关的生猪产品情况。工商部门可以配备RFID巡查手持机，对进入市场售卖的猪肉进行巡检，现场检验RFID标签读取后台数据，再比对商家的肉品交易凭证和“两章一证”等纸质手续，按商务部要求做到“单、卡、证”三者同行，杜绝不达标的猪肉进入流通市场。

随着电子商务的蓬勃发展，将在企业与用户、企业与企业、用户与用户之间建立起一种网状结构，而非从属关系。与传统企业相比，利用电子商务进行销售的企业更加重视消费者的体验。在各种电子商务平台建成的网状结构下，产品的提供者与产品使用者之间，信息应该是对称的、相对透明的。产品生产信息的透明化，将成为企业进行产品营销的手段，而位置服务可以在一定程度上帮助企业实现产品生产时空信息的透明化管理，营造消费者信赖的形象。

11.3.2　物流配送

1. 网购配送的位置服务需求

随着网络购物的普及，消费者对于物品配送信息的需求越来越迫切。因为物品配送跟踪信息不够准确，令许多消费者产生不必要的麻烦。典型的问题有："我的网购订单预计今天到，可是临时有事要出门怎么办？等还是不等？""文件很重要，必须亲自接收，在哪能找快递员？""我的快递在小区传达室待了很久，为什么我不知道？"这些都是网购消费者经常面临的问题。

2. 位置服务的解决方案

(1) 实时查看物品位置。物品开始发送后，只要打开手机客户端或者网站，就能够在地图上实时了解物品的实际位置，并且查找快递员的联系方式。

图 11-12　京东商城的"实时跟踪订单位置"功能

(2) 发送收货提醒。在物品与收货地址之间的距离小于等于一定距离(如 1 公里)时，消费者能够收到提醒。

(3) 用户与快递员位置共享。消费者在临时离开的情况下及时联系快递员，并通过位置分享工具将自己当前位置告知快递员。

位置服务对于网络购物配送的辅助作用，提高了消费者收发物品的便捷性，能够为从事电子商务的企业增加服务的附加值，提高企业竞争力，如图 11-12 所示。

与其他行业相比，电子商务领域的位置服务应用刚刚开始，这其中既有人与人之间的关系，也有人与物的关系，还有物与物的关系，需要导航位置服务技术与物联网、移动互联网的深度融合。该位置服务系统的特征体现在：①需要及时监控物理形态变化，在产品生产过程中，产品有分解，也可能增加新的成分，如何保持对产品的追踪，是位置服务系统建设的难点。②平台的使用者、参与者众多，包括政府、企业、消费者，产业链长，协调成本往往高于研发成本。③数据类型多样，而且其时空粒度不一致，如何更好地呈现位置数据也是亟待解决的问题。这些特征对于位置服务平台来讲，面临着新的挑战。

参考文献

百度百科. 电子商务[EB/OL]. http：//baike. baidu. com/view/757. htm，2013-8-30.
大连：养殖"二维码"提升"智慧"海洋牧场[EB/OL]. http：//www. ah3nong. com/tech/20130122/

a42732. shtml，2013-01-22.

高特 RFID 追溯系统成功助力“放心肉”工程[EB/OL]. http：//success. rfidworld. com. cn/2013 _ 10/665a1bb0deb2d5f6. html，2013-10-14.

扬州网-扬州晚报. 易迅网首推用手机获取快件位置服务手机可实时跟踪[EB/OL]. http：//www. yznews. com. cn/news/2013-08/12/content _ 4550669. htm，200813-8-30.

中国经营报. 位置服务成团购网站标配能否拯救团购存疑[EB/OL]. http：//tech. qq. com/a/20110925/000034. htm，2011-9-25.

PChom. 京东移动端用户突破 6000 万“指尖上的网购”渐成流行[EB/OL]. http：//ec. iresearch. cn/shopping/20130624/202797. shtml，2013-6-24.

第 12 章　位置服务的商业模式

本章从导航与位置服务行业的发展历程和产业特点的角度，分析位置服务应遵循的商业模式。结合北京北斗导航与位置服务产业公共平台的实践工作，阐述实现这一模式的商业化途径。

12.1　位置服务的商业历程

在移动互联网飞速发展的当今世界，位置服务也在发生翻天覆地的变化。位置服务的本质究竟是什么？科技部国家遥感中心副主任景贵飞博士曾有过精彩的论述，即由位置服务兴起所带来的人类生活方式发展变革是第三次空间压缩。

空间压缩指在高新技术支持下，遥远的距离能够在短时间内到达，空间似乎被压缩了一样。交通和通信技术的发展推动人类社会实现了两次空间压缩，大大缩短了空间距离带来的时间间隔。人类第一艘蒸汽船横越大西洋时用了 28 个小时，而协和飞机 1995 年环绕地球飞行一周才用了 31 个小时。通信技术使地球上任意两点位置上的人们能够随时进行通话甚至视频交流，不但改变了人们的生活和交流方式，对于产业发展也产生着重大的变革作用，企业生产、管理能够实现全球布局。

如今，居住在地球上的数十亿人以及相关联的上万亿个物品，都正在或即将打上位置标签，并在移动互联网的驱动下进行着生产和日常生活。人类信息的 80%甚至更多将关联到位置上面，我们打开移动设备，就可以看到周边的公交、出租、地铁实时到站信息，可以关爱父母、子女、爱车、宠物的实时状态，可以拼车、团购、旅游等，因此，位置服务给我们带来了第三次空间压缩，其标志是通过基于位置的所有数字信息集成应用，支持消费博弈。

第三次空间压缩与前两次的不同在于：①应用方式：支持决策策略而不仅仅是解决访问途径问题，这是与前两次技术进步的最大不同；②涉及范围：涉及所有地点、类型的行为，只要它发生在地球上的某一个位置上就将能够利用这项技术进行分析；③涉及对象：将互联所有需要位置的对象数字化，并联接所有处于某一位置上的人、物，获取其位置和属性信息，服务于其虚拟与现实的需求。

第三次空间压缩才刚刚开始，它所带来的位置服务产业发展空间将是巨大的。导航与位置服务产业已基本完成技术积累阶段，而逐步走向市场繁荣。在当前正处于需要新的投资、消费热点以及拉动经济增长的时期，位置服务面临非常好的发展机遇。位置服务行业的从业人员需要从第三次空间压缩中寻找业务和商业模式，寻求空间位置带来的利润，通过商业模式的创新促进产业发展，造福广大消费者。

商业模式是阐述企业“做什么、如何做、怎么赢利”的商业逻辑问题。位置服务企业为用户提供的价值主张主要有三个方面，即位置信息获取与传输的硬件传感器、空间分析与决策支持的软件工具，以及基于大数据的云存储和效用服务。

12.1.1 位置信息终端

对于位置服务而言，各类导航定位产品都起着位置感知和传输的作用。位置感知的要素包括经纬度、高度、时间、速度、加速度、方位方向、角速度、角加速度等观测量，以及相关的地理属性信息。其发展趋势是，精度高、实时性强、地理属性多。仅就我国目前发展水平而言，实时定位精度可以达到分米级至厘米级，属性类别数以万计，兴趣点数量超过 1 亿个。整个地球在时间和空间上被切分得越来越小，属性种类也越来越细致。

随着通信技术的发展，位置传输的方式种类繁多，主要包括地面电信网络和卫星通信网络两大类，我国北斗卫星导航系统的位置短报文传输属于卫星通信网的一种形式。

卫星导航终端产品以其全天候、定位快、精度高、提供全球统一的三维地心坐标等特点，成为位置信息获取最重要的硬件产品。

我国导航定位终端的商业模式发展经历了以下三个阶段。

第一阶段：1994～2001 年，高毛利的专业产品时代

从 1994 年 GPS 卫星提供商业应用开始，至 2001 年便携式导航设备(PND，portable navigation device)开始出现为止，是卫星导航终端开启专业应用的高毛利时代，也是从纯军事应用转向行业的时代。GPS 接收机种类增多，按用途可分为导航、测地和授时等类型。

测地型接收机主要用于精密大地测量和精密工程测量。这类仪器主要采用载波相位观测值进行相对定位，定位精度高，价格较贵。授时型接收机利用 GPS 卫星提供的高精度时间标准进行授时，用于天文台及无线电通信中时间同步。这两类终端产品专业性强、应用面窄，用户以专业工程师为主，对产品价格不敏感，因此，尽管销售数量有限，但单品毛利巨大，目前国际国内卫星导航界的知名企业，基本是在这个时代依靠这类专业产品发展起来的。

导航型接收机用于运动载体的导航，能够实时给出载体的位置和速度。由于采用 C/A 码伪距测量，单点实时定位精度较低，一般为±10m，在美国 SA(selective availability)政策影响时为±100 m。这类接收机价格相对便宜，应用相对广泛。根据应用领域的不同，可以细分为车载型、航海型、航空型、星载型等，其中，船舶应用和车载应用成为市场的主力，造就出这一时期我国卫星导航领域的知名品牌和龙头企业。

总体来讲，在卫星导航产业发展初期，上游产业链中的芯片和终端设备提供商拥有行业话语权，主营芯片及导航终端的企业受益最大。卫星导航产品的特点是高价格和高垄断性，是一个纯粹的产品导向市场。只要企业掌握了某一项技术或产品，就能够在市场上立于不败之地。只需将产品推广到某个特定行业，并达到一定的占有率，就具备了产品定价权和细分市场的垄断地位。

第二阶段：2001～2011 年，无序竞争的消费电子产品时代

产业宏观环境方面，我国开始逐步建立北斗卫星定位系统、欧盟宣布建设以民用为主的伽利略系统，俄罗斯格洛纳斯系统开展全球服务，卫星导航空间系统一家独大的局面被打破，美国也不得不取消了束缚卫星导航发展多年的 SA 政策，产业投资开始出现，卫星导航成为一个悄然兴起的产业。

推动卫星导航定位产品市场高度成长的主要因素是汽车导航产品的大众化和汽车监控产品的普及化。2001 年，这两类产品在卫星导航应用产品市场合计约占 38.7%，到 2005 年增长至 53.6%，其他产品如航空、航海、测量和农业等合起来仅占 46.4%。卫星导航产品的应用从军事、航空航海、测绘这些特殊行业转向普通的消费大众。一个巨大的定位市场正在形成，其中汽车导航扮演着至关重要的角色。

1）市场重心转移

汽车导航产品主要包括嵌入式车载导航产品和便携式导航产品两大类。嵌入式车载导航产品又包括汽车厂商主导的汽车前装导航产品和电子厂商制造的后装导航产品，通过车辆中控台上的电子设备屏幕来显示导航信息，也会包含 MP3/DVD/收音机等功能，高档的嵌入式车载导航产品还会配有陀螺仪，以保障通过桥梁、隧道、停车场等卫星导航信号失锁时具备惯性导航性能。

便携式导航设备(PND)是利用可拆卸的车架，将导航设备安装在驾驶仪表上方或者是其他方便看到的位置，它未与车内其他电子系统连结，携带方便、安装简单、选择多样和价格便宜是便携式导航设备的主要特色，从而迅速成为这一时期导航产品的主流产品。

由于 GPS 芯片和模块的价格下降以及体积缩小等有利因素带动，从 2001 年以来，导航定位产品市场的重心开始从嵌入式导航系统向 PND 转移。2004 年之前，汽车导航系统市场以嵌入式导航系统为主，并由汽车厂商和设备供应商主导制定规格。由于产品价格较高，当时导航系统只能作为高档汽车的标准配置，或中高档车的选择配置，整体市场发展速度一般。2005 年之后，由于 PND 以低价策略大规模切入市场，开始拉动汽车导航市场爆发性成长。2006 年全球嵌入式车载导航系统销售量约为 750 万台，比 2005 年增长 16.2%，PND 约为 1 900 万台，比上年增长 102.1%。2010 年，全球嵌入式车载导航系统的市场规模达到 1 250 万台，年复合成长率 11.8%，呈现稳健向前的成长趋势，而 PND 市场发展速度更是惊人，市场规模达到 7 300 多万台，年复合成长率高达 39.2%。

2）无序竞争的 PND 市场

对于普通消费者而言，PND 无需改装汽车，且价格比嵌入式导航产品便宜许多，是 PND 产品受到市场青睐的原因。但由于 GPS 主流芯片相对集中，PND 产品的定位能力区别不大，产品制造的门槛较低，因此，在市场普遍被看好的情况下，首先是国内消费电子品牌厂家纷纷进入，然后是大量消费电子中小厂商鱼贯而入，很快地将 PND 产品市场“山寨化”。在市场规模不断扩大的同时，品牌却趋于分散，市场排名第一的市场占有率只有 3%，山寨机的市场占有率超过 50%。

PND 同质化、恶性化的竞争，促使消费电子品牌厂家纷纷退出，行业内品牌企业伤痕累累。PND 山寨化产品泛滥，也推动了 PND 产品的普及，导航定位产品在这一时期终于走下神坛，成为最普通的消费电子产品。

3) PND 走向没落

我国的消费电子产品几乎都经历了山寨化的过程，但最终都走向了强者益强、品牌集中的光明之路。PND 产品与电视机、家用电脑等产品一样经历了山寨化的过程，为什么没能走向品牌度集中，成为消费电子产品家族中的一员，相反地，却昙花一现后迅速走向没落呢?

PND 走向没落的最根本原因，是其离线(off-board)导航的产品性质决定的。2010 年 off-board 导航用户约占 40%，2012 年其份额迅速下降，让位给在线(on-board)导航。PND 是一种将卫星导航定位信号接收处理、路径规划导航软件、导航电子地图集成在一起的离线导航系统，尽管可以通过调频(FM)获取实时路况，也有厂商试图推出带通信功能的产品(CPND)，但是，当谷歌公司凭借其基于广告的商业模式开启免费且实时更新的在线导航地图、安卓版本的“导航软件＋地图”植入智能手机时，PND 产品的生态环境被打破了，PND 必然会失去市场，而互联、多功能、免费的导航产品则越来越受欢迎。

在导航定位产品从专业产品走向消费电子产品的过程中，其商业模式也从产品导向走向市场导向。随着下游应用推广，用户数量大幅增长和规模效应加强，终端厂商的话语权逐步丧失，产品毛利率大幅下降。曾有句广告语叫做“呼机、手机、商务通，一个都不能少”，但是，当短信取代了传呼机的功能，手机延展了商务通的功能后，传呼机和商务通的产品形态就自然消亡了。PND 产品也是如此，它的出现引领了卫星导航产品从行业应用走向更广阔的大众市场，而大众市场的普及与发展，又促使其走向没落。

第三阶段：2011 年至今，智能移动互联的时代到来

2011 年全球智能手机出货量首次超越 PC，标志着移动互联网元年的开始。摩根士丹利(Morgan Stanley)的报告认为，美国移动互联网产业的未来规模将是目前桌面互联网的 10 倍。2011 年 4 月，全球移动互联网大会在北京召开。会议上公布的数据显示，截至 2010 年年底，中国手机网民规模达到 3.03 亿，占网民总数的 66.2%。截至 2011 年第一季度，中国移动互联网市场规模达 64.4 亿元人民币，同比增长 43.4%，环比增长 23%。移动互联网市场快速发展，颠覆着众多行业的传统商业模式，行业竞争快速展开，下一个 10 年，或许是中国移动互联网的黄金时代。

移动互联网的大潮不仅冲击了店商、物流等行业的商业模式，同样改变了导航与位置服务产业的商业模式。我们忽然间发现，导航地图是免费的，导航软件是免费的，定位产品是没有利润的，导航与位置服务产品各自封闭、自立为王的状态不复存在。但是，我国导航与位置服务的用户规模从几百万迅速增长到几个亿，用户需求已经被完全释放出来。

用户早期对导航定位产品的需求仅仅体现在产品层面，如产品外观、屏幕、内置导航地图的数量、导航软件的路径规划是否合理等。移动互联网应用于导航与位置服务之后，每个用户不再是一个孤立的个体，通过全新的产品将为用户呈现一番全新的导航定位体验，路况的即时共享、自驾的互助救援、车队管理以及身边生活信息的共享等。更重要的是，用户自身也成为导航数据和动态兴趣点(POI)的提供者，形成了用户生产内容(user generated content，UGC)典型的互联网商业模式，从而给产业发展带来了勃勃生机。

导航定位终端产品被移动互联之后，导航与位置服务市场将呈现出一个积极、互动、智能的产业链。作为位置信息获取与传输的导航定位终端产品，将会产生剧烈的两极分化：一类是走向更加专业、高精度、高可靠性的专业级终端，主要用户是行业应用，以及配套于精密机械、车辆、舰船飞机等；另一类则会“融化”在大众市场的智能手机、平板电脑等移动互联产品之中，如同我们熟悉的智能手机照相功能一样，成为移动互联产品的一个功能模块，或者成为移动互联产品的一个外部传感器设备。

12.1.2 位置信息软件

如果将位置服务系统比作一个人体的话，位置信息获取与传输的终端产品好比人体的四肢，导航位置服务软件则担负着信息分析与决策支持的重任，就好比人的大脑。位置服务软件主要包括服务器端软件、嵌入式软件等产品形态。可惜的是，在国内“重硬轻软”的大环境下，导航位置服务软件长期以来一直未能取得直接的市场回报。

1. 嵌入式软件

当手机导航成为主流并融入互联网产业之后，导航用户近年来不断增多。易观智库发表的《2013 年第 4 季度中国手机地图导航 APP 市场季度监测报告》显示，2013 年手机地图导航 APP 累计用户市场规模在持续增长，从第一季度到第四季度的数据分别为 6.2 亿、7.7 亿、9.5 亿和 11.6 亿，整体市场的季度环比增长率却逐渐放缓，2013 年四个季度增长率分别为 29.5%、25.5%、22.8%和 21.9%。

鉴于一部手机上能够安装多款导航软件，每个人也往往拥有多个移动互联设备，因此，11.6 亿这个数字并不是用户数，但是，11.6 亿的用户规模足以导致导航软件企业得到互联网资本市场的青睐，成为骨干互联网企业的收购对象，促成导航软件企业“归顺”于大型互联网企业旗下，并在互联网商业模式从“眼球经济”走向“消费经济”的进程中发挥了重要作用。

用户规模环比增长减少，说明嵌入式导航软件的用户普及度已经很高，增量市场在不断减少。未来嵌入式导航位置服务软件需要进一步挖掘用户的新需求，在用户体验、产品设计、市场营销等方面不断推出新花样、新产品。

2. 服务器端软件

基于服务器集群的服务器端软件系统，是将位置信息获取终端上传数据进行存贮、管理分析处理和提供决策支持的重要手段。在位置服务领域，最成功应用的商业系统是汽车智能信息系统和车队管理系统。

汽车智能信息系统的商业模式(周洪波，2010)，简单来讲，就是通过无线网络为驾驶者随时提供驾驶、生活所必需的各种信息。Telematics 市场可划分为运营商主导的后装模式(after market，AM)和以整车制造厂商为主的前装模式(before market，BM)两种形式。后装模式是指在汽车出厂之后安装相应的设备，开展提供汽车智能信息系统业务，一般以提供与车辆有关的商业信息服务为主；前装模式指在出厂时就预置设备和服务系统，主要提供直接与车辆相关的专业服务。汽车智能信息系统发展中，目前比较成功的商业模式主要包括：

- 道路救援服务；
- 汽车防窃服务；
- 车况信息服务；
- 路况信息服务；
- 多媒体资讯服务；
- 自动防撞系统。

预计未来汽车智能信息系统(telematics)的商业服务的发展趋势是，车辆性能与车况的自动侦测、维修诊断以及应急预警系统等。

车队管理系统(fleet management)是一个实现车队监控管理和远程指挥的平台软件，能够对所管理的车辆进行实时监控，在电子地图上显示车辆所在的直观位置，通过无线网络对车辆进行监控设置，并将调度指挥信息下传到所属车队。

在我国，车队管理的用户以商用车(包括货车、客车、出租车、救护车、消防车、警车、工程机械等)为主，主要满足商用车所属企业及政府管理部门的需求，例如国家对“两客一危”车辆监控的强制要求等。但总体而言，我国车队管理系统的市场仍处于“小而乱”的局面，多数软件企业处于为政府“打工”的状态，产品模式是为管理者提供“交钥匙”的工程解决方案，并没有形成清晰的市场运营模式。

3. 位置服务软件中间件

针对位置信息分析与决策软件存在的上述问题，笔者认为，行业内企业团结起来，通过某种知识产权共享的方式，做大做强软件中间件，是我国位置服务产业亟需解决的关键问题。

广义而言，位置服务的软件中间件(middle ware)是指所有具备高度可复制性的软件模块。无论嵌入式软件还是服务器端软件，都存在着大量的、具备公共功能的软件中间件需求，例如用户注册、用户鉴权等通用的用户管理功能，以及电子围栏、缓冲区分析等通用的地理信息分析功能等等。

通过中间件的研发，将位置服务的通用功能提炼、固化起来，这样在具体应用中仅需要通过二次开发来满足个性化的行业和大众业务需求，这一直是导航与位置服务产业或整个软件产业的梦想，但在实际操作中，需要合适的商业模式来实现。

“免费”和“众包”无疑是实现这一梦想的捷径。因此，设法搭建一个公共的产业平台，通过群体力量驱动中间件的研制，并以免费的方式提供给行业应用，更有利于促进产业的健康发展。

12.1.3 位置服务的商业前景

导航与位置服务技术的成熟发展，将导致和造就人类社会的第三次空间压缩。在时间与空间被细分和压缩的情况下，我们将有可能摆脱依靠地址、邮编、区域名称等“粗略”定位的局限，实现实时、直接的地学定位。从这个意义上而言，位置信息本身将成为各种应用的普遍驱动力，位置数据将会进入移动互联网生态系统的每一个环节，基于位置信息的服务功能也将只受想象力的限制。

中国工程院刘经南院士在总结位置服务的应用中指出，按广度而言，地面、海洋、航空、太空都是位置服务的范畴。按照专业项目来划分，有工程变形服务、城市部件管理服务、农业服务、景观服务、军事位置服务等。按服务模式来说，有单纯的位置服务，它只关注位置的定位精度、可靠性、实时性；有兴趣位置服务，关注与位置相关的兴趣，例如旅游、应急等；还有社交位置服务，关注与亲友同时共享位置信息的相关事物，如购物优惠、文化娱乐等。位置服务基于卫星导航，发展前景巨大，它是以用户兴趣为主的，所以可以将它称为兴趣型产业。它又是一个创意型产业，只要有一个与位置有关的创意，就会拓展出一个新的服务链出来。

总而言之，位置服务是在全新的技术手段下，通过成熟的位置信息获取、传输和分析工具，产生无限应用模式的创意型产业。在这种条件下，它必然会催生出新的商业模式。

12.2 位置服务商业模式探讨

12.2.1 互联网思维

2013年11月3日，新闻联播发布了专题报道：互联网思维带来了什么？让“互联网思维”这个词汇开始走红。互联网思维是在移动互联网、大数据、云计算等科技不断发展的背景下，对市场、用户、产品、企业价值链乃至对整个商业生态环境进行重新定义的思考方式(百度百科，2013)。

从我国互联网产业的发展而言，已经历了以下三个阶段。

第一阶段：门户时代，其特点是信息展示、单向互动，商业模式是通过B2C的信息传播获取广告收益。典型代表产品是1997年到2002年间涌现的新浪、搜狐、网易等门户网站。

第二阶段：搜索/社交时代，其特点是用户生产内容(UGC)，实现了人与人之间的双向互动。典型代表产品如新浪微博、人人网等。

第三阶段：大互联时代，典型特点是多对多交互，不仅包括人与人，还包括人机交互以及多个终端的交互。以智能手机为代表的移动互联网为开端，开启了真正的物联网时代。目前仅仅是大互联时代的初期，未来的大互联时代是基于物联网、大数据和云计算的智能生活时代，将实现终端时刻联网、各取所需、实时互动的新型生态环境。

互联网思维不是隶属于互联网产品、互联网企业的商业模式，而是在人与人、人与终端、终端与终端完全互联的新型商业生态环境下，每个行业、每家企业都不得不重新思考、重新定义其商业模式和产业生态环境。也就是说，不是因为有了互联网，才有了这些思维，而是因为移动互联网的出现和发展使得这些思维得以集中爆发。

所谓以互联网思维来颠覆传统行业，实际上是“工业时代思维”与“互联网时代思维”两种思维模式的冲突(魏武挥，2014)。

工业时代的一个核心关键词是“秩序”，流水线是一种秩序，企业产品的设计、研发、生产、管理都要有秩序，要有严格的组织纪律。工业时代生产商和经销商的思维是以售出产品为己任，秩序的存在是为了保障产品的质量和成本控制，从而实现企业或产品的核心竞争力。这是一整套“产品为王”的商业模式，无论是硬件还是软件企业，都已设计制造出符合客户需求的拳头产品作为核心价值观和产品理念，而企业与用户建立的通信和互联网沟通渠道不过是不可缺少的售后服务渠道而已。从本质上而言，企业希望在卖出产品后用户不再打来电话和发来互联网的帖子，除非是第二次购买。

这种工业时代的商业模式不仅仅存在于传统的工业企业，作为信息时代基石的计算机、手机等行业的软硬件生产商，甚至包括门户时代的互联网企业，同样遵循着工业时代的商业模式。导航与位置服务产业也不例外，从事位置信息获取与传输硬件产品生产制造商、位置信息分析工具的软件企业、空间信息数据的提供商等，按照这种商业模式构成了位置服务产业传统的产业链环境。

一个介于工业时代与互联网时代之间的商业模式典型案例是，苹果公司在商业上取得的巨大成功。苹果公司凭借“iPhone + App Store”的组合，引领了手机产业的革命。苹果公司的过人之处，不仅仅在于其应用新技术的时尚硬件设计，更重要的是，它把新技术和互联网式的商业模式结合起来。苹果真正的创新不仅在于硬件层面的耳目一新，而是让软件下载变得更加简单易行。应用这种产品组合模式，苹果开创了一个将硬件、软件和服务融为一体的商业模式，为客户提供了前所未有的便利。

对苹果而言，iPhone的核心功能是一个通信和数码终端，它融合手机、相机、音乐播放器和掌上电脑的功能，这种多功能的组合在硬件上为用户提供了超越用户预期的体验价值。苹果的APP Store拥有近20万个以上的应用程序，这些程序也是客户价值主张的重要组成部分。在赢利模式上，苹果公司的赢利路径主要有两个：一个是靠出售硬件产品来获得一次性的高额利润；二是靠出售音乐产品和应用程序来获得重复性购买的持续利润。然而，苹果公司并不是一个互联网思维的彻底革命者，它仍然试图通过其封闭的操作系统，实现由一个公司来掌控产业链上的所有事物，试图成为产业的垄断者。

颠覆工业时代商业模式的、纯粹的互联网思维商业模式，应该是构建企业与用户、企业与企业、用户与用户之间的一种网状结构，而非从属关系。在这个网状结构下，产品的提供者与产品使用者之间，节点关系是平等的，信息是对称的、相对透明的。

在平等、信息相对透明的互联网生态环境下，企业应该遵循怎样的商业规律呢？小米科技创始人雷军给出了一个“七字秘诀”，即“专注、极致、口碑、快”(雷军，2012)如

图 12-1。

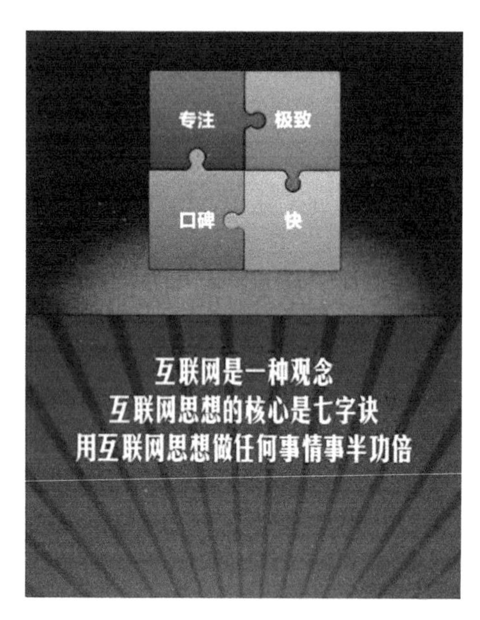

图 12-1　互联网思想的七字诀

专注：解决用户一个迫切的需求，解决的问题用一句话就可以说清楚。

核心观点：①找到一个用户迫切需要的产品，具有明确的用户群。②选择的用户需求要有一定的普遍性，这决定着产品的未来市场前景。③解决的问题要少，开发速度要快，初期研发成本和风险容易控制。④解决明确问题的产品，容易给用户说清楚，推广也会相对简单。

极致：做到自己能力的极限，做到所有同类产品的极致。

核心观点：①极致是互联网思想的核心，只有做到极致才能超出用户的口碑，形成口口相传的效应，为后期的推广带来更大的便利。②专注才能做到极致，做到极致才能击败竞争对手。

口碑：超越用户预期。

核心观点：①产品完成后，先在一个小规模的用户群中试用，倾听用户反馈。②在市场营销上要少花钱，多花精力。③口碑相传是产品的生命力。

快：开发周期要控制在三到六个月的时间。

核心观点：①互联网时代，用户需求变化比较快，而且竞争也比较激烈。快速的开发，容易适应整个市场的节奏，并且节约成本。②用户试用过程中，如果发现问题，反应速度要快，尽快改善，尽快更新。产品推广初期，要保持在一至两周内的更新速度。

我们在这里不想讨论小米手机的产品生态链正确与否，我们推崇的是这七字秘诀基本概括了互联网时代商业模式的客户价值主张、赢利模式、关键资源和关键流程。

互联网思维下的商业模式就一定先进、正确吗？应该说是有利有弊，利大于弊。理由是在当今信息和需求互通互联的环境下，依靠信息不对称和企业产品强势地位来掘取用户价值从而盈利的工业时代商业模式，已经不能适应市场需求。在“开放、平等、协作、分享”的互联网络结构社会中，依靠专注、极致和快速的产品迭代才能够实现企业的商业价值。

12.2.2　位置服务的“插线板”战略

众所周知，商业模式的四个基本要素是：客户价值主张、盈利模式、关键资源和关键流程。其中，客户价值主张是指企业能够为客户带来什么价值；盈利模式是指企业如何从为客户创造价值的过程中获得利润；关键资源是指企业如何汇聚资源来为客户提供价值；关键流程是指企业实现其客户价值的途径。

客户价值主张和盈利模式分别明确了客户价值和公司价值，关键资源和关键流程则描述了如何实现客户价值和公司价值。

在 12.1 中已指出，位置服务行业企业要帮助客户实现位置信息实时获取、传输、分析和决策支持服务这样一个明确的用户需求。在我国导航与位置服务原有的行业壁垒已被打破、市场接近完全开放，而且知识产权保护欠缺的大环境下，企图复制苹果式的硬件高额利润和应用软件高额回报是不现实的。那么企业的盈利模式是什么呢？

1. 导航与位置服务产业链分析

在北京市经济和信息化委员会指导下，依托中关村空间信息技术产业联盟，筛选并研究了北京及国内外数百家导航与位置产业链企业，分析和研究了国内外导航与位置产业链的现状，得出如下结论。

北斗导航与位置服务产业链是一项集技术研究、产品开发、运营服务和终端设备生产于一体的高新技术产业。这个产业涉及大量共性和关键性问题的研发和产业化，主要是将卫星的导航、定位、授时、通信四大功能进行单一专业应用或组合应用。

导航与位置服务产业的支撑环节有 4 个，即卫星系统、地面定位系统、地理信息系统、遥感。产业的核心环节一级产业链也有 4 个，即基础构件、终端设备、平台与行业应用软件和运营服务。二级产业链环节 24 个，三级产业链环节 41 个，关键四级产业链环节 8 个。如图 12-2 所示。

1）导航与位置服务产业的支撑环节

(1)卫星系统。卫星导航系统研制属于国家行为，体现了一个国家的综合实力。它包括卫星总体设计、卫星有效载荷、卫星姿态控制以及星载高稳定原子钟等关键技术设备研制。卫星导航系统是导航与位置服务产业生存的基石。

(2) 地面定位系统。地面定位系统包括地基增强与基准系统、通信网络定位系统等，即是卫星导航系统在精度和广度上的补充，也是导航与位置服务产业专业化、大众化应用不可缺少的基础设施。

(3)遥感。卫星遥感数据是地理信息系统数据库的重要组成部分。近年来，国家行业部门和地方政府对遥感应用的需求越来越迫切，遥感应用在行业管理、地方区域经济发展中的作用越来越大，正在向体系化、产业化发展。

国家遥感数据源方面的投入很大，遥感产业的发展应着力于快速的数据分析处理能力，加快由数据到信息、由信息到知识的转化，降低遥感应用的门槛。

(4)地理信息系统。地理信息系统是以地理空间数据库为基础，在计算机软硬件支持下，对地理空间数据及其相关属性数据进行采集、输入、存储、编辑、查询、分析、显示输出和更新的应用技术系统，是融地理学、测量学、几何学、计算机科学和应用对象为一体的综合性高新技术。其中地图引擎是连接导航硬件终端和地图数据的纽带，地图引擎的智能化和人性化是导航与位置服务产业发展的关键技术之一。

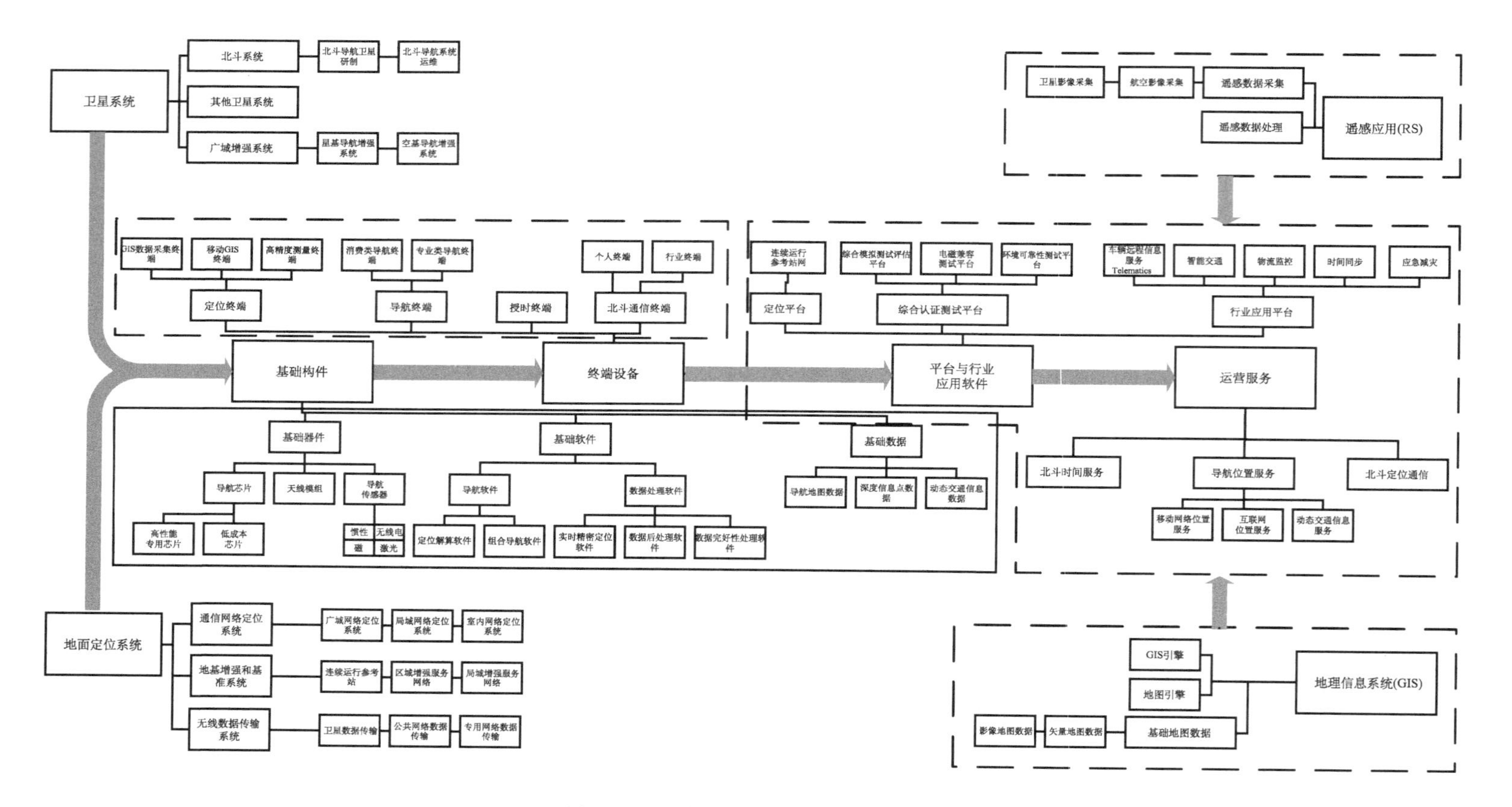

图 12-2　导航与位置服务产业链分析

2）导航与位置服务产业链的核心环节

(1) 基础构件。基础构件环节包括 3 个二级产业链，分别是基础器件、基础软件和基础数据，是整个导航位置服务产业发展的基础，是导航位置服务产业各种应用与服务的重要承载因素。随着移动通信、物联网、云计算等技术的成熟与广泛应用，导航位置产业迎来蓬勃发展期，基础构件环节已融入到移动互联网和物联网等产业中。

导航定位的基础构件产业链涉及核心器件、高性能软件和基础信息数据，是一个高技术云集的技术密集型产业，涵盖了通信、计算机、制造加工、精密仪器、地理信息系统、测量测绘等多个学科，代表了一个国家在该技术领域的科研水平。

芯片与模块是北斗终端的核心部件，位于导航与位置服务产业链的上游。目前，我国在低成本芯片研发及生产方面不具备竞争力，低成本芯片未来将成为物联网中最重要的传感器之一。高性能高精度模块是产业内产业公司的未来，以高性能高精度模块为切入点，循序渐进地推动北斗导航芯片产业的发展既符合当前我国北斗导航产业发展的现状，又有利于推动北斗导航的产业化发展。

高性能软件和基础信息数据已经与移动互联网深度融合，将以软件中间件、网络地图等免费形式供产业使用。

(2) 终端设备。包括 4 个二级产业链，分别是定位终端、导航终端、授时终端和北斗通信终端。

近年来，随着 GLONASS、GALILEO、北斗系统卫星的持续发射和组网，单一的 GPS 导航定位终端已不能满足用户对定位数据安全性、可靠性和完好性的要求，各个卫星导航终端生产商纷纷推出多系统兼容的 GNSS 导航定位终端。卫星导航定位产业的发展已呈现出大众化、复杂化和产业多重关联等特征，终端设备朝着低功耗、小型化、集成化的方向发展。

从发展趋势来看，GNSS 终端产业不能局限在传统的导航、定位、授时等基本应用上，而应该结合现代无线通信技术、计算机技术、GIS/RS 等技术，研制出适合用户要求的终端设备，为用户提供更好的服务。

(3) 平台与行业应用软件。产业链环节包括 3 个二级产业链，分别是定位平台、综合认证测试平台和行业应用平台。

目前的卫星导航行业应用，基本是基于具体项目的定制化应用，而针对具体行业的通用型平台软件系统尚处于起步阶段。从未来导航与位置服务行业应用的发展趋势看，通用型应用软件平台将扮演者越来越重要的作用，是北斗卫星导航行业应用实现产业化的关键任务。

(4) 运营服务。产业链环节包括 3 个二级产业链，分别是北斗时间服务、导航位置服务和北斗定位通信服务。

卫星导航位置服务涉及定位、导航、网络、计算机软件、通信、系统集成等多种技术的融合，逐渐成为一个几乎综合了所有信息技术及无线通信技术的复杂产业链。我国的卫星导航位置服务产业曾因受移动通信建设、电子地图政策、消费者认知、经济条件等制约落后于国际水平。随着移动通信、云计算、物联网、卫星导航、政策解禁，这一产业即将迎来蓬勃发展。特别是北斗系统的建设与发展，产业正得到政策、经济、技术、标准等全面的支持。

导航与位置服务产业正在经历三大前所未有的转变：单一的GPS系统向多星并存兼容的GNSS转变；以车辆应用向个人应用和特定行业应用转变；从产品行销向运营服务转变。如何抓住产业转变的机遇，是当前这一产业环节面临的挑战。

2. 制定符合市场的赢利模式

单独的硬件产品或软件产品微创新在当前导航与位置服务产业环境下，生存与发展的空间已经越来越小。市场呼唤新型的商业模式，促进行业内的硬件、软件及应用解决方案企业共同营造产业生态环境。

在北京市政府指导下，依托中关村现代服务业综合试点项目，中关村空间信息技术产业联盟的北京合众思壮科技股份有限公司等六家单位在2013年7月15日共同发起成立了北斗导航位置服务(北京)有限公司。

北斗导航位置服务(北京)有限公司是北京市北斗导航与位置服务产业公共平台的建设和运营单位，旨在国家和北京市导航与位置服务现有基础设施的基础上，建设产业发展亟需的服务运营环境、公共开发环境、北斗终端性能测试与应用系统评估验证环境，形成导航位置服务产业公共运营服务中心和创新创业服务中心，立足北京，服务全国，推广北斗应用、创新位置服务商业模式，打造信息互通、数据共享、资源整合、应用集成的基础性公共位置服务平台。

通过"北斗导航与位置服务产业公共平台"的建设，可以从顶层牵引北京市空间信息应用技术的各企业按上述产业链的各环节协调发展，能够充分调动相关企业的合作和发展机制，从而完善北京市导航和位置服务的产业生态环境。

北斗导航与位置服务产业公共平台以"开放、联合、共赢"的理念，采取"插线板"式的开放式架构，通过公共运营服务与基础支撑平台解决中、小、微型企业及个体开发者创新创业的壁垒与瓶颈，不断聚合资源，吸引更多的人才创意，提供细分客户所需的产

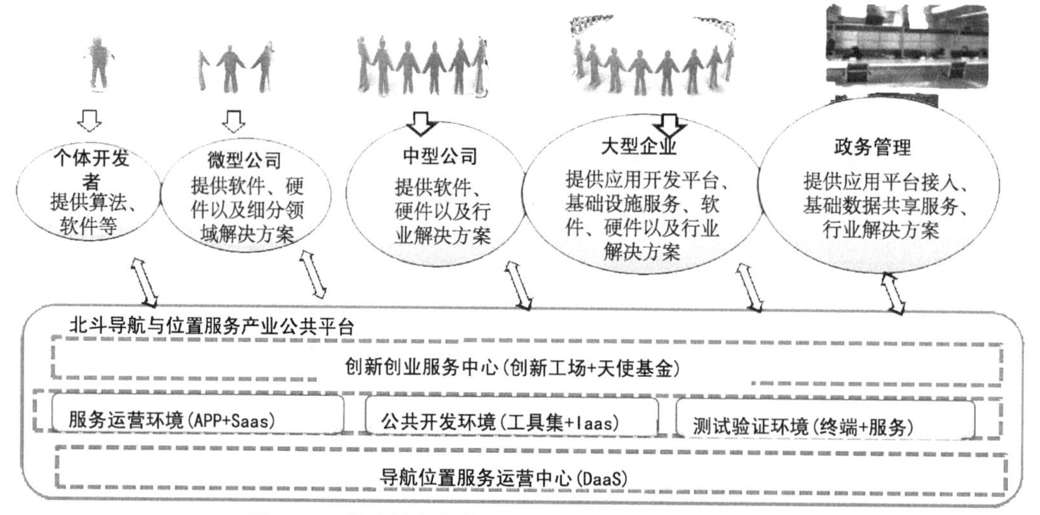

图12-3　北斗导航与位置服务产业公共平台服务模式

品和服务。为政府决策提供准确的科学依据，为行业应用提供先进的技术手段，为中小企业提供周到的成长环境，为百姓生活提供舒适的贴心服务，如图 12-3 所示。

设立北斗导航与位置服务产业公共平台的目的是联盟企业能力的聚集，其核心价值就是造就用户。平台需要从用户的潜在需求出发，通过提供产品和服务激发顾客的需求，发现位置服务的新市场和新产品，并充分利用联盟企业在产业链各个环节上的优势，形成联合集成应用，从而既壮大了联盟企业，又实现自身发展。

这就意味着，公共平台公司不是选择一个现有的市场和竞争对手火拼，而是重新审视用户的价值主张，选择提供一个和现有产品不同价值主张的产品，从而创造一个新的市场。公共平台公司要去解读用户真正有诱惑力的价值主张，并用资源和流程来满足用户，从而创造出一个用户真正感兴趣的与众不同的市场。

12.2.3 “开放·联合·共赢”的 B2B2C 模式

为实现上述客户价值主张和赢利模式，在关键资源和关键流程上，公共平台公司需要创立企业对企业再对消费者的交易模式，即 B2B2C 模式，也就是从位置信息集成商到位置服务提供商再到消费者。

这里所指的 B2B2C 交易模式，不同于一般意义上的电子商务网络购物(供应商—电子商务企业—消费者)商业模式。第一个 B 指的是北斗导航位置服务公共平台企业，即第 2 章 2.2.1 中提及的位置信息集成商；第二个 B 指的是从事导航位置服务的硬件、软件、个性化服务的企业或创业者，即位置服务提供商；C 则是位置服务消费者。

北斗导航位置服务公共平台企业要建立足够的在线服务运营环境、公共开发环境和测试验证环境。其中，服务运营环境主要包括支持导航位置服务所需的网络通信、存储、计算等基础设施及用户管理、信息安全等必要的功能；公共开发环境包括导航位置服务应用系统研发所需要的数据库及软件中间件等；测试验证环境主要是针对北斗位置服务硬件终端和应用服务系统的测试评估能力。

平台企业要对行业消费者和大众消费者进行充分的需求分析，创造各种细分市场，通过服务运营平台集成导航位置服务产业中的硬件、软件，以“硬件＋软件＋服务”的方式提供给用户；通过公共开发环境鼓励导航位置服务产业中的中、小、微型企业针对细分市场开展个性化服务；通过测试验证环境保障导航位置服务产品的可靠性和安全性。

通过整合式的 B2B2C 商业模式，聚集政、产、学、研的优势资源，采取“云＋端”的业务模式，细分精准定制客户化服务，快速形成规模化市场。以“产品切入、服务跟进、平台整合”的业务模式积极推进，以终端销售配合定制位置服务产品为主要盈利模式，同时面向行业用户，提供基于位置信息的二次开发接口，提供位置信息增值服务。

平台企业的另一项职能是创新创业服务中心。要依托平台建立创新工场，专注于导航与位置服务产业，通过公共运营服务与基础支撑平台解决中、小、微型企业的进入壁垒与瓶颈，吸引更多的人才创业，提供细分客户需要的产品和服务。采取“联盟统筹，多元投资，开放融合”的策略，以资本运作方式建立导航与位置服务天使基金，潜心发现种子企业，带动产业迅速壮大。

12.2.4 位置服务平台的生态圈设计

平台商业模式正在越来越广泛地应用，诸如阿里巴巴、腾讯、百度等，都是通过平台商业模式获利并发展壮大的。但是，平台模式并非出现在今天，在人类历史上，自从有了商品社会，产生了商品交易，就催生出商业平台，例如我们耳闻目睹的集市、农贸市场、百货商场、超市等等，城市本身就是一个平台商业圈。如今平台商业模式的变化，不过是从线下的实体平台发展到线上的移动互联平台。互联网只是扩大了平台战略的影响力与范围，且加深了它的复杂度。

平台是连接两个(或更多)特定群体，为他们提供互动机制，满足所有群体的需求，并巧妙地从中盈利的商业模式。平台商业模式的特征是提供完善的交易规则与交易环境，并将其开放给不同的群体，令其相互吸引，且在一方壮大的同时，牵引着另一方壮大。平台商业模式的精髓在于打造一个完善的、成长潜能强大的“生态圈”。它应具有精密的、能够促进交易的数学模型，以及独树一帜的系统规范机制，从而有效激励双方或多方群体之间的互动，达到平台企业的愿景(陈威如、余卓轩，2013)。

位置服务平台的设计，同样要遵循平台商业模式的规律，即寻找到“被定位”与“定位”的双边模式，确定不同群体的原始、刚性需求，激发网络效应，实现服务盈利，如图 12-4 所示。

图 12-4 位置服务平台的双边模型

例如，在车辆、人员监控的位置服务应用中，被定位的车辆、人员与有定位需求的监管者是位置服务平台的双边群体。位置服务平台只有确定出这两个群体的刚性需求，激发网络效应，才能实现服务盈利，反之，位置服务如果导致了这两个群体的对立，正是定位监管这个位置服务市场多年来停滞不前的问题所在。因此，基于平台模式的双边模式，搭建起位置服务的生态圈，是位置服务发展壮大的关键。

12.3 “中国位置”商业实践

12.3.1 软硬件一体化服务产品

无论是行业应用还是大众市场，都要遵循“硬件＋软件＋服务”的产品技术发展策略，即：以导航位置服务产业公共平台作为市场服务的基石，硬件是平台的接入设备和传感器，软件是平台的一个个应用模块。在商业模式上，将软件和基于移动互联网的位置服务叠加在硬件产品上，有效地进行差异化竞争，实现增值服务能力。最终目标是在平台上积累行业和大众用户，形成高质量、需求明确的客户群，实现可持续发展。

以北斗导航位置服务(北京)有限公司在大众市场推出的“凯步关爱”系列产品为例，首先将大众对位置服务的基本需求归纳为对家庭成员、车辆、宠物和物品等个人移动资产的管理，从而建立“车辆(car)＋ 动物(animal)＋ 人员(personal)”的“凯步关爱”(capcare)品牌形象，然后在“中国位置”平台上推出相应软硬件产品，如图 12-5 所示。

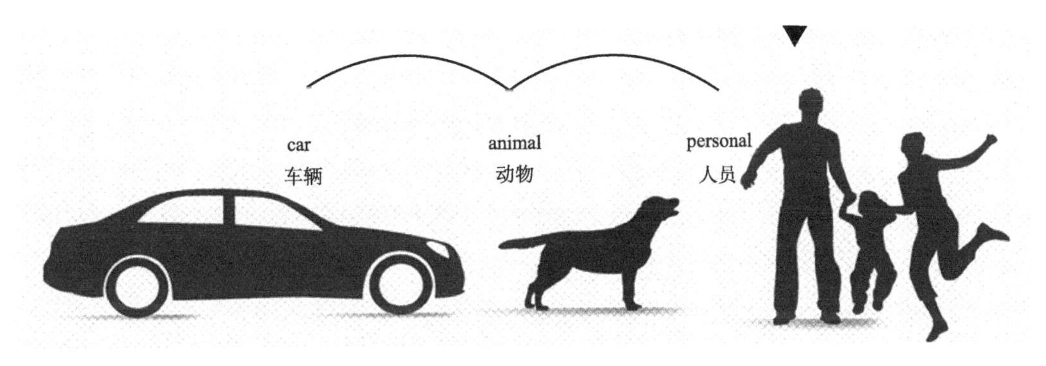

图 12-5　“凯步关爱”大众位置服务理念

在硬件研发上，吸取导航与位置服务产业 20 年来产品研制的经验和教训，以“专注、极致”的互联网思维，做到功能简单(定位)、使用方便(即插即用)、工艺精湛，让行业和大众得到耳目一新的体验，如图 12-6 所示。

图 12-6　“凯步关爱”系列硬件产品

在软件研发上，做到“从群众上来，到群众中去”，首先为用户免费提供定位跟踪、轨迹回放、报警提示、电子围栏等基本需求，以软促硬，实现硬件销售盈利。然后深入了解个性化需求，通过软件、服务定制细分市场，实现利益最大化，如图 12-7 所示。

对于导航与位置服务行业来讲，一种新的产业形态逐渐清晰。以“软件＋硬件＋服务”为核心的业务模式为产业展现出一个更宽阔的视野，从单一导航终端走向多个位置服务终端的连接、交互、协同，达到智能位置服务的目标。

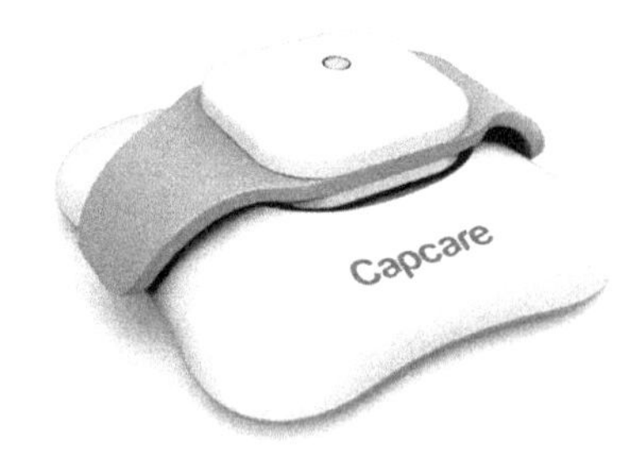

图 12-7　支持 PC 和手机多种操作系统的"凯步关爱"基础软件

12.3.2　互联网运营机制

互联网的运营机制主要遵循"线上(online)＋线下(offline)＋运营(operating)"的运营模式，实现软硬件服务有效运营。

1. 线上(online)：树立口碑，取得规模效应

北斗导航位置服务(北京)有限公司推出的"凯步关爱"系列产品，是为用户精心打造的一个具有可穿戴科技、软件与硬件结合的、基于定位基础服务与增值服务的服务平台。它为大众家庭安全定位提供服务，让有限的视线，变成无限的关爱——视线无边界，关爱在心间。用户可以通过"凯步关爱"方便地在手机、电脑上完成对车辆、个人和宠物全方位的呵护。

2013 年 12 月，首款车载产品在京东商城上线后，在两周内排名同类产品第一名，用户好评度 94%。通过线上渠道销售，树立了产品的知名度和口碑，同时，也为理解用户体验、持续改进软硬件产品创造了条件。2014 年 3 月，产品全面导入淘宝、天猫、亚马逊等线上销售渠道，取得了较好的规模化应用效应。

在导航位置服务行业应用方面，"中国位置"公共平台同样采取优先在线上推出服务产品的模式，先后推出了市县级水产养殖信息服务平台、中小企业物流管理平台、公共交通在线服务平台、福利养老关爱服务平台等免费在线应用产品，快速实现行业规模化应用。

在中、小、微企业创新创业服务方面，"中国位置"公共平台在官网上推出了"开发者家园"在线服务，面向导航位置服务开发人员提供免费的硬件接口、软件中间件、空间数据调用、非编程接口等环境。

2. 线下(offline)：功能定制，获得利润

在"凯步关爱"线上推广的过程中，通过对购买产品的用户分析，得到了潜在的集团消费客户，客户类型包含电信运营商、汽车 4S 店、公司车辆管理、金融保险等(图 12-8)。

针对上述消费类型，通过对其应用的深度挖掘，设计出更加适应其需求的软硬件产

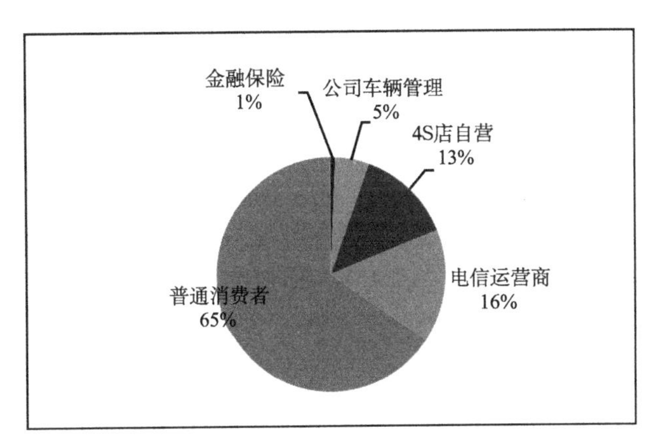

图 12-8　凯步关爱客户类型分析

品，从而完成对线下大客户的个性化定制，“凯步关爱”的“行业版”已初具规模。

在行业市场上，同样可以通过用户对免费在线应用产品的应用分析，不断完善在线产品，并为行业大客户提供符合其作业流程的专用软件和硬件定制产品。在创新创业服务方面，通过“开发者家园”在线服务的梳理，建立起孵化、合作、合营机制。

3. 运营服务(operating)：可持续发展之路

运营服务是“凯步关爱”的第三个阶段。以车载定位器为例，位置服务作为防盗、监控的刚性需求切入，在达到规模化应用时，自然而然地衍生出车辆保养提醒、优惠促销活动、金融公司贷款风险控制等增值服务，形成与车辆服务机构联合运营的长期发展之路。

在行业应用上，以在线应用为基础，通过线下满足大客户的个性化需求，实现用户在线“捆绑”，最终实现合作运营、委托运营、定制服务系统等多种服务模式。

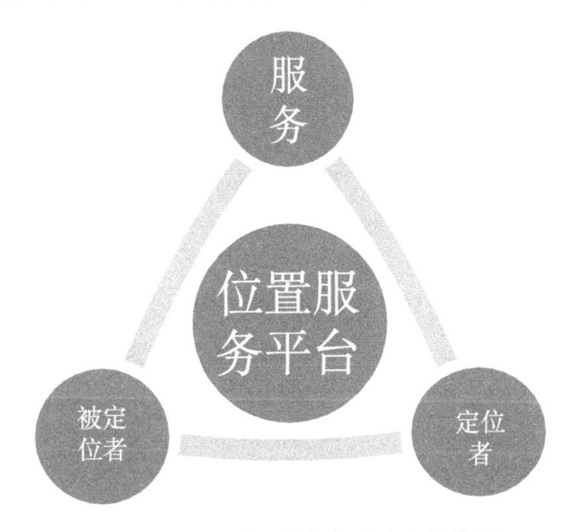

图 12-9　大众位置服务的多边市场模型

要实现上述目标，必须大规模地推动位置服务应用软件联合研发。通过分析大众市场的用户需求，通过与行业用户成为伙伴，进行深度合作、深度碰撞，从而加速创造颠覆性的创新成果。

需要指出的是，大众位置服务是一个复杂的对边市场。仅仅找到“被定位者”和“定位者”，并不能形成网络效应。要实现大众位置服务的成功，还需要构建位置服务的第三边，即服务的提供者。也就是说，只有实现了被定位者群体、定位者群体和服务提供商三者的互动效应，才有可能促使大众位置服务市场的爆发，如图 12-9 所示。

12.3.3 “中国位置”服务门户

北斗导航位置服务(北京)有限公司在探索导航位置服务产业技术体系和商业模式过程中，本着“开发、联合、共赢”的理念，在 2013 年年底开通了“中国位置”(www.chinalbs.org)在线服务门户网站。目前推出的主要服务内容包括技术引擎、行业解决方案、智慧生活创意者、开发者乐园等，如图 12-10 所示。

图 12-10　“中国位置”在线服务

“技术引擎”板块，可以为中、小、微企业提供导航位置服务所需的在线云存储和计算资源，并提供北斗信号增强(需注册)、室内定位工程(需明确应用场所)等专业性技术支撑服务。

“行业解决专家”板块，提供了大量位置服务与各行各业相结合的产品、案例，便于政府部门、行业用户举一反三，探索适合自身的解决方案。随着行业用户的积累和应用普及，还将为政府和行业用户提供大数据分析和决策支持服务。

“智慧生活创意者”板块，秉承以用户为中心的精神不断提供大众生活所需的软硬件位置服务产品，鼓励中小企业利用这些产品和用户资源，开展线上线下(O2O)的位置服务具体应用。

“开发者家园”板块，是专门为行业技术人员提供的在线服务平台，开发者无需注册，即可使用丰富的位置服务 Open API 软件，进行专题数据调用，来开发自己的位置服务应用平台。乐园中还提供了非编程接口，便于非专业人员在 Web 端实现自己的位置服务创意。

"中国位置"在线门户刚刚开通服务不久，还存在着许多问题和不足，有待在实践过程中不断发展和完善。如何应用互联网思维、"插线板"战略、双边或多边的平台商业模型，设计符合位置服务产业特点和服务群体刚性需求的整套平台生态圈机制，是一门艰深的艺术。

参 考 文 献

百度百科. 2013. 互联网思维[EB/OL]. http://baike. baidu. com/subview/10968540/13580621. htm?fr=aladdin，2013. 12. 27

雷军. 2012. 用互联网思想武装自己[EB/OL]. http://blog. sina. com. cn/s/blog _ 4b0e23c901015idw. html. 2012. 5. 11

魏武挥. 2014. 互联网造就了什么[EB/OL]. http://weiwuhui. baijia. baidu. com/article/12278. 2014. 4. 17

周洪波. 2010. 物联网——技术、应用、标准和商业模式[M]. 北京：电子工业出版社.

陈威如，余卓轩. 2013. 平台战略[M]. 北京：中信出版社

附录　名词解释

GNSS 系统

全球导航卫星系统(global navigation satellite system，GNSS)，系所有卫星导航定位系统以及导航增强系统的总称。目前主要包括：美国 GPS 全球定位系统、俄罗斯 GLONASS 全球导航卫星系统、中国北斗卫星导航系统、覆盖北美的 WAAS 广域增强系统、EGNOS 欧洲静地卫星导航重叠系统、DORIS 星载多普勒无线电定轨定位系统、PRARE 精确距离及其变率测量系统、QZSS 准天顶卫星系统、GAGAN GPS 静地卫星增强系统，以及正在建设的欧洲 Galileo 卫星导航定位系统、中国北斗二代卫星导航定位系统和 IRNSS 印度区域导航卫星系统等。

GPS 系统

全球定位系统(global positioning system，GPS)，是 20 世纪 70 年代由美国陆、海、空三军联合研制的新一代空间卫星导航定位系统，主要目的是为陆、海、空三大领域提供实时、全天候和全球性的导航服务。1994 年，系统投入全面运行。由于 GPS 技术所具有的全天候、高精度和自动测量的特点，作为先进的测量手段和新的生产力，已经融入了国民经济建设、国防建设和社会发展的各个应用领域。GPS 卫星接收机种类很多，根据型号分为测地型、全站型、定时型、手持型、集成型；根据用途分为车载式、船载式、机载式。

GLONASS 系统

格洛纳斯 GLONASS 是前苏联在总结第一代卫星导航系统 CICADA 的基础上，吸收美国 GPS 系统的部分经验，自 1982 年 10 月 12 日开始发射的第二代导航卫星系统。1996 年 1 月 18 日完成设计并开始整体运行。GLONASS 的主要作用是实现全球、全天候的实时导航与定位；另外，还可用于全球时间传递。目前，GLONASS 由俄罗斯负责。除采用不同的时间系统和坐标系统外，GLONASS 与 GPS 之间的最大区别是：所有 GPS 卫星的信号发射频率是相同的，而不同的 GPS 卫星发射的伪随机噪声码(PRN)是不同的，用户以此来区分卫星，称为码分多址(CDMA)；所有 GLONASS 卫星发射的伪随机噪声码是相同的，不同卫星的发射频率是不同的，用以区分不同的卫星，称为频分多址(FDMA)。

Galileo 系统

伽利略导航卫星系统(Galileo)是由欧共体发起，旨在建立一个由欧盟运行、管理并控制的全球导航卫星系统。其总体设计思路有四大特点：自成独立体系；能与其他的全球导航卫星系统兼容；具备先进性和竞争能力；公开进行国际合作。Galileo 导航卫星系统与现在普遍使用的 GPS 卫星导航定位系统相比，其功能将更加先进、更加有效、更为可靠。欧盟已于 2002 年 3 月 26 日正式启动“Galileo 计划”，这不仅使欧洲全面进入建设自主民用的 GNSS 阶段，也将对全球的信息技术、经济和政治带来深远影响。

北斗卫星导航系统

中国独立开发的卫星导航定位系统，全称系北斗卫星导航系统[Beidou (COMPASS) navigation satellite system)]。

北斗一代系统属于试验系统，只包括四颗卫星，仅覆盖中国部分地区。

北斗二代系统是一个真正的全球卫星导航定位系统，由 35 颗卫星组成，其中 5 颗是地球静止轨道卫星，其余 30 颗是非地球静止轨道卫星，能覆盖全球。与 GPS 仅有 24 颗中低轨道卫星相比，北斗二代有相当程度的改进。北斗二代将提供中国民用的免费服务和军事用途的特许服务等两层服务：民用免费服务定位精度将达到 10m，时钟同步精度达到 50ns，测速精度达到 0.2m/s。

GNSS 增强系统

增强 GNSS 精度的区域辅助系统，包括星基和地基增强系统。

星基增强系统主要是在现有 GNSS 系统上，增加三个以上对地静止轨道卫星。GNSS 接收机同时接收这些卫星发送的信号，来修正原 GNSS 系统由于大气传导所造成的误差，进一步提高定位精度。例如，WAAS(wide area augmentation system)即广域增强系统，目的是进一步提供 GPS 定位的精确度，地区仅限于美国本土；EGNOS(European geostationary navigation overlay service)，即欧洲静地卫星导航重叠服务，服务于欧洲地区。

地基增强系统是在地表上建立一些基站接收 GNSS 卫星信号，基站修正接收到的信号数据，再由地面基站发送正确的信号，这些信号同样能被 GNSS 接收器接收，其缺点是必须建立足够多的地面基站。

GIS

地理信息系统(geographic information system)的英文简称。地理信息是指直接或间接与地球上的空间位置有关的信息，常称为空间信息。一般来说，GIS 可定义为：用于采集、存储、管理、处理、检索、分析和表达地理空间数据的计算机系统，是分析和处理海量地理数据的通用技术。从 GIS 系统应用角度，可进一步定义为：GIS 由计算机软硬件系统、地理数据和用户组成，通过对地理数据的集成、存储、检索、操作和分析，生成并输出各种地理信息，从而为土地利用、资源评价与管理、环境监测、交通运输、经济建设、城市规划以及政府部门行政管理提供新的知识，为工程设计和规划、管理决策服务。GIS 的应用系统主要由 5 部分组成，包括硬件、软件、数据、人员和方法。

Telematics 系统

Telematics 技术是"汽车无线通信平台技术"的简称，系通过内置在汽车上的计算机系统、无线通信设备、卫星导航装置、互联网技术，来提供文字、语音、图像等信息传送的服务系统。基于无线网络的 Telematics，可以为机动车驾驶者和乘客提供路况介绍、交通信息、安全与治安服务以及娱乐信息服务。在车辆行驶过程中，通过地面无线通信网络和 GNSS 系统，驾驶员和乘客可以及时获得路况、交通信息、应急对策、远程车辆诊断、网络应用(包括金融、新闻、E-mail 等)等各种服务。由于拥有良好的应用前景，Telematics 前装导航产品不仅可具备导航、娱乐等功能，而且是汽车的信息中枢，成为带动整个汽车电子产业发展的一个重要因素，被认为是未来的汽车技术之星。

连续运行基准站系统

Continuous operational reference systems(CORS)是通过网络互联构成的新一代网络化 GNSS 综合服务系统，该系统不仅可以为各级测绘用户提供高精度、连续的空间基准，还可为导航、时间、灾害防治等部门提供各种数据服务，同时还可为工程建设、交通、气象、环境、抢险救灾等社会各行业提供迅速、可靠、有效的信息服务，满足基础测绘、交通运输管理、环保监测、滑坡监测、建筑物沉降变形监测、移动目标的监控、地理信息更新和国土资源调查、地质灾害预报、气象预报等信息需求。

米级、亚米级、厘米级、毫米级

GNSS 产品的精度，米级精度指观测中误差在 1～10m 之间，亚米级指观测中误差在0.1～1m 之间，厘米级指观测中误差在 1～10cm 之间，毫米级指观测中误差在 1～10mm 之间。

VTS

船舶交通管理系统(vessel traffic service)的英文简称，是由港口当局建立的传播交通监控系统，类似于飞机的空中交通管制。典型的船舶交通管理系统使用船舶自动识别系统基站、雷达、闭路电视、甚高频(VHF)无线电话和船舶自动识别系统来保持对船舶移动的跟踪并在有限的地理范围内提供航行安全。

AIS

船舶自动识别系统(automatic identification system)的英文简称。配合全球定位系统将船位、船速、改变航向率及航向等船舶动态结合船名、呼号、吃水及危险货物等船舶静态资料由甚高频(VHF)无线频道向附近水域船舶及岸台广播，使邻近船舶及岸台能及时掌握附近海面所有船舶之动静态资讯，得以立刻互相通话协调，采取必要避让行动，对船舶安全有很大帮助。

OBD

是英文 On-Board Diagnostics 的缩写，中文翻译为“车载自动诊断系统”。当与控制系统有关的系统或相关部件发生故障时，可以向驾驶者发出警告。

CPND

是 Connect PND 的缩写，是带有网络通信功能的车载导航仪，同时也是一个移动多媒体的终端，能够为用户提供个人导航功能，为用户提供群组位置共享和即时交流功能，并能为用户推送移动优惠信息。

O2O

即 Online To Offline，也即将线下商务的机会与互联网结合在了一起，让互联网成为线下交易的前台。这样线下服务就可以用线上来揽客，消费者可以用线上来筛选服务，还有成交可以在线结算。

物联网

物联网是新一代信息技术的重要组成部分，其英文名称是：“The Internet of things”。顾名思义，物联网就是物物相连的互联网。这有两层意思：其一，物联网的核心和基础仍然是互联网，是在互联网基础上的延伸和扩展的网络；其二，其用户端延伸和扩展到了任何物品与物品之间，进行信息交换和通信。